蔡俊傑／著

Illustrator 設計不設限

序

Preface

本書內容包含有向量繪圖、視覺創作以及眾多平面設計的相關實務應用範例。為了使初學者能由淺入深的瞭解Illustrator，本書透過精采範例來學習到不同的編輯技巧，教學內容通俗易懂，並隨書附贈完整的教學範例與圖形素材，方便讀者在學習時的操作練習與使用。學習完本書課程後，相信您一定可以輕鬆駕御Illustrator，隨心所欲製作出令人讚賞的佳作來！以下是各個章節的內容簡介：

Chapter 01 認識Illustrator

「工欲善其事，必先利其器」，一個出色的設計離不開設計者富有創意的構思和完美的藝術表現手法，當然也離不開一個優秀設計軟體的輔助。在視覺設計領域擁有絕對市場佔有率的Adobe Illustrator，更勝一籌的強大設計功能必將使您的設計理念得到最真實的展現。

Chapter 02 基本圖形繪製

本章主要是用造形工具繪製圖形，對3D效果的應用繪製出3D齒輪圖，以及花瓣的對稱製作。星形工具繪製圖形並用轉換錨點工具將圖形變形成爆炸效果，以及透明面板的應用。

Chapter 03 特效圖像繪製

本章主要使用造形工具繪製基本圖形，介紹火焰效果的做法，並運用特效對圖形的變形。

Chapter 04 文字的設計

針對文字的設計課程，並使用漸變工具做背景，將文字做成立體效果，節點編輯工具為文字造形，這種手法在一些文宣廣告上較為常用。

Chapter 05 企業識別設計

本章實例是企業識別設計，員工制服應表達企業形象，顯示企業的個性，因此員工服裝的款式、顏色、材料等設計都應有統一的特點。企業的專有車輛經常出現在大眾面前，它傳遞著公司的形象，因此都應規範使用企業的標誌、標準字、產品名稱，在標準色上也應該統一。店面、招牌設計如同廣告一樣，醒目地顯示著商店的名稱和銷售商品的品牌，代表著商店的特色。

Chapter 06 產品設計

主要內容是使用造型工具繪製時尚皮包、墨鏡、手錶，並透過改變透明度的方法為皮包製作明暗效果。

Chapter 07 網頁設計

隨著潮流的不斷往前發展，網頁設計也隨著要求富有個性和時尚。本章實例網站的設計運用了鮮豔的色彩和不規則的圖形，給人留下了深刻的印象，讓人過目難忘，另外文字的擺放隨性而不凌亂，充分表現了該網站富有活潑生動的個性。

Chapter 08 插畫繪製

本章將透過使用多種繪製工具介紹如何製作不同風格的插畫作品。

Chapter 09 包裝設計

產品包裝最主要的目的是激發消費者購買慾望，規劃產品包裝設計時首先考慮的就應該是這一目標。其次，即使消費者不準備購買此種產品，也應促使他們對該產品的品牌、包裝與商標產生良好深刻的印象。本章將透過實務設計讓讀者體驗包裝設計的重要流程！

Chapter 10 POP展版製作

本實例為POP展板製作，將代表夜店元素的酒瓶放置顯著位置，並且霓虹的色彩吸引人們的主意，背景的環形光環更增加了整個畫面的氛圍。

Chapter 11 商業圖卡

本實例為一張商業圖卡，此處會運用到前面所介紹的外觀和繪圖樣式編輯技巧。現在我們就來看看這個實例的製作過程。

Chapter 12 型錄設計

本章為一張型錄設計，畫面活潑跳躍，色彩豐富鮮艷，配合簡潔的文字能很好的傳遞本型錄的中心主題。

Chapter 13 戶外廣告設計

本實例為一家房地產戶外廣告。背景的白色至藍色漸層色，代表天空；曲線形狀的白色至青色漸層色，代表大海，給人海闊天空的感覺。蘭花與海天背景相匹配，清爽的藍色配上素靜的白色，襯托出優雅、寧靜的居住環境。

Chapter 14 生日橫幅設計

橫幅設計的重點在主題明確，簡潔大方，圖文並茂，有較強的吸引力，注重色彩的搭配和版面構成，符合大眾的審美觀點。本章將透過生日橫幅的設計讓各位讀者體驗製作的技巧。

Chapter 15 圖紋展覽海報設計

本章海報實例整個畫面的色彩和設計元素都很好的透出了歷史訊息，裝飾圖形的製作正好突顯展覽的主題重點，讓人心領神會。下面我們就來實際演練這個課題的操作吧！

Chapter 16 書籍裝幀設計

本實例製作的是時尚雜誌，透過人物的剪裁，配合旁邊的裝飾性元素，利用透明度模式的改變，增加亮點，注重視覺美觀的同時，還具備了強烈的視覺沖力。

Chapter 17 音樂廣告燈箱設計

最後這章課程內容是音樂廣告燈箱設計，利用躍起的音樂歌手，展現音樂給人帶來的視聽快感，配合身邊流利的線條，更具備音樂創造的隨意性，整體美觀，注重顏色的搭配效果，符合充滿奔放活力的宣傳重點。

01 認識 Illustrator

02 基本圖形繪製

03 特效圖像繪製

04

文字的設計

05

企業識別設計

06

產品設計

07

網頁設計

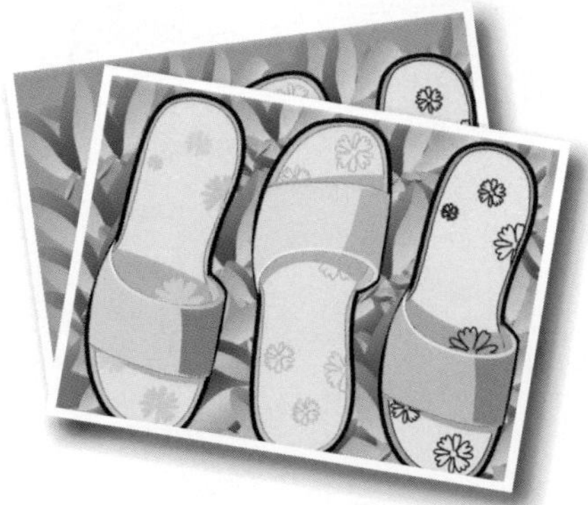

08

插畫繪製

09

包裝設計

10

POP 展版製作

11

商業圖卡

12

型錄設計

13

戶外廣告設計

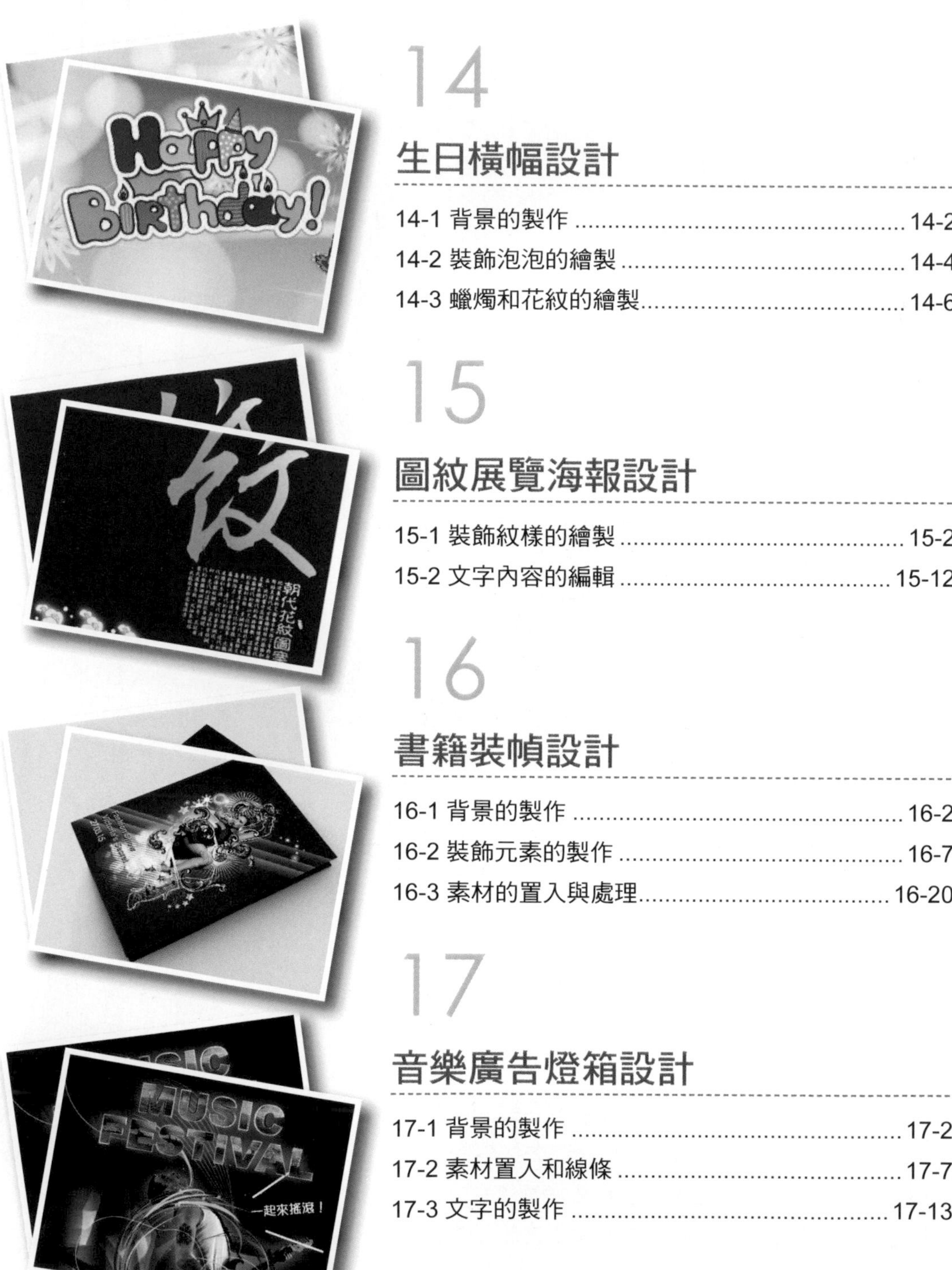

14

生日橫幅設計

15

圖紋展覽海報設計

16

書籍裝幀設計

17

音樂廣告燈箱設計

01 認識 Illustrator

1-1 基本繪圖原理

視覺設計都會遇到圖像的處理，圖像分為向量圖形和點陣圖形兩大類。而瞭解二者之間的區別與關係，將有助於大家根據最後的輸出方式及要求選擇合適的圖像處理方式。簡單來說，就是有助於您建立、編輯和讀入圖像。

向量圖形簡稱向量圖，是由數學方式定義的線條和曲線所繪製出的圖像，而 Illustrator 即為向量圖形繪製的高手之一。向量圖形主要是根據圖像的幾何特性進行圖形的描繪。例如，點與點之間線條的曲率。以及線條起始點與終止點的相對座標位置等。另外，值得一提的是，向量圖形可隨意拖動、更改大小、位置，並且不用擔心圖像品質會因此而降低。

向量圖一般適用於清晰輪廓的圖像，例如：Logo、插畫、字形處理等。它們可以使用任何解析度列印而保持品質不變；若真要說缺點的話，就是在色彩層次感比不上點陣圖細膩。

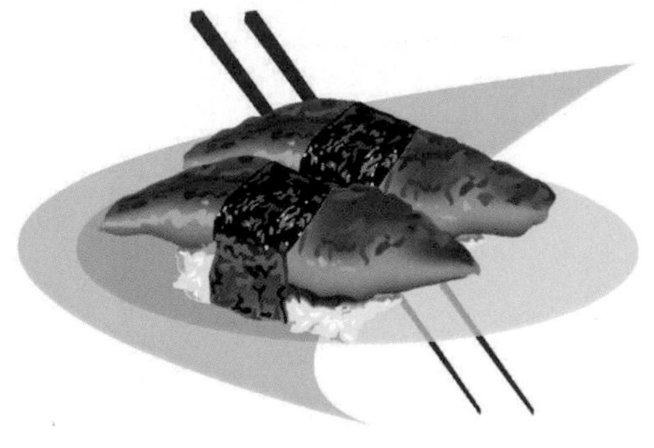

向量圖

點陣圖

點陣圖形簡稱點陣圖，它是以圖元作為圖像組成的基本要素。圖像中的每個圖元都有各自特定的位置與色彩值，當把圖像放大到某特定程度時，這些小方塊就會清晰地顯現出來。

點陣圖能細微地表現出色彩的層次感，使色彩更寫實。而點陣圖圖像的品質取決於解析度的大小，解析度包含固定的圖元。當對點陣圖進行縮放或用低於建立圖像時的解析度進行列印時，則會遺失原圖像中的細節，導致圖像模糊和邊緣粗糙。

1-2 軟體介面

執行開始 \ 程式集 \Adobe Illustrator CC 指令，開啟 Adobe Illustrator 軟體，便會彈出軟體的啟動畫面。該畫面是以橘色漸層為底色，以一個醒目的識別符號取代了以往繁雜的圖像，給人清爽和簡潔的第一印象。

開啟任意一個舊檔，進入 Illustrator 的使用介面。畫面主要由工作區域、工具箱、功能選項列、浮動面板和狀態列所組成。

工作區域

繪製圖形時，可在工作區域內的任意空白處進行。但是在列印檔案時，圖像必須是在工作區域內，因為工作區域以外的圖像並不是在列印範圍內。

工具箱

工具箱存放著各種功能圖示，每個圖示都代表一種工具。在需要某種編輯工具時，可直接點擊該工具所在的按鈕。在部分工具按鈕的右下角位置有小三角形符號，表示該工具下還包含其他類似功能的工具按鈕，按住滑鼠左鍵不放，便會彈出該工具所在的工具組，供選取所需工具。

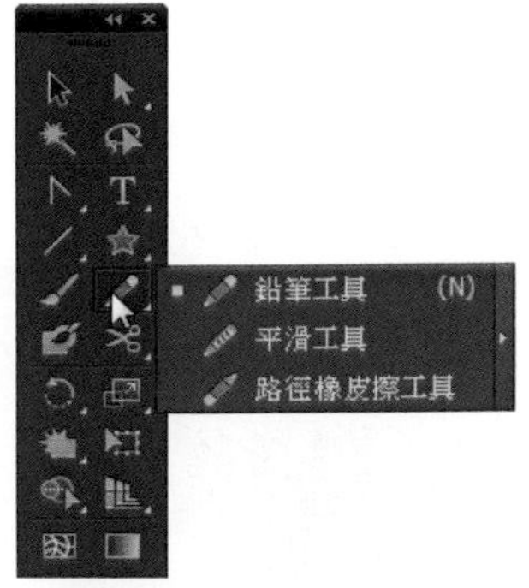

工具箱和浮動面板一樣，可以自由移動、改變位置，配合個人的使用習慣。

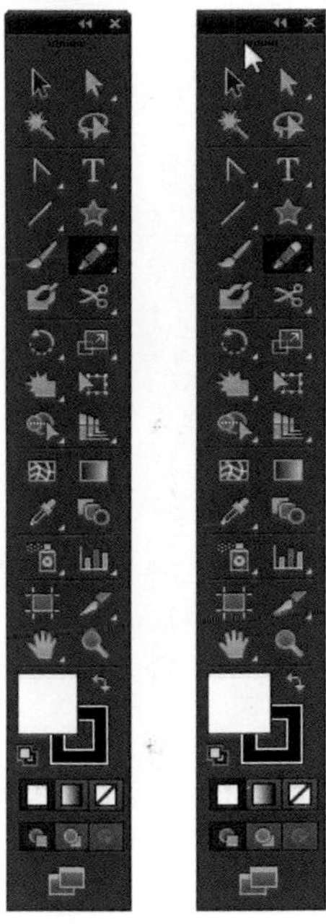

功能選項列

在操作介面的頂部就是功能選項列。在功能列中包含檔案、編輯、物件、文字、選取、濾鏡、特效、檢視、視窗和說明等十個功能選項。

檔案(F) 編輯(E) 物件(O) 文字(T) 選取(S) 效果(C) 檢視(V) 視窗(W) 說明(H)

點擊其中一個功能選項，即彈出相關的下拉式功能選單，當選單內的指令顯示為灰色時，表示該指令目前是不可執行的；顯示為黑色的則是可以執行的。有些指令其右下角的位置有一個小三角形符號，表示該指令下還包含子選單。

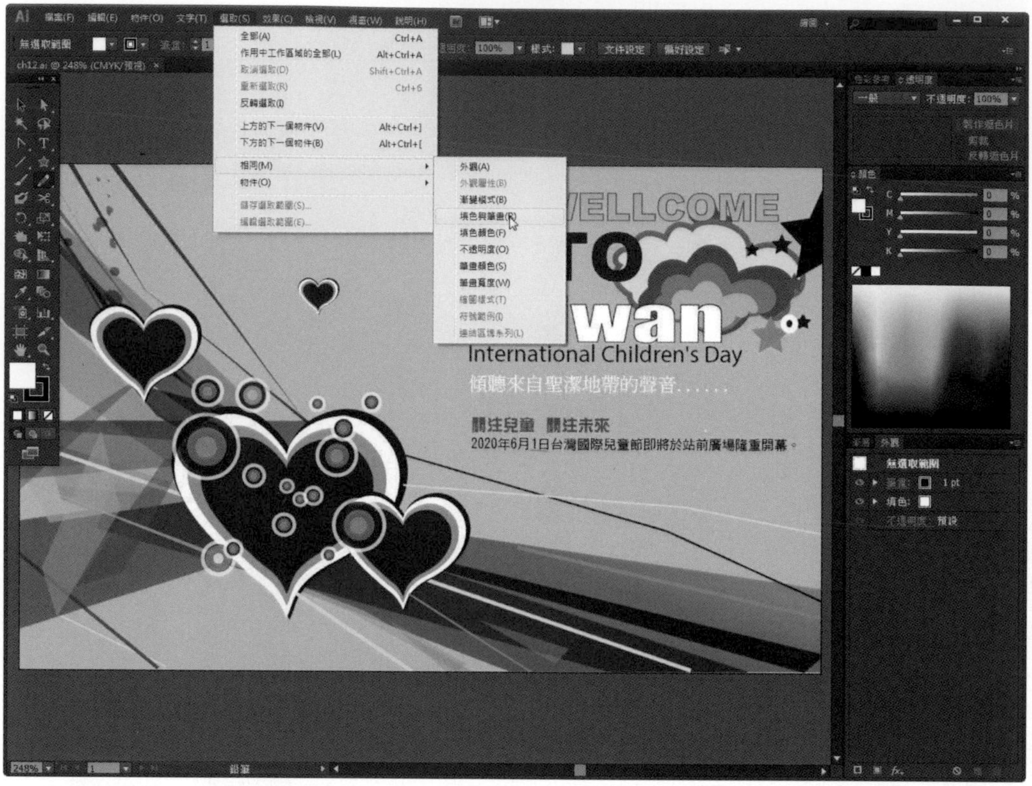

浮動面板

在 Adobe Illustrator 中提供許多浮動功能面板。各浮動面板間相互獨立，可根據需要，進行開啟、最小化或關閉面板。浮動面板的放置一般視個人的工作習慣而定。將面板放置於視窗的合適位置，將有利於操作，進而提高工作效率。為了節省空間，您還可以進行各面板間的組合。

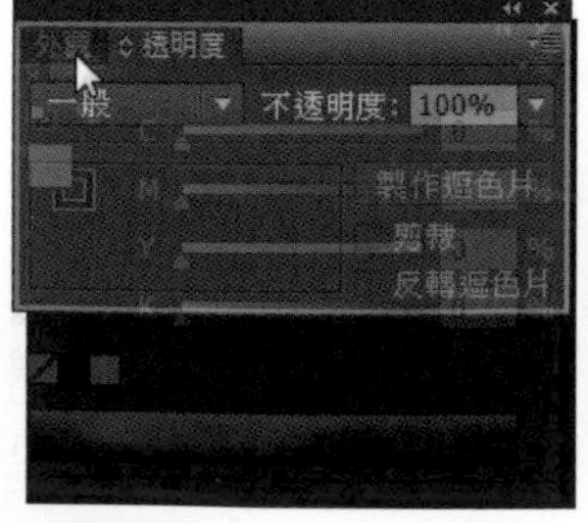

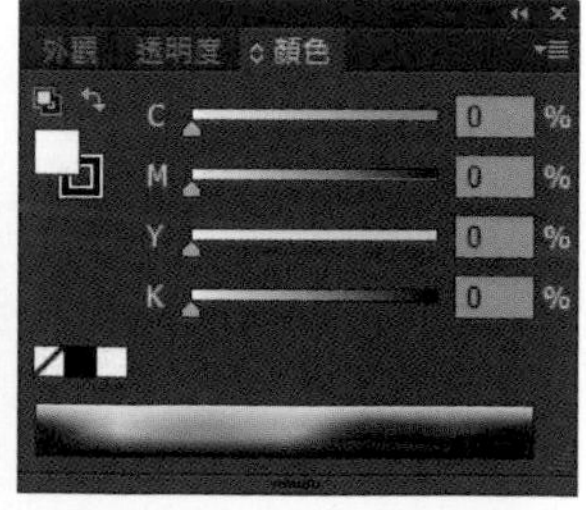

狀態列

在工作區域的左下方就是狀態列，主要用於顯示提示資訊。點擊狀態列最左端的小三角形按鈕，便會彈出顯示比例選單，可以根據操作需要做顯示比例的選擇。

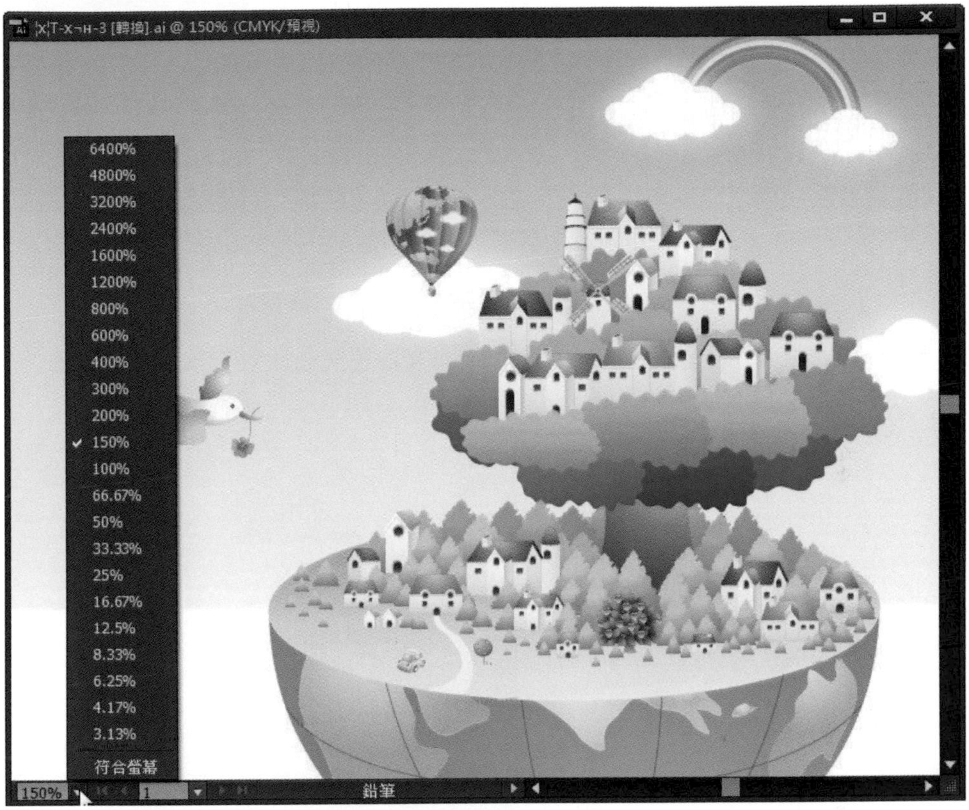

點擊顯示比例旁邊的工具選項按鈕。在彈出的功能列中點擊顯示選項，會彈出顯示的內容選項，您可以根據需要勾選所要顯示的內容。

1-3 顏色模式

執行視窗 \ 顏色指令，打開顏色面板。

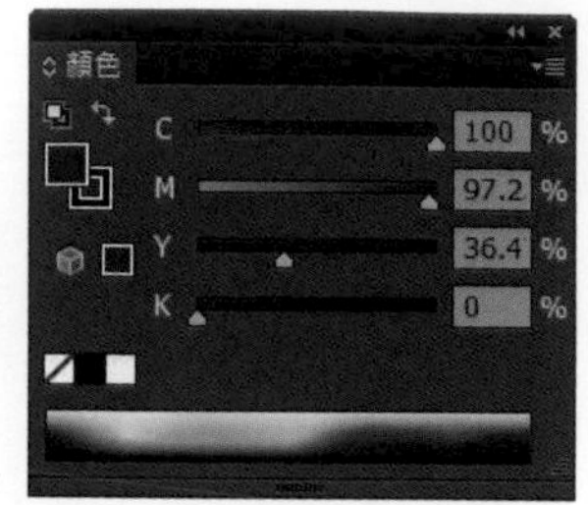

點擊面板右上角的小三角形按鈕，在彈出的功能選單中可看到 Adobe Illustrator 中的顏色模式包括灰階、RGB、HSB、CMYK 以及可於網頁顯示的 RGB 五種。其中較為常用的是 RGB 模式和 CMYK 模式。RGB 色彩模式多用於多媒體及網頁設計；而 CMYK 模式則多用於印刷類作品，灰階色彩模式主要用來建立由黑與白從 0 到 100 之間的比例而產生的灰階色彩，HSB 模式在實用的設計用途上很少用到，但它卻是最容易描述和瞭解的顏色表達方式，即色相、飽和度和亮度。

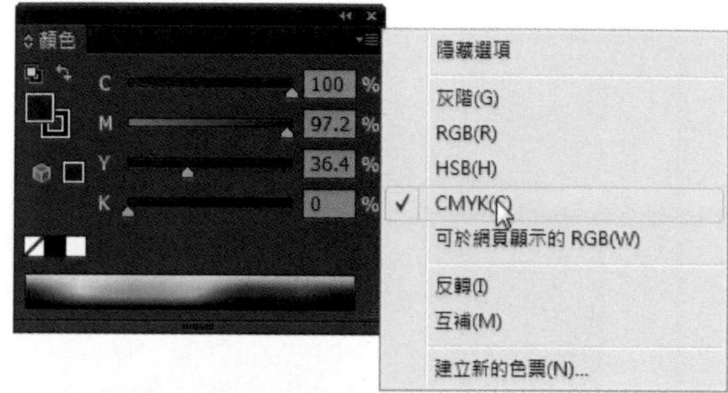

選擇顏色模式為灰階時：

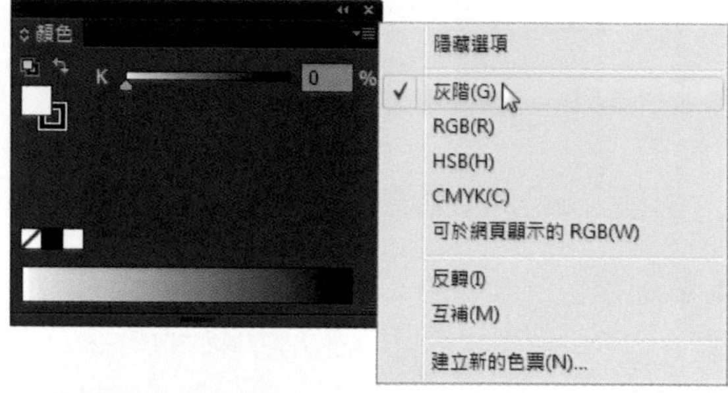

選擇顏色模式為 RGB 時：

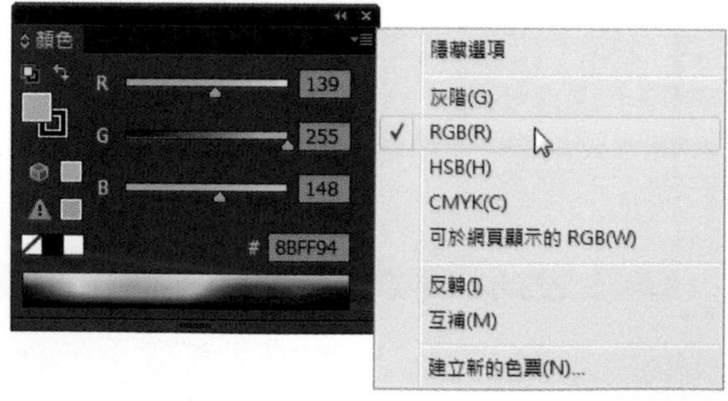

選擇顏色模式為 HSB 時：

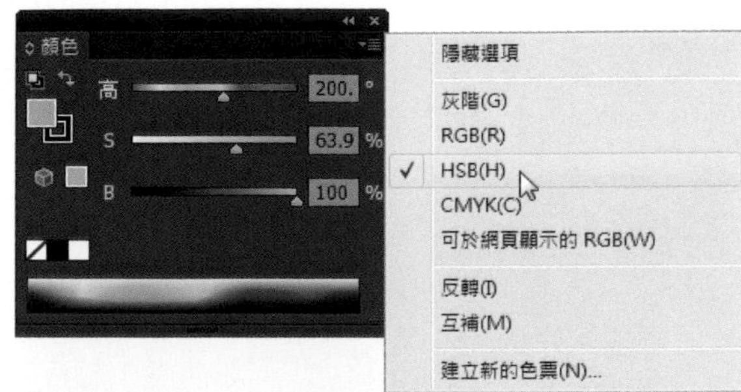

選擇顏色模式為 CMYK 時：

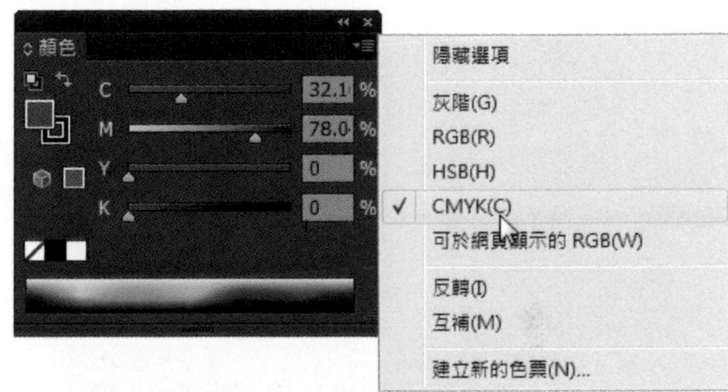

選擇顏色模式為可於網頁顯示的 RGB 時：

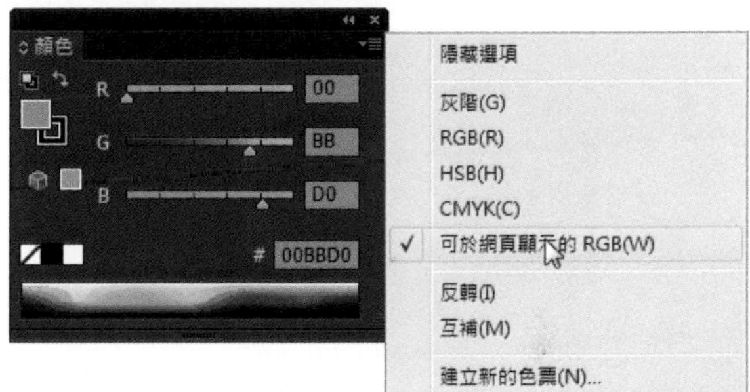

1-4 檔案的管理

建立新檔案

執行檔案 \ 新增指令（快速鍵 <Ctrl+N>），在彈出的新增文件對話視窗中，輸入名稱為 1-001，設定寬度為 9 公分，高度為 12 公分，色彩模式為 CMYK。點擊確定按鈕，即可建立一個名稱為“1-001”的新檔案。

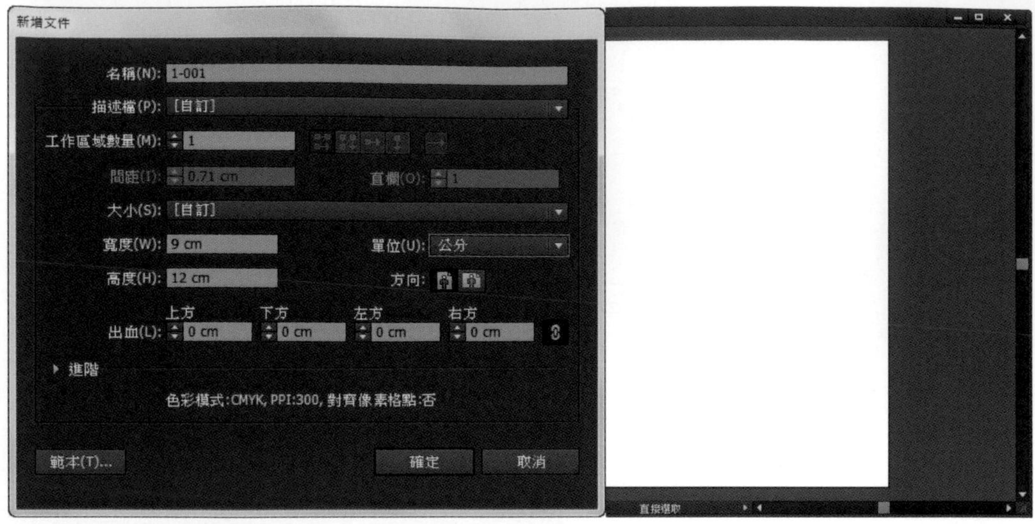

建立範本檔案

執行檔案\從範本新增指令，在彈出的從範本新增對話視窗中，選取所需要的範本類型。點擊新增按鈕，便會開啟一個可以編輯的範本檔案。

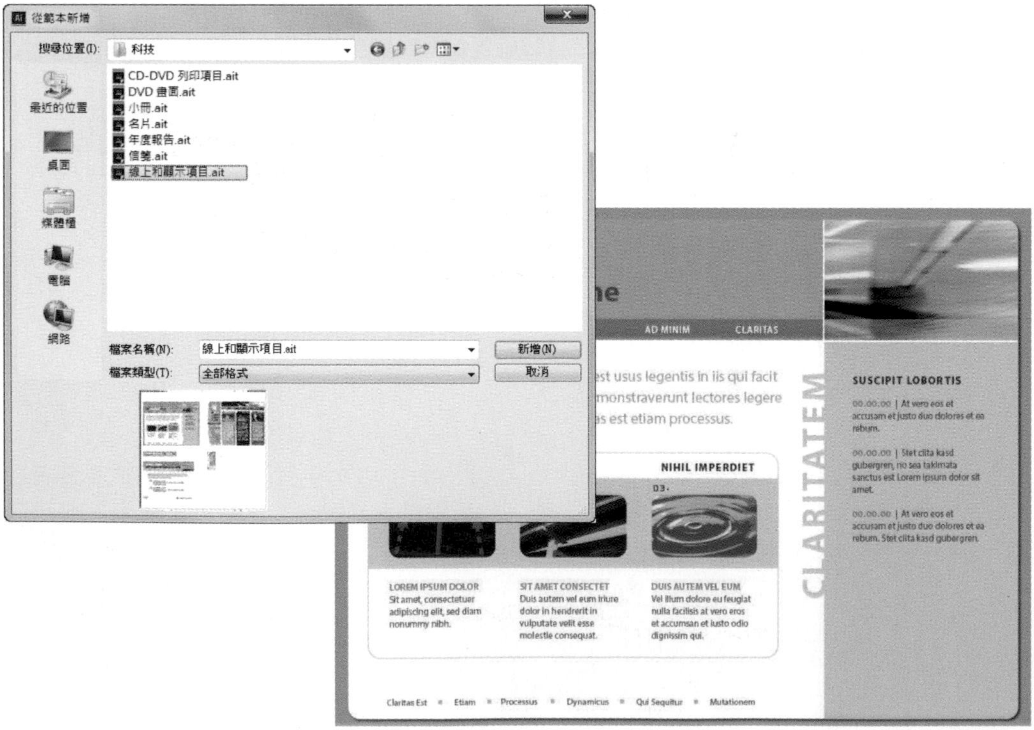

開啟舊檔案

執行檔案 \ 開啟舊檔指令（快速鍵 <Ctrl+O>），在彈出的開啟對話視窗中點擊要開啟的檔案。點擊開啟按鈕，即可開啟舊檔案。

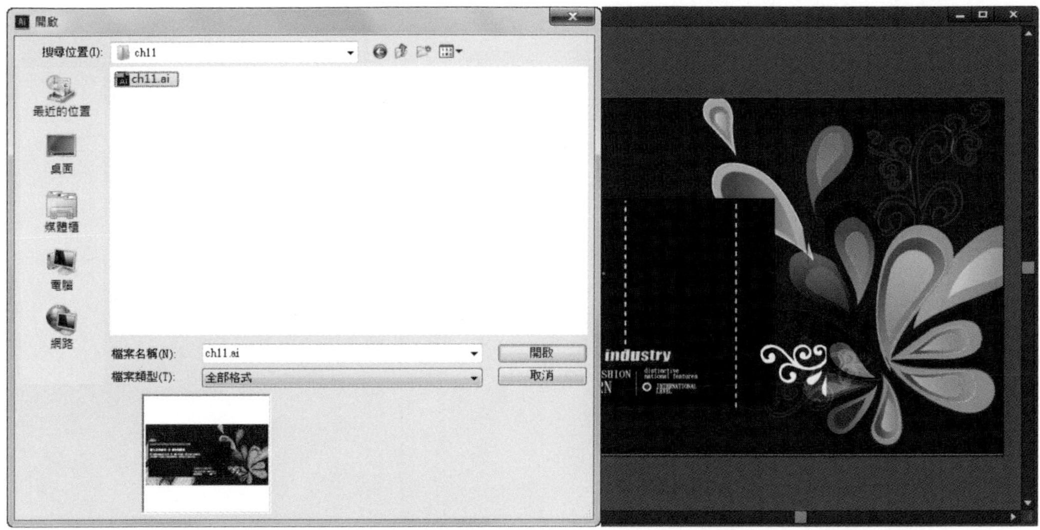

儲存新檔案

執行檔案 \ 另存新檔指令，在彈出的另存新檔對話視窗中輸入檔名。點擊儲存按鈕，在彈出的 Illustrator 選項對話視窗中，點擊確定按鈕完成檔案的儲存。

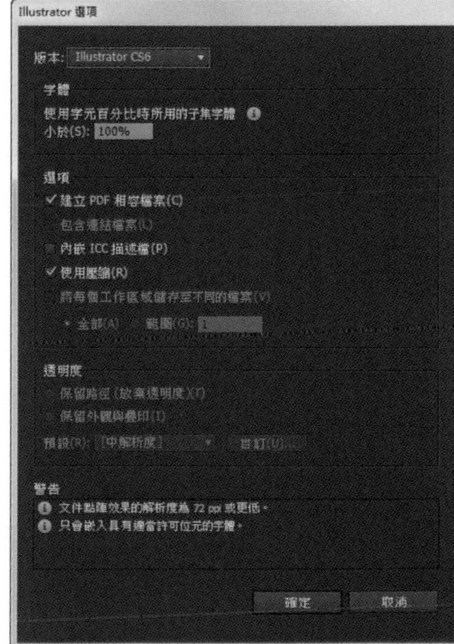

1-5 置入外部檔案

指令置入

執行檔案\置入指令，在彈出的置入對話視窗中點擊需要置入的檔案。點擊置入按鈕即可置入該圖像。

拖拉置入

同時開啟兩個檔案，適當調整它們的視窗大小。在工具箱中選擇選取工具 ，選取要置入的物件。按住滑鼠左鍵直接將物件拖動到要放置的檔案內，當游標的右下角出現加號符號時，放開滑鼠左鍵，即可完成。

拷貝\貼上

在檔案中選取物件，按下 <Ctrl+C> 快速鍵複製。在另外一個檔案中按下 <Ctrl+V> 快速鍵貼上。將物件置入另一個檔案中。

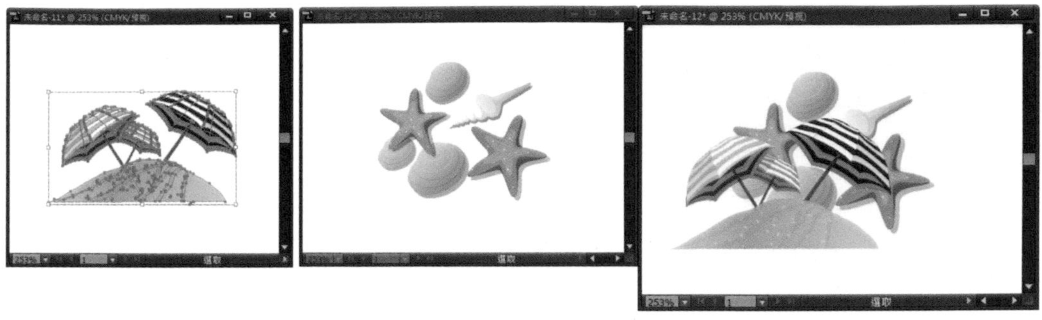

連結與嵌入

嵌入圖形：所謂的嵌入就是將讀取的檔案複製一份到 Illustrator 檔案中，因此檔案的大小也會跟著變大。相對地，速度也會隨著檔案的變大而變慢。但是嵌入圖形的優點在於不必擔心連結的問題，檔案都能夠正確地列印。當您以拖拉、拷貝 \ 貼上，或是執行檔案 \ 置入指令時，只要不勾選置入對話視窗中的連結選項，置入的圖像都將被嵌入 Illustrator 檔案中。

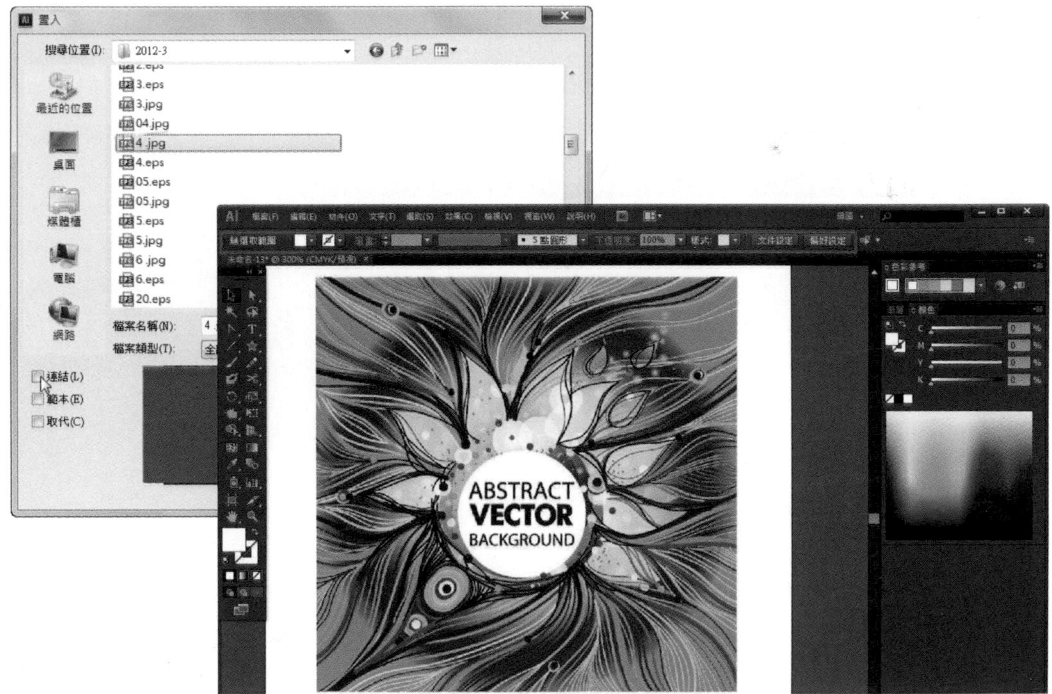

連結圖形：當執行檔案 \ 置入指令時，在彈出的置入對話視窗中勾選連結選項，Illustrator 並不會將外部檔案真正置入檔案中，而是產生一個低解析度的預覽影像，而來源檔案依舊保存在原來的地方。原來的高解析度檔案與置入的影像之間形成一種連結的關係。因此，在 Illustrator 中所做的一切處理都只是針對低解析度的影像操作。在進行列印或轉存時，它會依照連接所在的位置去尋找高解析度檔案作為列印或轉存物件。這種方式的好處在於檔案比較小，處理速度比較快；缺點是，如果原始檔案因操作不當而遺失的話，將會中斷連結，導致列印無法正常進行。

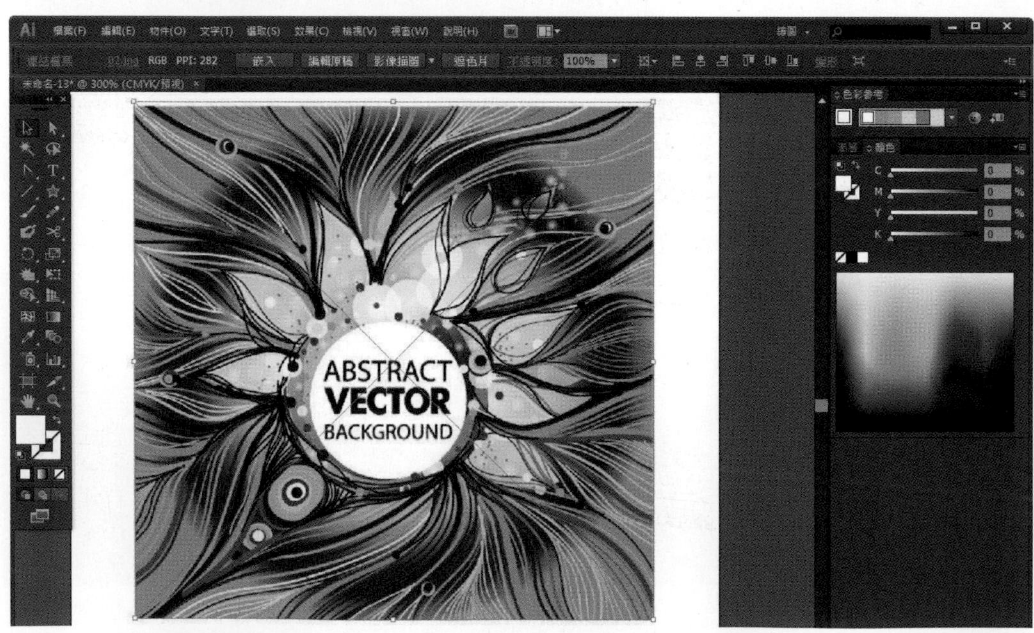

置入PSD格式檔案

在 Illustrator 中執行檔案 \ 置入指令，在彈出的置入對話視窗中，選取需置入的 PSD 格式檔案。點擊置入按鈕，在彈出的 Photoshop 讀入選項對話視窗中，點擊確定按鈕。即可將 PSD 格式檔案直接置入 Illustrator 中。

置入圖像管理

執行視窗 \ 連結指令，打開連結面板。點擊面板右上角的黑色小三角形按鈕，彈出下拉功能列。透過功能列可以進行重新連結、跳至連結、編輯原稿、更新連結等選項操作。

重新連結：當連結檔案中斷時，在下拉功能列中點擊重新連結選項。便可彈出置入對話視窗。選取需要連結的物件，點擊置入按鈕，即可重新連結檔案。您也可以改變連結或置入方式。

跳至連結：用於處理圖像顯示於視窗正中央。當操作過程中不便於觀察連結圖像時，在功能列中直接點擊跳至連結選項。圖像就會在視窗正中央顯示。

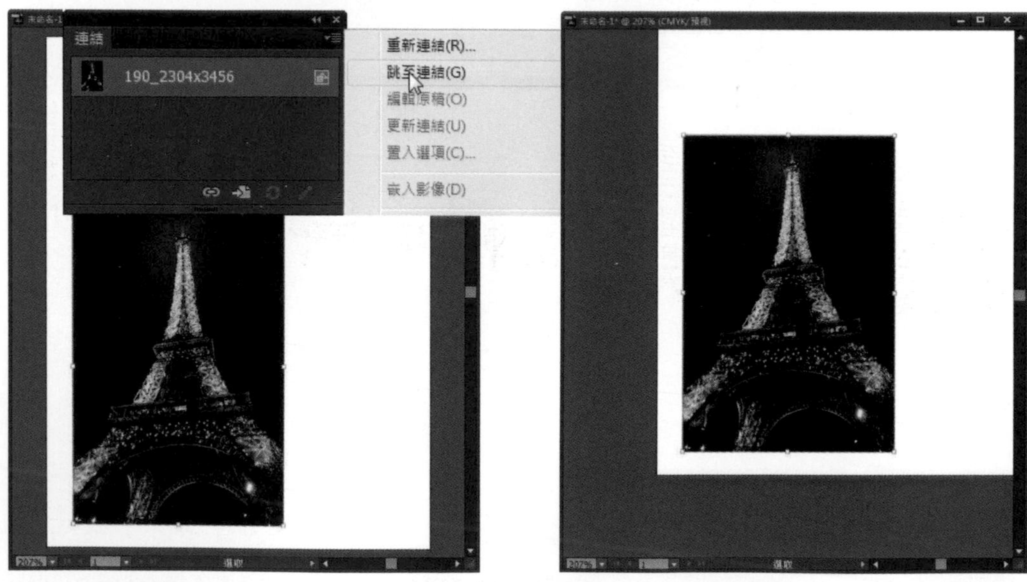

更新連結：如果連結檔案的原始檔案被修改過，那麼在功能列中的更新連結選項將會以實色顯示。只要點擊更新連結選項，即可更新為修改後的檔案。

1-6 轉存檔案

當需要將檔案提供給其他軟體使用時，就得將檔案輸出為其他軟體可以接受的格式。執行檔案 \ 轉存指令，在彈出的轉存對話視窗中點擊存檔類型選項。在彈出的轉存對話視窗中，點擊存檔類型選項，在彈出的下拉功能列中可以看到，在 Illustrator 中提供了許多轉存的格式。您可以根據操作需要選擇對應的格式。

轉存 Illustrator 檔案為 PSD 格式檔案。

1 執行檔案 \ 開啟舊檔指令，開啟舊檔。

2 執行檔案 \ 轉存指令，在彈出的轉存對話視窗中，選擇存檔類型為 Photoshop(*PSD)。點擊轉存按鈕，在彈出的 Photoshop 轉存選項對話視窗中，設定色彩模型為 CMYK，解析度為高（300ppi）(H)，點選平面影像選項。點擊確定按鈕，即轉存檔案為 Photoshop(*PSD) 格式。

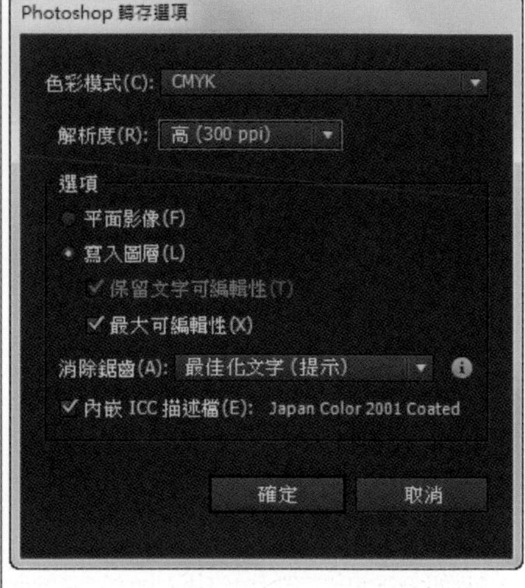

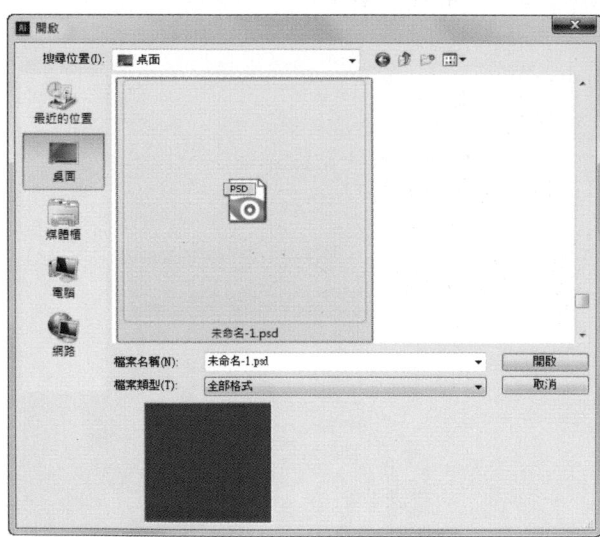

1-7 文件設定

頁面尺標

執行檢視 \ 顯示尺標指令，即可顯示頁面的水平尺標與垂直尺標。

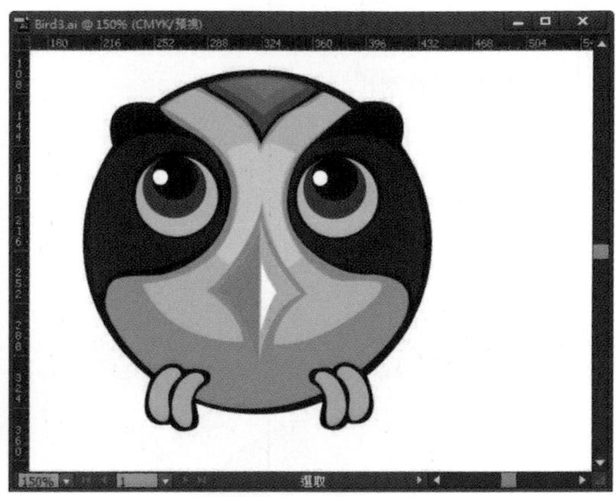

執行檢視 \ 隱藏尺標指令，即可隱藏尺標。

設定頁面尺標零點

移動滑鼠至畫面左上角兩把尺標交叉處的起點重設按鈕處，按住滑鼠左鍵拖曳出一個十字交叉的線條，將線條拖曳至欲設定為起始點的位置後釋放。

釋放滑鼠的地方便成為新的尺標起始點。

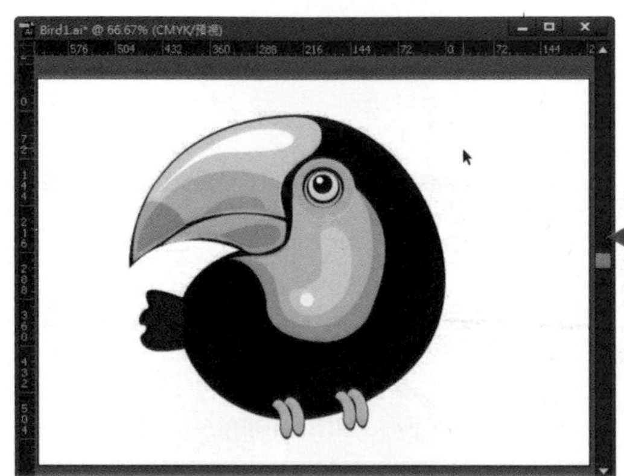

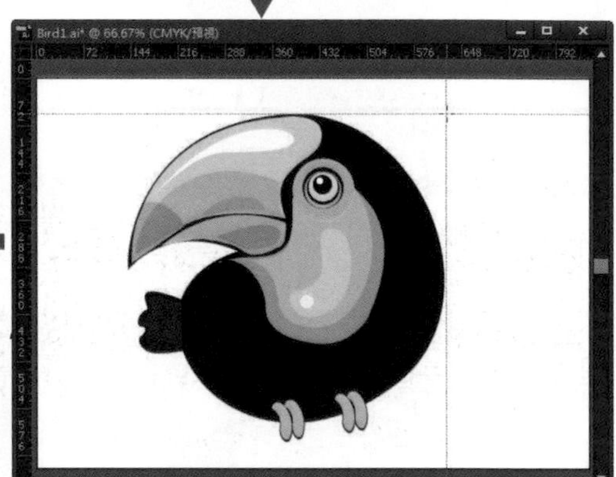

參考線的設定

尺標參考線

移動滑鼠至垂直尺標處，按住滑鼠左鍵向右拖曳可拖出一條垂直參考線。

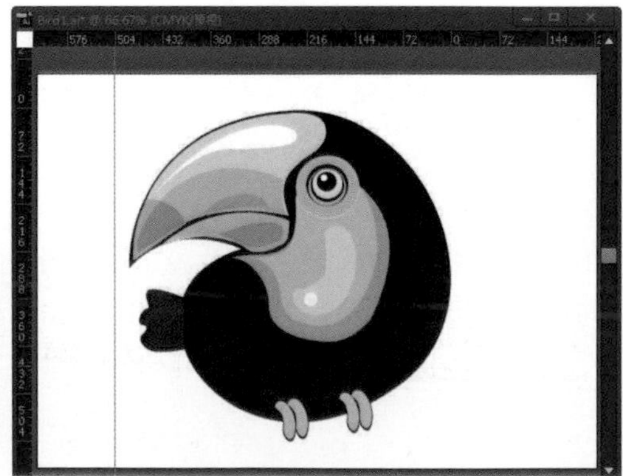

移動滑鼠至水平尺標處，按住滑鼠左鍵向下拖曳可拖出一條水平參考線。

移除參考線

執行檢視 \ 參考線 \ 清除參考線指令，即可清除參考線。

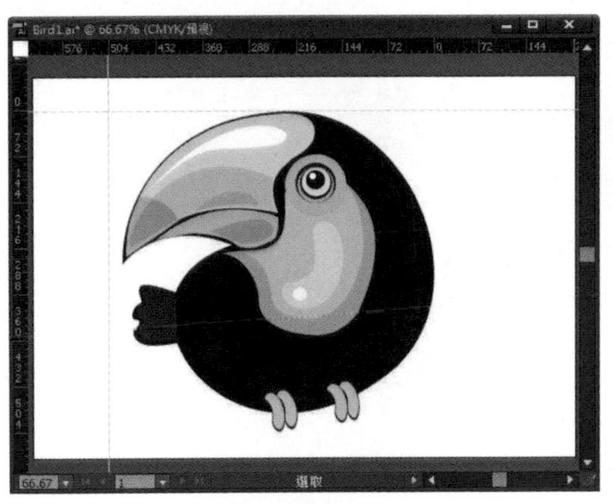

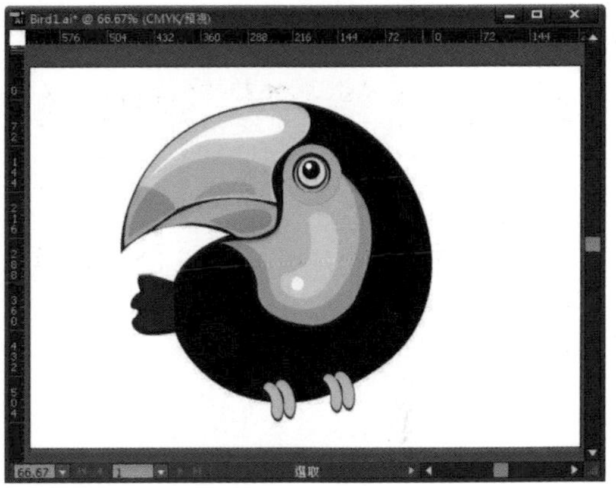

圖形參考線

選取圖形，執行檢視 \ 參考線 \ 製作參考線指令，即可將選取的圖形轉變為圖形參考線。

鎖定參考線

在預設情況下，參考線一旦製作完成便預設鎖定，不能夠再移動。執行檢視 \ 參考線 \ 鎖定參考線指令，即解除參考線的鎖定，可以重新調整參考線。

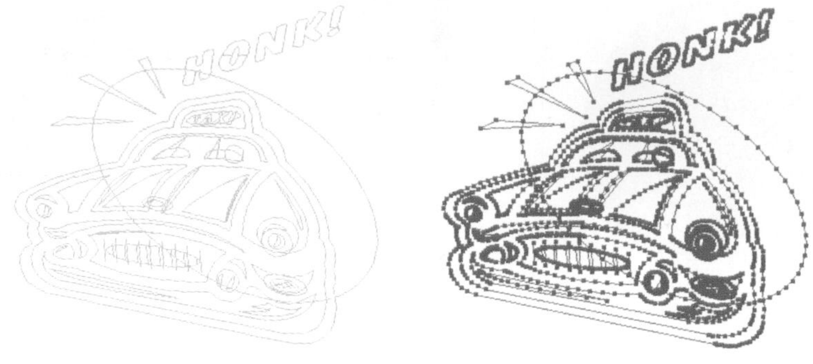

釋放參考線

執行檢視 \ 參考線 \ 釋放參考線指令，可將選取的圖形參考線轉變為一般圖形物件。

參考線顏色與樣式設定

執行編輯 \ 偏好設定 \ 參考線及格點指令，在彈出的偏好設定對話視窗中，可以對參考線的顏色和樣式選項進行設定。

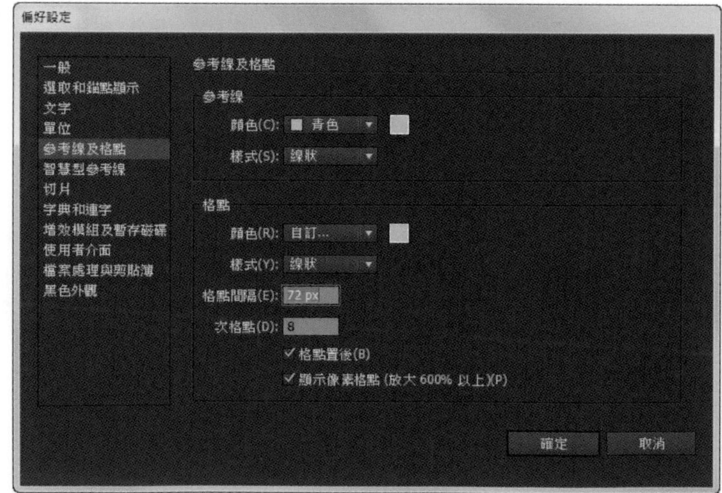

格點設定

執行檢視 \ 格點 \ 顯示格點指令，在畫面上便會顯示格點。

執行檢視 \ 格點 \ 隱藏格點指令，畫面上的格點便隱藏了起來。

1-8 文件檢視

1-8-1 圖像顯示模式

外框模式：執行檢視 \ 外框指令，圖像以外框模式顯示。

疊印預視檢視模式：執行檢視 \ 疊印預視指令，便可以預覽影像疊印印刷的結果。

像素預視模式：執行檢視 \ 像素預視指令，便以像素預視模式檢視圖形。

1-8-2 畫面顯示比例

以放大鏡工具改變畫面顯示比例

在工具箱中選擇放大鏡工具 ，此時游標變為符號 ，按住滑鼠左鍵在畫面上拖出一個選框，或者於畫面上任意一點處點擊，即可放大畫面顯示比例。

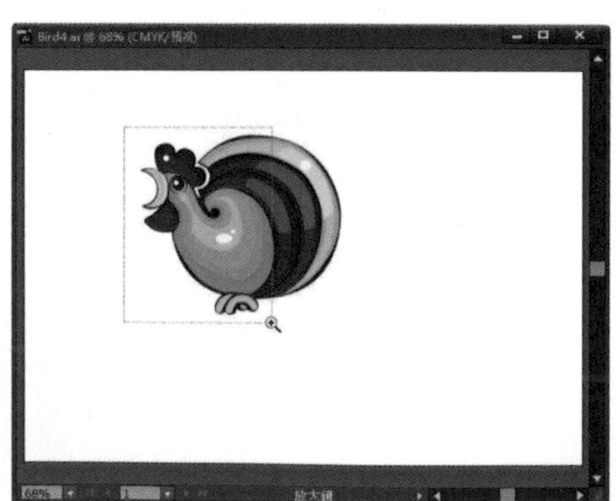

按住 <Alt> 鍵，游標變為符號 🔍，點擊畫面即可縮小圖像顯示比例。

以指令改變畫面顯示比例

執行檢視 \ 放大顯示指令（快速鍵 <Ctrl++>），畫面將以圖像為中心放大顯示比例。

執行檢視 \ 縮小顯示指令（快速鍵 <Ctrl+->），畫面將以圖像為中心縮小顯示比例。

執行檢視 \ 符合視窗指令（快速鍵 <Ctrl+0>），整個版面便顯示調整至螢幕大小。

執行檢視 \ 實際尺寸指令（快速鍵 <Ctrl+1>），畫面以 100% 的比例顯示。

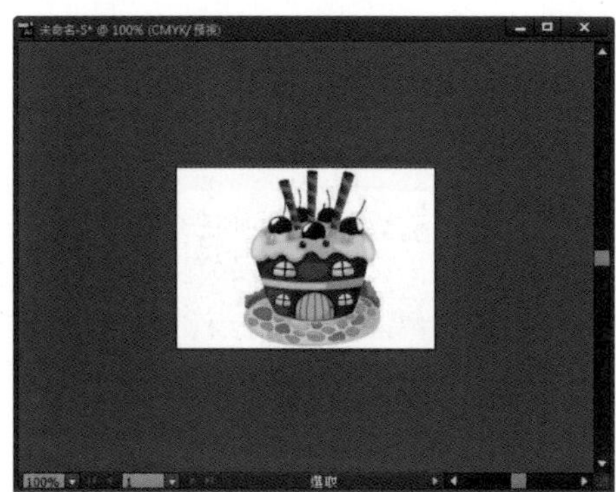

使用導覽器控制板改變顯示比例

執行視窗 \ 導覽器指令，打開導覽器面板。按住導覽器面板底部的縮放顯示滑桿上的端點向左右兩邊拖動，即可縮放圖像顯示比例；按住縮放顯示滑桿上的端點向左移動，圖像比例縮小顯示。

按住縮放顯示滑桿上的端點向右移動，圖像比例放大顯示。

1-8-3 頁面捲動

利用水平\垂直捲動軸捲動頁面

當圖像過大，顯示不完整或需要觀察某個局部時，可以透過調整水平捲動軸或垂直捲動軸進行圖像的捲動。

調整水平捲動軸時，圖像在水平方向上捲動。

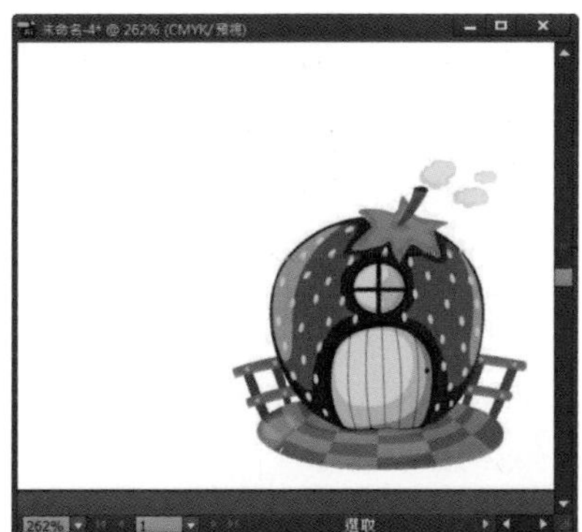

調整垂直捲動軸時，圖像在垂直方向上捲動。

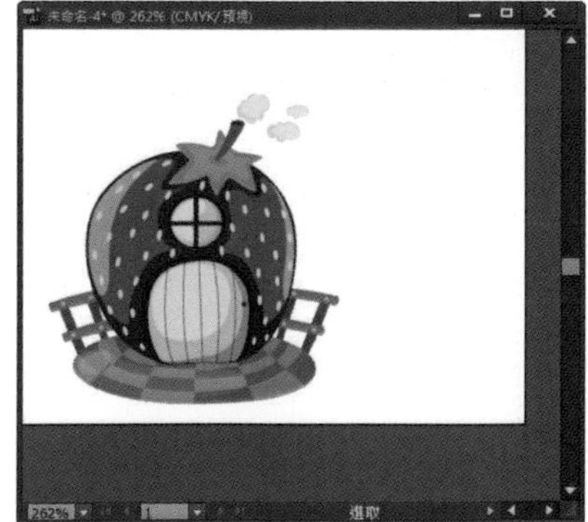

利用導覽器捲動畫面

執行視窗 \ 導覽器指令，打開導覽器面板。

移動滑鼠到導覽器面板中的替身預視範圍，游標變為掌形。按住滑鼠左鍵，拖動紅色的矩形框。隨著矩形框位置的變化，圖像便跟著移動。

利用手形工具捲動畫面

在工具箱中選擇手形工具 ，移動滑鼠至畫面。按下滑鼠左鍵，滑鼠變為形狀 時，便可任意捲動畫面。

1-8-4 視窗顯示模式

在工具箱的底部可看見四個螢幕顯示模式按鈕，分別是最大螢幕模式、標準螢幕模式、全螢幕含選單模式。一般情況下，我們使用的都是標準螢幕模式。在工具箱底部點擊標準螢幕模式按鈕，螢幕顯示效果如圖。

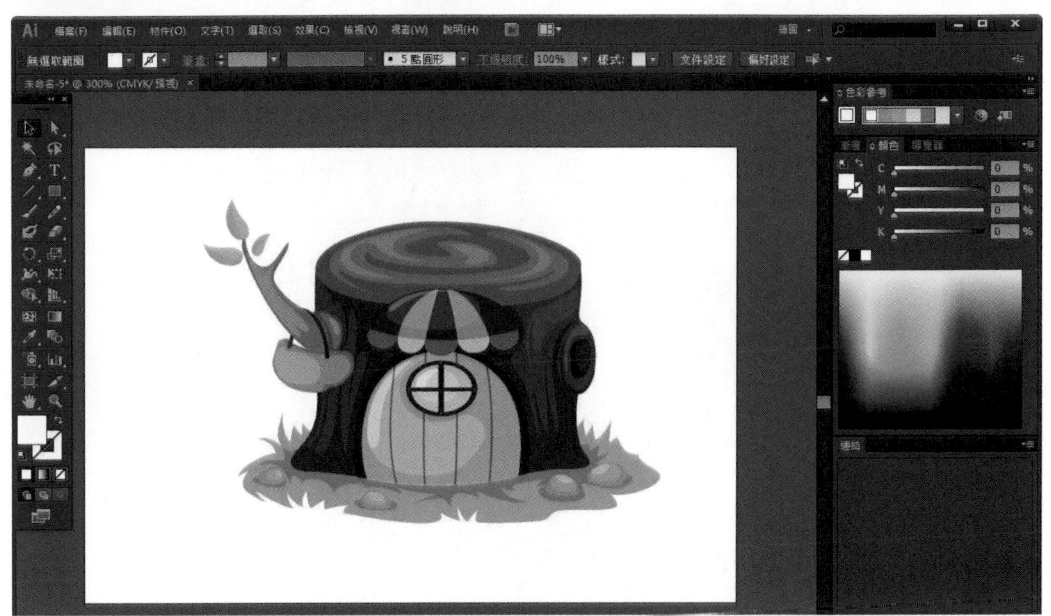

點擊全螢幕含選單模式按鈕，螢幕顯示效果如圖。

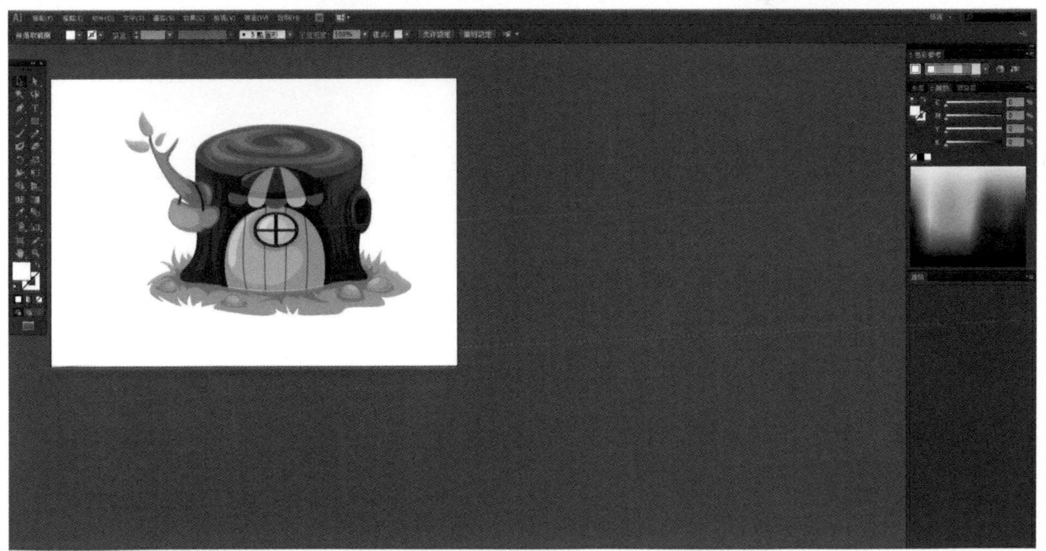

點擊最大螢幕模式按鈕 ，螢幕顯示效果如圖。

1-8-5 測量工具

執行視窗 \ 資訊指令，開啟資訊面板。在工具箱中選擇測量工具 ，按住滑鼠左鍵拖動。此時，在資訊控制面板上便會顯示出 X、Y 兩點的位置、距離和角度等資訊。

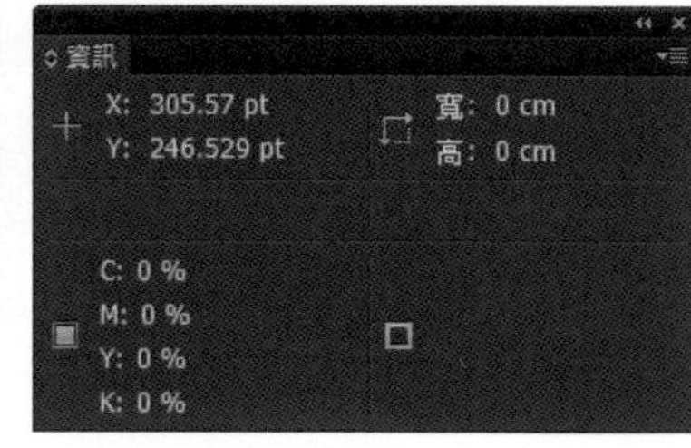

Note

02 基本圖形繪製

本章主要是用造形工具繪製圖形，對 3D 效果的應用繪製出 3D 齒輪圖，以及花瓣的對稱製作。星形工具繪製圖形並用轉換錨點工具將圖形變形成爆炸效果，以及透明面板的應用。

▼ 設計流程

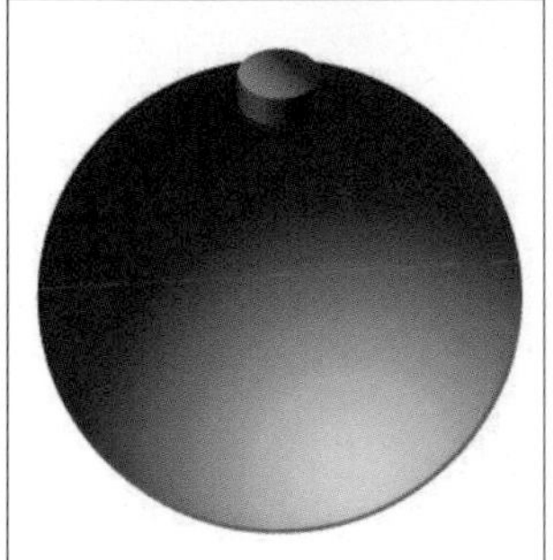

▼ 關鍵技巧

1 各種繪製工具的使用
2 漸層的填充
3 3D 效果的應用
4 個別變形指令的應用

 ch02\ >ch02-001.ai、ch02-002.ai、ch02-003.ai

2-1 3D 齒輪的製作

1 使用橢圓形工具 繪製一個橢圓形，並對其進行線性漸層填充。

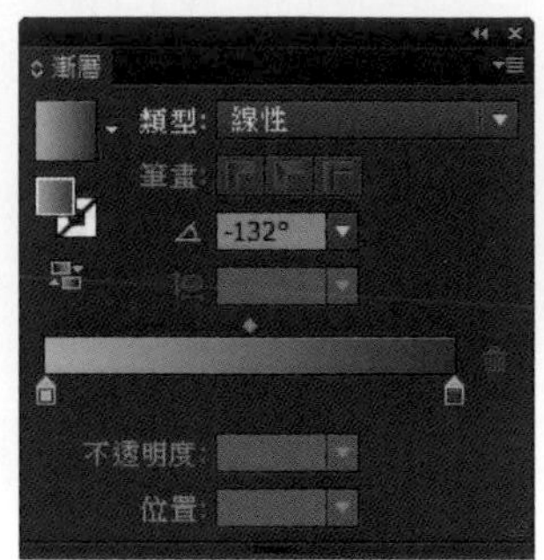

2 使用選取工具 移動滑鼠到橢圓形邊框的右下角，滑鼠變為 時對橢圓形進行旋轉。

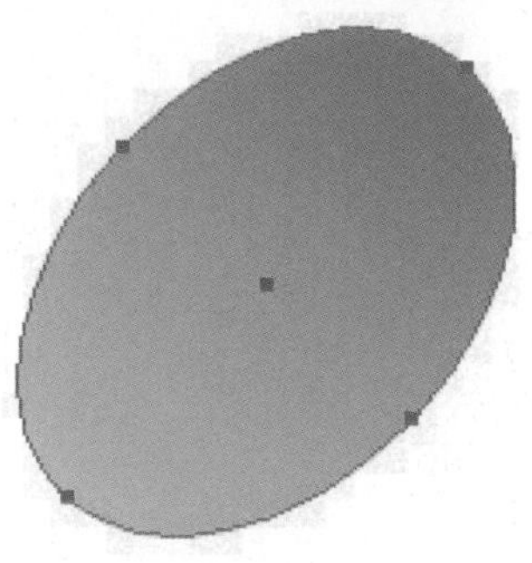

3 複製一個橢圓形，調整大小，並對其進行線性漸層填充。

4 再複製一個橢圓形，調整大小，為其填充線性漸層顏色，並把不透明度改為 50%。

5 再複製兩個不透明度為 100% 的橢圓，分別調整大小和填充線性漸層顏色。

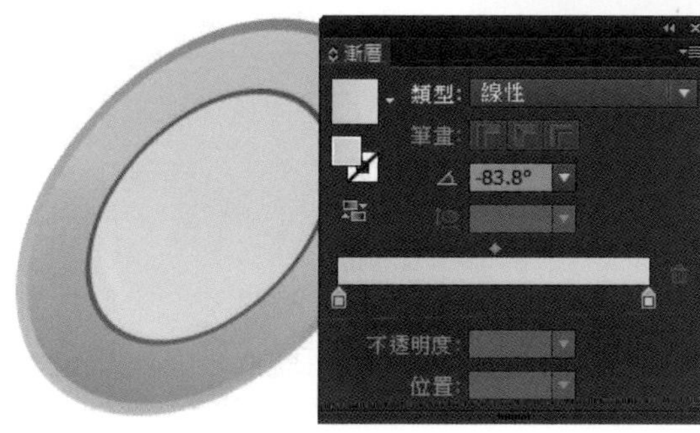

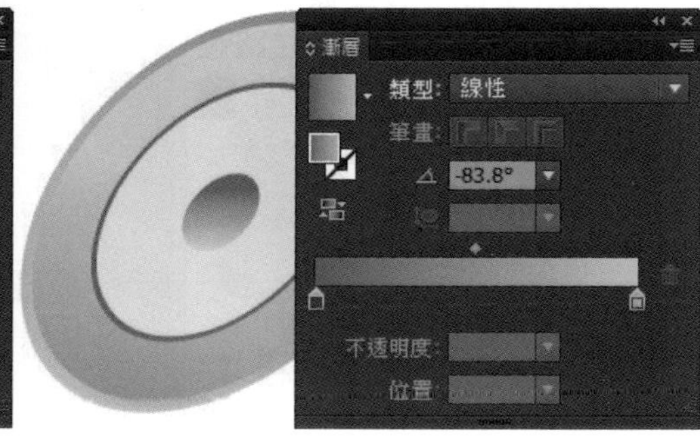

6 使用星形工具 在視窗任意空白處點擊，彈出星形對話框，把半徑 1 和半徑 2 分別設置為 80mm 和 40mm，星芒數設置為 8，點擊確定按鈕繪製一個八角星形。

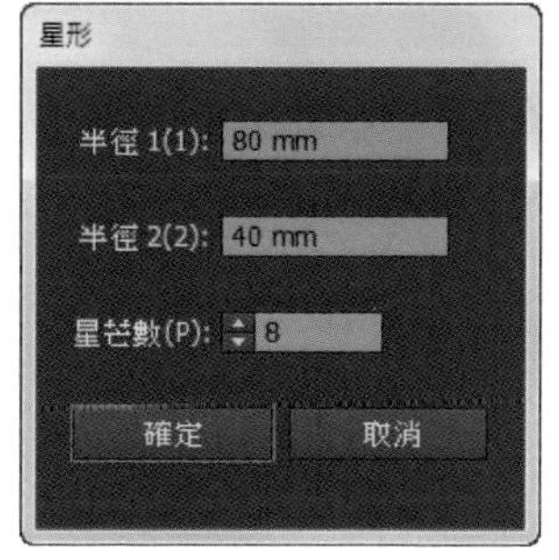

2-2 戴花小豬的製作

1 使用橢圓形工具 繪製小豬的臉和鼻子，調整位置並填充藍色到白色的漸層色彩。

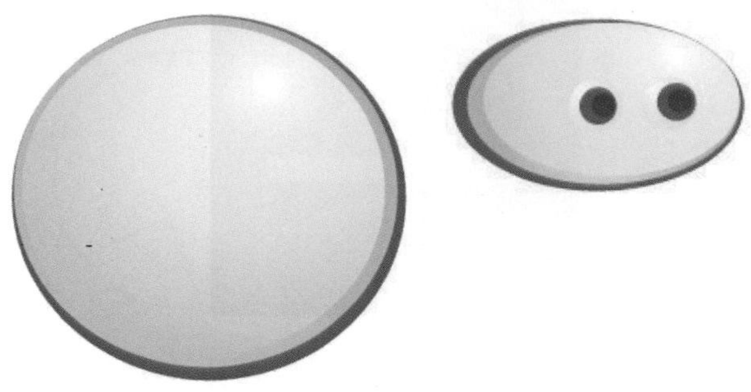

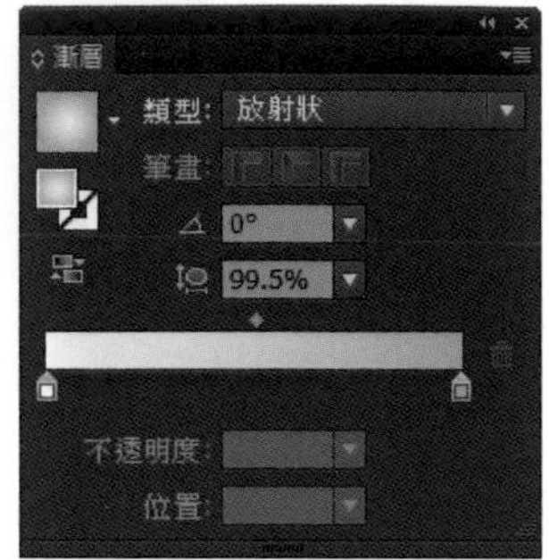

2 組合小豬的臉和鼻子，並使用繪圖工具繪製小豬的眼睛和嘴巴。

3 再用相同的方法做小豬的而耳朵和小紅臉，小紅臉填充放射狀漸層色。

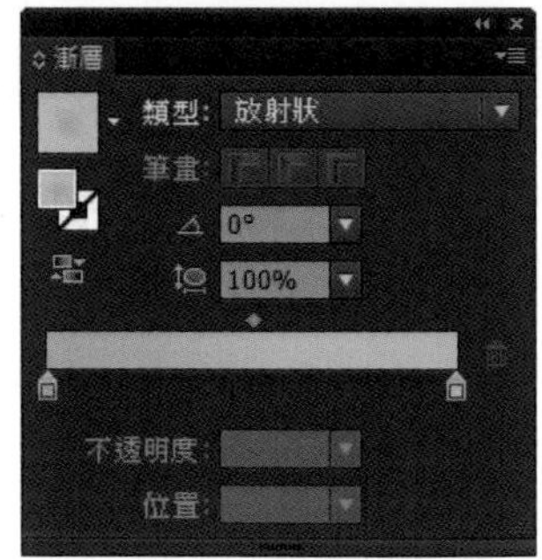

4 緊接著用上述的方法繪製小豬的身體和尾巴。

5 繪製一片花瓣並填充線性漸層。

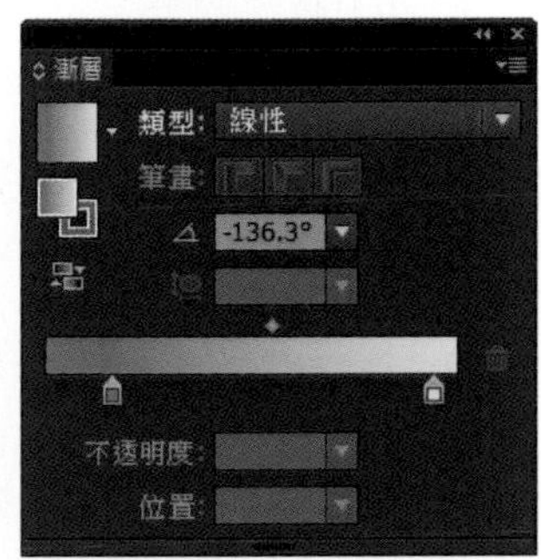

6 執行物件 \ 變形 \ 個別變形指令，在彈出的個別變形對話方塊中，中心點改為右下角 ，旋轉角度設置為 40 度，其他設置如圖，設置好後點擊拷貝按鈕。

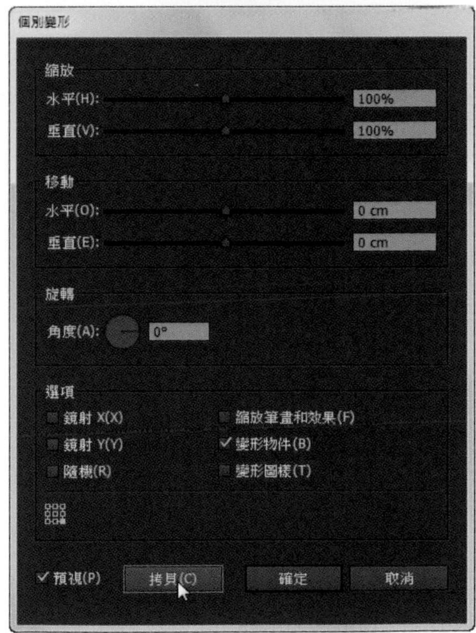

7 再用相同的方法繪製其他花瓣。

8 複製一個完整花瓣，調整到合適位置，並用稍淺的顏色為其填充漸層色。

9 同時選取著兩個花瓣，複製一個花瓣並在路徑管理員面板中進行聯集 和展開指令，並為其填充黑色。

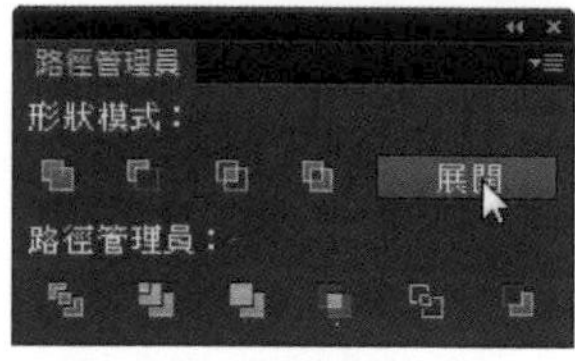

10 繪製一個圓填充黑色後放到花瓣的中間。

11 調整大小，將才做好的花瓣外形按 <Shift+Ctrl+[> 放在兩個花瓣的最下層。

12 使用橢圓形工具 繪製花蕊，並移動到合適位置。

13 複製繪製好的花朵，調整大小並更換顏色。

14 最後，將做好的花朵拖到小豬頭上合適的位置，並用橢圓形工具 繪製一個淡藍灰色圓形為小豬加上影子。

2-3 爆炸效果的製作

1 使用橢圓工具 製作炸彈的外形，並填充紫色到白色的漸層填充。

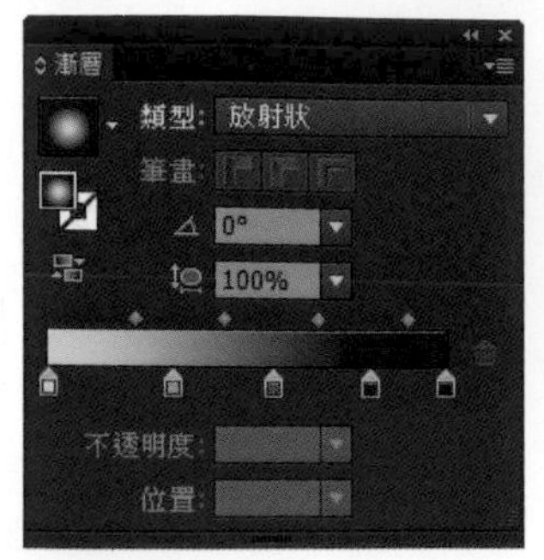

2 使用造形工具繪製出炸彈的突出部分和引線，並為炸彈的突出部分做陰影。

3 使用星形工具 繪製出一個十角星形。

4 再用轉換錨點工具 為十角星形變形，使之成爆炸效果。

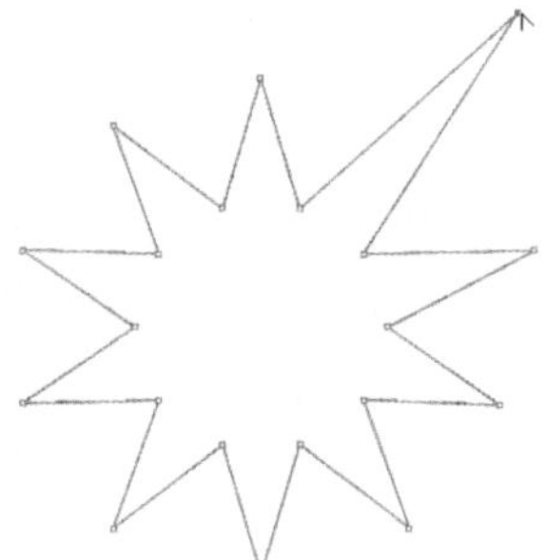

5 為變形後的十角星形填充線性漸層色，並移動到引線的合適位置。

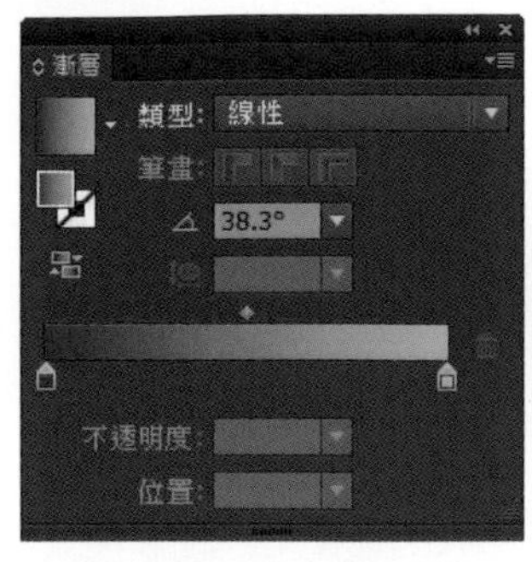

6 使用橢圓形工具 為炸彈繪製高光，並調整不透明度為 40%。

7 再使用橢圓工具 繪製一個正圓填充白色，並將其變形為心形及改變不透明度為 15%。

8 多複製幾個透明心形，改變大小後放到炸彈的合適位置。

9 最後複製兩個炸彈，改變炸彈的顏色、大小和引線方向，炸彈的爆炸效果就完成了。

Note

03 特效圖像繪製

本章實例主要使用造形工具繪製基本圖形，介紹火焰效果的做法，並運用特效對圖形的變形。

設計流程

關鍵技巧

1 各種繪製工具的使用
2 結晶化工具的使用
3 彎曲指令的應用
4 網格工具的使用

ch03\ >ch03-001.ai、ch03-002.ai、ch03-003.ai

3-1 美味櫻桃的製作

1 使用繪圖工具繪製櫻桃。

2 複製一個櫻桃放到合適位置。

3 使用橢圓形工具 繪製一個橢圓形，並填充顏色。

4 雙擊結晶化工具 ，在彈出的結晶化工具選項中把細節選項設置為 1，然後點擊確定按鈕。

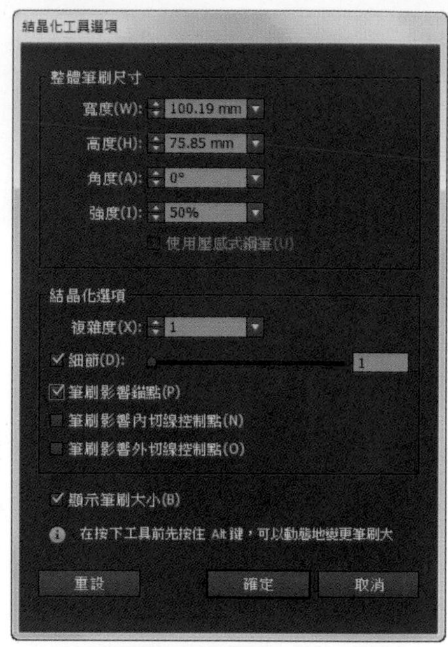

5 移動滑鼠到橢圓形的邊緣上，按住滑鼠把橢圓形變成結晶狀。

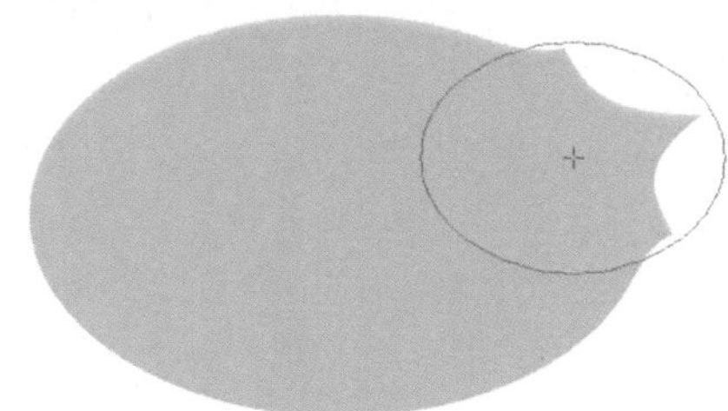

6 用相同的方法繪製出葉子的外形。

7 複製一個葉子的外形填充綠色，調整大小放到剛繪製好的葉子上層。

8 接著做幾個不同的形狀，為葉子製作明暗。

9 使用繪圖工具繪製葉子的莖，並放到櫻桃的下層。

10 複製一片葉子，調整大小後放到櫻桃的最下層。

3-2 夢幻蠟燭的製作

1 使用繪圖工具繪製出一個褐色的盤子。

2 再繪製一個橢圓形，填充黑色，調整不透明度為盤子繪製陰影。

3 使用矩形工具 繪製一個矩形，使用直接選取工具 將其稍微變形後，填充線性漸層色。

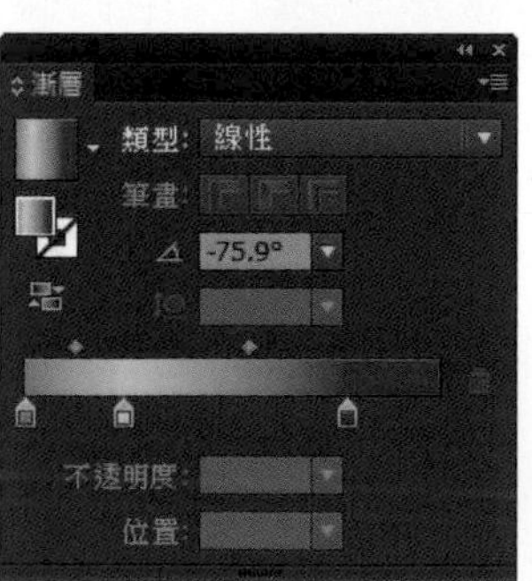

4 再使用橢圓形工具 繪製一個橢圓，填充橙色顏色後放到蠟燭的上層。

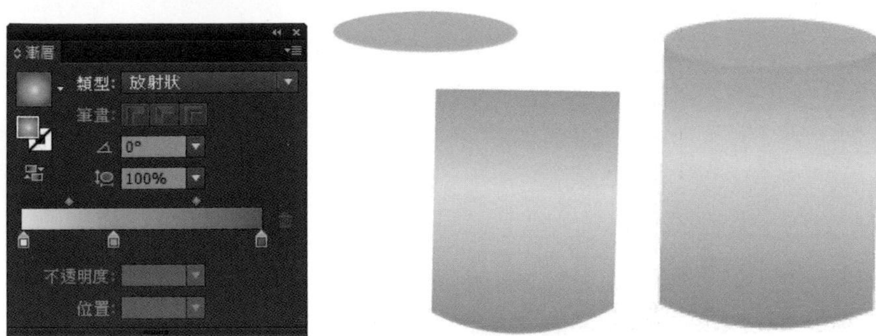

5 複製橢圓，為其填充放射狀漸層色，並調整大小放到合適位置。

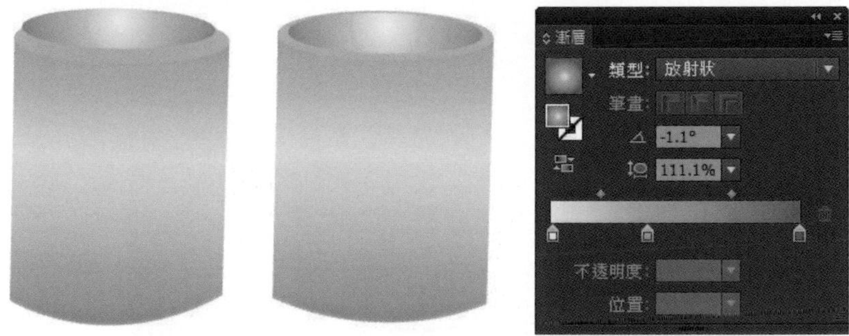

6 使用繪圖工具繪製蠟燭的線芯，填充線性漸層色。

7 使用橢圓形工具 繪製火焰，填充線性漸層色，去掉筆畫後放到線芯的下層。

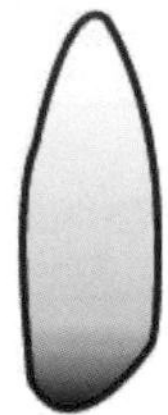

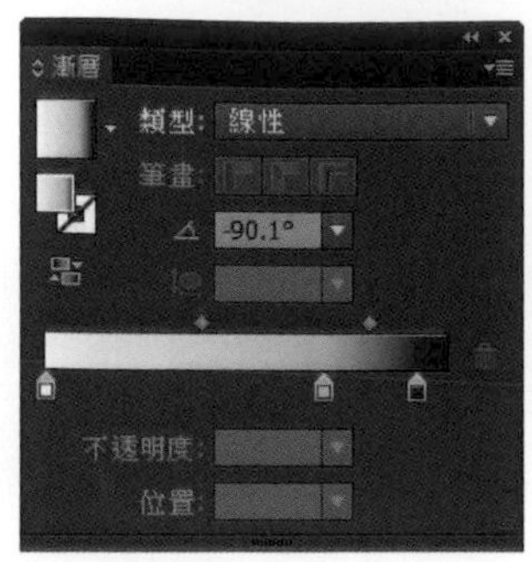

TIPS ▶

按下 <Ctrl+]> 鍵可以向上移一層，按下 <Ctrl+[> 鍵可以下移一層。

8 選取火焰圖形，在透明度面板的漸變模式中選取實光模式。

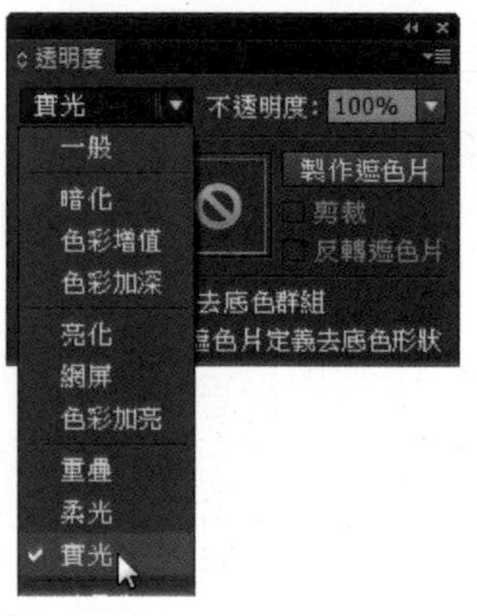

9 選取整個蠟燭後按 <Ctrl+C> 再按 <Ctrl+V> 複製多個，調整大小後，放在繪製好的盤子當中。

10 使用繪圖工具為蠟燭加陰影。

11 用以前學過的方法，繪製櫻桃，點綴蠟燭。

3-3 歡慶效果的製作

1 使用星形工具繪製一個三角形，然後使用轉換錨點工具 將三角形變形為帽子形狀，並填充藍色。

2 使用矩形工具 繪製一個長條矩形，填充深藍色。執行物件 \ 變形 \ 移動指令，在彈出的移動對話方塊中將距離設置為 15px 並把角度設置為 90 度，點擊拷貝按鈕。

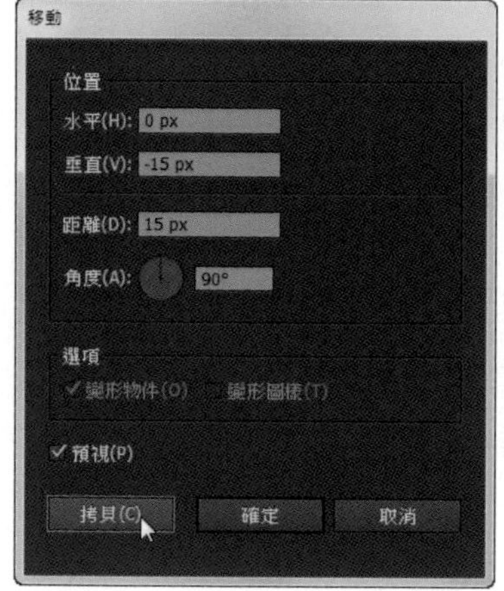

3 按下 <Ctrl+D> 鍵 3 次，再複製出 3 個長條矩形。

4 選取所有的長條矩形，執行效果 \ 彎曲 \ 弧形指令，在彈出的彎曲選項對話方塊中，選取水平選項，再將彎曲設置為 -54%，點擊確定按鈕。

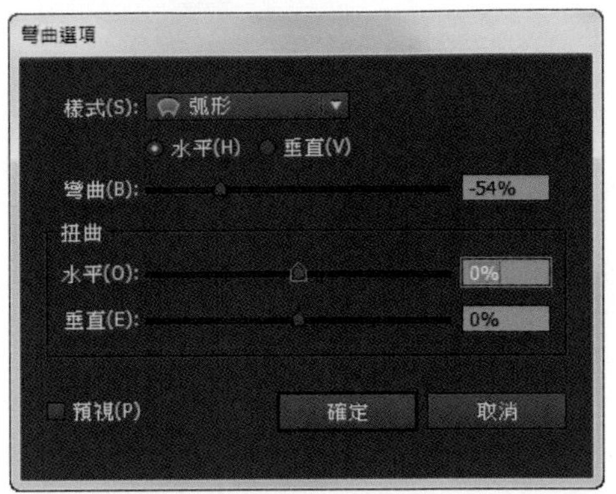

5 複製一個帽子圖形，將變形後的長條矩形旋轉並拖到複製帽子的合適位置上。

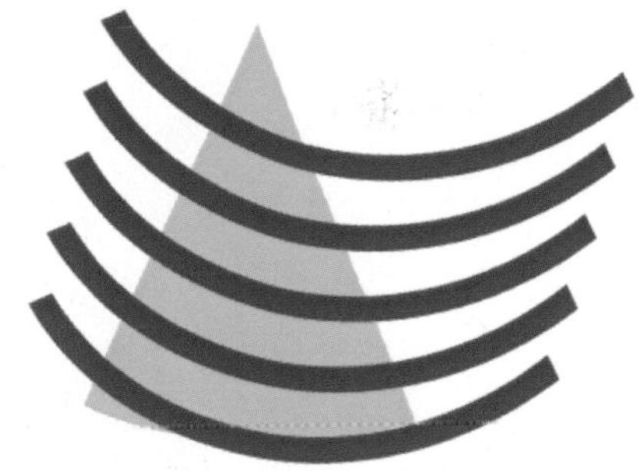

6 選取變形後的長條矩形和複製帽子，在路徑管理員面板中點擊交集 按鈕，並點擊展開按鈕。

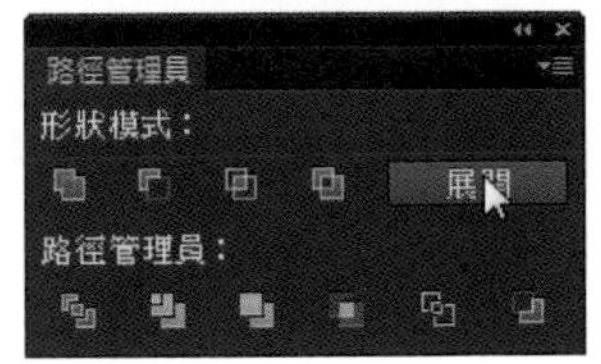

7 將做好後的螺旋紋放到帽子的合適位置。

8 選取帽子，使用網格工具 在選取處填上白色，為帽子添加網格錨點並填充高光。

9 使用星形工具 繪製幾個五角星形，填充不同的顏色，調整大小裝飾帽子。

10 再使用星形工具 繪製一個稍大點五角星形，填充漸層色，放到帽子的頂端，在帽子的右側繪製兩條發射線做為反光面，透明度設置為 40%。

11 複製出另一個帽子，改變顏色和造形。

12 用繪圖工具繪製幾條彩帶，並分別填充漸層色。再添加幾個小的彩帶，歡慶的最終效果就完成了。

04 文字的設計

本章實例是針對文字的設計，並使用漸變工具做背景，將文字做成立體效果，節點編輯工具為文字造形，這種手法在一些文宣廣告上較為常用。

▼ 設計流程

▼ 關鍵技巧

1 漸變工具的使用
2 位移複製指令
3 執行效果 \ 模糊 \ 高斯模糊指令
4 執行效果 \3D\ 突出與斜角指令
5 文字轉換為外框圖形並使用節點工具修改外形

 ch04\ ▬ >ch04-001.ai、ch04-002.ai、ch04-003.ai

4-1 漸層字製作

1 繪製一個長寬分別為 148mm 和 187mm 矩形，並填充顏色 C78、M100、Y23、K20 做為海報的背景。

2 繪製一個正圓，並複製一個。

3 選取這兩個正圓，雙擊工具箱中的漸變工具，在彈出的漸變選項對話方塊中，間距選項選擇指定階數，並把數值設置為 25，點擊確定按鈕。

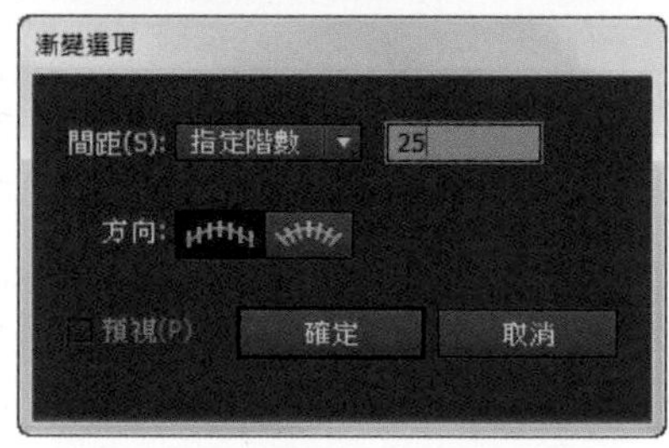

4 執行物件 \ 漸變 \ 製作指令，再複製一組放到海報的上端。

5 選取這兩組漸變的圓點，執行物件\展開指令，在彈出的展開對話方塊中將物件選項選取，點擊確定鍵。

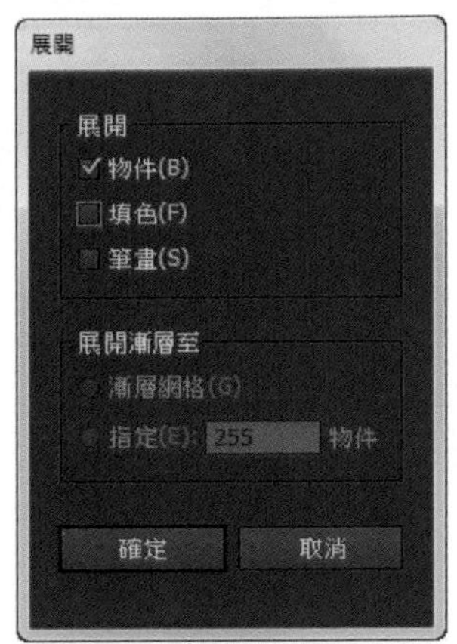

TIPS ▶

執行展開指令後才可重新將小圓製作漸變效果。

6 保持對兩組小圓的選取狀態，雙擊漸變工具 ，在彈出的漸變選項對話方塊中，間距選項選擇指定階數，並把數值設置為 19，點擊確定按鈕。

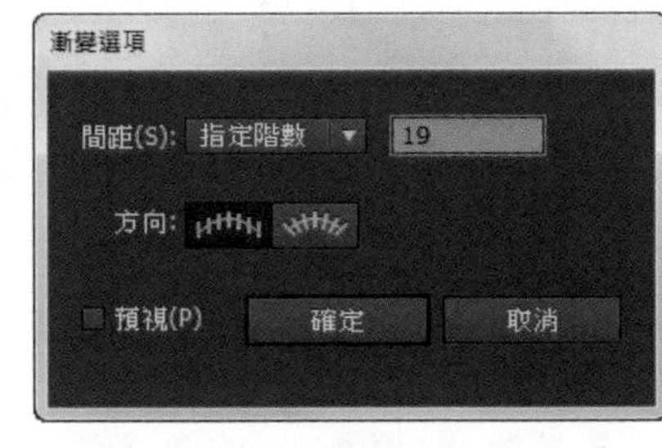

7 執行物件\漸變\製作指令。

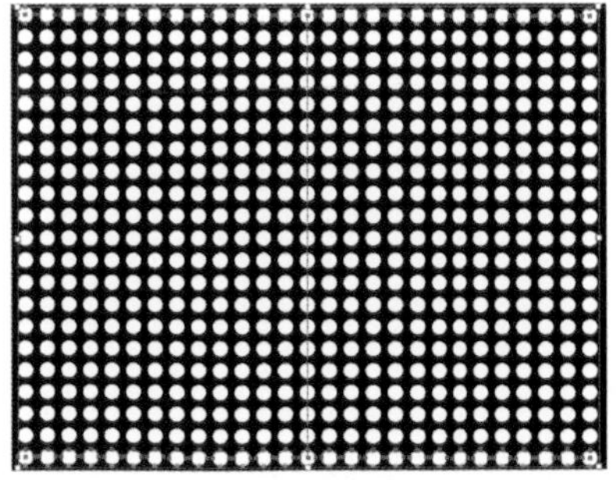

8 保持所有小圓的選取狀態，執行物件 \ 展開指令，在彈出的展開對話方塊中將物件選項選取，點擊確定鍵。

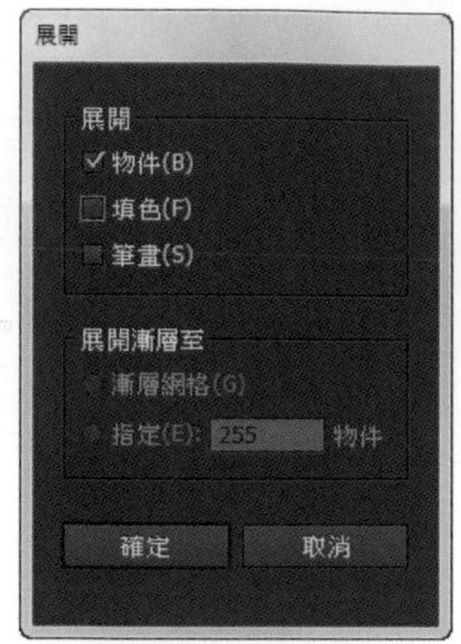

9 去除所有小圓的筆劃，使用漸層工具 為剛製作好的圓點填充線性漸層色。

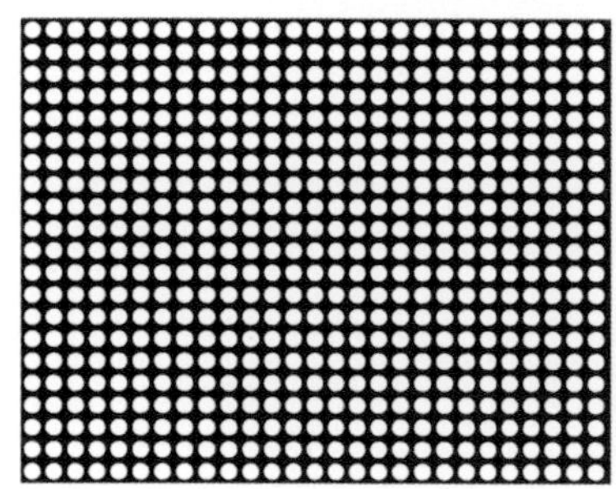

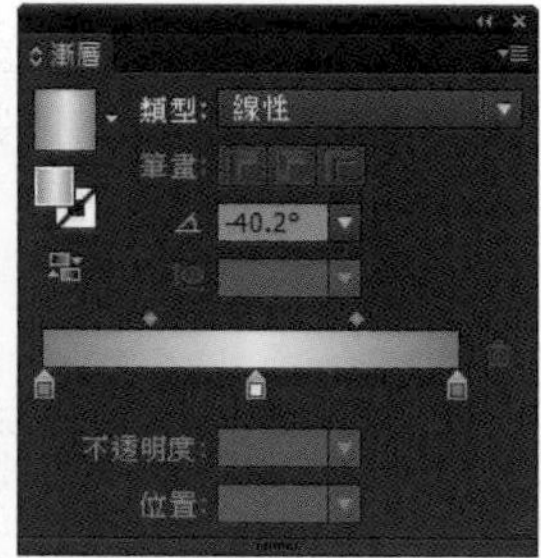

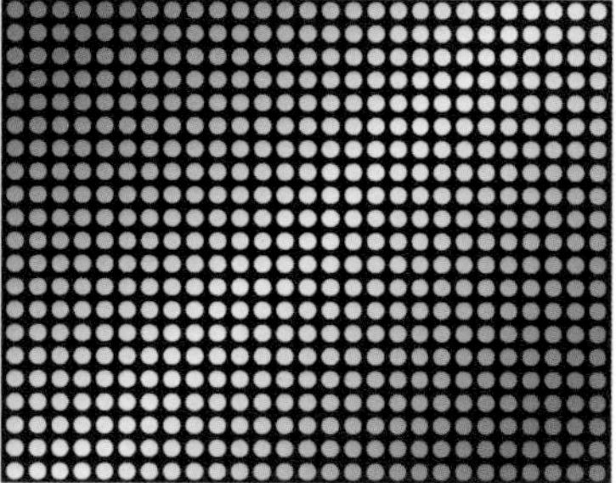

10 使用文字工具 T 輸入字母，並填充顏色。

music on music on

11 複製字母，執行效果 \ 路徑 \ 位移複製指令，在彈出的位移複製面板中，把半徑設置為 1mm，點擊確定按鈕。

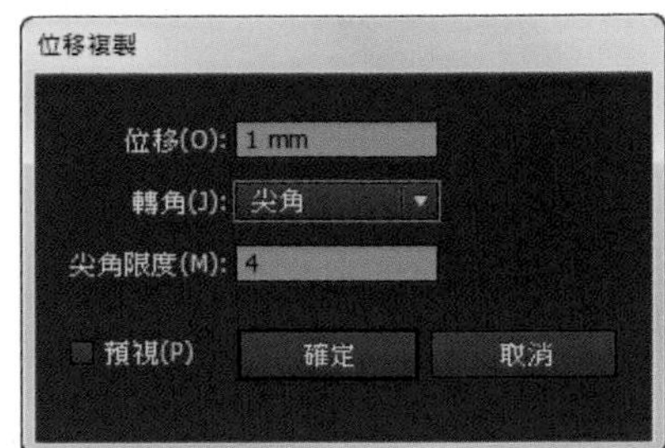

12 將變形後的字母填充 C78、M100、Y23、K20% 顏色，並移動到黃色字母的最下層。

13 複製一個黃色字母，把字母的填色去掉，並把筆畫設置為黃色，製成空心字效果。

14 執行視窗 \ 筆畫指令，開啟筆畫面板，把筆畫寬度設置為 3pt。

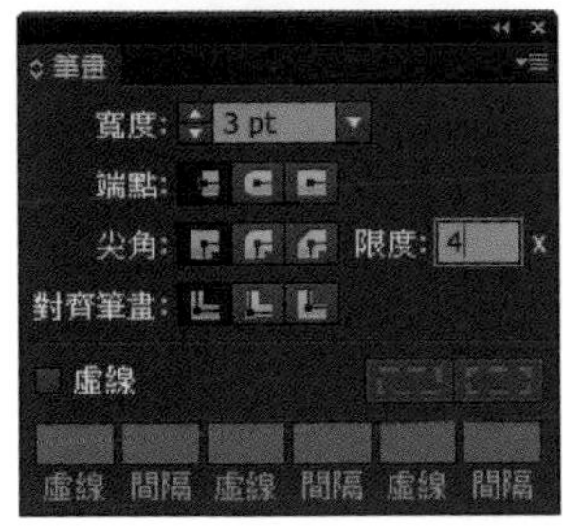

15 執行效果 \ 模糊 \ 高斯模糊指令，在彈出的高斯模糊面板中把半徑設置為 2，點擊確定按鈕。

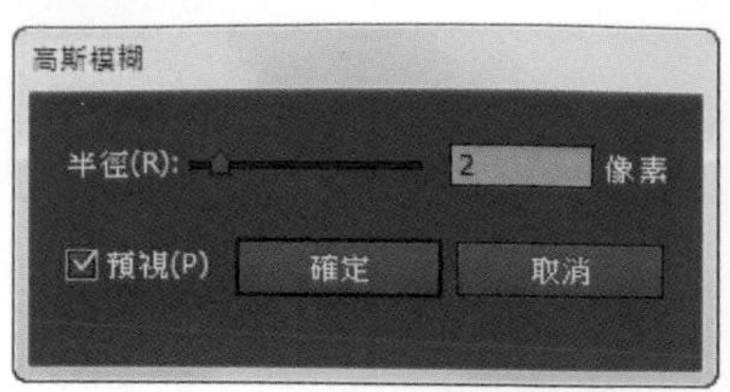

16 將空心黃色字母移動到合適位置，並群組所有字母，調整大小後放到海報的合適位置。

17 置入附贈光碟中 ch04\002\woman.ai 繪好的美女圖，完成海報的繪製。

4-2 立體字的製作

1 使用文字工具 T 輸入字母，去掉筆畫，填充 C54、M2、Y20、K0 顏色。

OPEN OPEN

2 將文字建立外框，執行效果 \3D\ 突出與斜角指令，在彈出的 3D 突出與斜角選項面板中，將突出深度設置為 100pt，點擊確定按鈕。

TIPS ▶

將 3D 突出與斜角選項面板中的斜角選項更改，可以獲得不同的效果。

古典斜角　　複合1斜角

凹角斜角

鋸齒斜角

旋轉斜角

圓角斜角

圓高斜角

3 置入附贈光碟中 ch04\003\star.ai 繪製好的立體五角星形，並將變形後的字母填充為白色，旋轉到合適位置。

4-3 特殊文字的製作

1 繪製一個矩形並填充 C66、M0、Y23、K0 顏色做為海報的背景。

2 使用星形工具 繪製多個大小顏色不同的五角星形，裝飾海報。

3 置入附贈光碟中 ch04\001.ai 繪製好的圖案，放到海報的合適位置。

4 使用文字工具 T 輸入字母，並為其填充黃色，筆畫填充黑色。

MOLLY MOLLY

TIPS ▶

雙擊工具箱中的筆畫 按鈕，在彈出的檢色器對話方塊中將顏色設置為 C0 、Y0、M0、K100，點擊確定按鈕，即可對筆畫填充黑色。

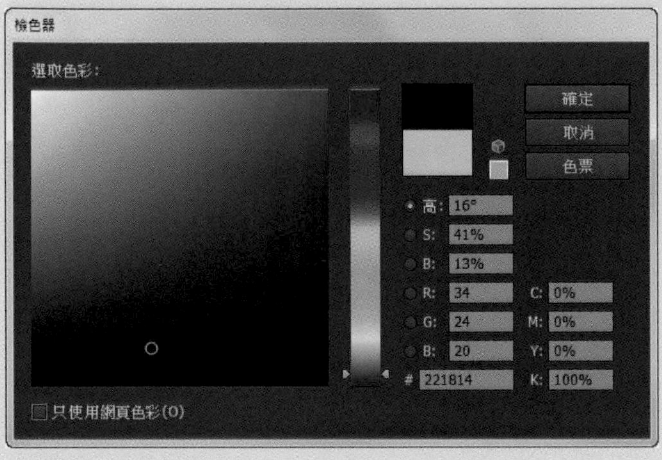

5 按下 <Shift+Ctrl+O> 鍵，為字母建立外框。

MOLLY

6 執行物件\解散群組指令，可以多字母進行單個編輯。

7 使用直接選取工具 ，編輯字母 M。

8 再用相同的方法編輯其他字母。

9 使用選取工具 移動各字母到合適位置。

10 群組字母，將其放到海報的合適位置。

11 使用文字工具 T 輸入字母，並填充顏色 C2 、M7、Y99、K0。

12 用剛才的方法編輯字母。

13 旋轉字母將其放到海報的合適位置。

14 最後參照前面的繪圖技巧，自行繪製加入爆炸圖形裝飾海報。

Note

05 企業識別設計

本章實例是企業識別設計，員工制服應表達企業形象，顯示企業的個性，因此員工服裝的款式、顏色、材料等設計都應有統一的特點。企業的專有車輛經常出現在大眾面前，它傳遞著公司的形象，因此都應規範使用企業的標誌、標準字、產品名稱，在標準色上也應該統一。店面、招牌設計如同廣告一樣，醒目地顯示著商店的名稱和銷售商品的品牌，代表著商店的特色。

▼ 設計流程

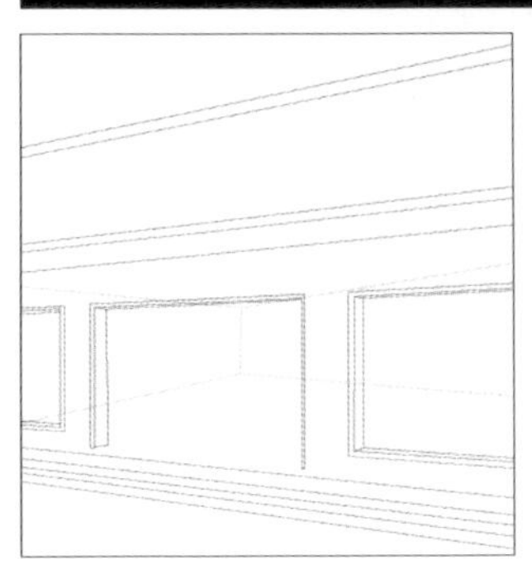

▼ 關鍵技巧

1 鏡射工具的使用
2 製作一個子圖層
3 執行合併選定的圖層
4 縮放工具的使用
5 快速鍵 <Ctrl+D> 重複複製
6 圖樣筆刷製作

 ch05\ >ch05-001.ai、ch05-002.ai、ch05-003.ai

5-1 員工制服

員工制服應表達企業形象，顯示企業的個性，因此員工服裝的款式、顏色、材料等設計都應有統一的特點。即使不同季節，男女員工都應規定一致的標準。員工制服一般可分為管理人員男裝、管理人員女裝、普通員工男裝、普通員工女裝，按季節又有春秋長袖裝、短袖裝以及冬裝等等。

本套制服主體為藍色，與科技公司的標準色保持一致，展現了公司員工認真細緻的辦事作風，白色袖口、白色領帶，襯托了公司員工的朝氣與活力。

5-1-1 製作長袖裙裝

1. 執行檔案 \ 新增指令，在彈出的新增文件對話方塊中設定名稱為員工制服，畫板尺寸為 A3，方向為橫向，其餘為預設值，點擊確定按鈕。

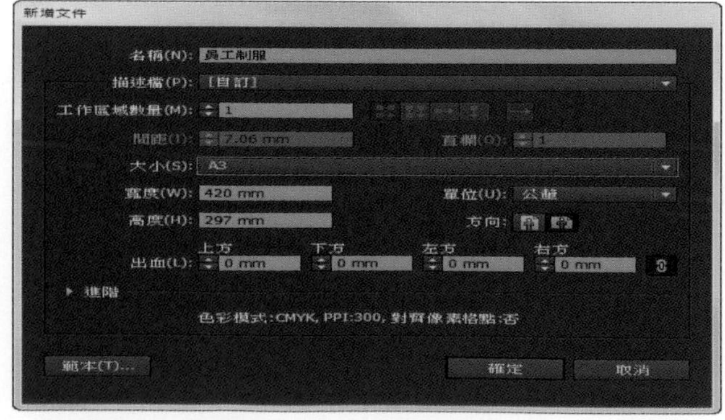

2 點擊工具箱中鋼筆工具 ，勾畫出上衣大體輪廓線條。

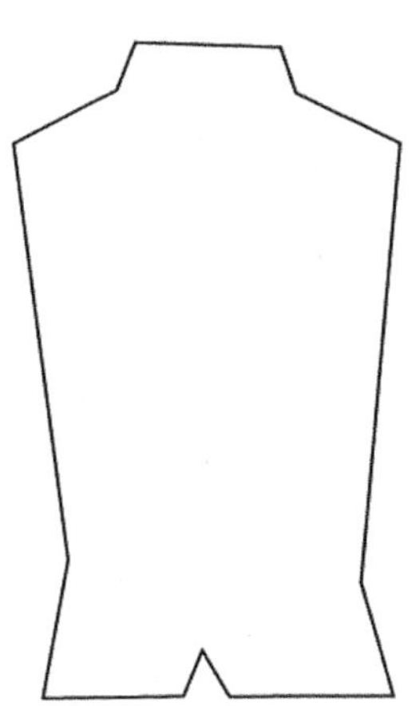

3 選取工具箱中轉換錨點工具 ，調整衣服輪廓線。

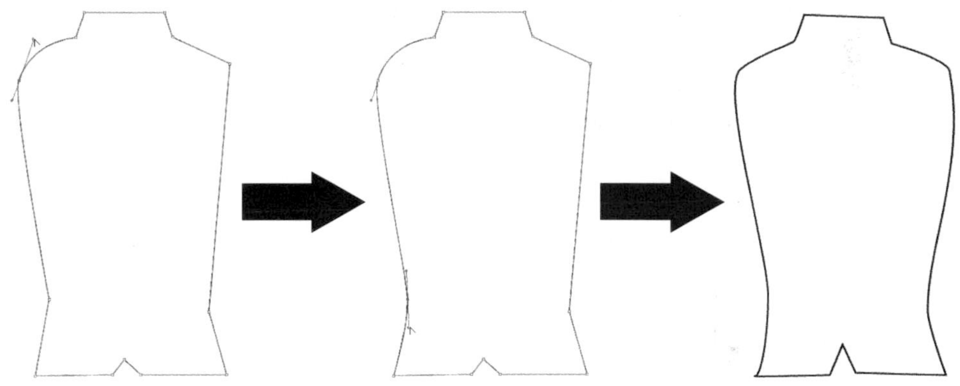

4 使用鋼筆工具 繪製衣袖。

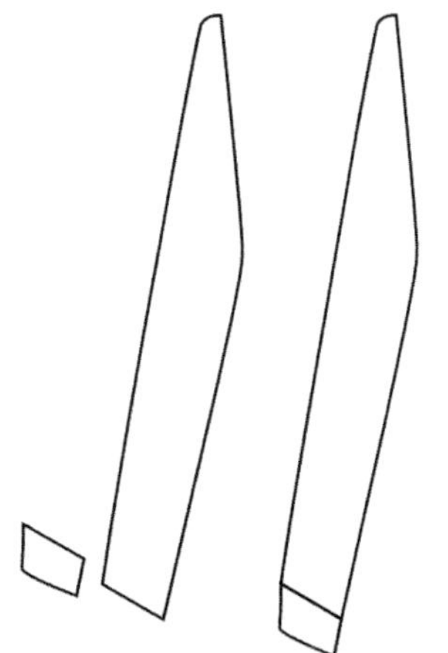

5 加上衣袖的扣子物件，選取物件衣袖及扣子，按快速鍵 <Ctrl+G> 群組。

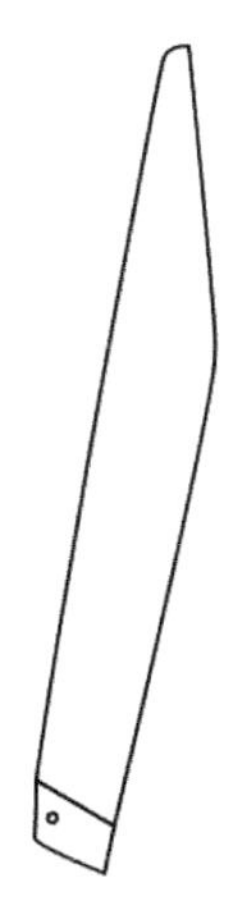

6 選取衣袖，雙擊工具箱中鏡射工具 ，在對話方塊中設定座標軸為垂直，點擊拷貝按鈕，鏡射並拷貝出另一隻衣袖。

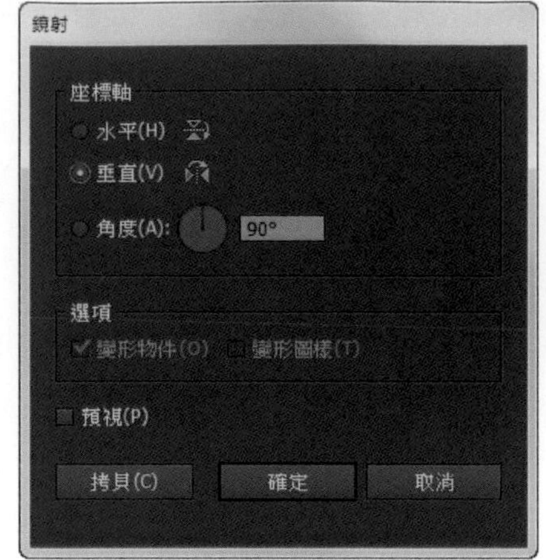

7 移動衣袖，調整好位置，按下快速鍵 <Ctrl+shift+]> 移至下層。

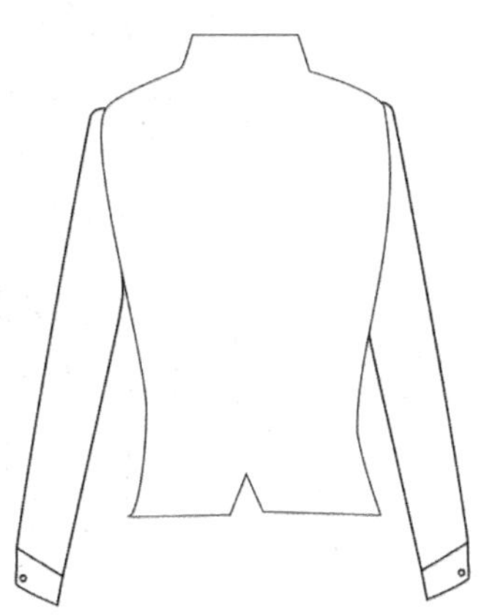

8 點擊圖層面板中的製作新圖層按鈕 ，建立一個新圖層圖層 2，在此層中建立衣領及領帶。

9 在圖層面板中點擊圖層 1 前的切換鎖定狀態 標記上一把鎖樣，鎖定圖層。

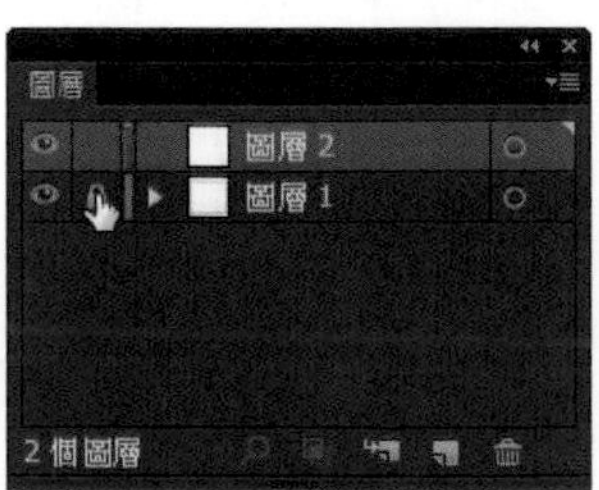

10 點擊圖層 2 使之為目前圖層。

11 使用鋼筆工具 ，繪製出衣領及領帶部分，並擺放到正確位置。

12 選取區段線段工具 繪製衣服鈕扣處線條，選取橢圓工具 繪製兩顆鈕扣。

13 點擊圖層面板上製作新圖層 按鈕建立圖層 3。選取圖層 3 拖動到圖層 1 下方。

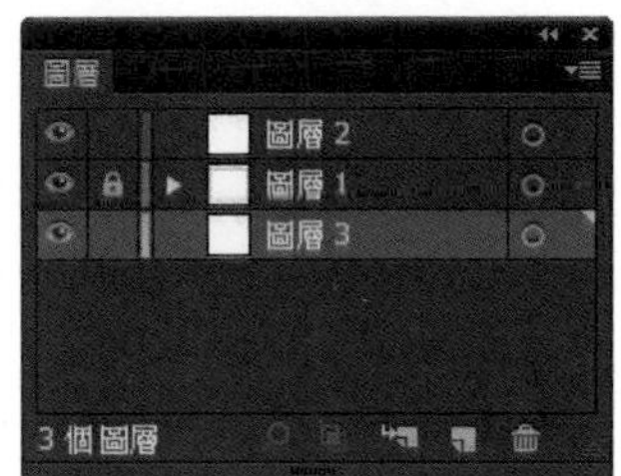

14 點擊圖層 3，使之成為目前圖層，使用鋼筆工具 ，描繪出裙子線條。點擊工具箱中填色按鈕，在顏色面板中填上深藍色 C100、M100、Y0、K40。

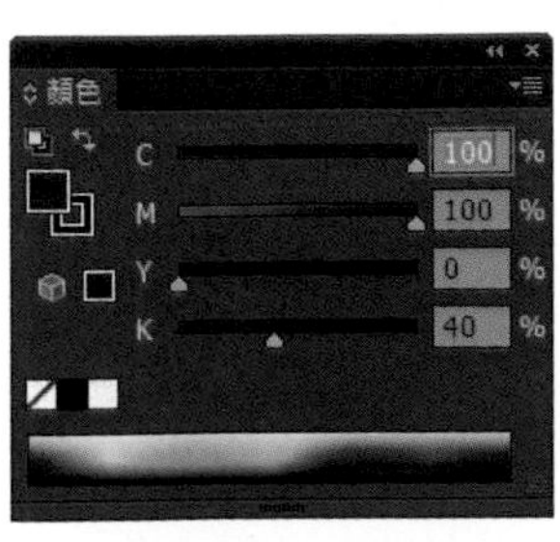

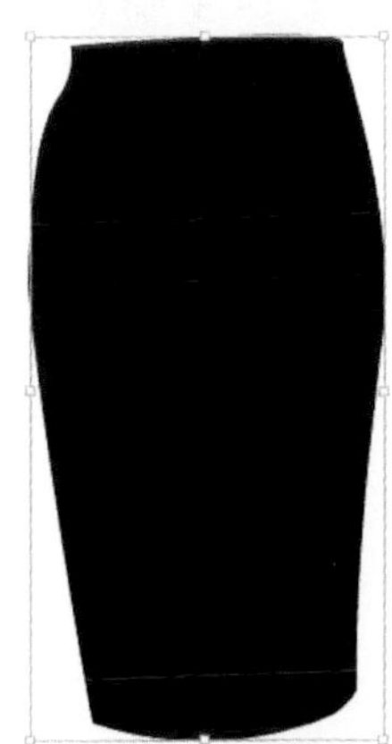

15 將裙子與上衣擺放到一起。執行檔案\開啟檔案指令，開啟前面章節所製作的科技公司 Logo.ai，選取物件 Logo 並拷貝。切換到員工制服檔案工作視窗，選取圖層 2 成為工作圖層，按下快速鍵 <Ctrl+V> 貼上。

16 縮放 logo 到適當大小，並擺放到制服左胸位置，完成製作。

5-1-2 製作短袖女裝

1 點擊圖層前鎖定狀態按鈕 ，鎖定現有的三個圖層。

2 點擊圖層面板中製作新圖層按鈕 ，建立一個新圖層。

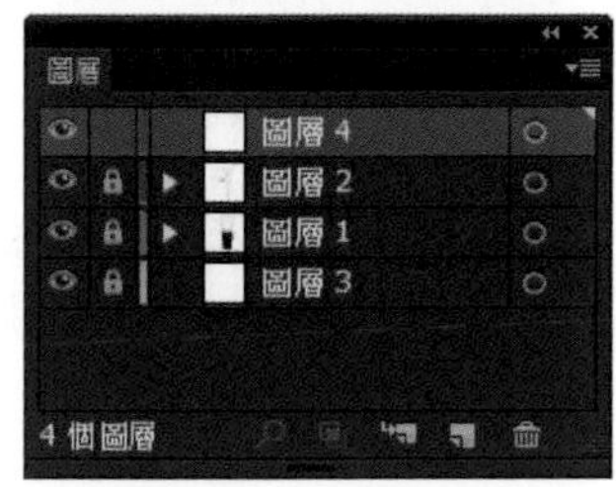

3 點擊圖層面板右上角選單按鈕 ，在彈出的選單中選取新增子圖層選項，在圖層選項對話方塊中將名稱改為上衣，點擊確定按鈕，這樣就可以在目前圖層圖層 4 下包含了一個子圖層。

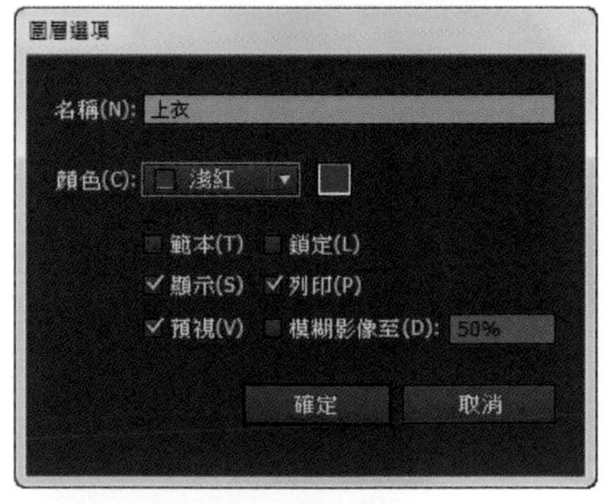

4 選取鋼筆工具 ，繪製上衣線條輪廓。

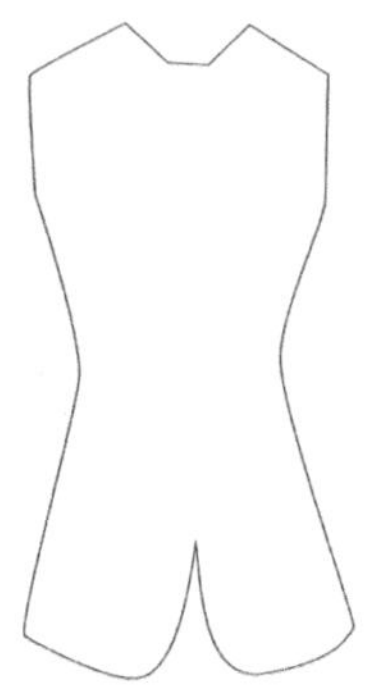

5 鎖定上衣子圖層，執行步驟 3 相同的操作，建立新子圖層並取名為裙子，將其放在圖層上衣下方。

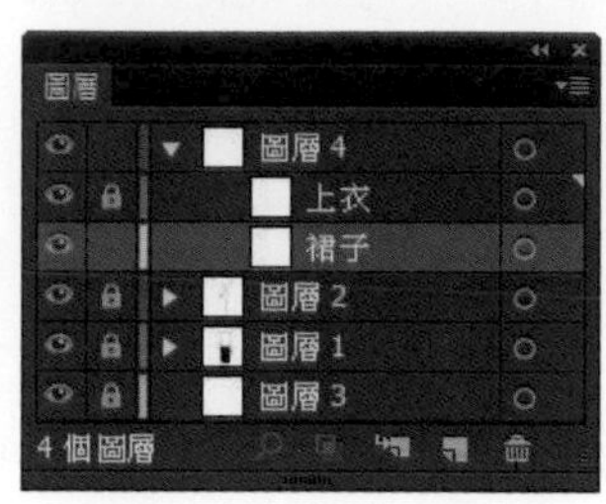

6 使用鋼筆工具 繪製裙子線條輪廓，擺放好裙子與上衣的位置。點擊子圖層上衣前的鎖定狀態標記 ，解除圖層上衣的鎖定。

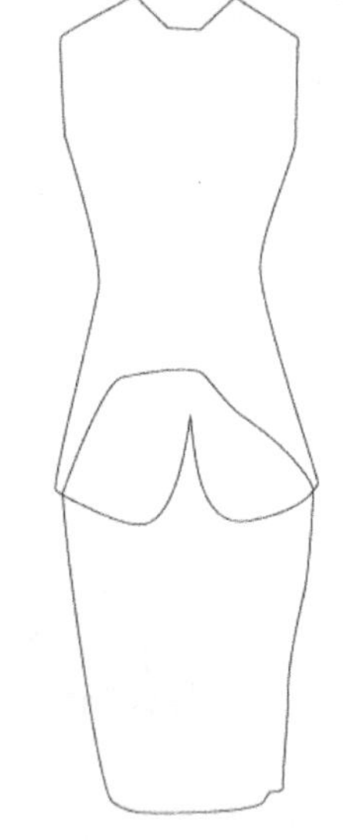

7 同時選取上衣及裙子，將顏色填為深藍色 C100、M100、Y0、K40，筆畫顏色為 20% 的灰色。鎖定圖層上衣及裙子。執行前面相同的操作，建立子圖層衣領，放在最上層。

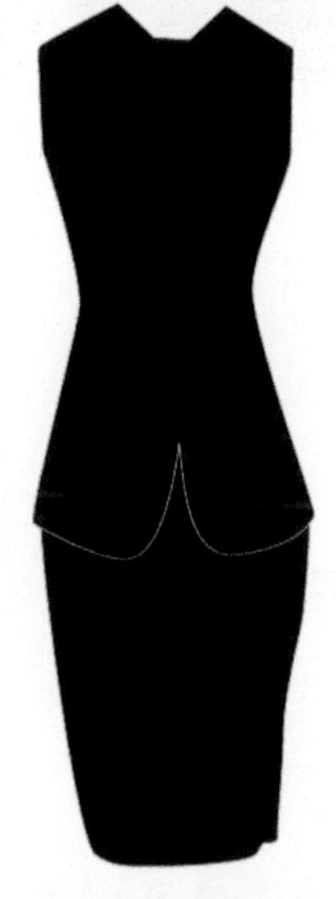

8 在圖層衣領中使用的鋼筆工具 繪製出衣領和領帶。填上白色，筆畫為 20% 的灰，將其擺放好位置。

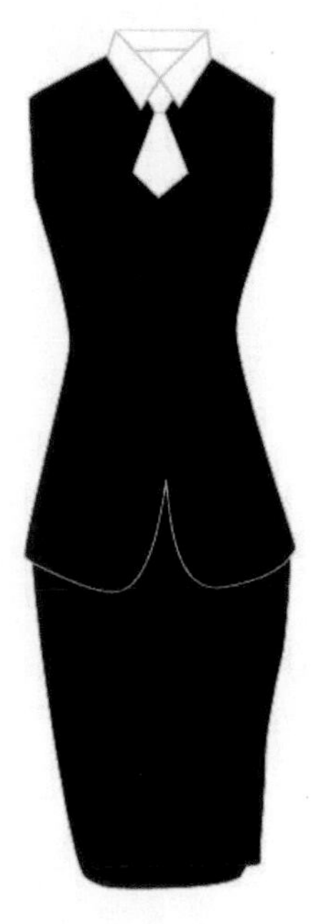

9 繪製衣服口袋及接縫線並擺放到正確位置。

10 鎖定圖層衣領，建立一個子圖層並取名為衣袖，放在圖層上衣下方。

11 使用鋼筆工具 繪製出衣袖並擺放好衣袖位置。

12 點擊圖層 2 前切換鎖定狀態按鈕 🔒 解除圖層的鎖定，選取物件 Logo，按下快速鍵 <Ctrl+C> 拷貝。

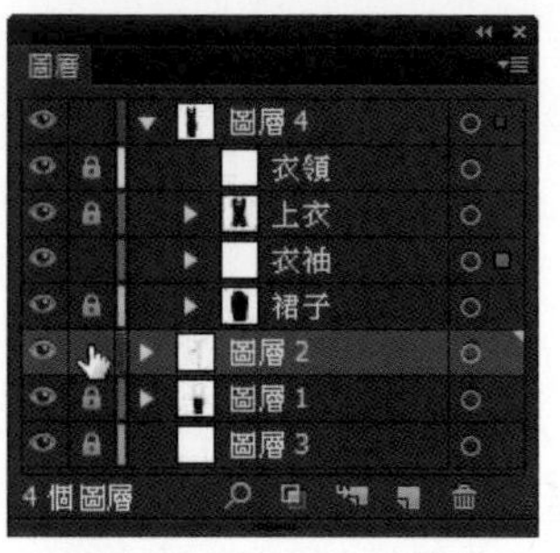

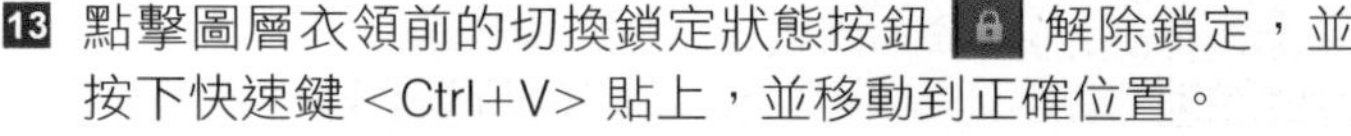

13 點擊圖層衣領前的切換鎖定狀態按鈕 🔒 解除鎖定，並按下快速鍵 <Ctrl+V> 貼上，並移動到正確位置。

TIPS ▶

Illustrator 中的子圖層能更方便圖像的管理。對於比較複雜的圖像，可能需要很多圖層，管理起來比較麻煩，而使用子圖層則要方便許多。在使用子圖層需注意以下幾點：

1. 點擊圖層前的三角形小箭頭可展開或收縮子圖層。

收縮狀態

2. 子圖層中可再建立子圖層。若要在某一子圖層下再建立子圖層，選取該子圖層，點擊圖層面板右上角選項按鈕，在彈出的選單中執行新增子圖層指令。

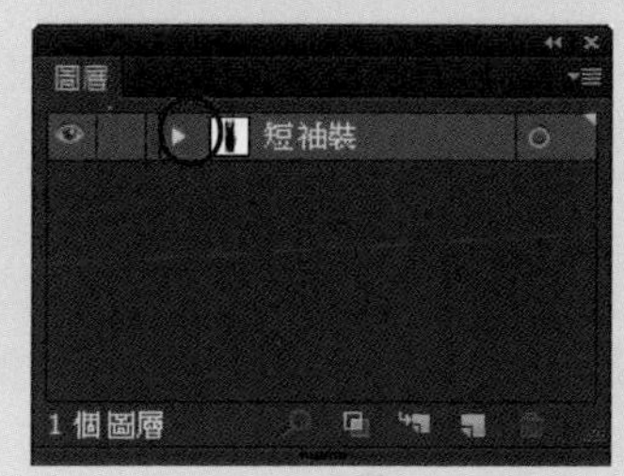

展開狀態

14 點擊圖層 4 前三角形小箭頭，將所有子圖層收縮起來。

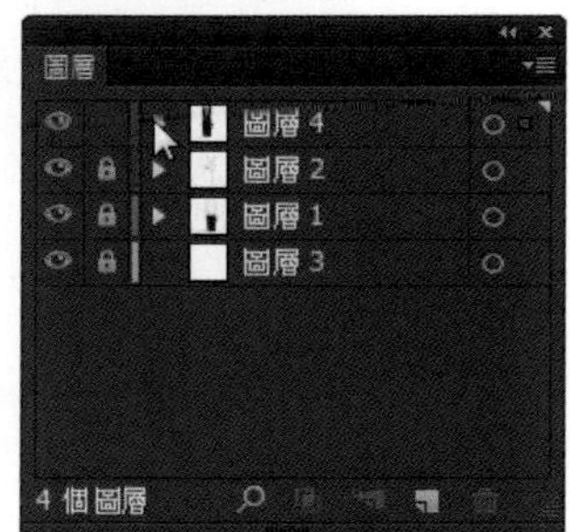

15 雙擊圖層 4，在彈出的圖層選項對話方塊中將名稱改為短袖裝，點擊確定按鈕。

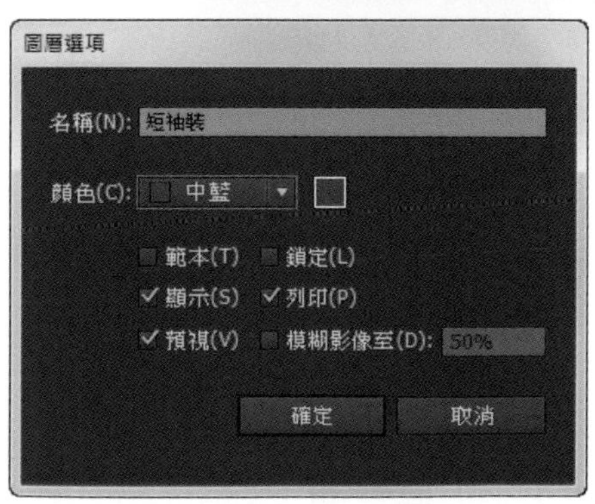

5-1-3 管理員女裝

1 選取圖層面板中圖層短袖裝，拖動到製作新圖層按鈕 上放開滑鼠左鍵，拷貝出新圖層短袖裝拷貝。

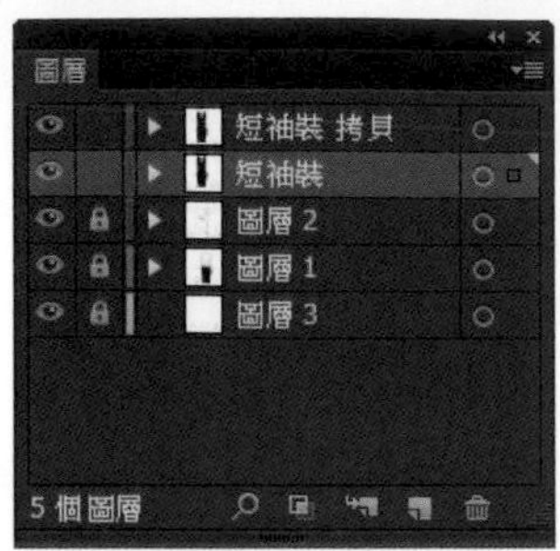

2 雙擊拷貝的新圖層，在圖層選項對話方塊中將名稱改為管理員女裝，重新鎖定圖層短袖裝。

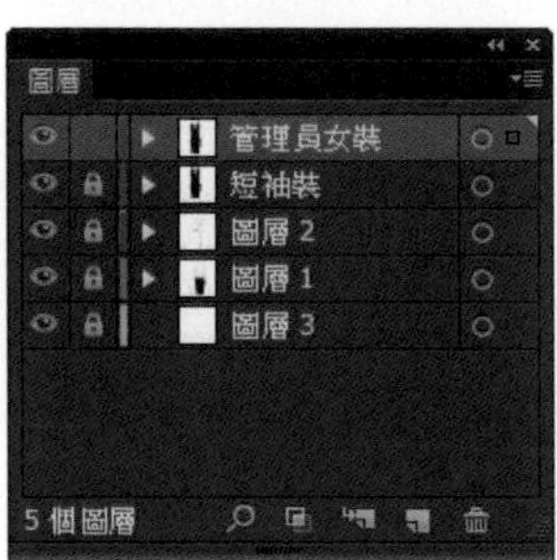

3 點擊圖層管理員女裝前三角形小箭頭展開子圖層，將圖層衣領、上衣與裙子鎖定，選取衣袖為目前圖層。

4 解除圖層 1 的鎖定，選取兩邊衣袖物件，按下快速鍵 < Ctrl+C > 拷貝。

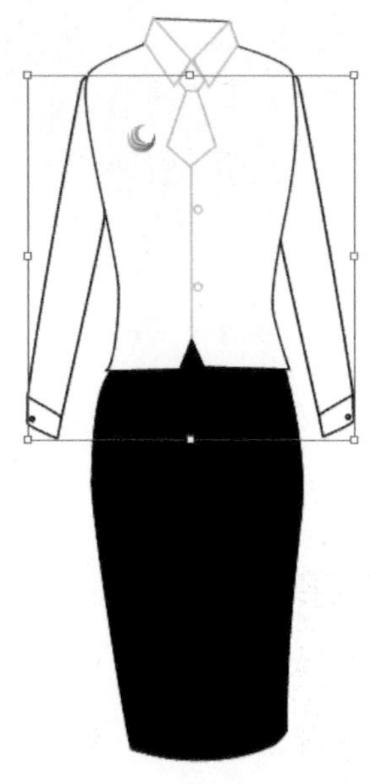

5 選取衣袖拷貝子圖層，按下快速鍵 <Ctrl+V> 貼上。

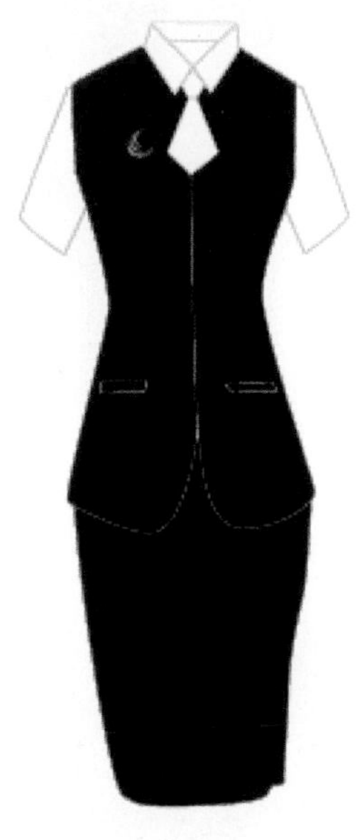

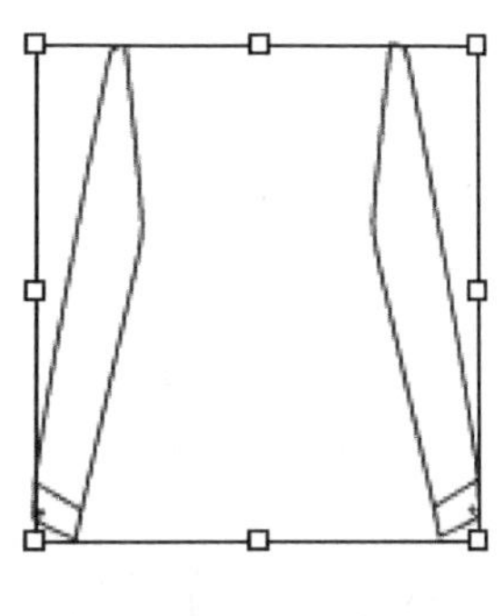

6 將衣袖填上深藍色，袖口填為白色。

7 選取短袖，按下 <Delete> 鍵刪除，移動長袖到上衣正確位置。最後將第一節中製作的春秋季長袖裙裝整理一下。

8 選取圖層 2，按住 <Shift> 鍵不放再選取圖層 3，同時選取三個圖層。

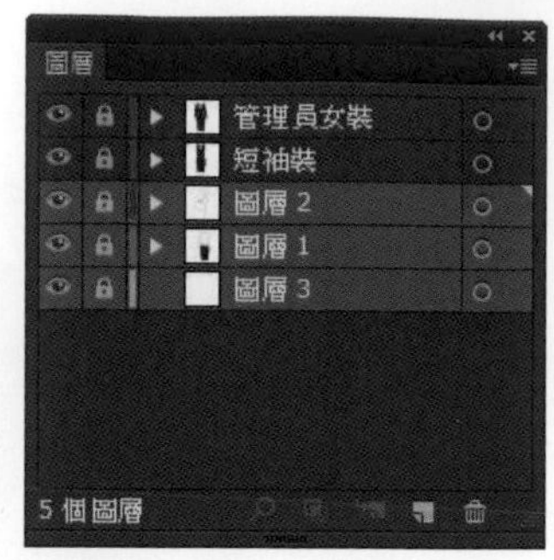

9 點擊圖層面板右上角選項按鈕 ，在彈出的選單中執行合併選定的圖層。將合併的圖層改名為長袖裝，最後完成製作。

女員工長袖裝　　女員工短袖裝

管理員女裝

領帶

5-2 車體廣告

企業的專有車輛如小客車、貨車、服務車等交通工具經常出現在大眾面前，它傳遞著公司的形象，因此都應規範使用企業的標誌、標準字、產品名稱，在標準色上也應該統一。

本實例設計的是貨車車體廣告。車體使用了企業的標準色。前車門的公司全稱使用相對較小的字體；另外將車窗處的公司標誌放大，具有更強烈的視覺效果；車體上的直線條，傳遞著公司快速高效的辦事效率，整個設計簡潔、大方。本實例儲存在隨書贈送光碟 ch05\5-2\ 車體廣告 .ai。

5-2-1 製作車體

1 按下快速鍵 <Ctrl+N> 建立新檔案，在彈出的新增文件對話方塊中將名稱改為車體廣告，畫板方向為橫向，其餘為預設值，點擊確定按鈕。

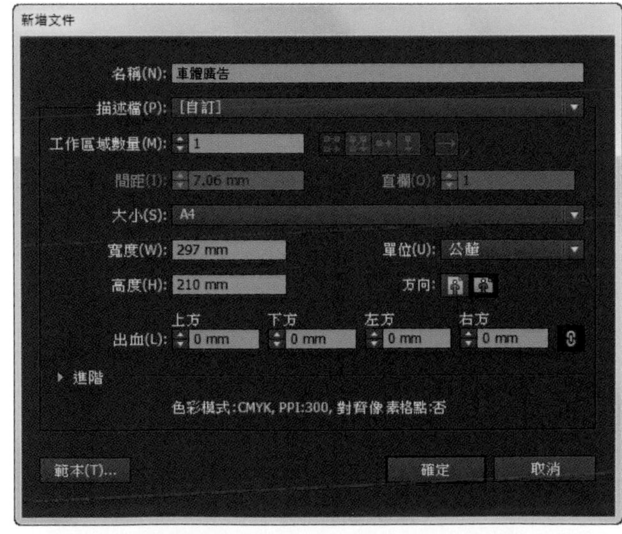

2 選取工具箱中鋼筆工具 ，繪製車體輪廓。

3 選取工具箱中橢圓工具 ，建立一個直徑 43 公釐的圓。

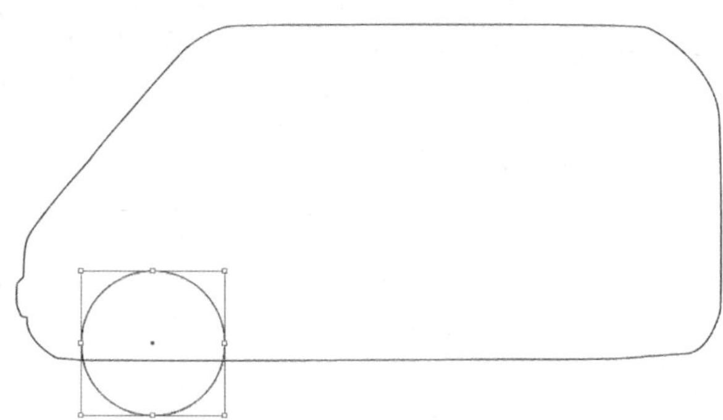

4 選取圓按 <Alt+Shift> 鍵向右水平拖動拷貝另一個。

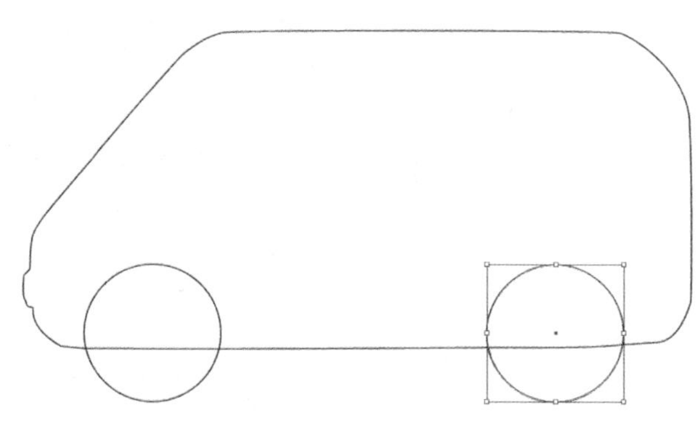

5 選取兩個圓，按下快速鍵 <Ctrl+G> 群組；再選取車體，點擊路徑管理員面板上自外框區域相減 ，點擊展開按鈕。

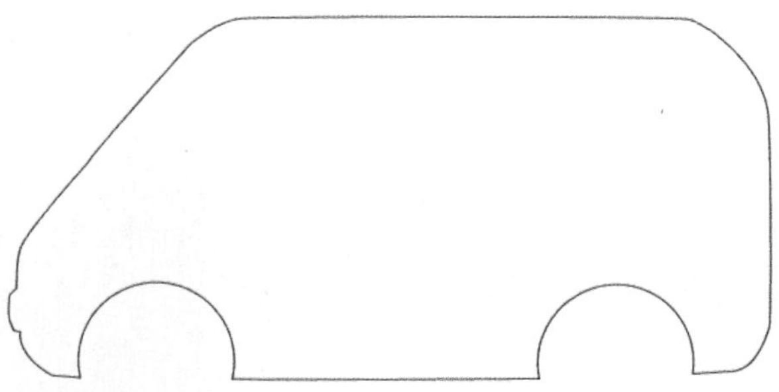

6 點擊工具箱中圓角矩形工具 ，在頁面中點擊滑鼠左鍵，在彈出的圓角矩形對話方塊中設定寬度為 94 公釐，高度為 36 公釐，圓角半徑為 20 公釐，點擊確定按鈕，建立車窗形狀。

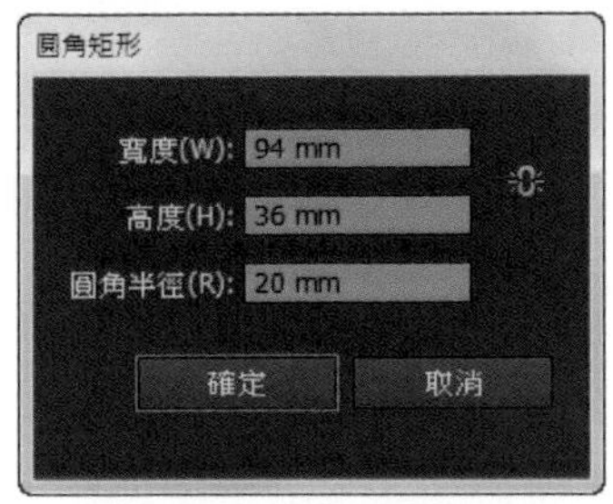

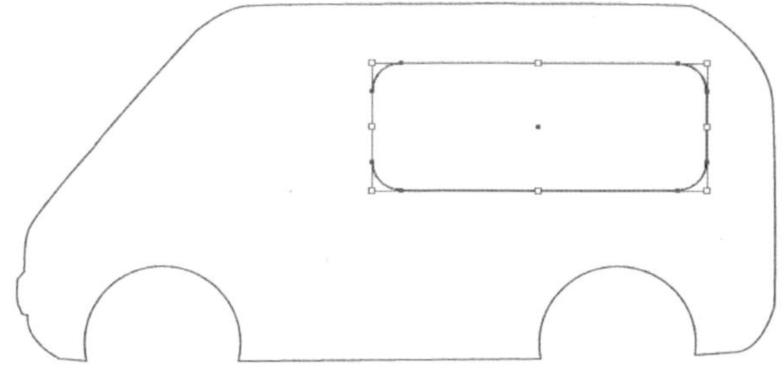

7 選取工具箱中轉換錨點工具 ，點擊圓角矩形左上角圓角的兩個錨點，將錨點轉換直線點。使用相同方法將左下角及右下角的圓角錨點也轉換為直線點。

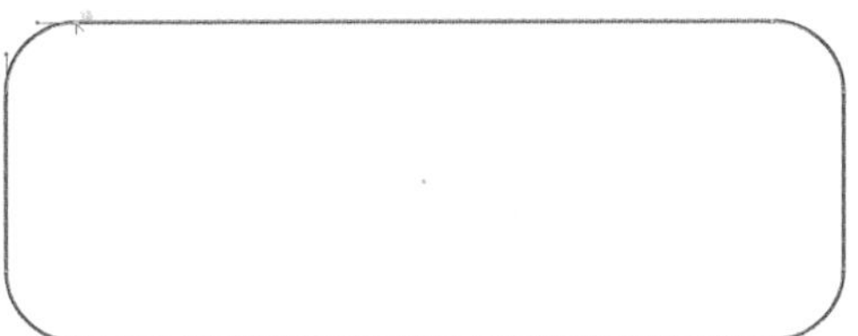

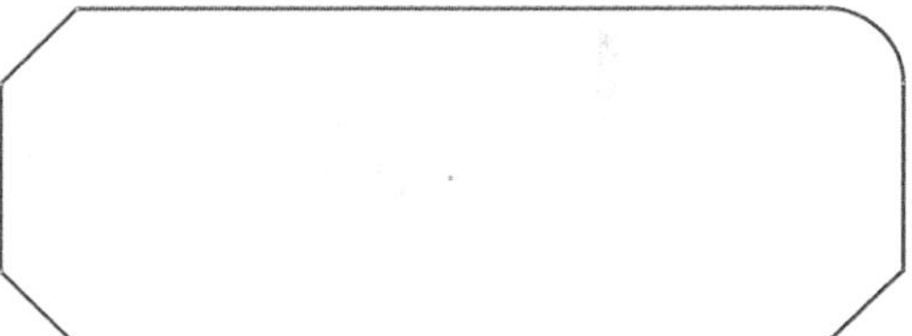

8 選取工具箱中刪除錨點工具 ，點擊左邊斜角上的錨點將其刪除。

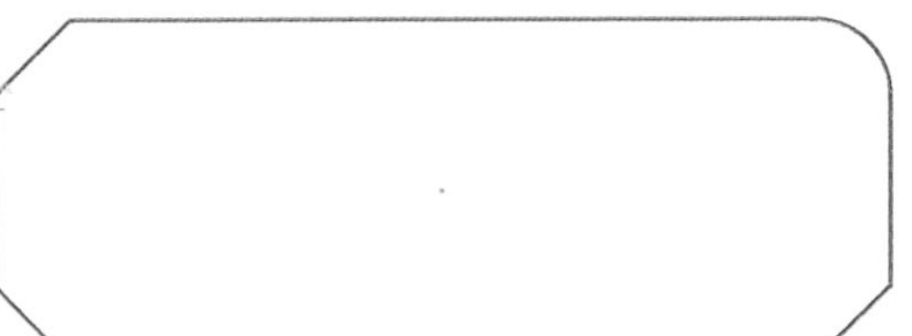

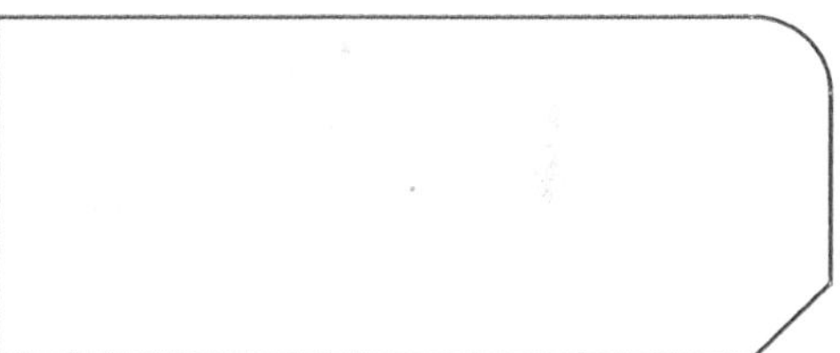

9 選取直接選取工具 ，將右下角錨點調整與上面錨點垂直對齊，適當調整大小，擺放到合適位置，得到車窗形狀。

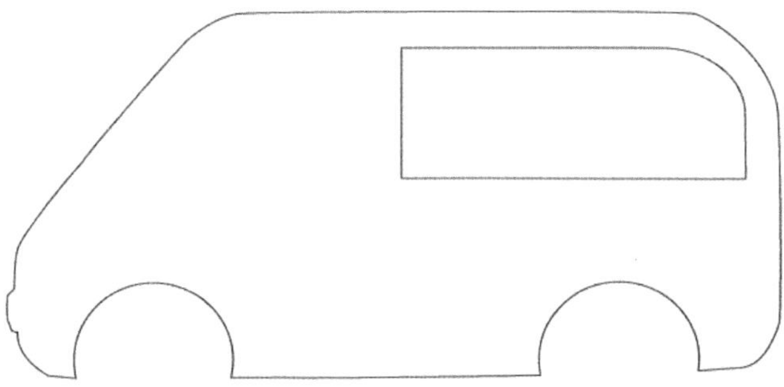

10 選取鋼筆工具 建立車門玻璃形狀。

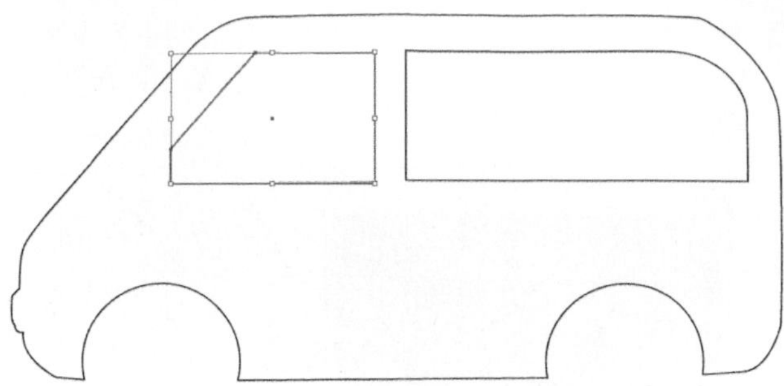

11 使用橢圓工具 建立一個橢圓，並與車門玻璃內接。

12 選取剪刀工具 ，切割橢圓與車門車窗相交處，刪除多餘部分。

13 選取套索工具 ，選取弧形端點與車門玻璃相鄰的端點，按下快速鍵 <Ctrl+J> 合併路徑。

14 選取車窗玻璃與車體玻璃，按下快速鍵 <Ctrl+C> 拷貝，按下快速鍵 <Ctrl+V> 貼上，拷貝一份在後面製作中將會用到。

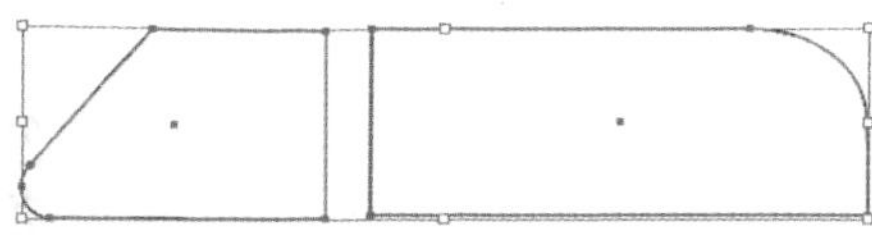

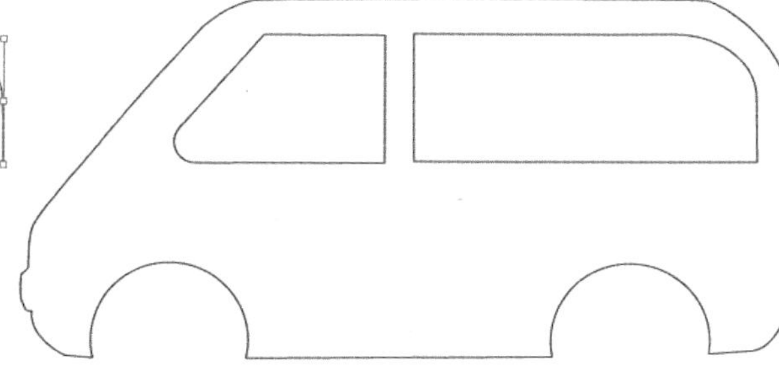

15 選取車窗玻璃形狀，按住 <Shift> 鍵再選取車體，執行物件\複合路徑\製作指令或按下快速鍵 <Ctrl+8>，將車身玻璃窗處鏤空。

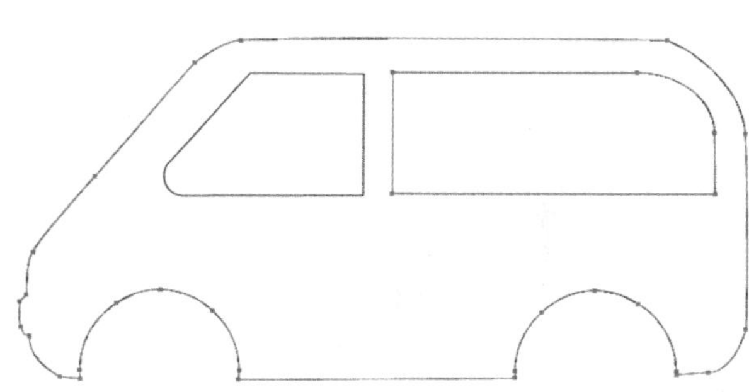

16 選取車門玻璃，按住 <Shift> 鍵，再選取車體，執行物件\混合路徑\製作指令，將車體下玻窗處鏤空。

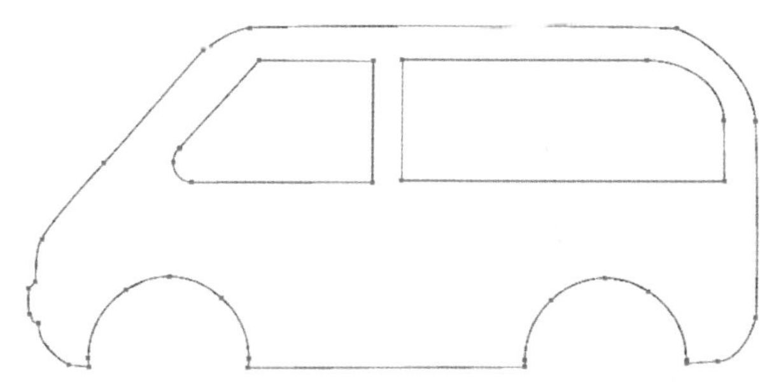

17 選取車體，填上藍色 C91、M96、Y15、K4。

18 使用鋼筆工具 建立擋風玻璃形狀。

19 同時選取擋風玻璃形狀與車體形狀，按下快速鍵 <Ctrl+C> 拷貝，按下快速鍵 <Ctrl+V> 貼上，我們將以拷貝的車體和擋風玻璃物件製作更為精確的擋風玻璃。

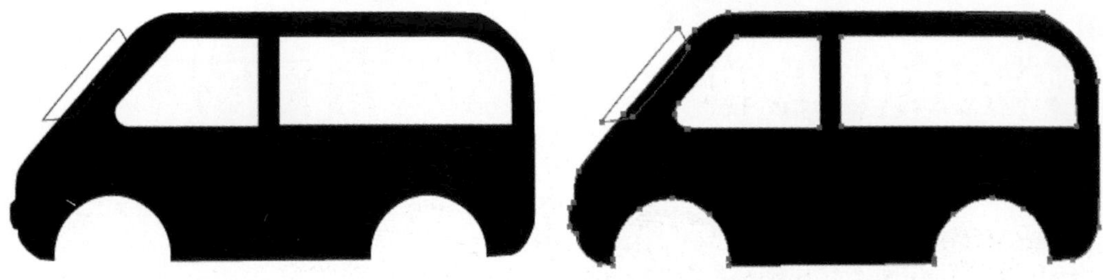

20 選取擋風玻璃形狀，按住 <Shift> 鍵不放再選取車體形狀，點擊路徑管理員面板上自外框區域相減 減去擋風玻璃區域。

21 選取拷貝的擋風玻璃，按住 <Shift> 鍵選取拷貝的車體，點擊路徑管理員面板上與外框區域相交 ，得到擋風玻璃的精確大小。

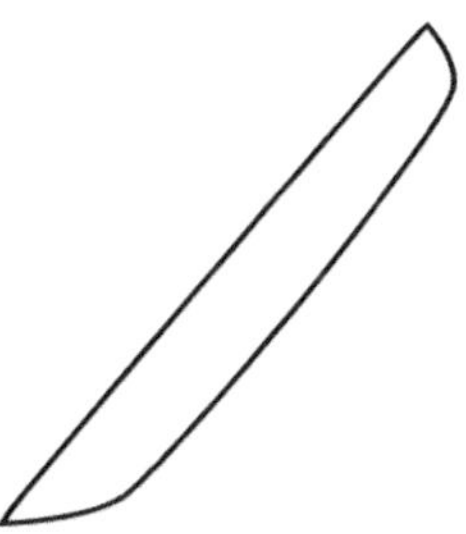

22 選取拷貝的車門和車體玻璃，按下快速鍵 <Ctrl+G> 群組，並與車體中鏤空的車窗貼齊。

23 點擊工具箱中漸層按鈕 ，在漸層面板中設定為白色到青藍色的線性漸層。點擊漸層工具 調整漸層方向。

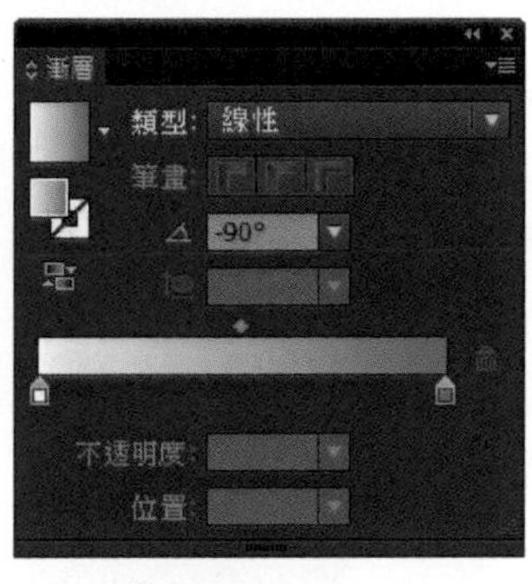

24 選取車門及車體窗玻璃，在透明度面板中設定不透明度為 50%。

25 選取擋風玻璃形狀，填上白色到 50% 的灰色線性漸層，並調整漸層方向。

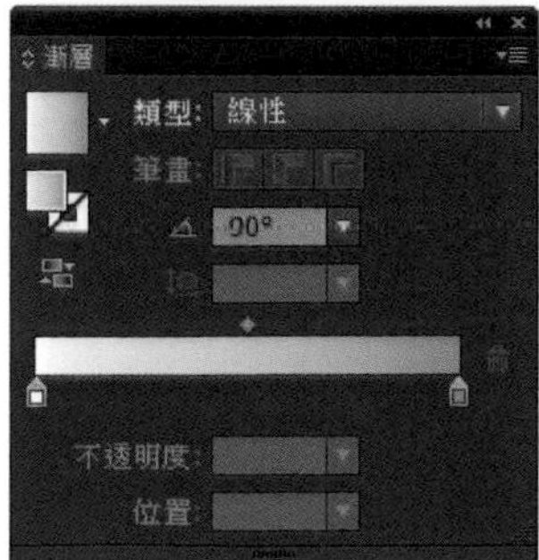

26 移動到擋風車窗位置。

5-2-2 製作車體其他部件

1 雙擊圖層面板上圖層 1，在彈出的對話方塊中將設定圖層名稱為車體，並鎖定該層。

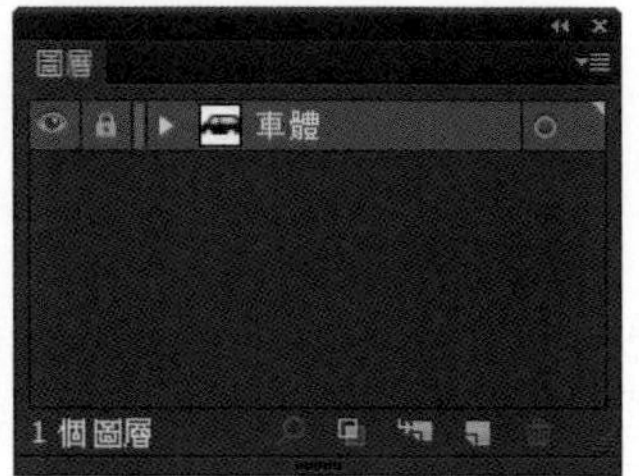

2 點擊圖層面板上製作新圖層按鈕 ，建立新圖層，並設置圖層名稱為其他部件。

3 使用橢圓工具 建立車輪。

4 選取車輪形狀，按下快速鍵 <Ctrl+C> 拷貝，按下快速鍵 <Ctrl+F> 貼至上層，將貼至上層的圖縮放 60%。

5 選取縮放的圓，再次拷貝並貼至上層，將該圓再縮放 50%。

6 同時選取三個圓，執行物件 \ 複合路徑 \ 製作指令，填上 50% 的灰色。

7 選取車輪，按住快速鍵 <Alt+Shift> 向右水平拖動拷貝出另一個車輪。

8 使用橢圓工具 建立一個橢圓，作前車燈。

9 建立後車燈和方向指示燈。

10 使用鋼筆勾勒出車門接縫線。

11 點擊工具箱中線段區段工具 ，繪製一條直線，並設置筆畫為 1pt，顏色白色。

12 選取直線，按住 <Alt> 鍵向下拖動拷貝直線，接著按下快速鍵 <Ctrl+D> 拷貝多條直線。

13 選取所有直線，按下快速鍵 <Ctrl+G> 群組，接著按下快速鍵 <Ctrl+Shift+[> 置於最下層。

14 建立一個新圖層並命名為車內物件，拖放到圖層車體下方，並選取該層為目前圖層。

15 選取圓角矩形工具 ，建立一個高 20 公釐，寬 3 公釐，圓角半徑 2 公釐的圓角矩形作為方向盤。將圓角矩形填上漸層色，筆畫設為無。

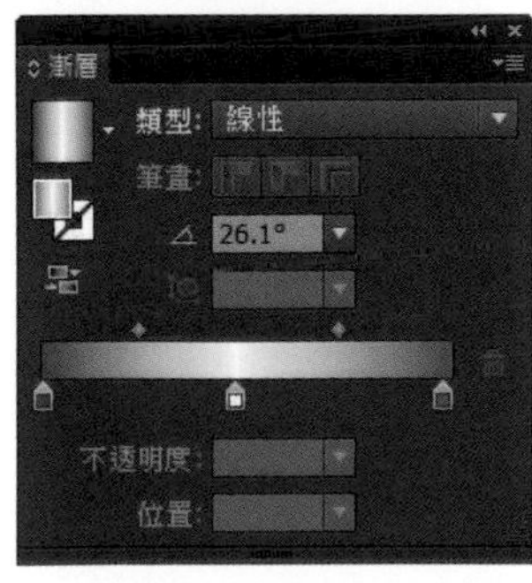

16 將圓角矩形放到駕駛室內，旋轉一定角度。

17 使用鋼筆工具 在駕駛室內建立一把椅子，由於車門擋住椅子下半部分，所以只需建立背靠就行了。由此完成車體的製作。

5-2-3 加上公司名稱及標誌

1 按下快速鍵 <Ctrl+O> 開啟第五章製作的組合系統 .ai，選取白色全稱組合方案，按下 <Ctrl+C> 拷貝。切換到車體廣告檔案，點擊圖層面板上製作新圖層 建立一個新圖層標準字。

2 按下快速鍵 <Ctrl+V> 貼上標準字。調整標準字大小，放在車門位置。在車體位置放上公司 LOGO，完成製作。

5-3 店面外觀

店面、招牌設計為城市環境的一種元素，為商業組成的一部分，它不僅匯集了視覺環境藝術的特徵，它的外觀造型和特徵，它的色彩、材料、風格同時也與城市建築風格、規劃有著緊密的聯繫。作為城市整體環境藝術的一部分，是人文居住與周圍環境相互作用的一種關係藝術和空間藝術。

店面、招牌設計如同廣告一樣，醒目地顯示著商店的名稱和銷售商品的品牌，代表著商店的特色。在繁華的商業區、商業街上色彩醒目的商店店面、招牌設計是最先吸引人們目光的，其強烈的視覺傳達，誘導人們購買的慾望和瀏覽的視線。簡潔明快、風格突出、美觀大方、色彩強烈又具有視覺衝擊力的現代店面、招牌設計，對誘發和刺激消費者購買的心理有著很大的影響。

本實例店面外觀的設計採用的燈籠、花邊是典型的中國特色，而主色調採用紅黑兩色，營造出餐廳與眾不同的格調。寬大透明的門窗，不僅吸引大眾的視線，也傳達出餐廳向大眾開發的態度。

本實例儲存在隨書贈送光碟 ch05\5-3\ 店面外觀 .ai。

5-3-1 製作店面牆體

1 執行檔案 \ 新增指令，在彈出的新增文件對話方塊中設定名稱為店面外觀，尺寸為 A4，方向為橫向，其餘為預設值，點擊確定按鈕。

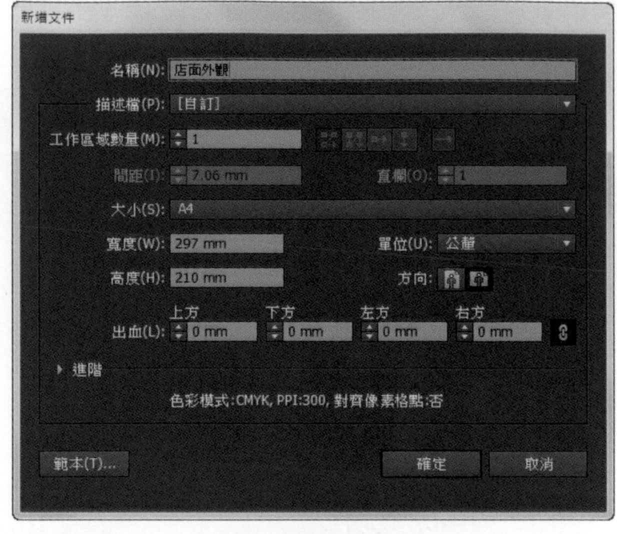

2 雙擊圖層面板中的圖層 1，在彈出的對話方塊中設置名稱為透視輔助層，點擊確定按鈕。

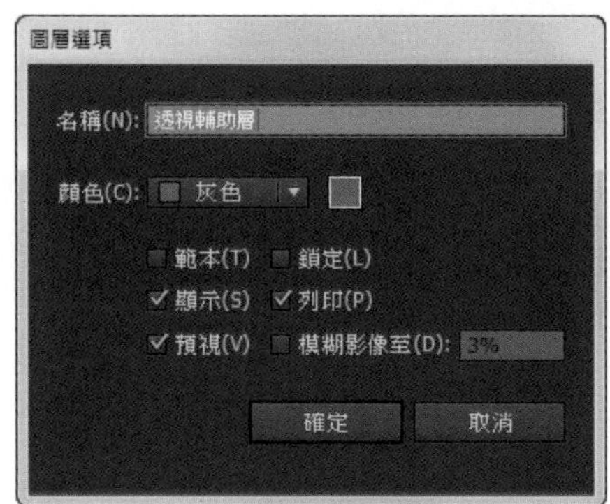

3 選取線段區段工具 ，在透視輔助層中建立店面框架透視輔助線。

4 按快速鍵 <Ctrl+A> 選取所有物件，將筆畫顏色選取為紅色。

5 鎖定透視輔助層，點擊製作新圖層 建一個新圖層牆面。參照透視輔助層中透視線條，選取鋼筆工具 建立牆面，填上灰色。

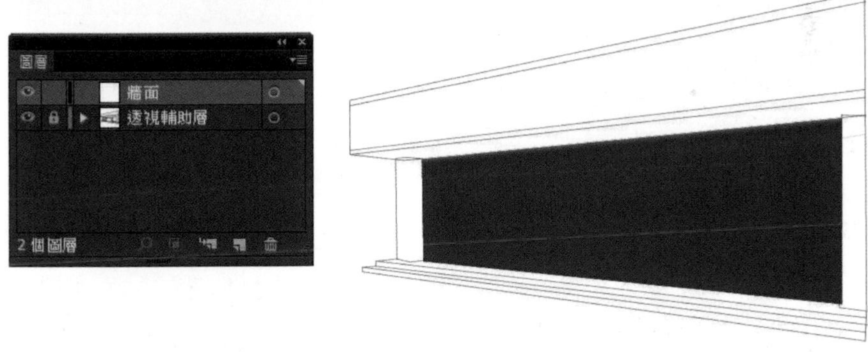

6 隱藏並鎖定牆面圖層，建立一個新圖層牆柱。選取鋼筆工具 在圖層牆柱中建立左側的牆柱的兩個面，分別填上不同明度的灰色。

7 建立右側牆柱，填上深灰色。

8 用同樣的方法製作出台階、門窗、頂面牆、店招牆等。

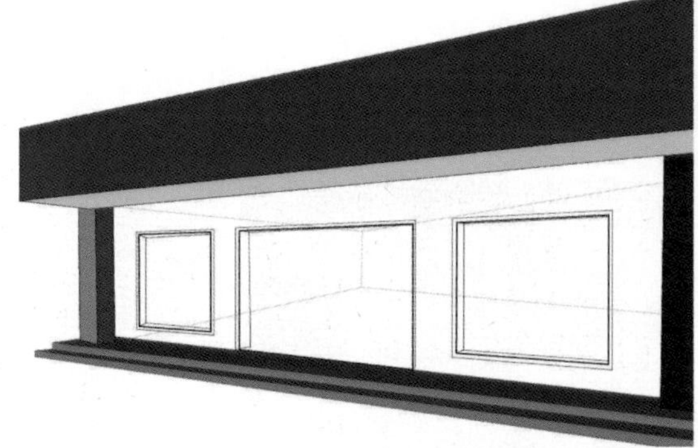

9 同時選取門和窗的框架，按下快速鍵 <Ctrl+G> 群組，接著按下 <Ctrl+C> 拷貝。

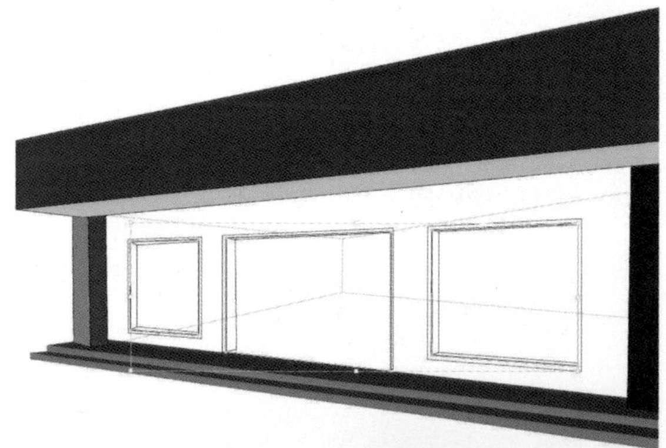

10 選取圖層面板中的圖層牆面，使之成為目前圖層，點擊圖層前切換可見度 ，顯示圖層。

11 在圖層牆面按下快速鍵 <Ctrl+F> 貼上門窗框架。

12 同時選取門窗框架和牆面。

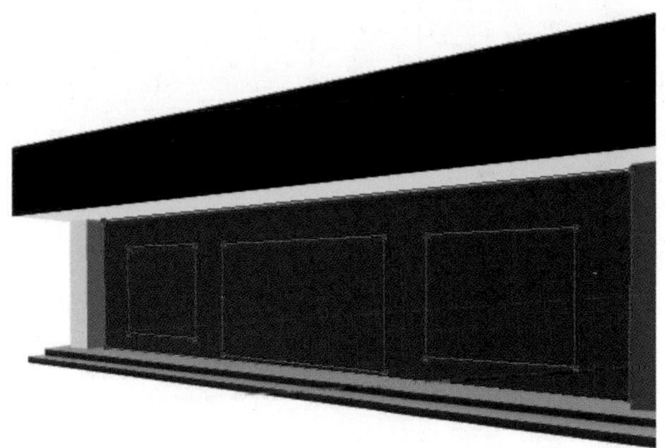

13 在路徑管理員面板中，點擊排除重疊的外框區域 。

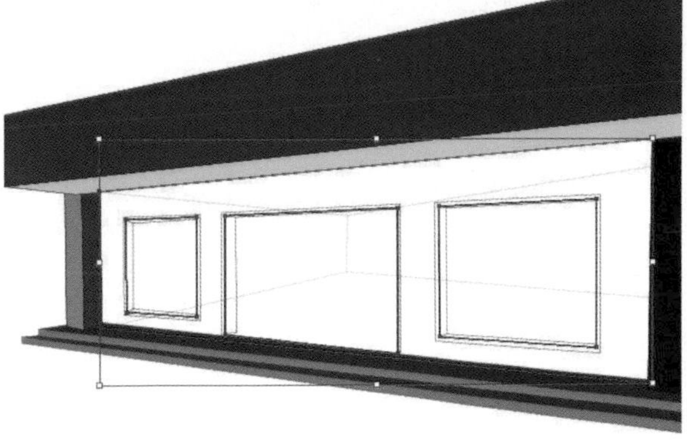

14 重新將牆面填上黑色。

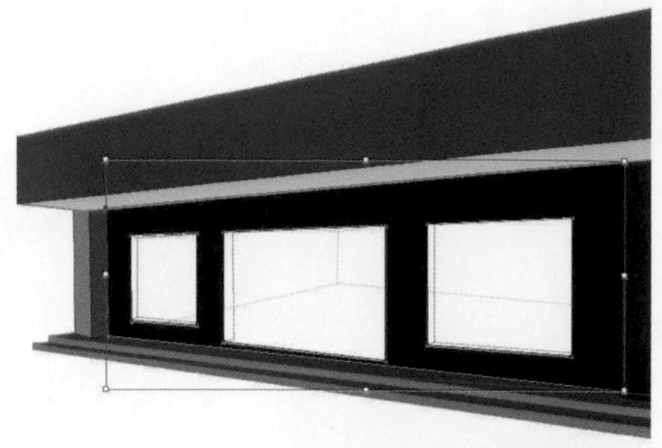

15 隱藏圖層牆面，選取門窗為目前圖層，鎖定其他所有圖層。

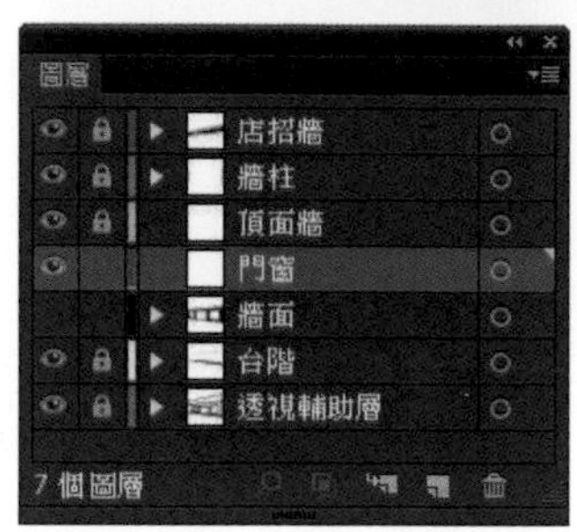

16 選取門窗框架，執行物件 \ 路徑 \ 位移複製指令，在彈出的對話方塊中設定位移為 2 公釐，點擊確定按鈕。

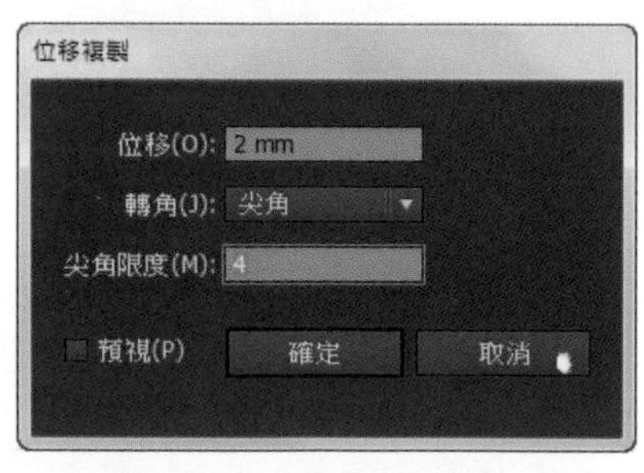

17 選取門窗層中所有物件，然後按下快速鍵 <Ctrl+Shift+G> 解散群組。

18 選取左側兩個窗戶框架，執行物件 \ 複合路徑 \ 製作指令建立複合路徑。填上紅色 C16、M94、Y94、K4，並將筆畫設為無。

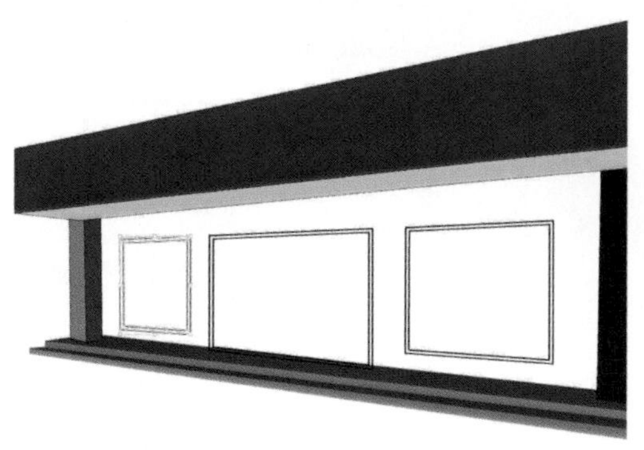

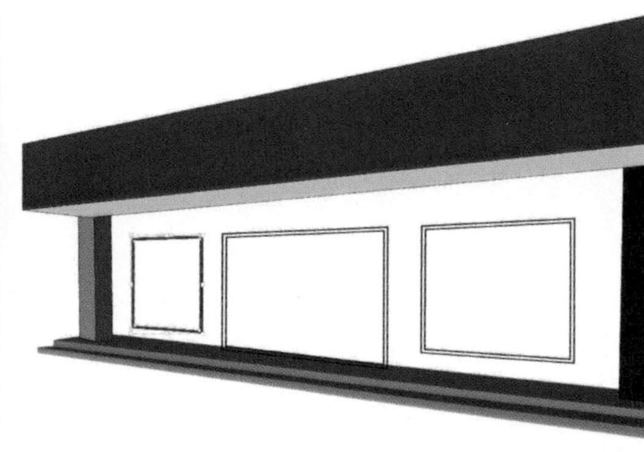

19 用同樣的方法製作其他兩個框架，填上紅色 C16、M94、Y94、K4，筆畫顏色為無。

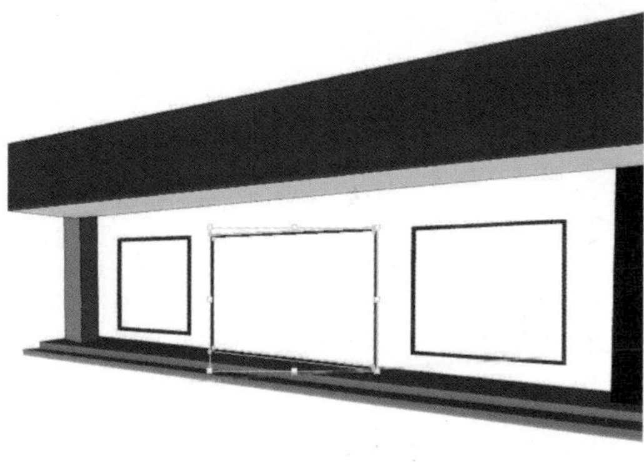

20 按下 <Ctrl+A> 選取門窗中所有物件，再按下 <Ctrl+2> 鎖定。選取鋼筆工具 ，繪製門和窗的台面側面和頂面物件。

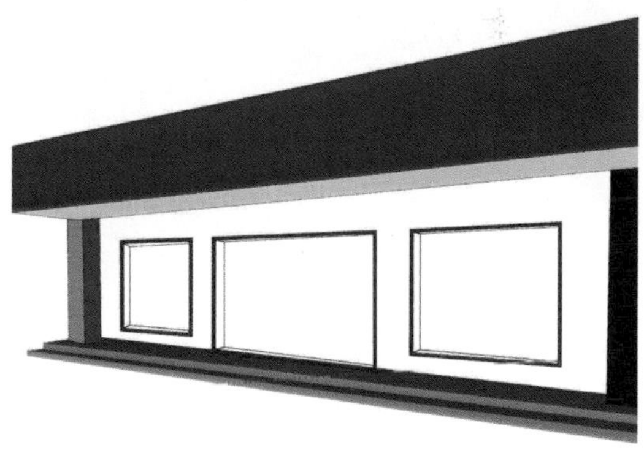

21 為其台面、側面、頂面物件，填上不同明度的紅色，並將筆畫設為無。

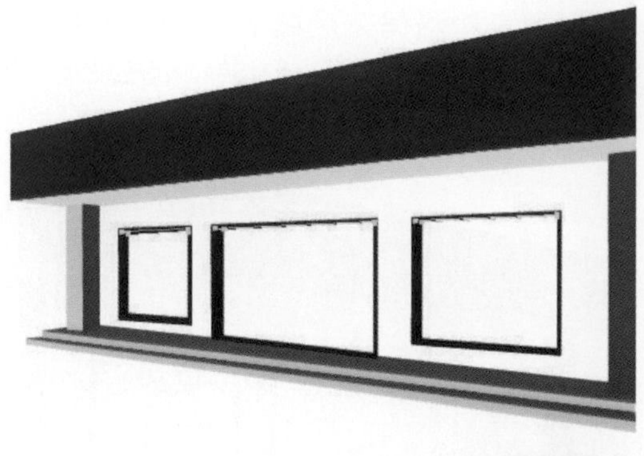

22 點擊圖層面板中圖層牆面前的切換可見度 ，顯示牆面層。現在我們得到了店面的大致外觀。

23 在圖層面板中鎖定圖層門窗，選取圖層台階作為目前圖層，並解除該圖層的鎖定。為台階不同側面填色，筆畫設為無。

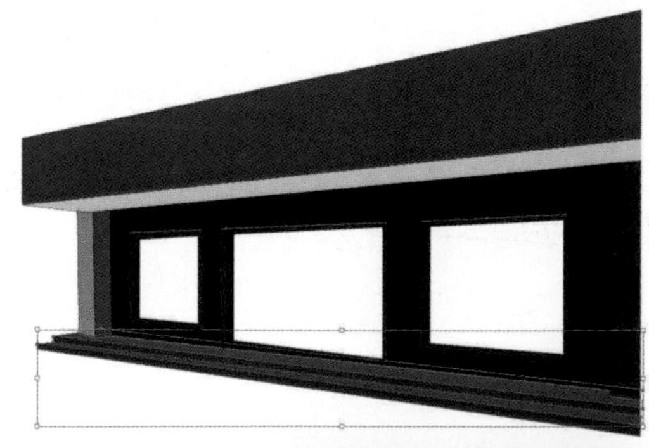

24 鎖定圖層台階，選取牆柱為目前圖層，解除該層鎖定，並將該層拖放到頂面牆上一層。

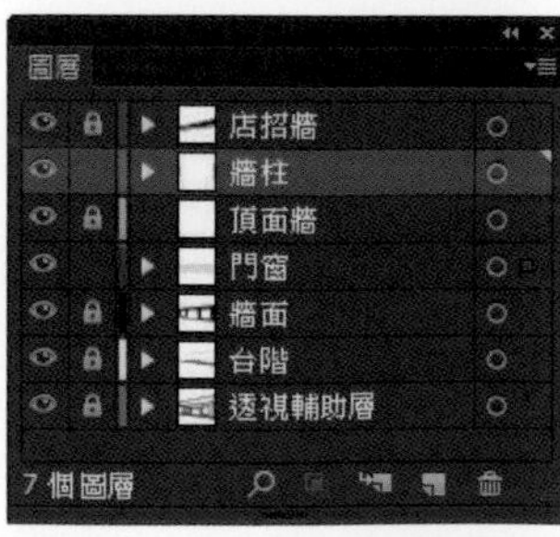

25 選取矩形工具 ，建立一個寬 8 公釐，高 2 公釐的矩形，填上淺青色 C14、M2、Y2、K0，筆畫顏色設定為 30% 的灰色。

26 雙擊縮放工具 ，在彈出的對話方塊中設置非一致水平縮放 50%，點擊拷貝按鈕。

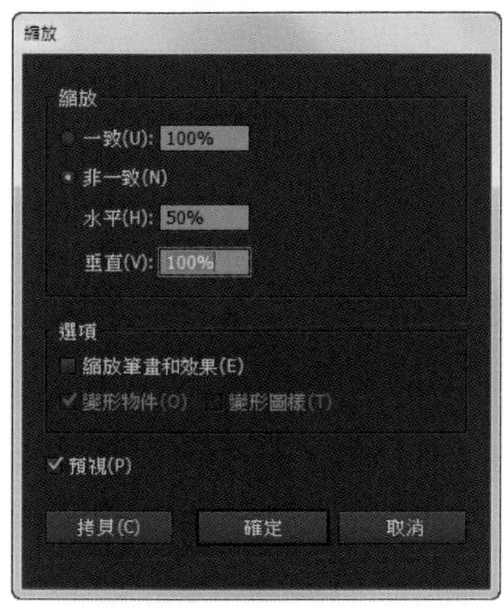

27 選取拷貝的矩形左上角錨點與原矩形左下角錨點貼齊。

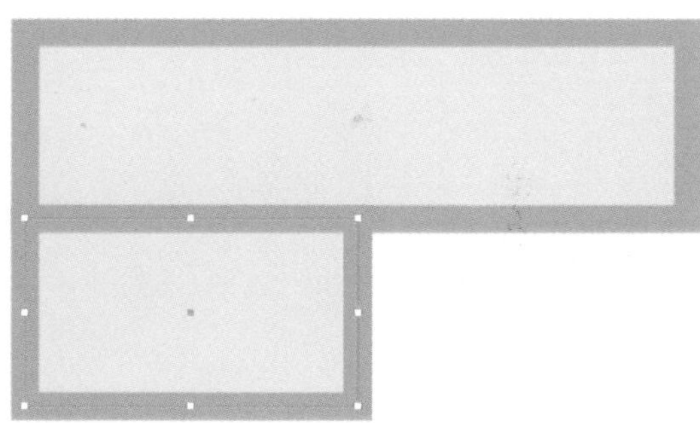

28 按住 <Alt> 鍵選取拷貝的矩形右上角錨點拖動，與原矩形右下角錨點貼齊。

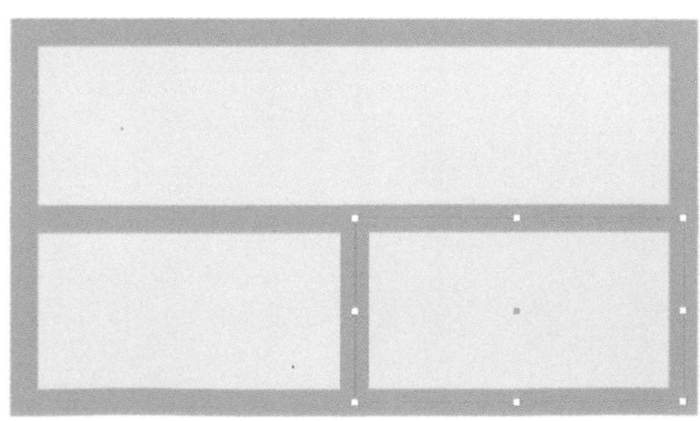

29 選取三個矩形，按下快速鍵 <Ctrl+G> 群組，接著按下 <Enter> 鍵，在彈出的對話方塊中設定垂直為下移 -4 公釐，點擊拷貝按鈕。

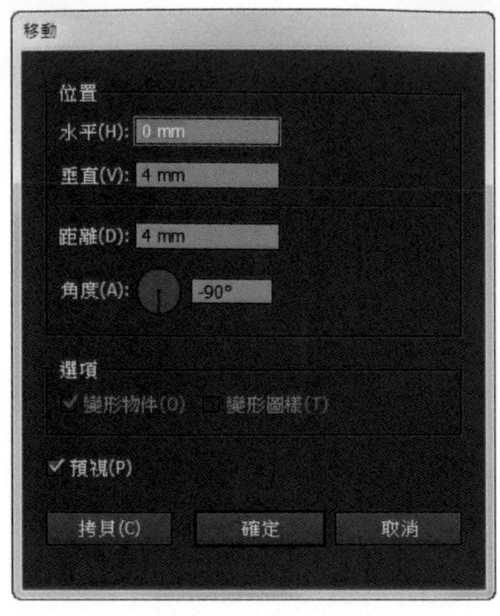

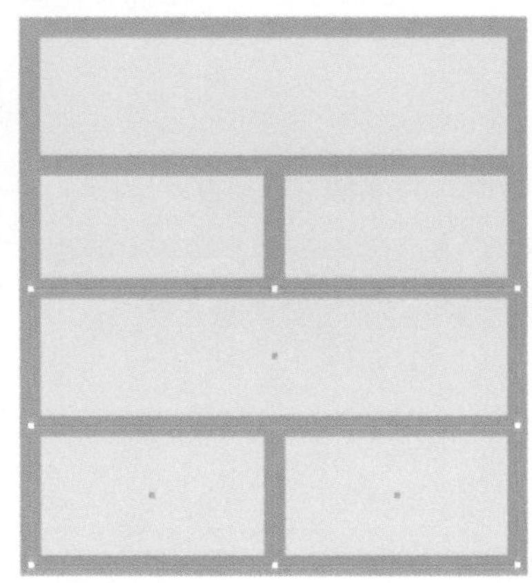

30 按下快速鍵 <Ctrl+D>10 次，將拷貝的物件群組在一起，作為牆柱磚。

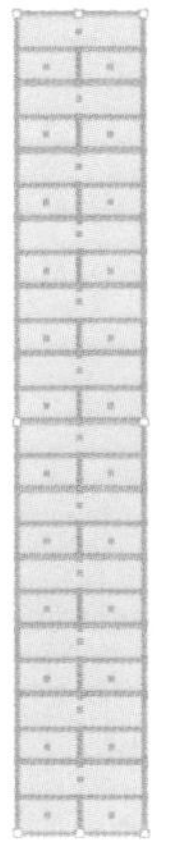

31 選取牆柱磚，按下快速鍵 <Ctrl+C> 拷貝，按下快速鍵 <Ctrl+V> 貼上，拷貝 2 份。

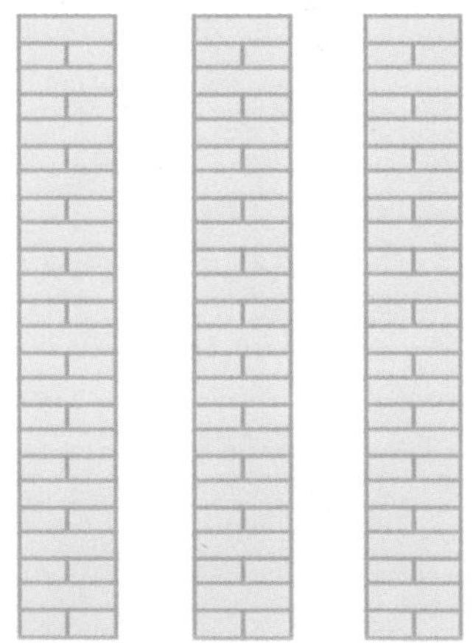

32 選取左邊牆柱正面物件，按下快速鍵 <Ctrl+Shift+]> 移至最前。

33 同時選取一組牆柱磚與左邊牆柱正面物件，執行物件\封套扭曲\以上層物件指令或按快速鍵 <Ctrl+Alt+C> 製作封套扭曲。

34 選取左邊牆柱內側面物件按下快速鍵 <Ctrl+Shift+]> 移至最前，再選取一組牆柱磚，按下快速鍵 <Ctrl+Alt+C> 製作封套扭曲。

35 選取右邊牆柱物件，按下快速鍵 <Ctrl+Shift+]> 移至最前，再選取一組牆柱磚，按下快速鍵 <Ctrl+Alt+C> 製作封套扭曲。

36 鎖定圖層牆柱，選取頂面牆為目前圖層。選取頂面牆物件，填上顏色 C13、M9、Y7、K0，筆畫設為無。

37 鎖定圖層頂面牆，選取店招牆圖層為目前圖層，解除該圖層的鎖定。選取店招牆面物件，填上黑色，筆畫設為無，按下快速鍵 <Ctrl+2> 鎖定。

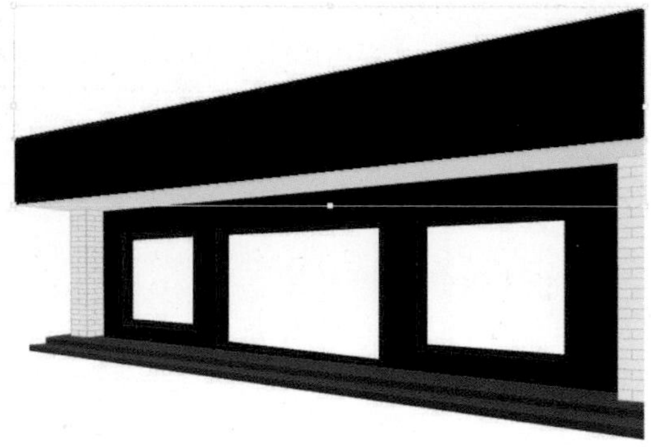

5-3-2 製作店面裝飾物件

1 接著為店招牆加上修飾花邊線，選取鋼筆工具，建立一個花紋圖案。

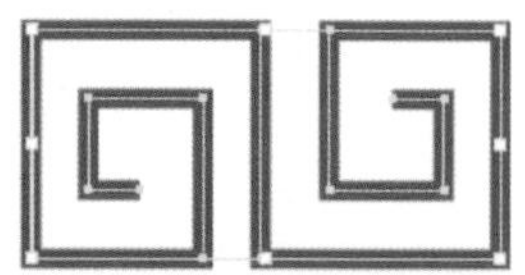

2 執行視窗 \ 筆刷指令或按下快速鍵 <F5>，顯示筆刷面板。

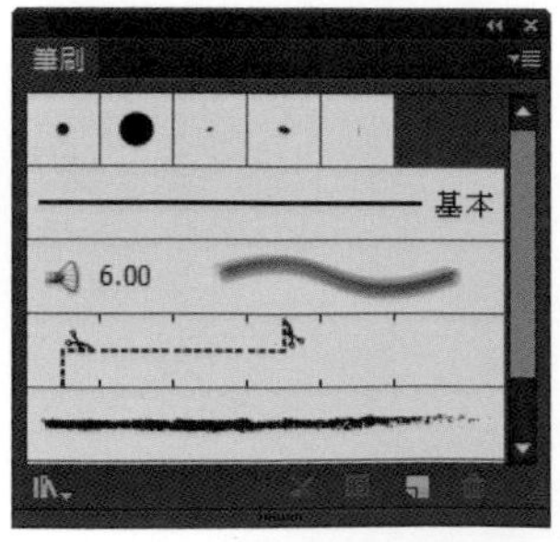

3 選取花邊圖樣，拖動到筆刷面板上放開滑鼠左鍵，在彈出的對話方塊中選取新增圖樣筆刷選項，點擊確定按鈕，彈出圖樣筆刷選項對話方塊。

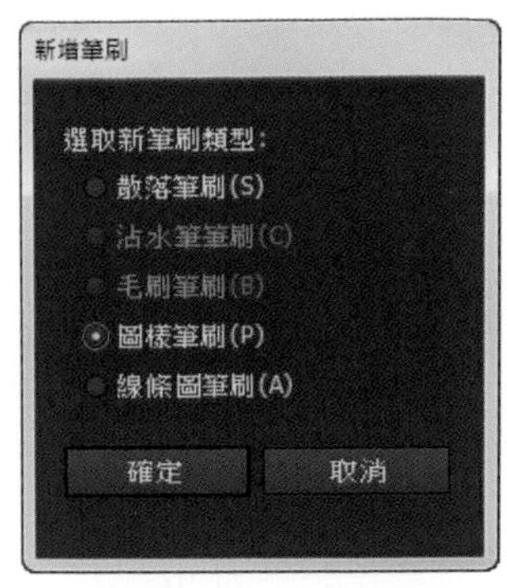

4 在彈出的圖樣筆刷選項對話方塊中，設定名稱為花邊圖樣筆刷，外緣拼貼選項為原始，上色方式為刷淡色及濃度，符合選項為伸縮以符合，其餘各選項為預設值，點擊確定按鈕，將花邊圖樣定義到筆刷面板中。

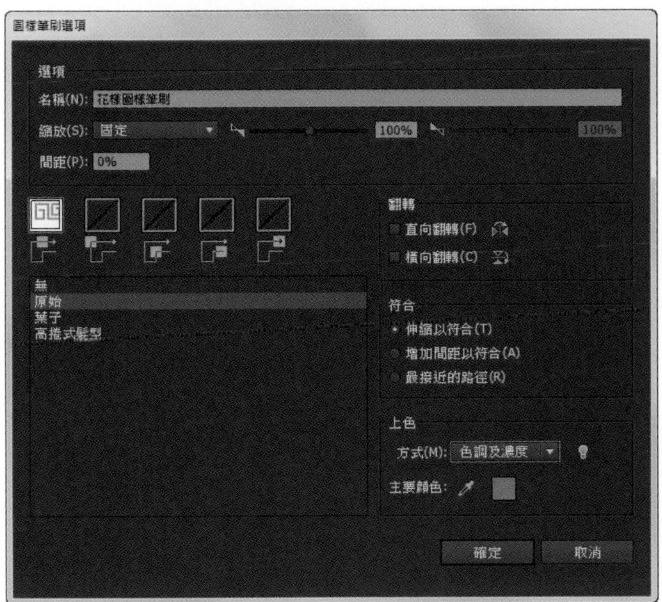

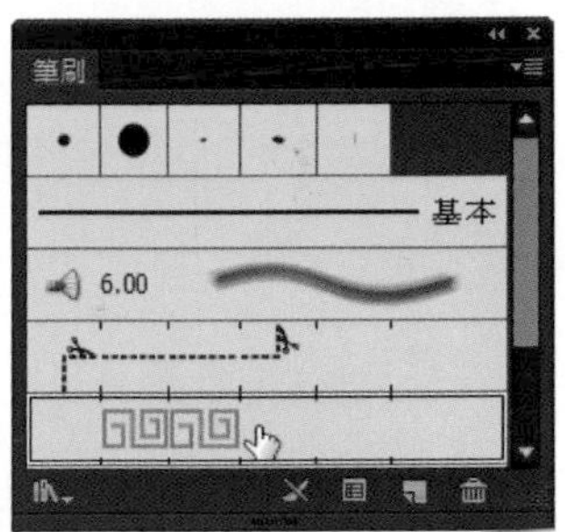

5 選取線段區段工具 ，建立兩條沿店招牆上下邊緣的線段。

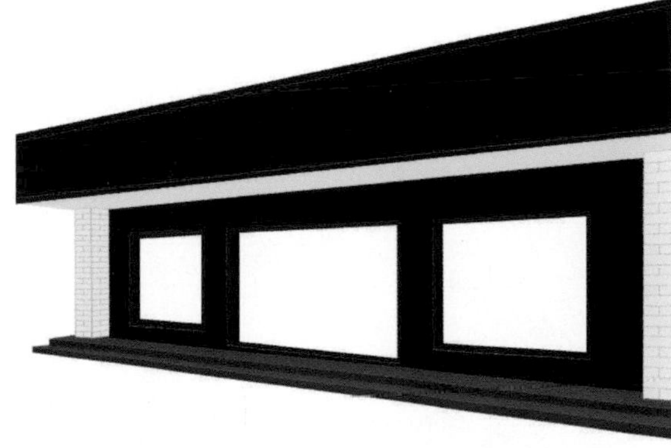

6 選取上邊緣線段，點擊筆刷面板中定義的花邊圖樣筆刷。

7 如果圖樣筆刷大小不合適，雙擊筆刷面板中定的花邊圖樣筆刷，在彈出的對話方塊中將尺寸縮放到適當比例，此處縮放到 60%，點擊確定按鈕，在彈出的筆刷更改警示提示框中選取套用至筆畫按鈕。

8 選取下邊緣線段，點擊筆刷面板中花邊圖樣筆刷。

TIPS ▶

Illustrator 具有獨特且強大的筆刷功能，不僅包含有大量預設筆刷圖樣，而且允許使用者定義自己所需的筆刷。

如要使用更多預設筆刷圖樣，可點擊筆刷面板右上角選單按鈕 ，在彈出的選單中選取開啟筆刷資料庫，在彈出的下級選單可選取更多筆刷圖樣。

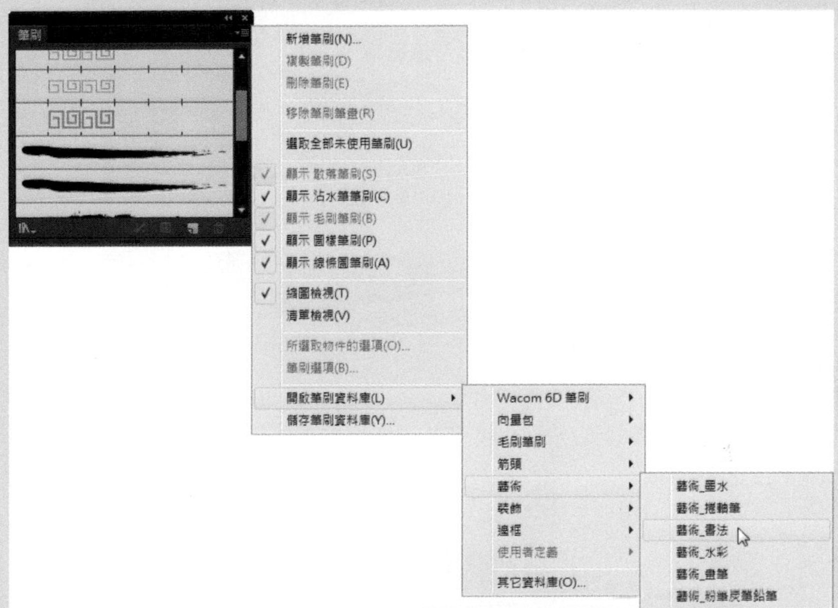

Illustrator 中包含有沾水筆筆刷、散落筆刷、圖樣筆刷和線條圖筆刷四種筆刷類型，其中散落筆刷、圖樣筆刷和線條筆刷使用比較頻繁。

此處以前面的花邊圖樣為例比較一下三種筆刷類型的異同。

9 鎖定店招牆圖層，建立一個新圖層店招。

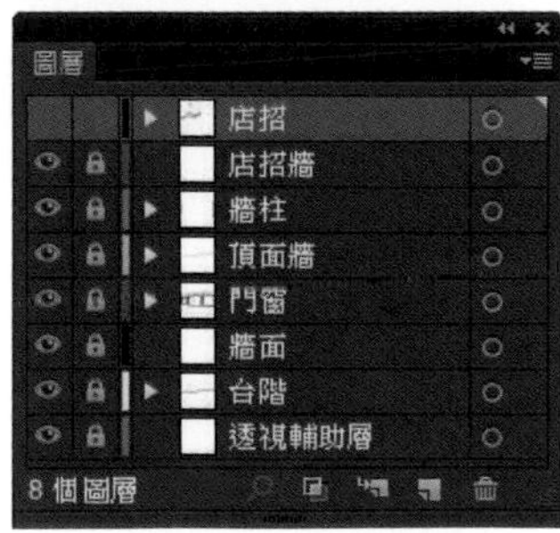

10 按下快速鍵 <Ctrl+O> 開啟前面製作的餐廳 Logo 檔案。選取物件 Logo，按下快速鍵 <Ctrl+C> 拷貝。切換到店面外觀工作視窗，按下快速鍵 <Ctrl+V> 貼上。

11 按下快速鍵 <Ctrl+O> 開啟前面製作的餐廳標準字檔案，選取標準字物件，按下快速鍵 <Ctrl+C> 拷貝。切換到店面外觀工作視窗，按下快速鍵 <Ctrl+V> 貼上。

12 選取文字工具 T，輸入文字巧麵館，在字元面板中如圖設定字體類型、顏色、大小等。接著按下快速鍵 <Ctrl+Shift+O> 轉換為外框文字。

巧麵館

13 選取物件好美味，按下快速鍵 <Ctrl+Shift+G> 解散群組，刪除底層邊框字和陰影字，保留最上層文字。

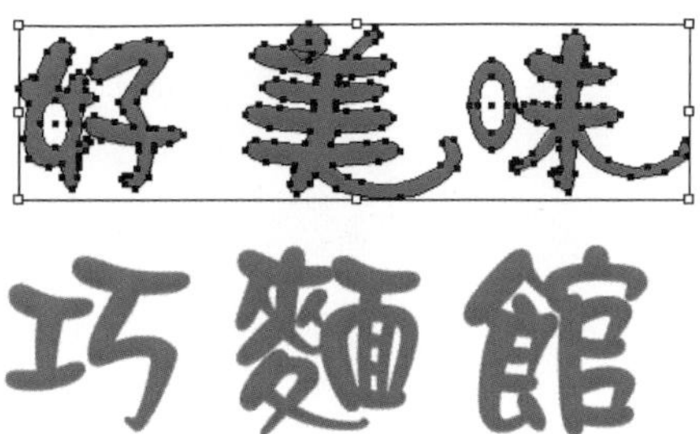

14 接下來拷貝物件好美味三份。

15 選取拷貝的三份標準字，在筆畫面板中將寬度設為 6pt。

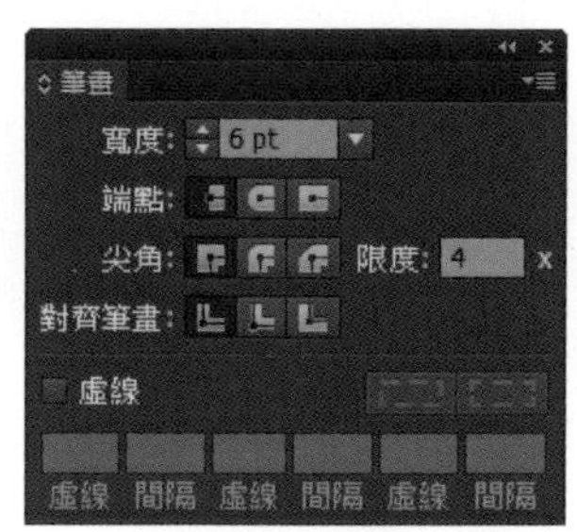

16 將拷貝的三份標準字筆畫顏色分別設為白色、紅色和咖啡色。

17 選取紅色標準字，執行特效\風格化\羽化指令，在彈出的對話方塊中羽化半徑設定為 2 公釐，點擊確定按鈕。

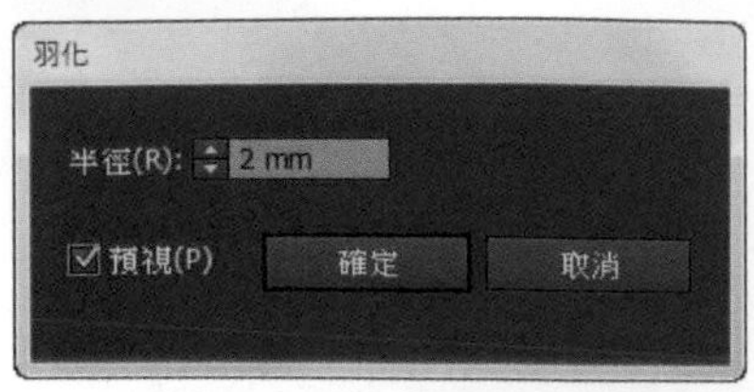

18 接著執行特效\風格化\外光暈指令，在彈出的對話方塊中設定模式為濾色，光暈顏色為紅色，不透明度為 100%，模糊為 1.76 公釐。

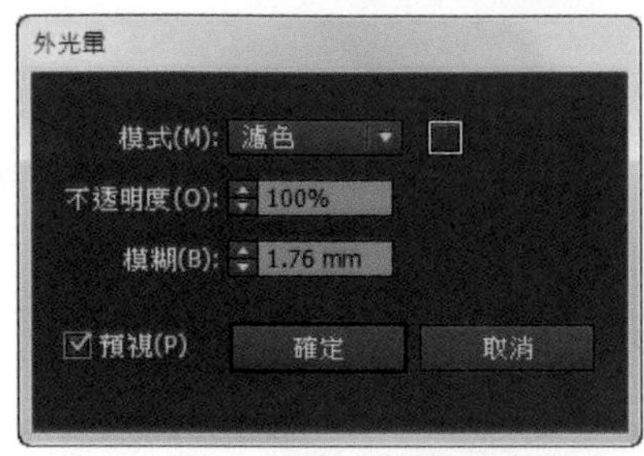

19 將四份標準字疊放在一起，橙色文字在最上層，白邊文字移至第二層，咖啡色文字放在第三層，紅色文字放在最底層。適當調整各文字的位置，並將文字群組在一起。

20 將物件巧麵館、餐廳 Logo 也處理為如圖陰影發光效果。

21 選取鋼筆工具，在店招牆左中右分別建立三個四邊形。

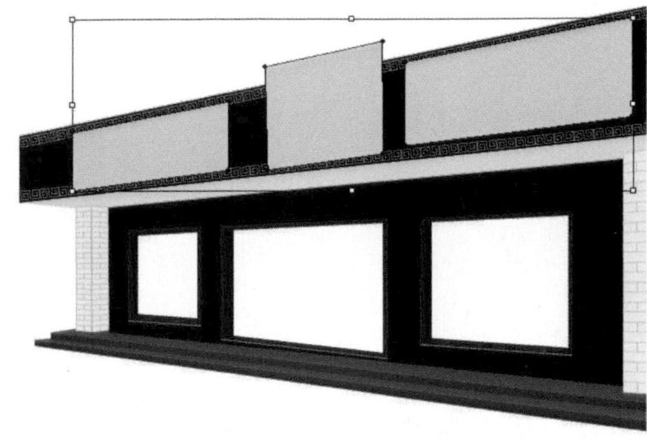

22 同時選取右側四邊形和巧麵館群組物件，按下快速鍵 <Ctrl+Alt+C> 執行封套扭曲。

23 選取中間四邊形與 Logo，按下快速鍵 <Ctrl+Alt+C> 執行封套扭曲。

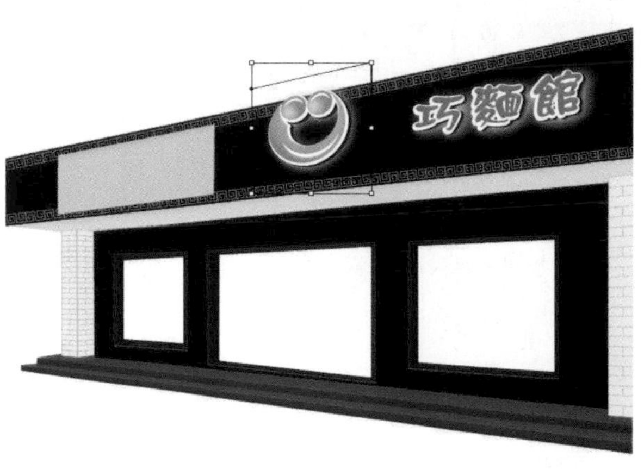

24 選取左側四邊形與物件好美味，按下快速鍵 <Ctrl+Alt+C> 執行封套扭曲。

25 調整三個物件位置和大小。

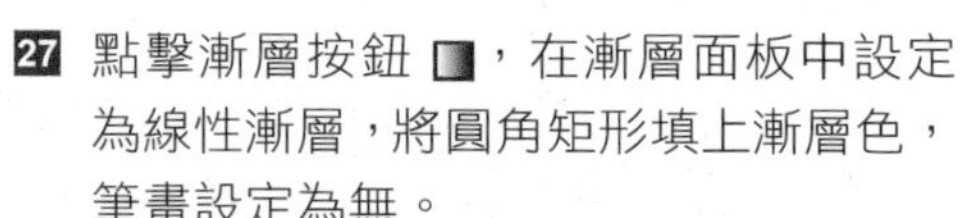

26 鎖定圖層招牌，建立一個新圖層燈籠，在圖層控制面板中拖放到頂面牆圖層下方。選取圓角矩形 ，建立一個圓角矩形。

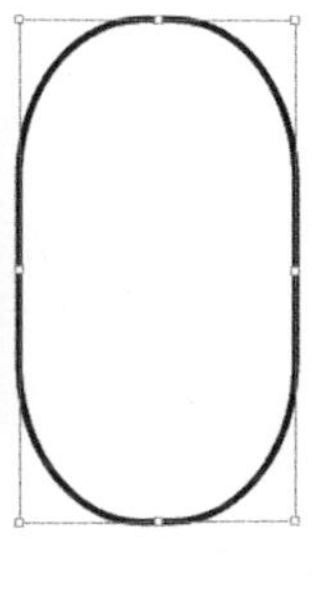

27 點擊漸層按鈕 ，在漸層面板中設定為線性漸層，將圓角矩形填上漸層色，筆畫設定為無。

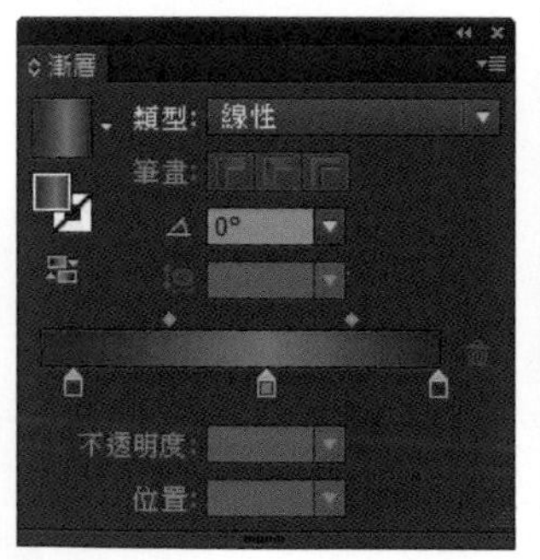

28 選取鋼筆工具 ，建立燈籠的高光形狀。

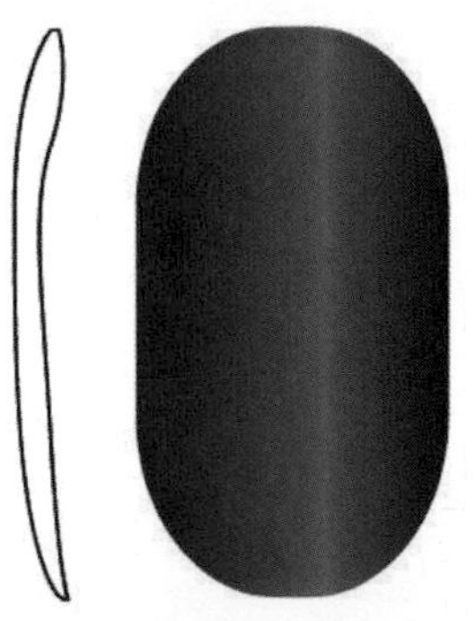

29 選取高光形狀，填上白色，畫筆設為無；執行特效 \ 風格化 \ 羽化指令，在羽化對話方塊中設定羽化半徑為 1 公釐，移動高光形狀放到燈籠上。

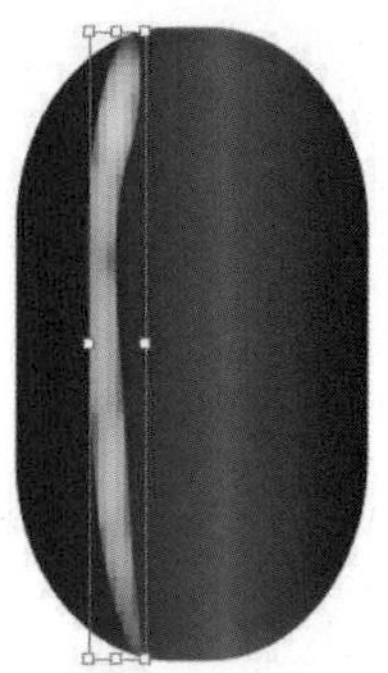

30 雙擊鏡射工具 ，在彈出的對話方塊中設定座標軸為垂直，點擊拷貝按鈕，並將拷貝的高光形狀移動到右側適當位置。

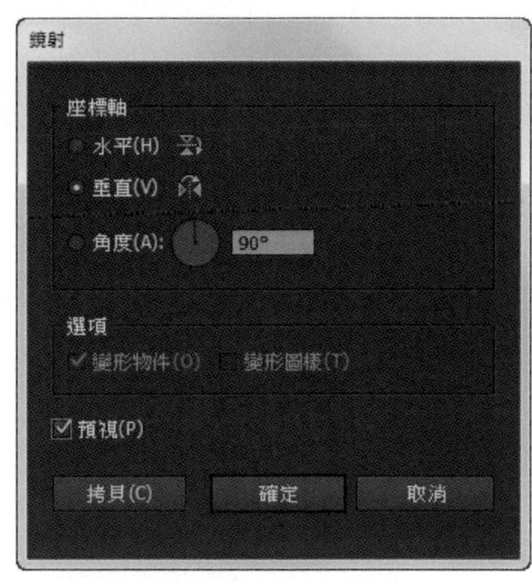

31 選取圓角矩形工具，建立一個圓角矩形作為燈籠的把手。

32 選取該圓角矩形，再點擊設置色票面板中的鋼瓶漸層效果。

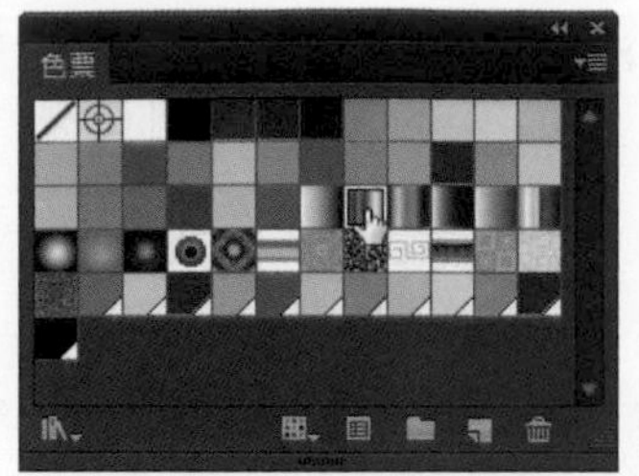

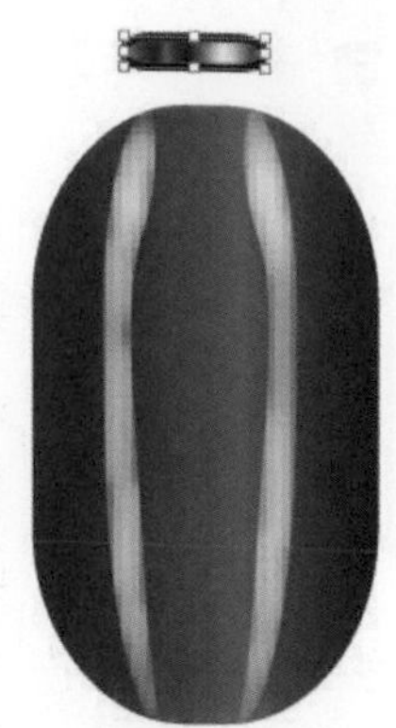

33 將該圓角矩形筆畫設為無色，移動到燈籠頂端擺放正確。

34 選取文字工具 T，輸入文字麵。選取文字麵，按下快速鍵 <Ctrl+Shift+O> 轉換為外框文字，在筆畫畫板中設定筆畫寬度為 0.75pt，並將筆畫顏色設為白色，將麵字移動到燈籠上。

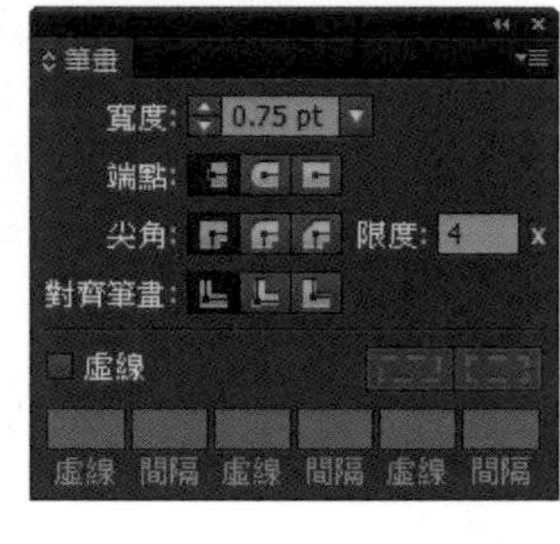

35 選取麵字，執行特效 \ 彎曲 \ 膨脹指令，在彈出的彎曲選項對話方塊中設定彎曲為38%，點擊確定按鈕。

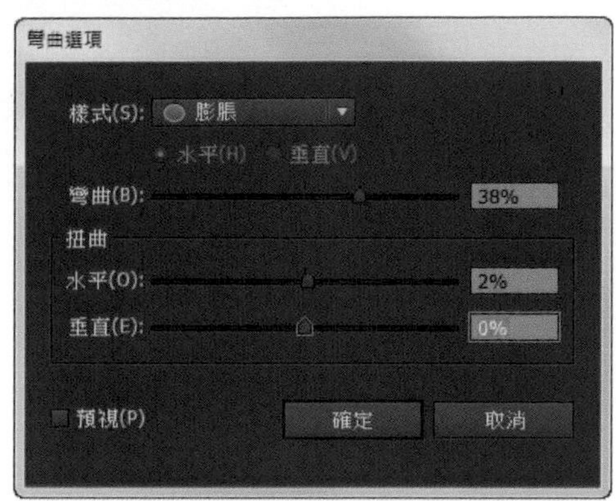

36 選取燈籠所有物件，按下快速鍵 <Ctrl+G> 群組，按住 <Alt> 鍵拖動燈籠拷貝出另三個燈箱。

37 將燈籠擺放在頂面牆下，由近及遠調整如圖適當大小及位置。

38 鎖定燈籠圖層，建立一個新圖層玻璃門窗。選取鋼筆工具 ，建立門窗的玻璃，填上青色，筆畫為無。

39 選取圓角矩形工具 ，建立玻璃門的把手。

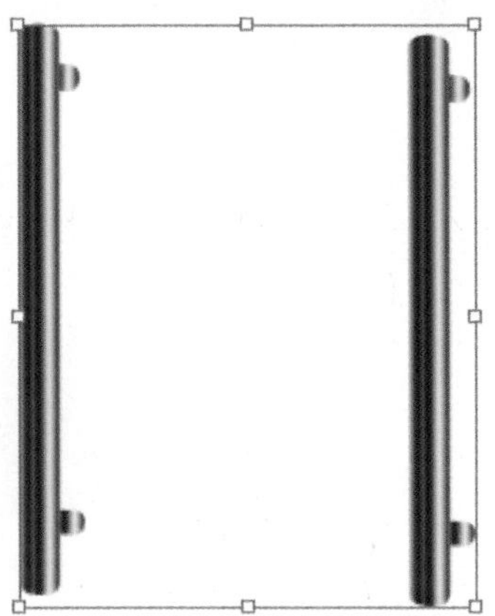

40 選取門窗的玻璃，在透明度面板中設定透明度為 1%。

41 建立一個新圖層室內牆，將該圖層放到台階圖層下一方，參照透視輔助層的輔助線，建立室內四面牆體，並填上相應顏色。

42 建立一個新圖層桌子，放到室內牆圖層上方；執行檔案 \ 置入指令，選取附贈光碟中的 ch05\5-3\001.psd 並置入到檔案中，拷貝多個，調整每張桌子的大小及位置，完成全部製作。

06 產品設計

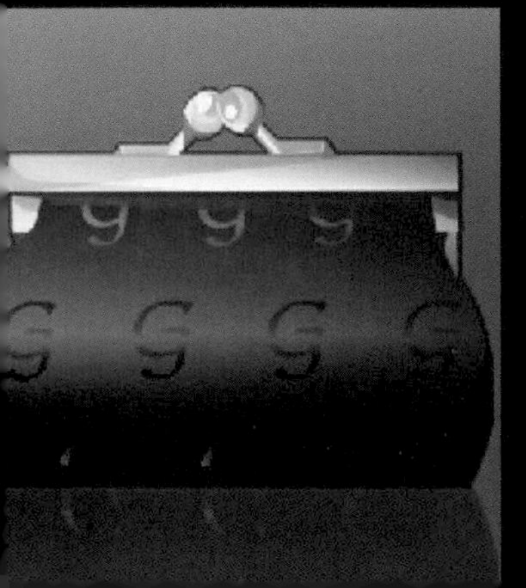

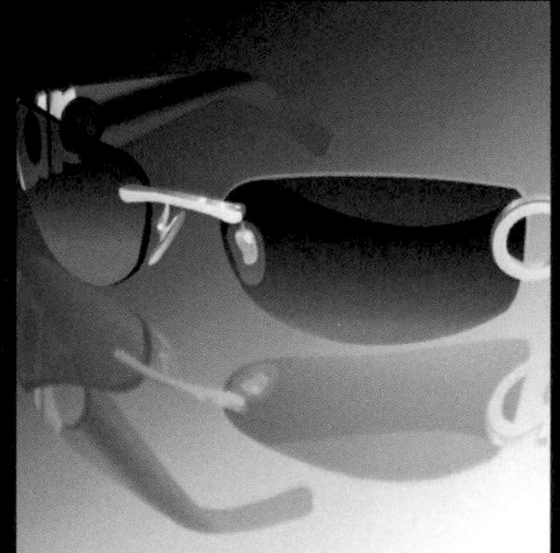

本章實例主要是用造型工具繪製時尚皮包、墨鏡、手錶，並透過改變透明度的方法為皮包製作明暗效果。

▼ 設計流程

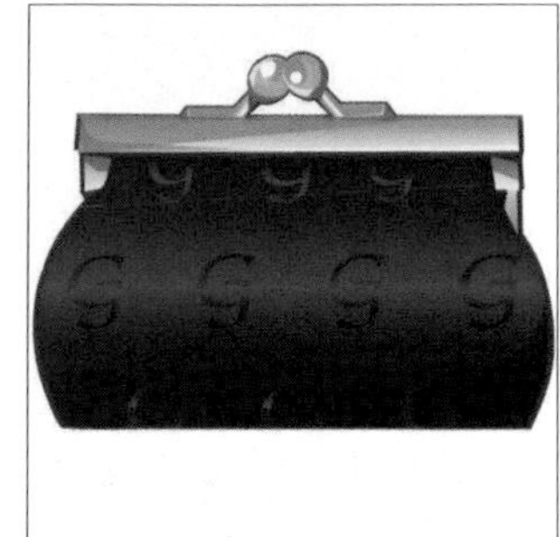

▼ 關鍵技巧

1 執行物件 \ 路徑 \ 增加錨點指令
2 使用路徑管理員面板焊接圖形
3 透明度的使用
4 漸層填色

 ch06\ >ch06-001.ai、ch06-002.ai、ch06-003.ai

6-1 皮包設計

6-1-1 皮包外形製作

1 用矩形工具 繪製一個矩形，並將其變形。

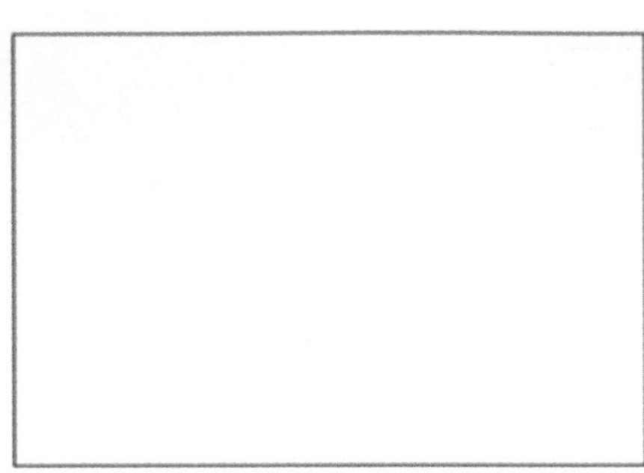

2 執行物件 \ 路徑 \ 增加錨點指令，選取其中一個錨點將圖形變形。

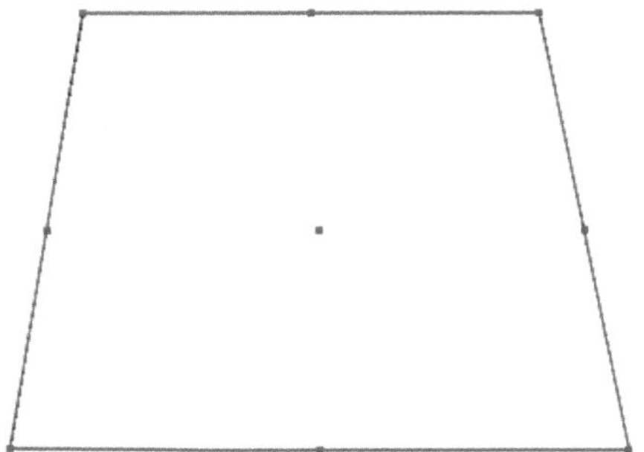

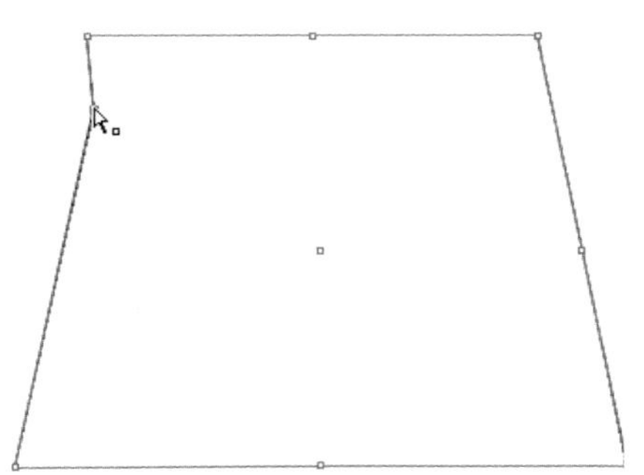

3 保持對該錨點的選取狀態，點擊屬性列中將選取的錨點轉換為平滑 按鈕，對圖形進行變形。

錨點 轉換: 控制點: 錨點:

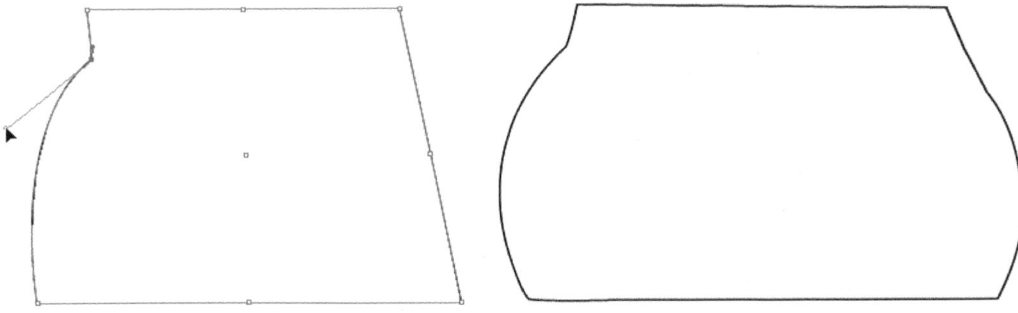

4 去除筆畫，並為其填充線性漸層色。

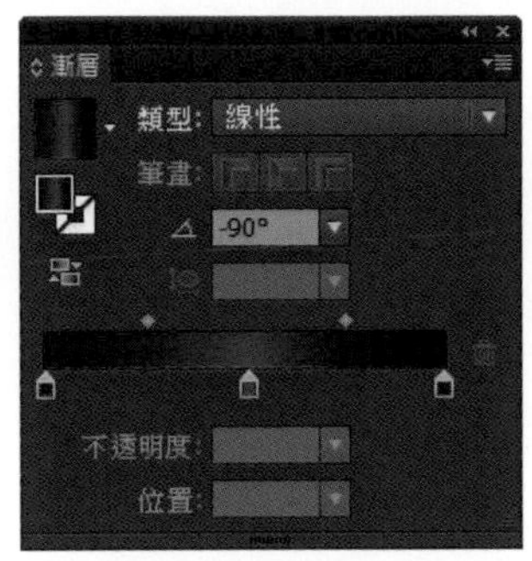

6-1-2 皮包花紋製作

1 使用文字工具 T，分別輸入字母，執行文字\建立外框指令，為字母建立外框。

2 將兩個字母擺放在一起，使用選取工具 為其調整寬度。

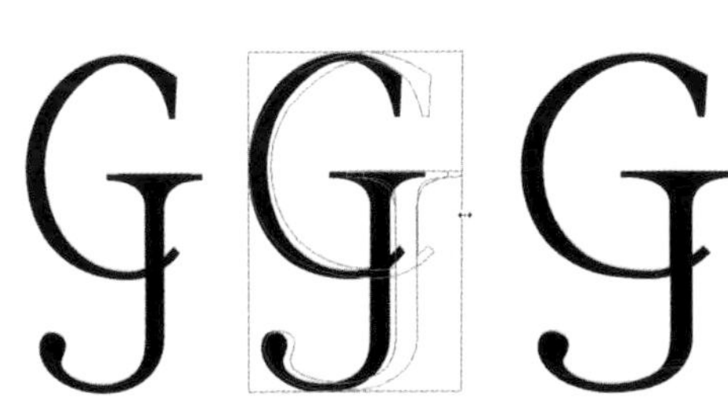

3 使用直接選取工具 為字母變形。

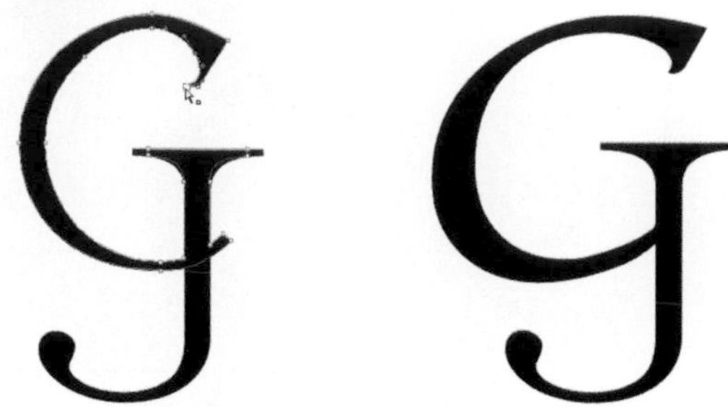

4 使用相同的方法為另一個字母變形。

5 選取這兩個字母，在路徑管理員面板中點擊聯集 按鈕，並點擊展開按鈕。

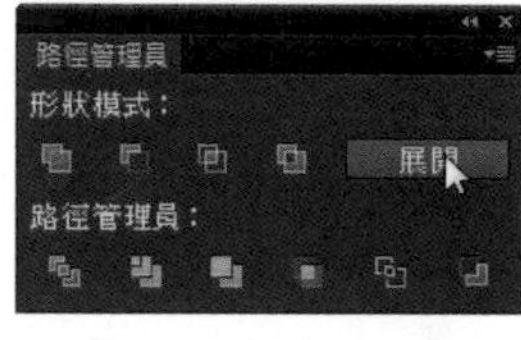

6 也為其填充線性漸層色。

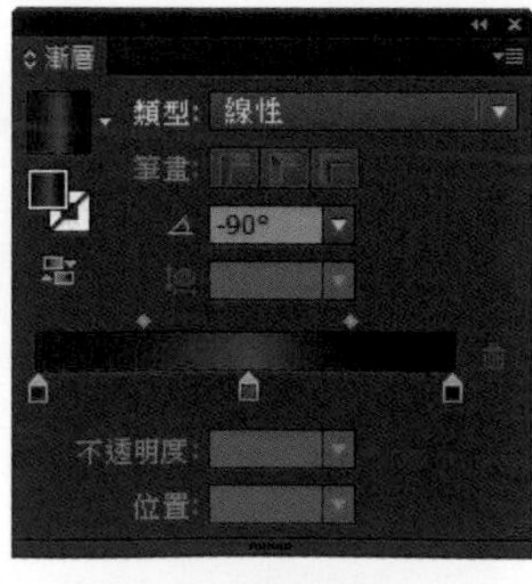

7 將字母組合放到皮包的合適位置，並複製幾個。

8 複製一個皮包外形和字母組合，並將字母組合放到如圖位置。

9 選取複製的皮包外形和字母組合，在路徑管理員面板中，點擊交集 按鈕，選項並點擊展開按鈕。

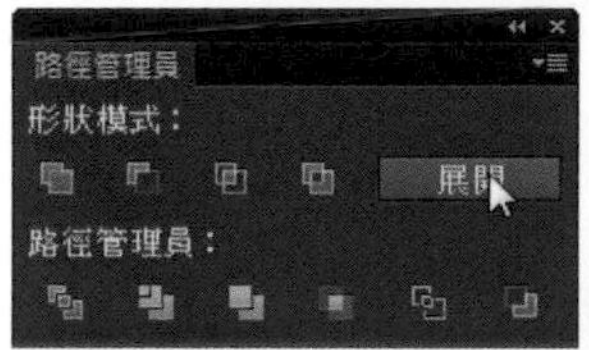

10 將裁剪後的字母，放到皮包的合適位置，並改變其線性漸層的角度。

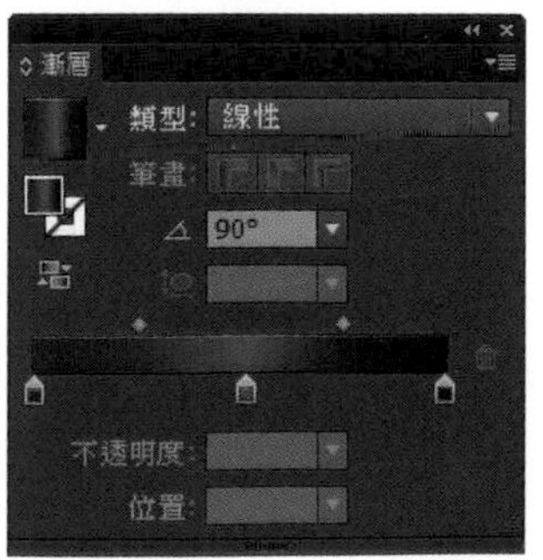

11 然後複製幾個放到皮包的合適位置。

12 複製一個完整的字母組合放到皮包的上方，並用漸層工具 改變組合字母的漸層填充如圖設置，然後複製幾個放到皮包的合適位置。

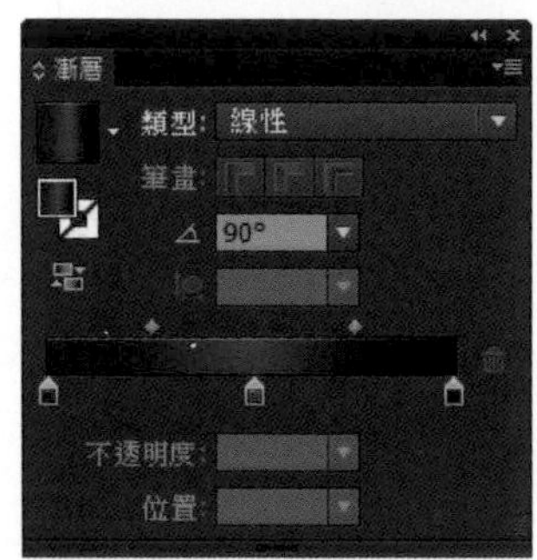

13 使用繪圖工具繪製皮包的陰影，改變透明度後放到皮包的合適位置。

14 用相同的方法再為皮包上層陰影改變透明度後放到皮包的合適位置。

6-1-3 其他細節製作

1 繪製皮包的金屬部分。

2 複製一個皮包，在路徑管理員面板中，點擊聯集 按鈕，選項並點擊展開按鈕。

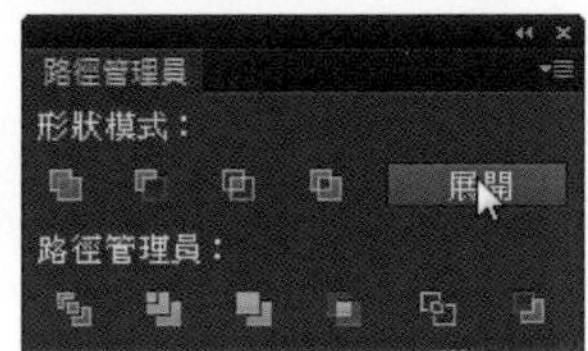

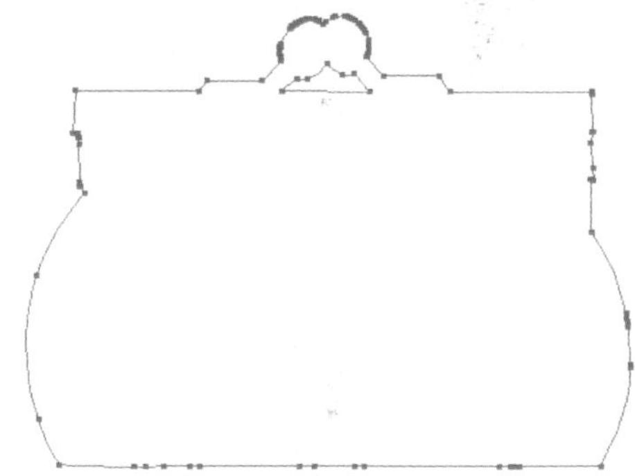

3 為其填充顏色，調整大小後，放到皮包的下層。

6-2 墨鏡設計

6-2-1 墨鏡鏡片的製作

1 使用橢圓形工具 和直接選取工具 繪製圖形，做為墨鏡的鏡片。

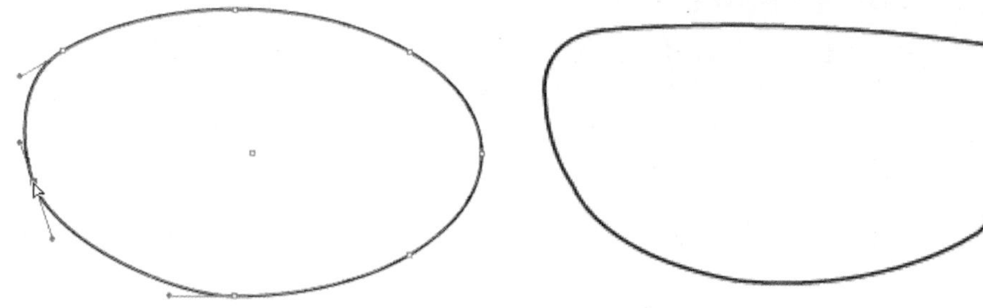

2 並為其填充漸層色。

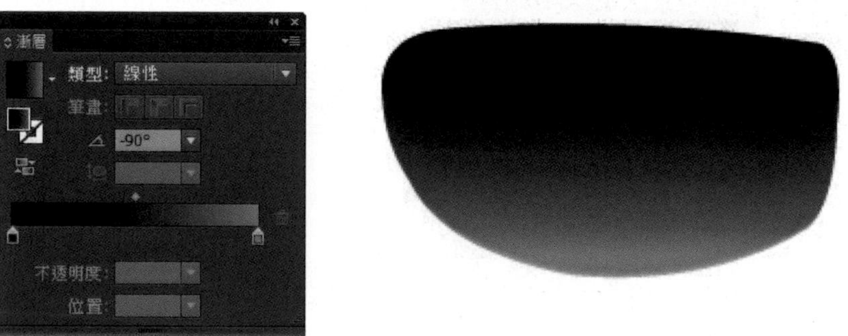

3 複製一個鏡片並填充顏色，各數值為 C0、Y10、M0、K30。再調整不透明度為 58%。

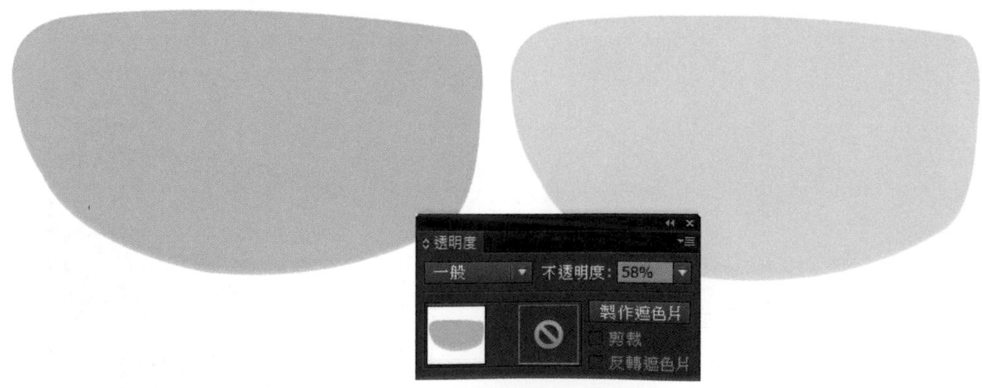

4 將其放到鏡片的下層。

5 再複製一個鏡片，將其變形後放到鏡片的合適位置並為其填充白色。

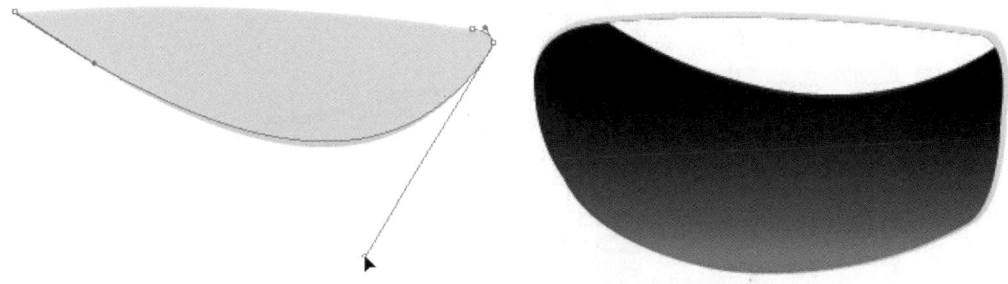

6 改變白色圖形的不透明度為 20%，作為鏡片的高光。

7 在用類似的方法繪製另外一面鏡片。

6-2-2 墨鏡樑架的製作

1 使用矩形工具 和直接選取工具 繪製墨鏡的樑架。

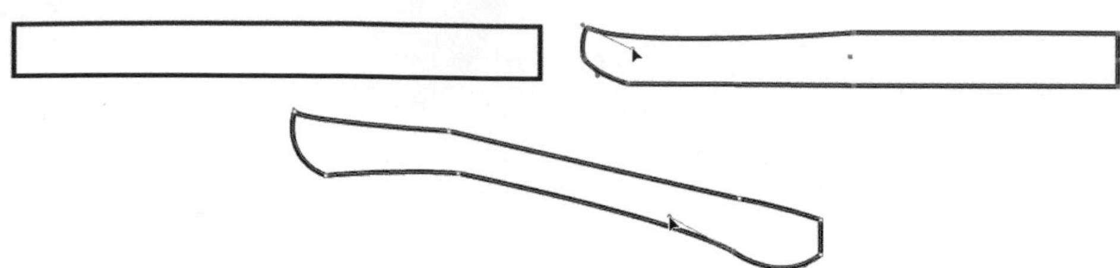

2 並為其填充黃色漸層色。

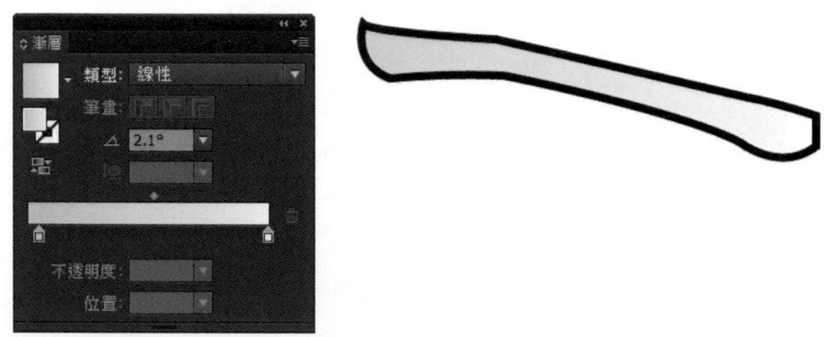

3 將繪製好的圖形放到兩個鏡片之間，並去除筆畫。

4 使用鋼筆工具 ，繪製一個圖形。

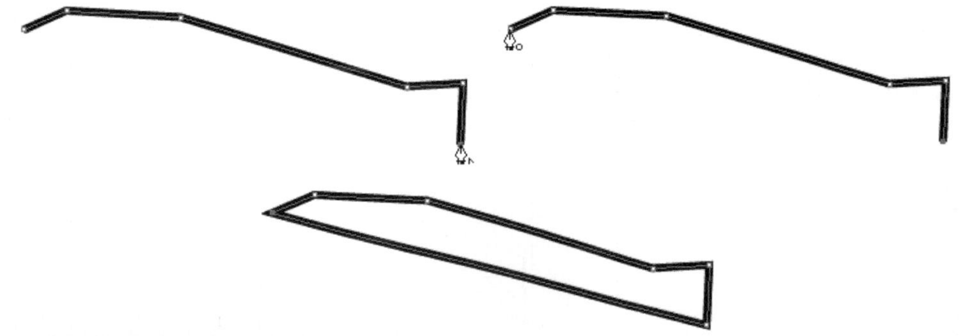

5 使用直接選取工具 ，將剛繪製的圖形進行變形。

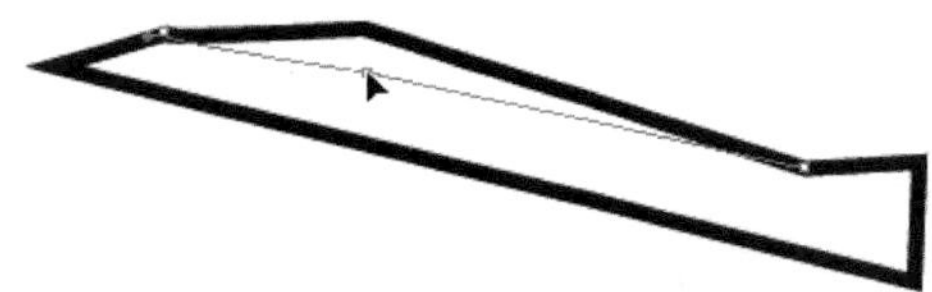

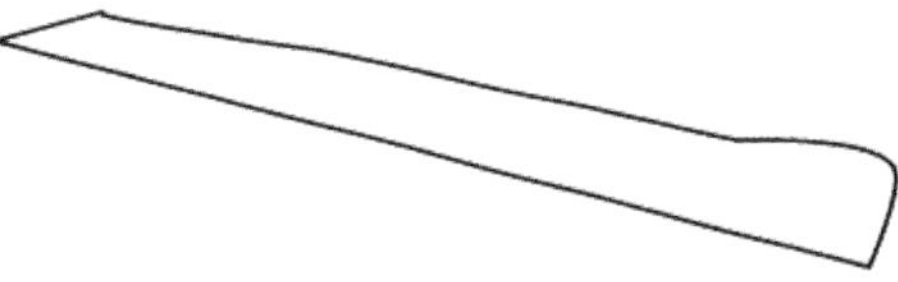

6 把做好圖形填充漸層色。

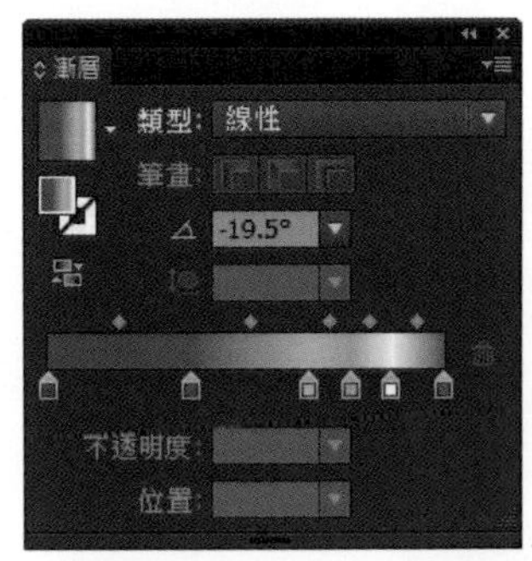

7 去除筆畫後，放到合適位置。

8 使用鋼筆工具 和橢圓形工具 繪製兩個白色圖形做為高光。

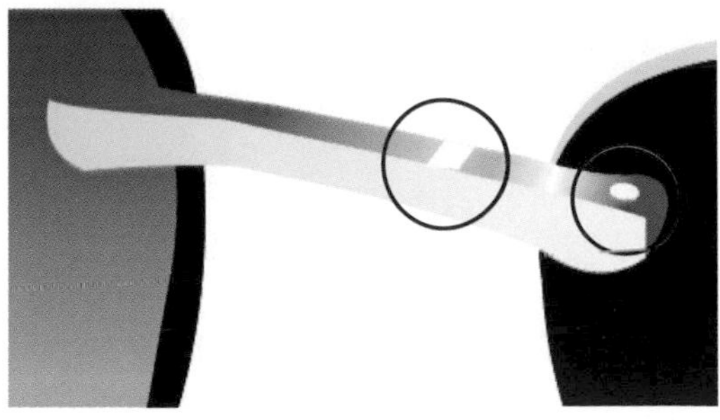

6-2-3 墨鏡夾梁的製作

1 使用矩形工具 和直接選取工具 繪製圖形，填充漸層色。

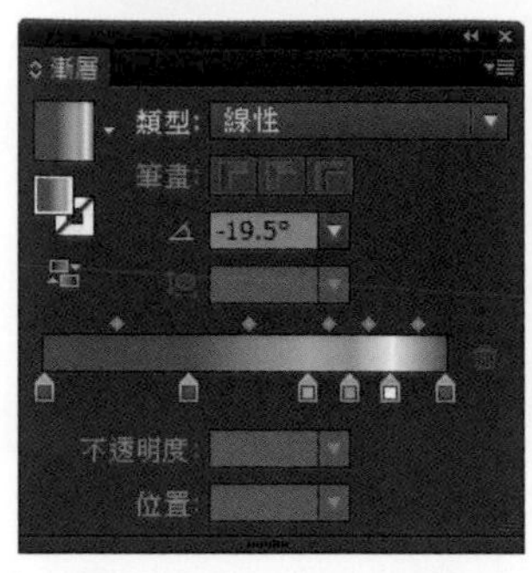

2 使用鋼筆工具 繪製一個圖形，去除筆畫後為其填充漸色。

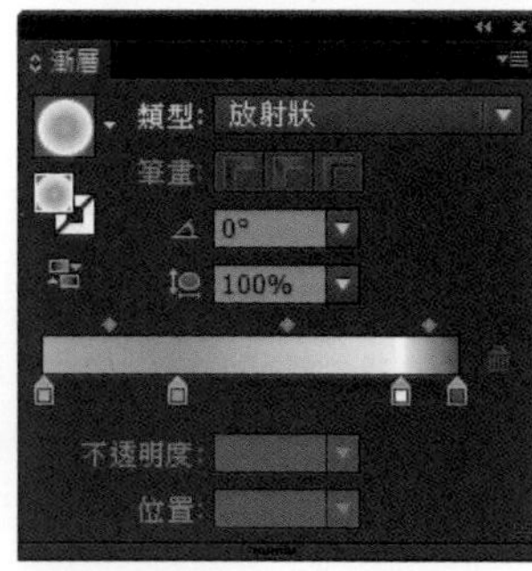

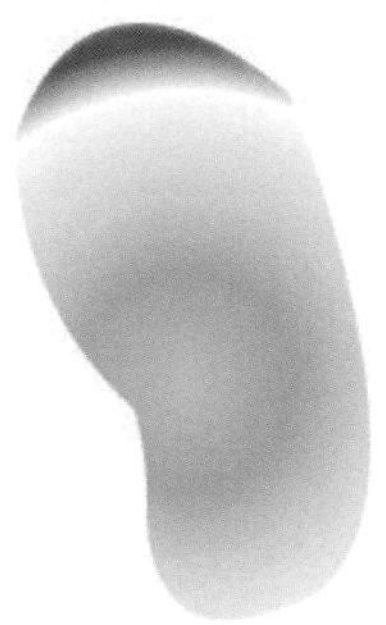

3 將其放到合適位置，並用橢圓形工具 繪製一個高光。

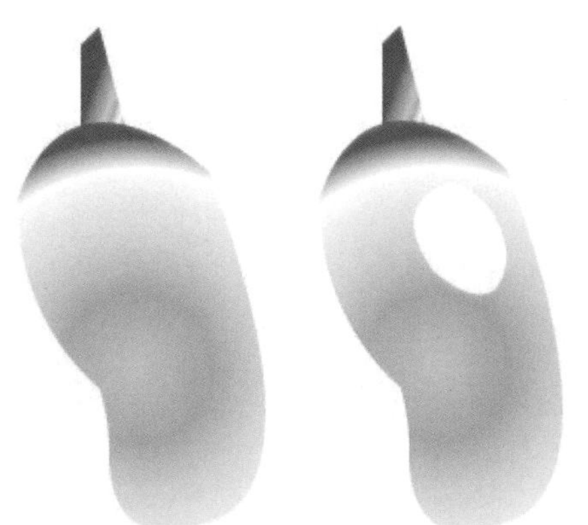

4 改變這 3 個圖形的不透明度。

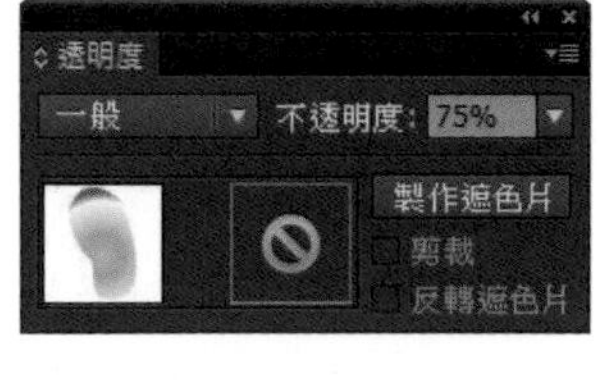

5 使用橢圓形工具 和直接選取工具 繪製圖形。

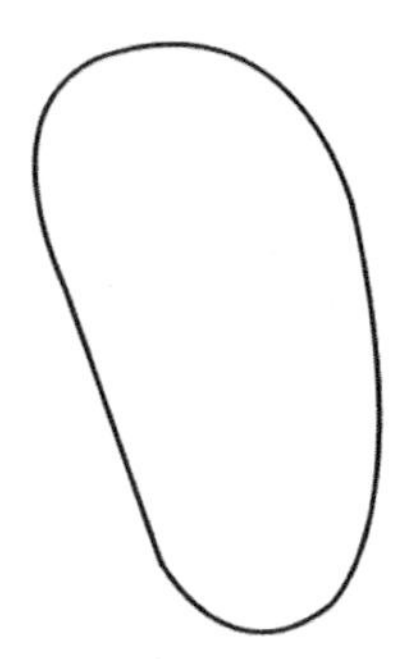

6 複製兩個變形後的橢圓，將其中一個填充黑色。

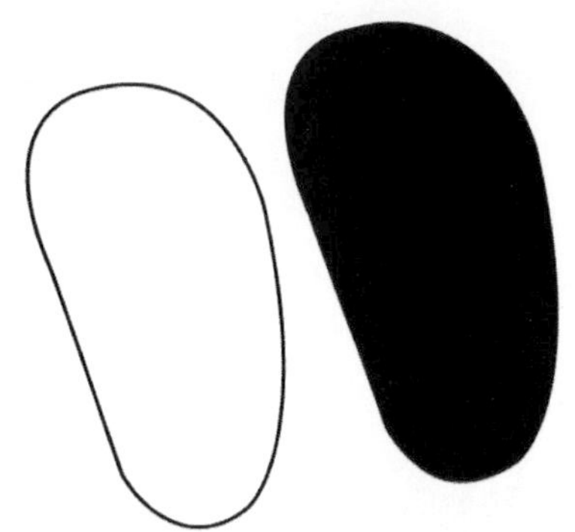

7 將黑色圖形調整大小後，與白色圖形進行組合，選取這兩個圖形，在路徑管理員面板中選取減去上層 選項，並點擊展開按鈕。

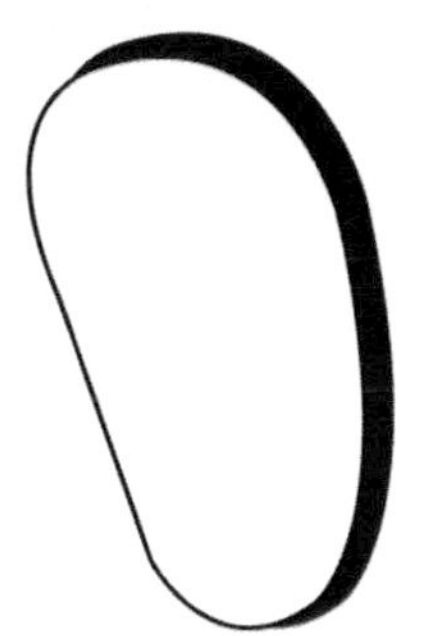

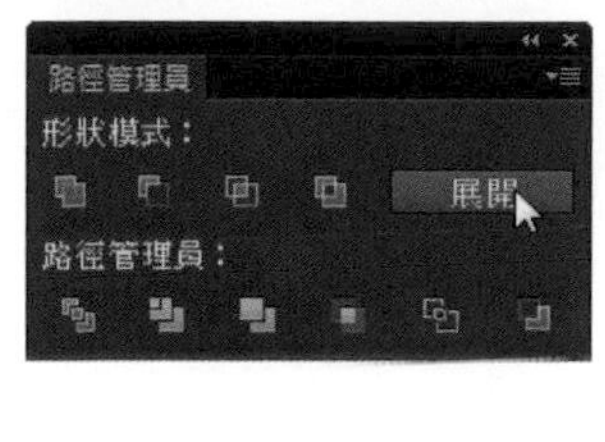

8 按 <Shift+Ctrl+[> 將裁剪好的圖形放到白色圖形的下層，並去除白色圖形的筆畫。

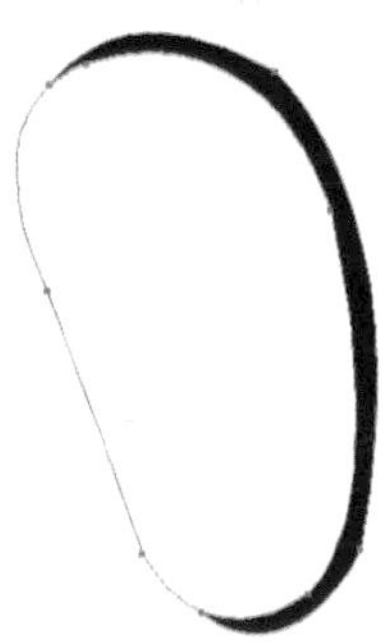

9 改變這兩個圖形的不透明度，將其放到合適的位置。

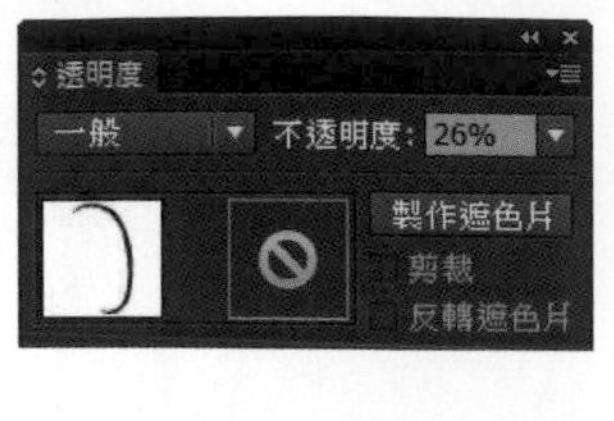

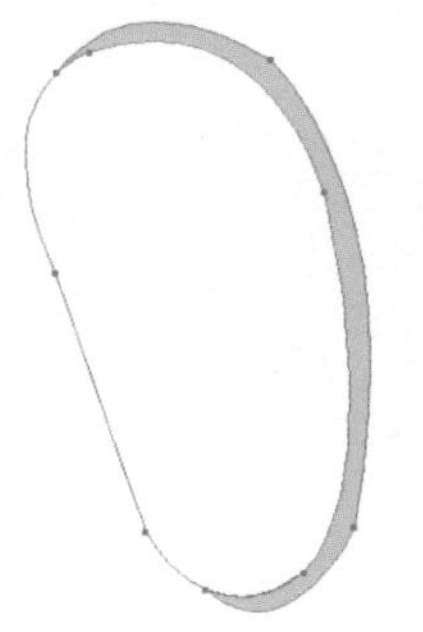

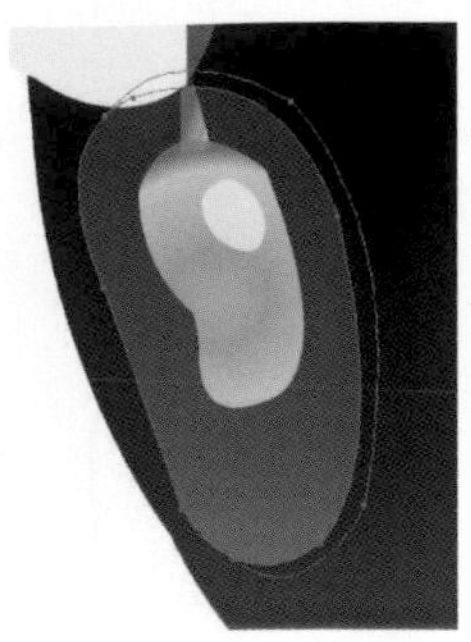

10 用類似的方法繪製另一個夾樑。

6-2-4 墨鏡掛耳的製作

1 使用橢圓形工具 和直接選取工具 繪製圖形，並為其填充漸層色。

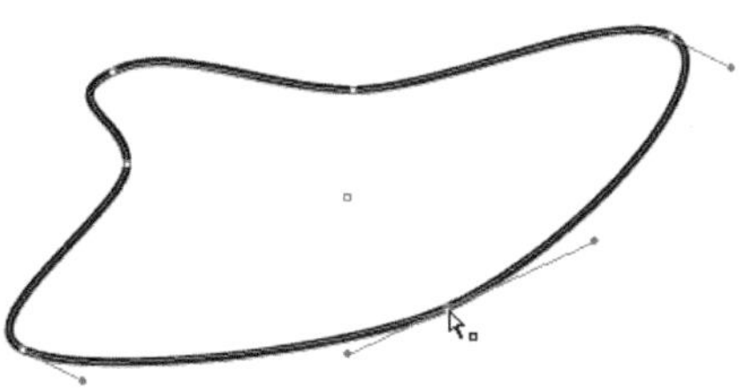

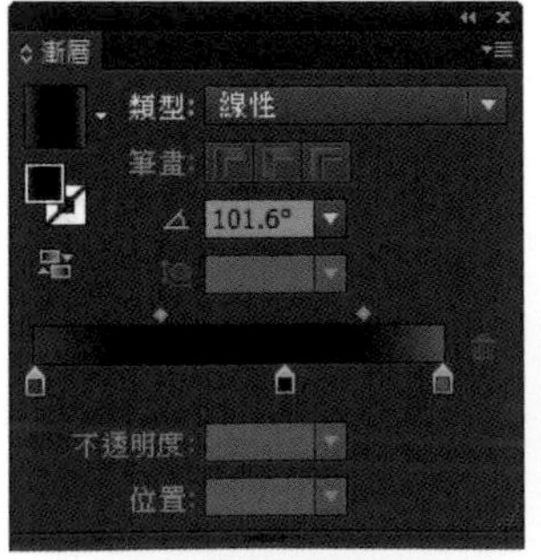

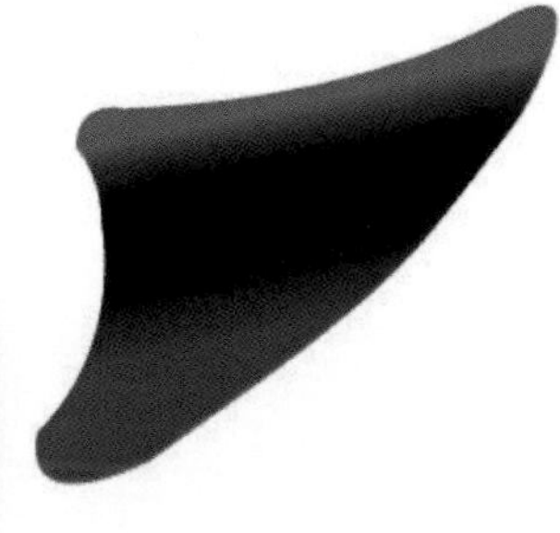

2 使用鋼筆工具 和使用直接選取工具 繪製圖形並填充黑色放到合適位置。

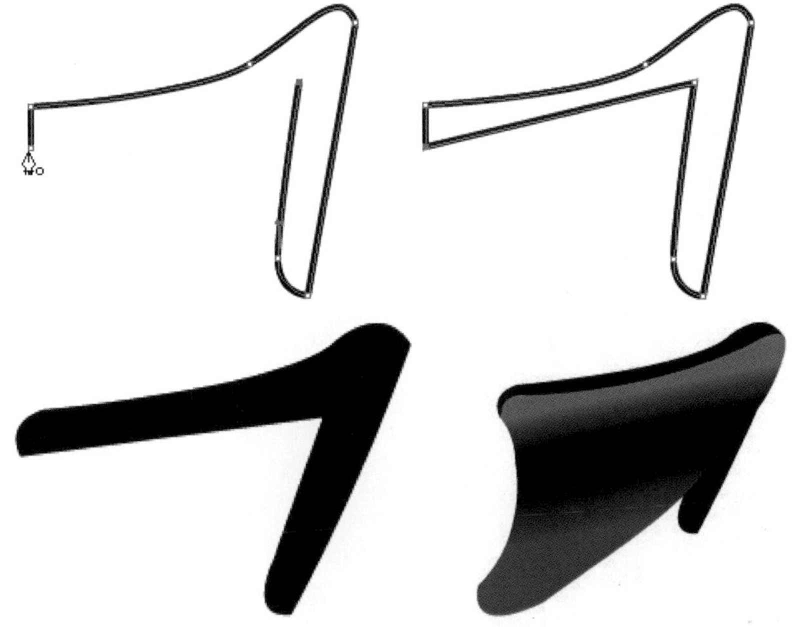

3 在使用鋼筆工具 ，繪製一個圖形，並為其填充漸層色放到合適位置。

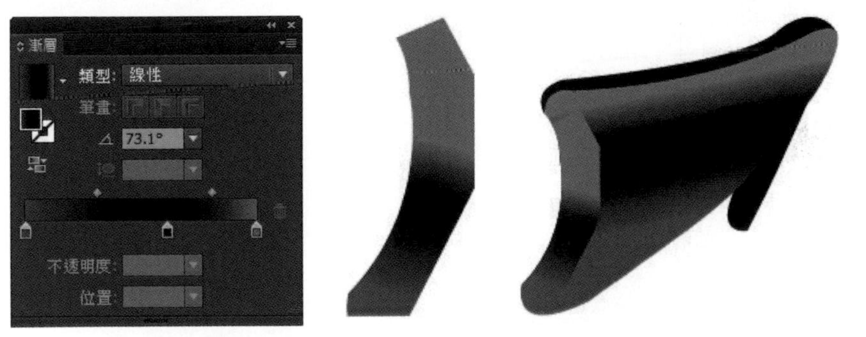

4 用類似的方法繪製另外一個掛耳。

5 把兩個繪製好的掛耳放到合適位置。

6-2-5 墨鏡金屬扣的製作

1 繪製圖形，並為其填充漸層色。

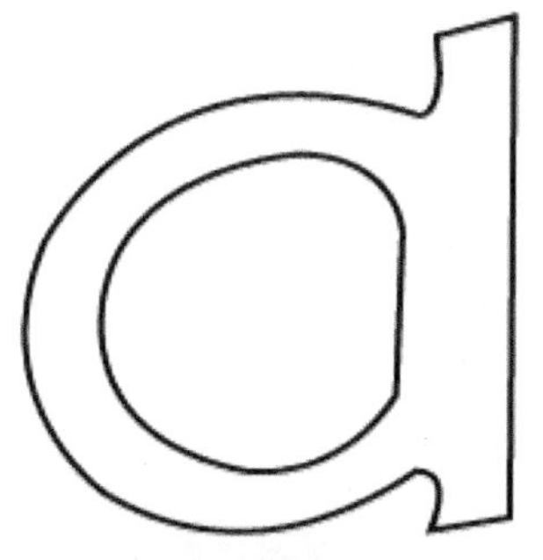

2 繼續深入繪製圖形。

3 複製一個淡黃色圖形，使用選取工具 旋轉角度，並調整大小。

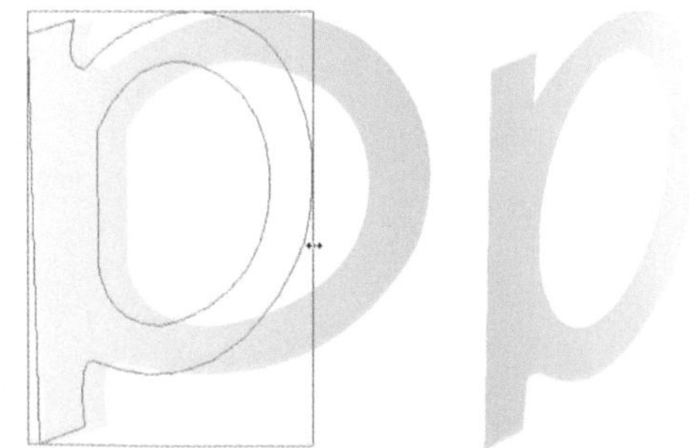

4 在使用鋼筆工具 繪製圖形，填充漸層色後放到合適位置。

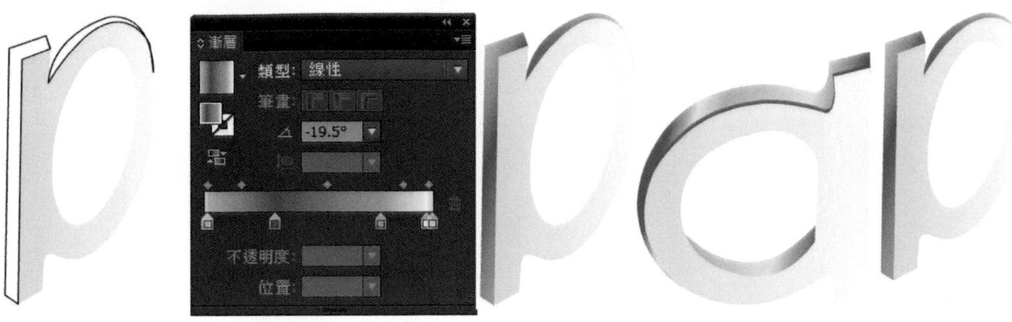

5 用相同的方法添加連接物。

6 將繪製好的金屬折扣放到墨鏡的合適位置，並複製一個適當變形擺放到另一邊。

6-3 手錶設計

6-3-1 手錶鏡框的製作

1 使用鋼筆工具，繪製手錶的基本外形，並填充黑色。

2 使用矩形工具和直接選取工具繪製鏡框，並填充淡灰色放到合適位置。

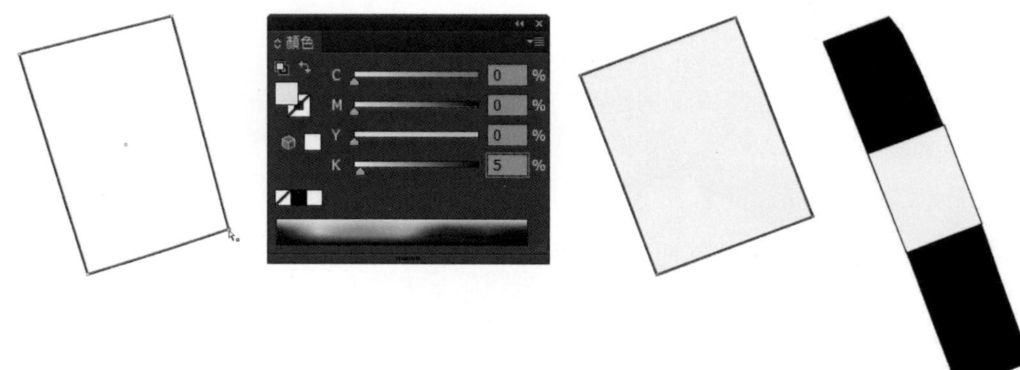

3 使用鋼筆工具繪製圖形，填充白色。

4 複製旋轉一個到另一邊，並填充顏色。

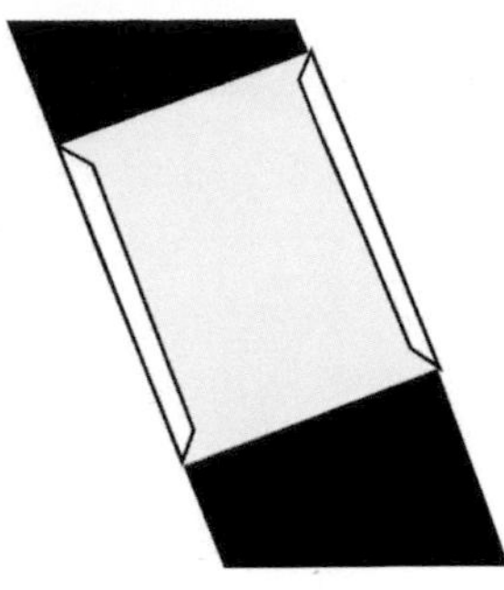

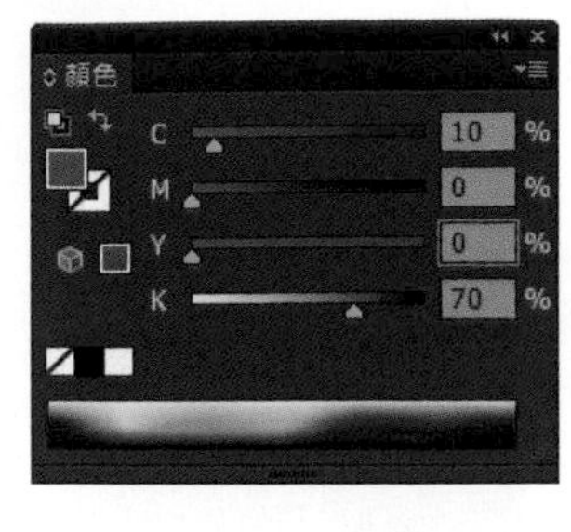

5 選取這兩個圖形去除筆畫。

6 使用矩形工具 繪製一個矩形，使用選取工具 旋轉角度到合適位置並填充顏色。

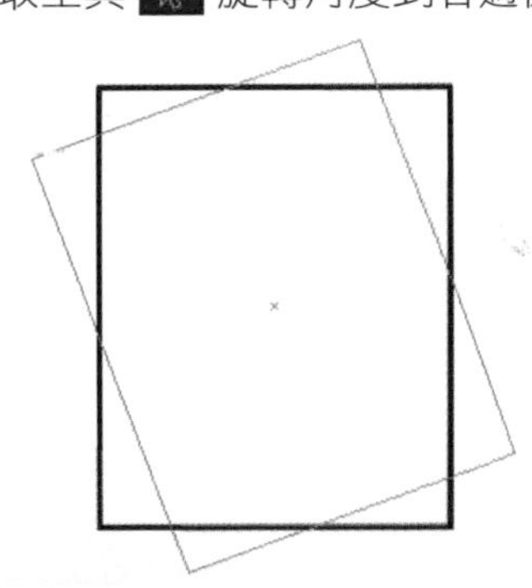

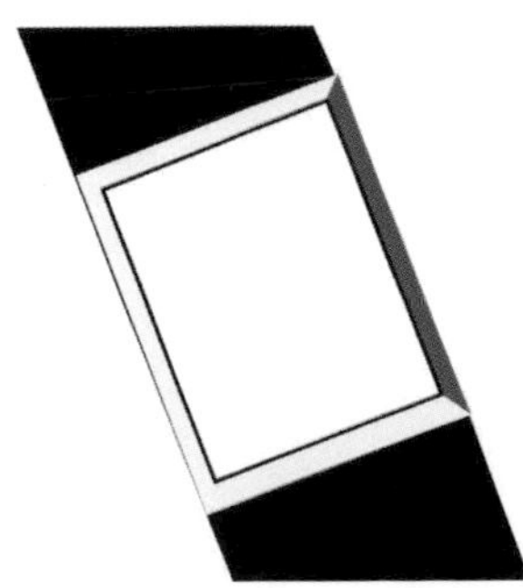

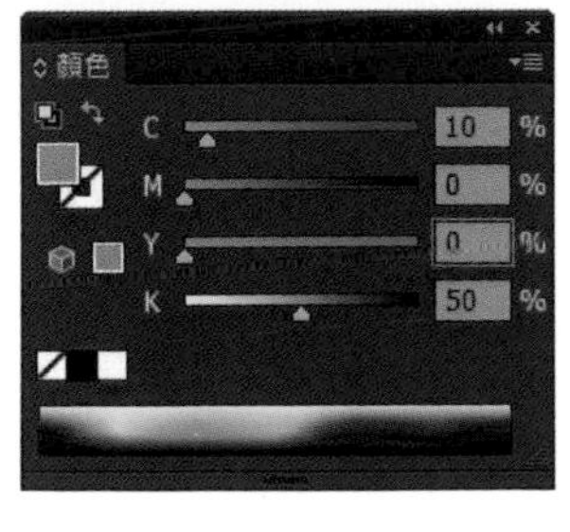

7 複製矩形調整大小後，填充漸層色。

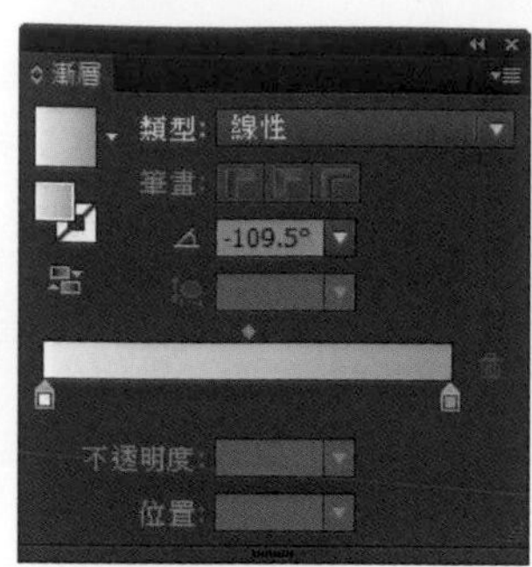

8 再複製矩形調整大小後，填充黑色。

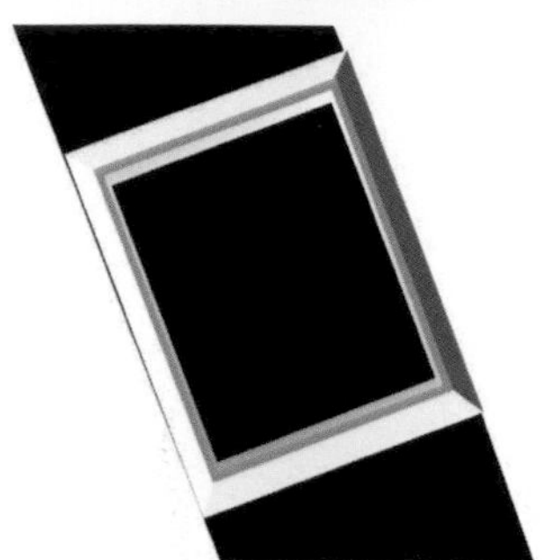

9 使用鋼筆工具 繪製一個三角形，並填充漸層色。

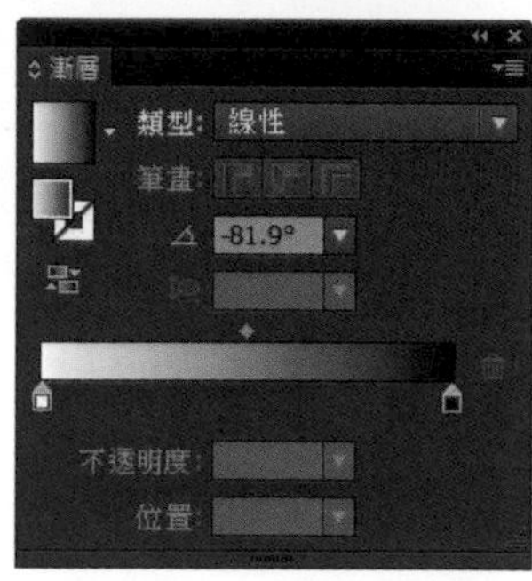

10 使用相同的方法繪製其他面。

6-3-2 指針和發條的製作

1 使用橢圓形工具 繪製六個大小不同的橢圓，填充顏色並放到如圖位置。

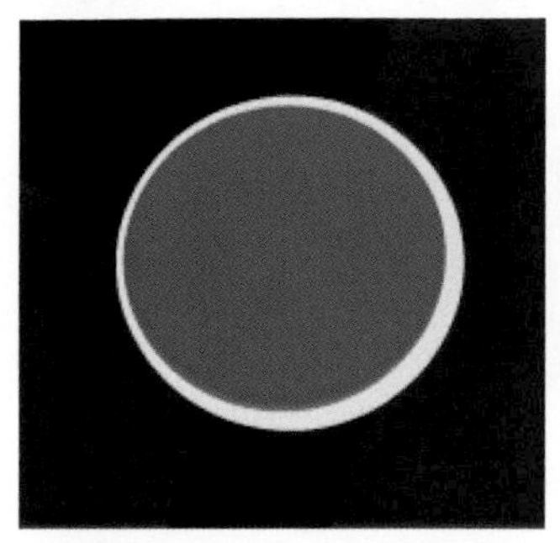
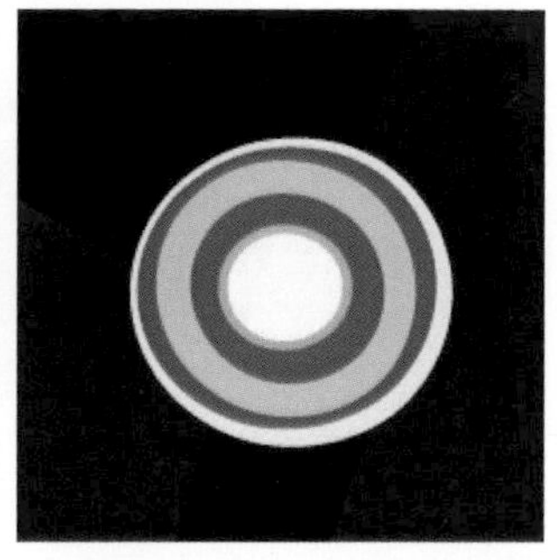

2 使用鋼筆工具 繪製高光和陰影。

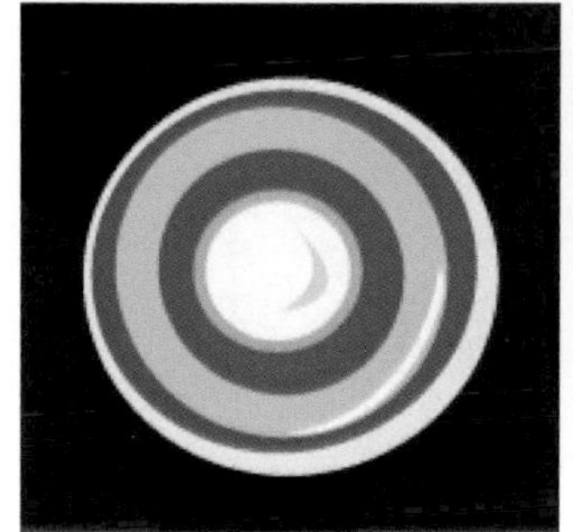

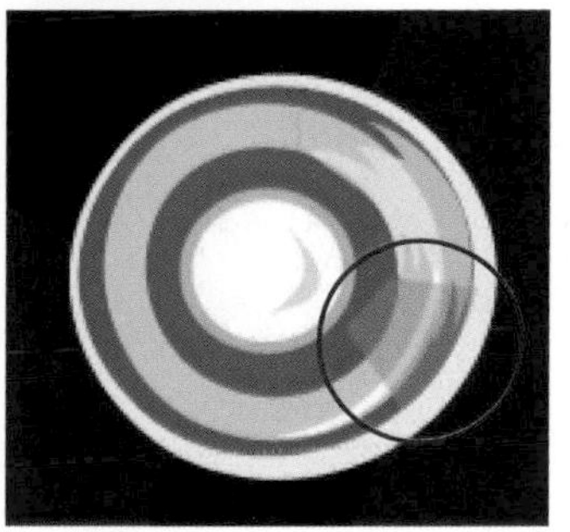

高光處不透明度設置為52%

3 使用鋼筆工具 繪製一個三角形，並去除筆畫。

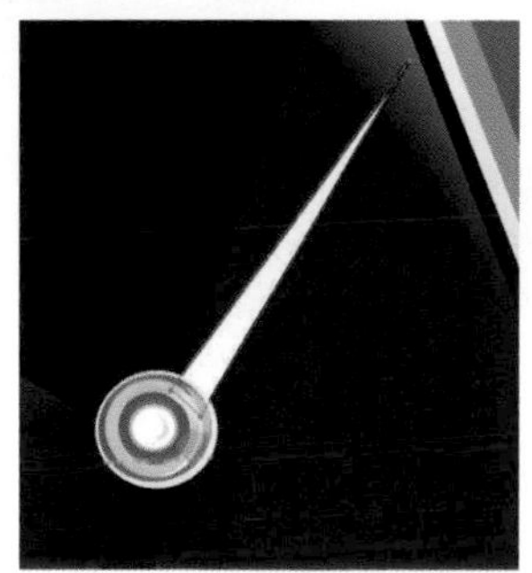
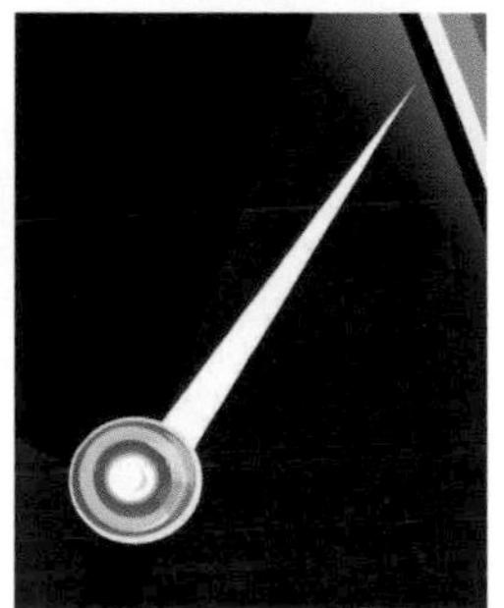

4 使用鋼筆工具 繪製圖形，並放到如圖位置。

5 再使用鋼筆工具 繪製一個三角形，填充深黑色後去除筆畫。

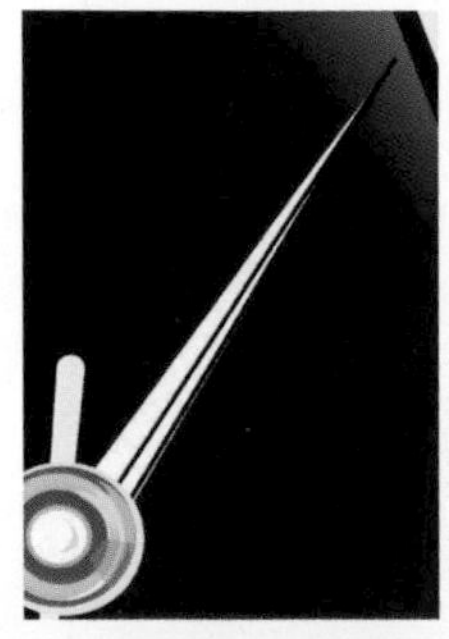

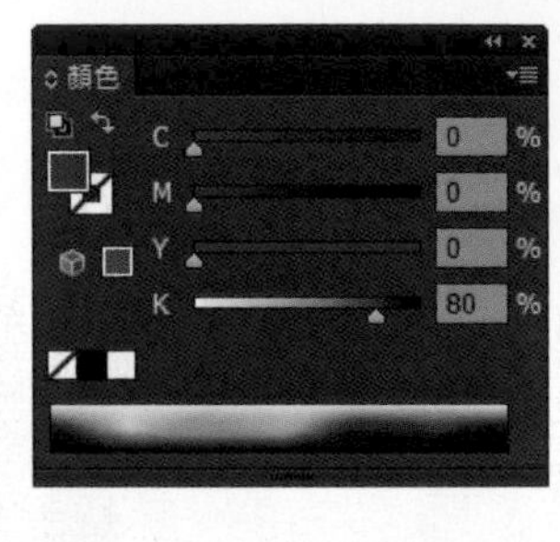

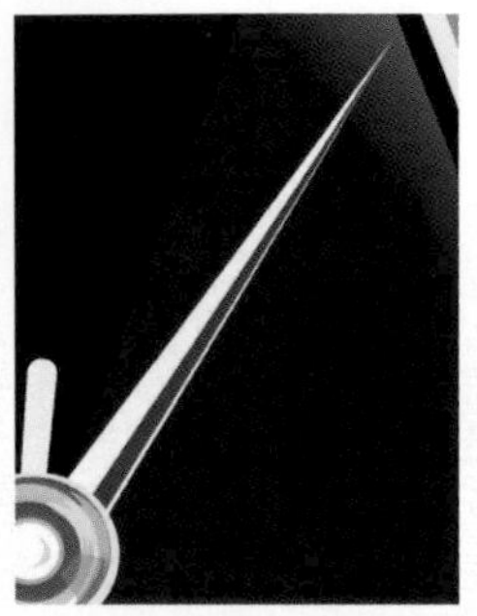

6 複製一個調整大小和顏色後，放到如圖位置。

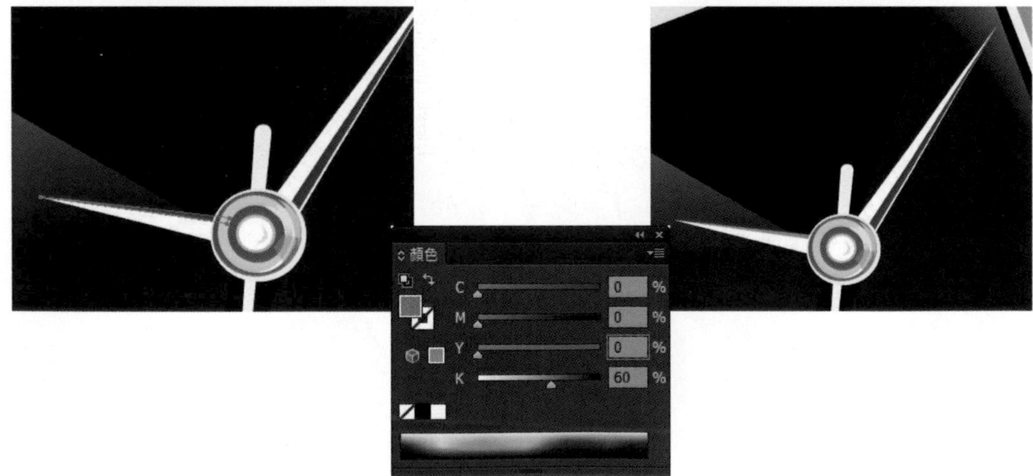

7 使用鋼筆工具 和直接選取工具 繪製手錶的發條。

填充黑到白的漸層色

填充黑色

填充白色和灰色

6-3-3 金屬鏈的製作

1 繪製手錶的金屬鏈，首先使用鋼筆工具 繪製一個矩形，填充顏色後去除筆畫。

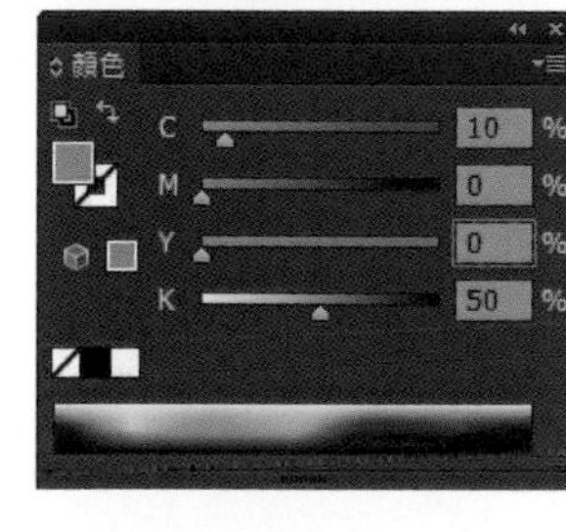

2 繼續使用鋼筆工具 繪製一個梯形，並填充顏色。

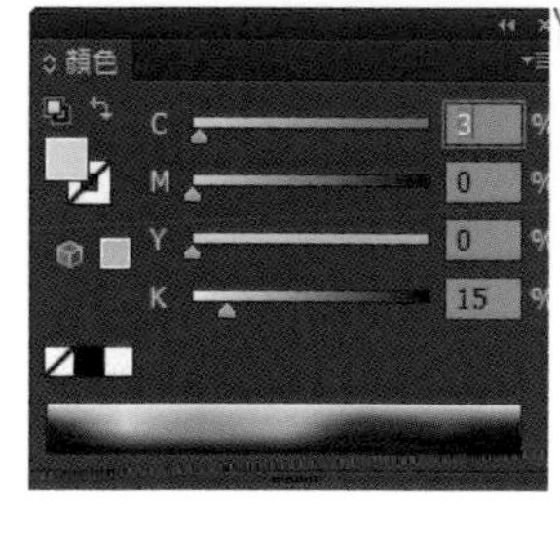

3 再使用鋼筆工具 繪製兩個圖形，填充白色。

4 接著繪製一個三角形，並填充淡灰色。

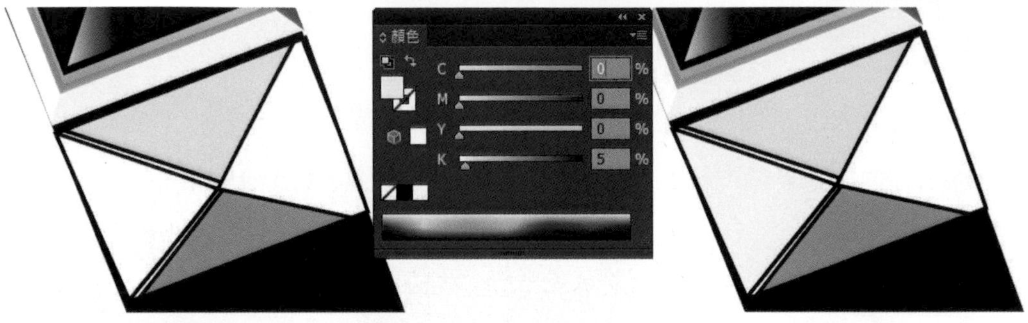

5 再繪製一個三角形，並填充顏色。

6 用類似的方法繪製其他金屬鏈。

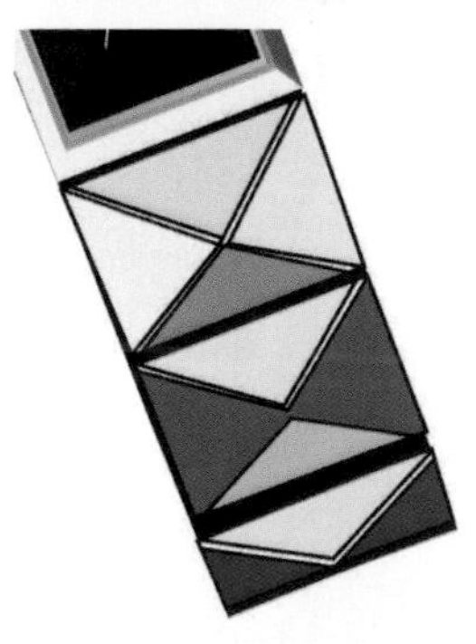

7 選取整個金屬鏈，去除筆畫後，複製一組到手錶帶的另一邊。

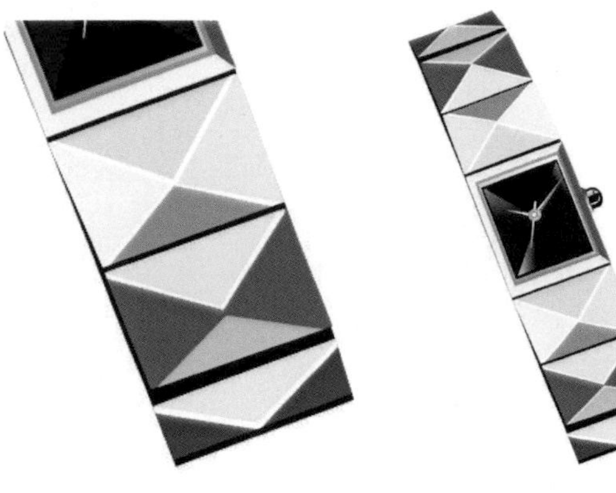

8 使用鋼筆工具 繪製一條黑色圖形並放到最下層。

9 繪製幾個漸層圖形做為手錶下半部分的金屬鏈，並複製一組到另一邊。

10 再繪製幾個小圖形做為手錶金屬鏈的金屬扣。

11 再稍微調整一下圖形，讓手錶更具真實感。

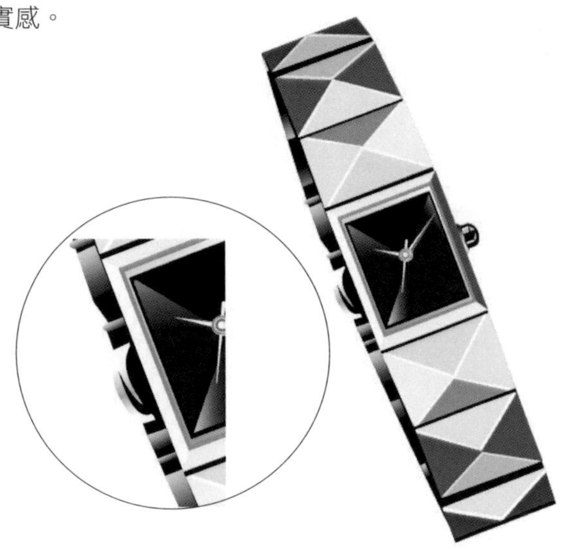

Note

07 網頁設計

desgin
people now demond interactivg
online at hot one visualappeating
andintellectual am imprtant part of doing business.
My style
individual indentitv
Welcome to the
Trend Leading Desgin
Event
Differentiated marketing strategy of our company
is represented by the products of various designs
which fit people of all ages and both sexes.
fashion
beautiful

Trendica
BUSINESS
NETWORK
STORY

隨著潮流的不斷往前發展，網頁設計也隨著要求富有個性和時尚。本章實例網站的設計運用了鮮豔的色彩和不規則的圖形，給人留下了深刻的印象，讓人過目難忘，另外文字的擺放隨性而不凌亂，充分表現了該網站富有活潑生動的個性。

▼ 設 計 流 程

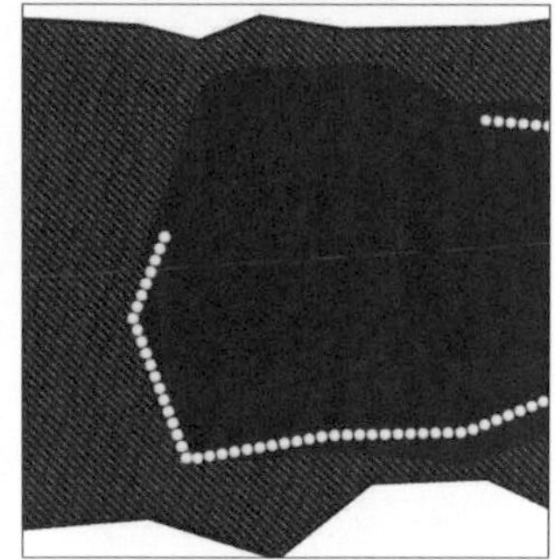

▼ 關 鍵 技 巧

1 色票填充圖樣

2 為漸變路徑增加錨點

3 使用螺旋工具

4 虛線段設置層填色

5 執行效果 \ 紋理 \ 紋理化指令

6 使用扭轉工具

7 執行效果 \ 風格化 \ 製作陰影指令

8 執行物件 \ 變形 \ 旋轉指令

 ch07\ > ch07-001.ai、ch07-002.ai

7-1 網站設計要領

第一、網站的設計要求簡練

簡練的網頁設計是網站設計的基本要求之一。為了吸引注意力，Internet 上要求更加高超的設計水準，因為您必須在最短的時間吸引人們的視線，必須使瀏覽者在一掃而過中接受您所傳達的資訊，而簡練可以幫助您實現這些。簡練包括設計手法的單純化，文字的精練化，圖形的簡潔化。

第二、網站的設計要求更加合理的平面佈局

人的注視螢幕時，眼睛與螢幕的距離通常在 50~100cm，視線基本上垂直於平面，因此，人在視線會首先落在螢幕中心，然後向四周移動。它把平面中心部分，也就是視覺中心部分作為主頁面，周圍則安排操作鍵，或者由操作者隨心所欲地安排介面佈局，這就需要網頁設計師和軟體發展人員進行良好的溝通，使網頁設計師的創意得到充分發揮。

第三、電腦圖形使設計日漸完善

電腦圖形設計成為一種新的作業標準，在網頁設計與網站設計中，電腦這一非凡的工具同樣要求設計者和使用者必須具有一定的設計基礎能力，如創意、審美、構圖、色彩、字體以及設計後期的製作等。

第四、網站使用網頁設計使內容更加豐富

網站的出現，網頁設計由傳統的 2D 向多維空間擴展，它在環境、空間的展示和應用更為廣泛。

7-2 個性時尚網站設計

7-2-1 網頁網底的製作

1 使用矩形工具 繪製一個寬和高分別是 128mm 和 90mm 矩形，填充顏色並去除筆畫。

2 執行物件\路徑\增加錨點指令為矩形增加錨後，使用直接選取工具 將其變形如圖。

3 複製一個圖形，調整大小，為其填充顏色。

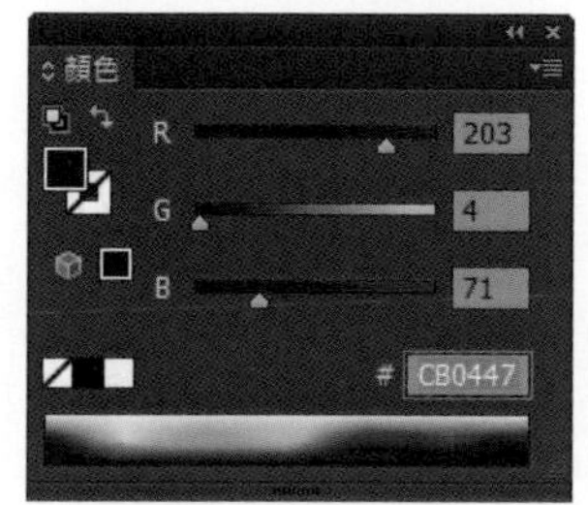

4 再複製一個圖形，調整大小，為其填充顏色。

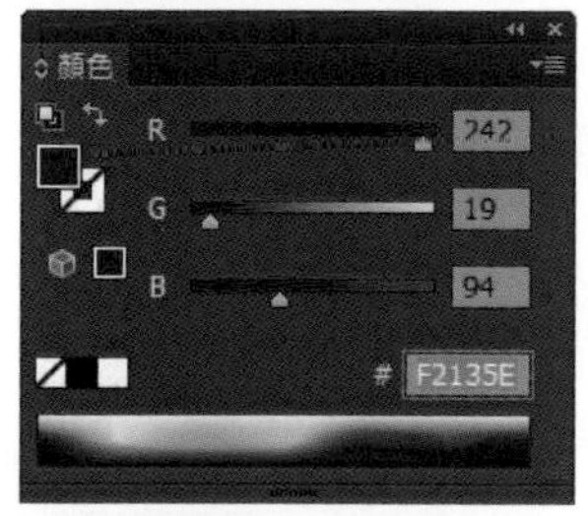

5 選取最小的這個圖形，在原來的位置複製一個，並在色票面板中為其填充間歇水池。

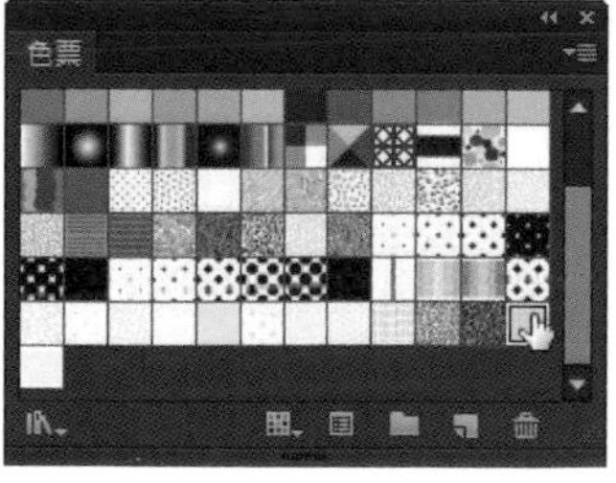

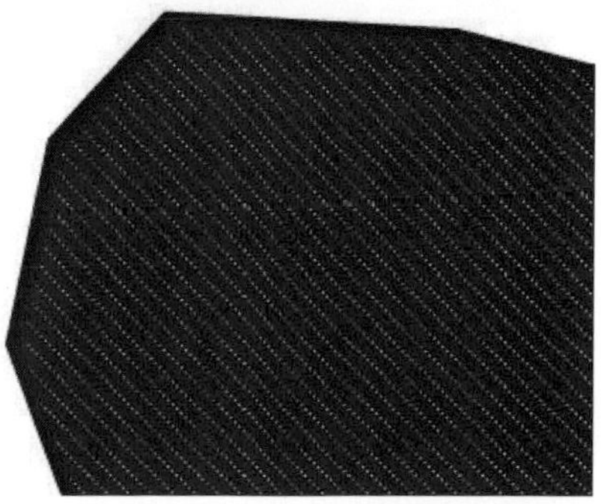

TIPS ▶

想要複製原來位置的圖形，選取該圖形執行物件 \ 變形 \ 移動指令，在彈出的移動對話方塊中，將水平、垂直均設置為 0mm，並點擊拷貝按鈕就可以了。

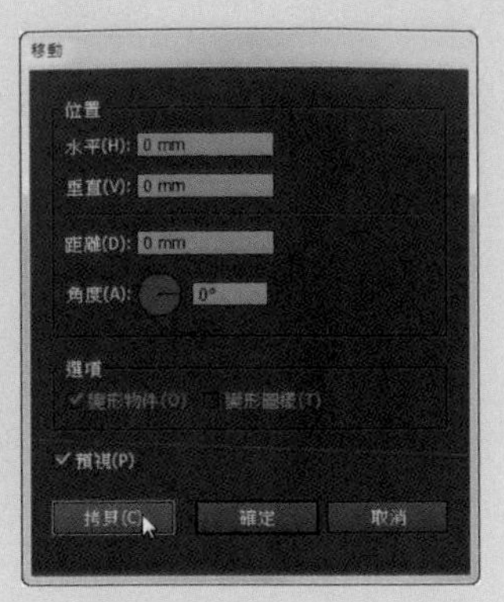

6 此時填充效果還不明顯，所以再複製一個色票填充圖形讓其紋理更明顯。

7 使用鋼筆工具 和直接選取工具 ，繪製圖形，填充顏色和去除筆畫後，將其放在最上層。

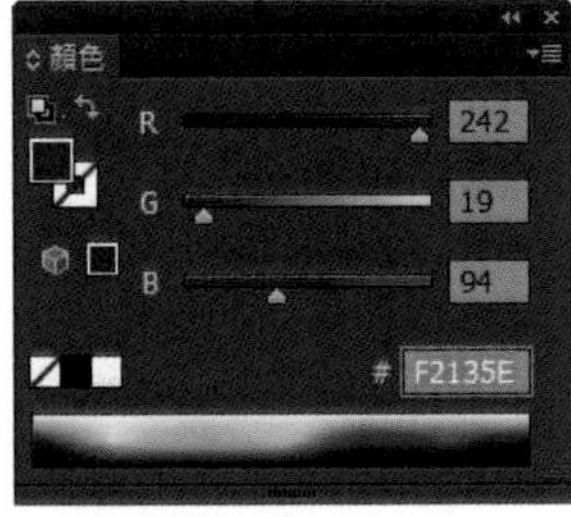

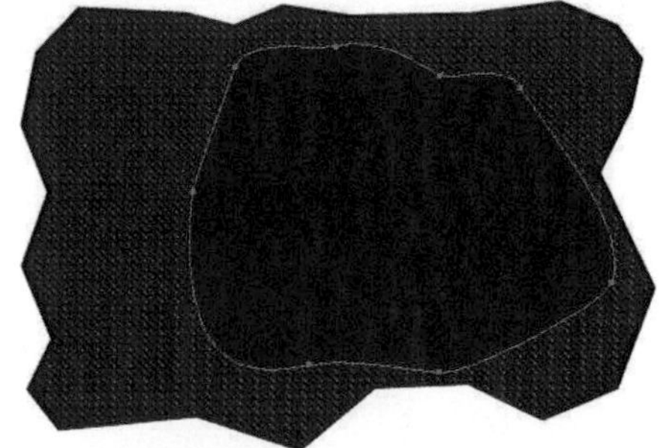

7-2-2 網頁裝飾元素的製作

1 使用橢圓形工具 ，繪製一個寬度和高度均為 2.4mm 的正圓，去除筆畫並填充漸層色。

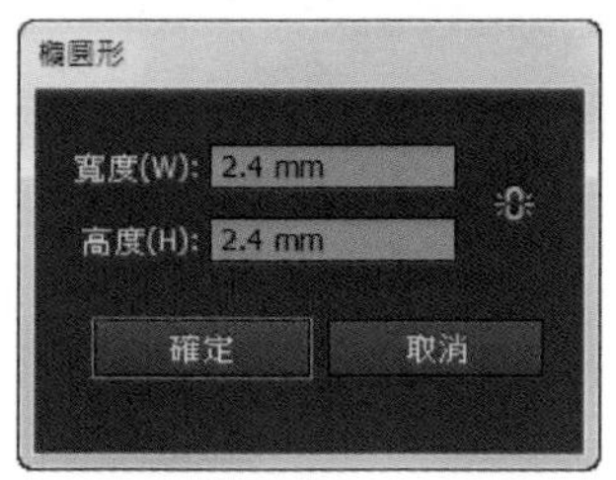

2 複製一個正圓，雙擊漸變工具 ，在彈出的漸變選項對話方塊中，將指定距離設置為 1.41mm，選取這兩個正圓，按下 <Ctrl +Shift+Alt+B> 鍵，進行漸變。

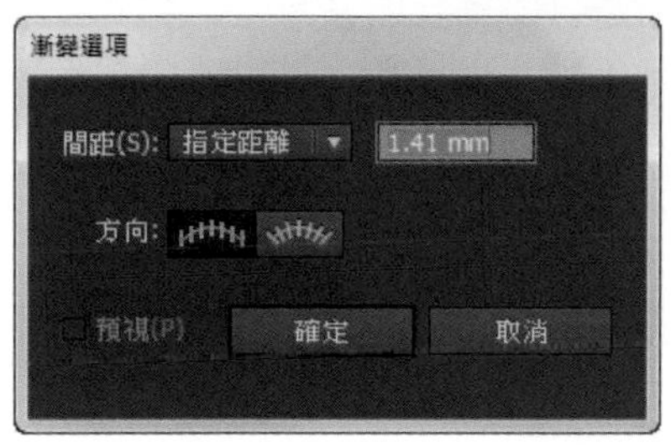

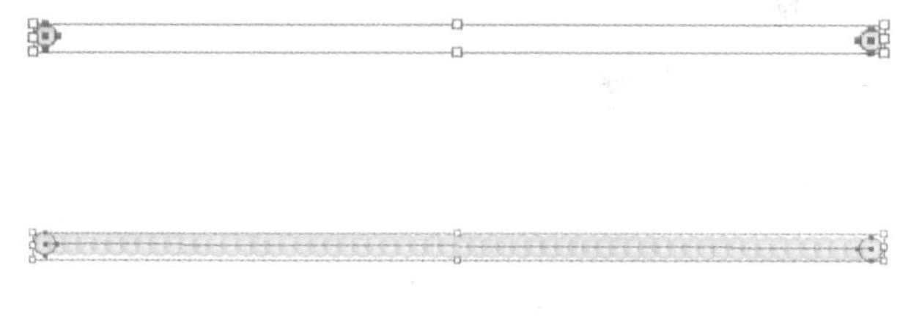

3 使用增加錨點工具 為漸變路徑增加錨點，再使用直接選取工具 為路徑變形。,

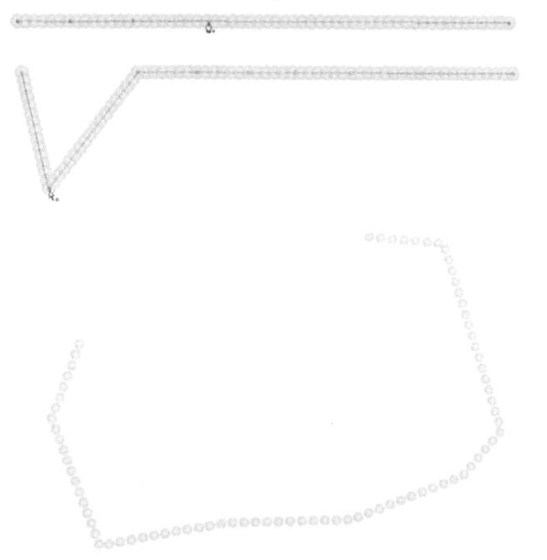

4 將做好的的小正圓放到頁面的合適位置。

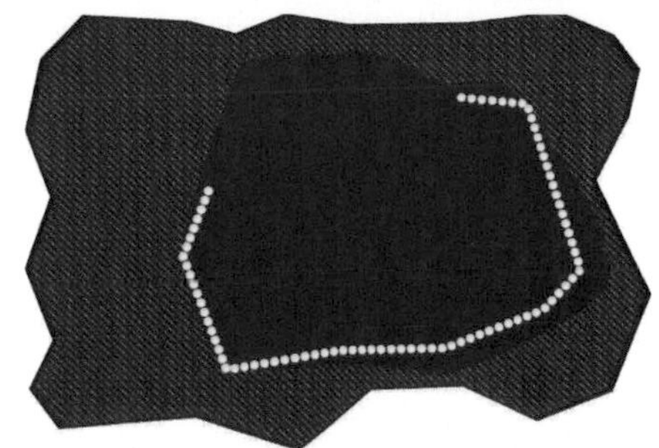

5 使用螺旋工具，在任意空白處點擊，在彈出的螺旋對話方塊中，將區段設置為 10，點擊確定按鈕。

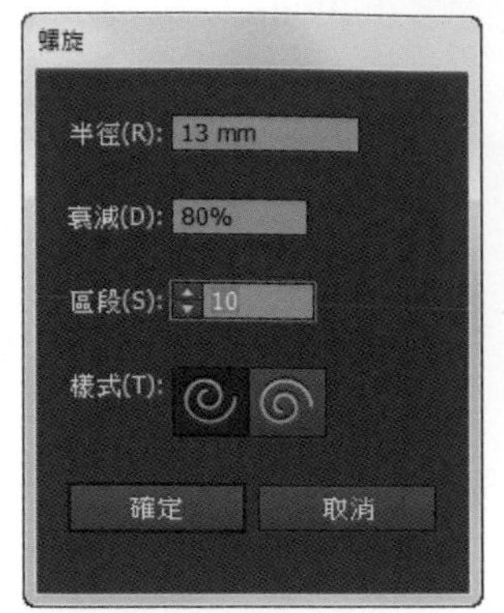

6 為螺旋紋填充紅色。

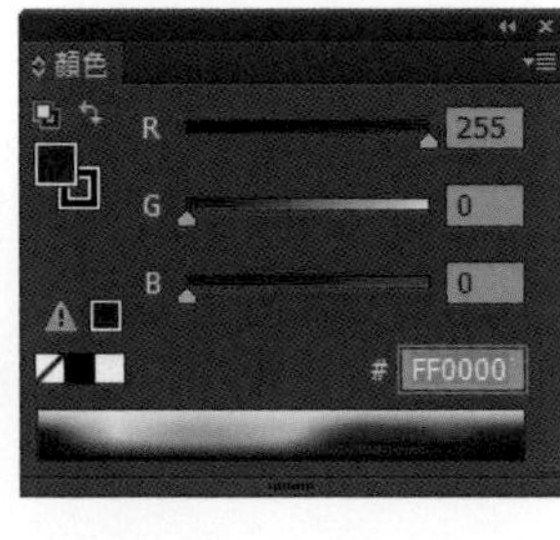

7 使用選取工具旋轉複製螺旋紋如圖，將其群組後放到頁面的合適位置。

7-2-3 網頁文字效果的製作

1 置入附贈光碟中 ch07\ch07-001\002.doc 的文字，調整文字字體與大小。

2 選取需要做特效的文字，複製一個後將其變為空心字，即去除填色 。

3 在筆畫面板中將寬度設置為 0.25pt，並選取虛線選項，將虛線和間隔選項分別設置為 1pt 和 2pt。

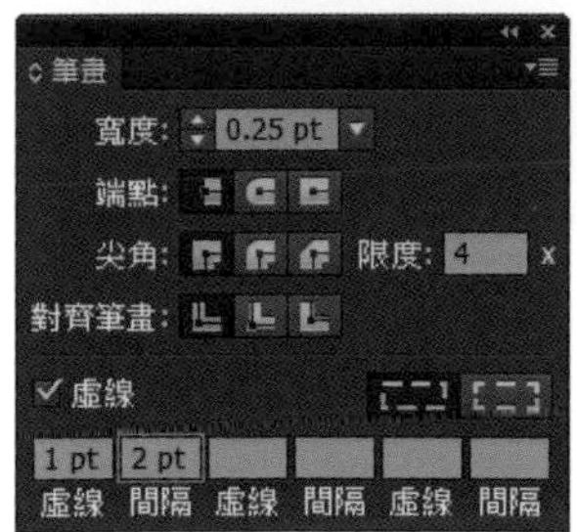

4 將虛線空心字建立外框，並放到文字下層的合適位置。

5 使用選取工具 將虛線空心字移動到文字的合適位置。

6 使用星形工具 和弧形工具 繪製星形和弧形，去除填色後放到如圖位置。

7 置入附贈光碟中 ch07\ch07-001\woman.ai 的美女圖，放到合適位置，整個效果圖就完成了。

7-3 飾品網站設計

7-3-1 網頁網底的製作

1 使用矩形工具 繪製寬和高分別是 197mm 和 126mm 的矩形，並填充 K15% 的灰色，去除筆畫。

2 執行效果\紋理\紋理化指令，在彈出的紋理化對話方塊中將浮雕設置為 4，點擊確定按鈕。

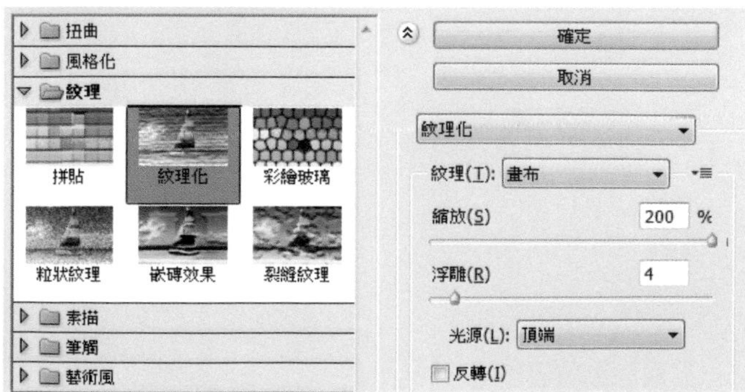

3 執行效果 \ 模糊 \ 高斯模糊指令，在彈出的高斯模糊對話方塊中將半徑設置為 0.5 像素，點擊確定按鈕。

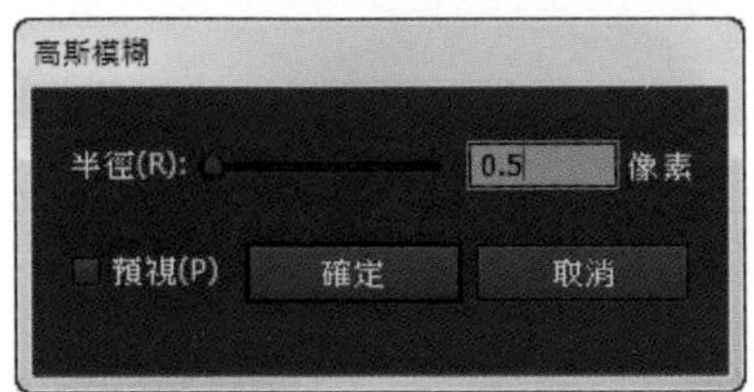

4 使用鋼筆工具 繪製一條直線，雙擊扭轉工具 ，在彈出的扭轉工具選項對話方塊中，將扭轉程度設置為 -40 度，點擊確定按鈕。

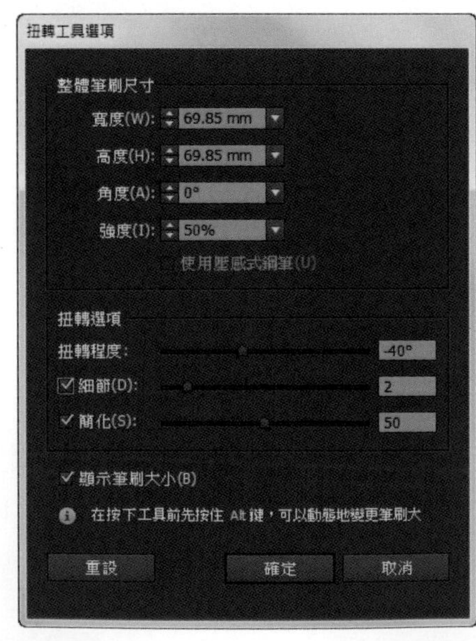

5 將滑鼠對準直線並按下滑鼠，直線變為螺旋狀。

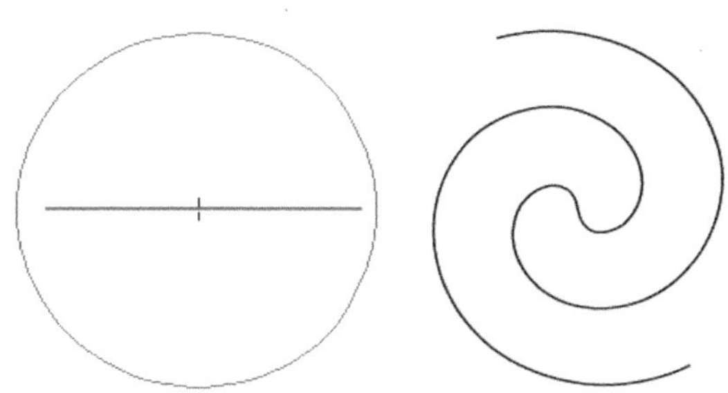

6 複製多個，調整大小和角度，並將花紋如圖排列，選取所有花紋，將筆畫填充為白色，執行編輯\定義圖樣指令，在彈出的新增色票對話方塊中，點擊確定按鈕。

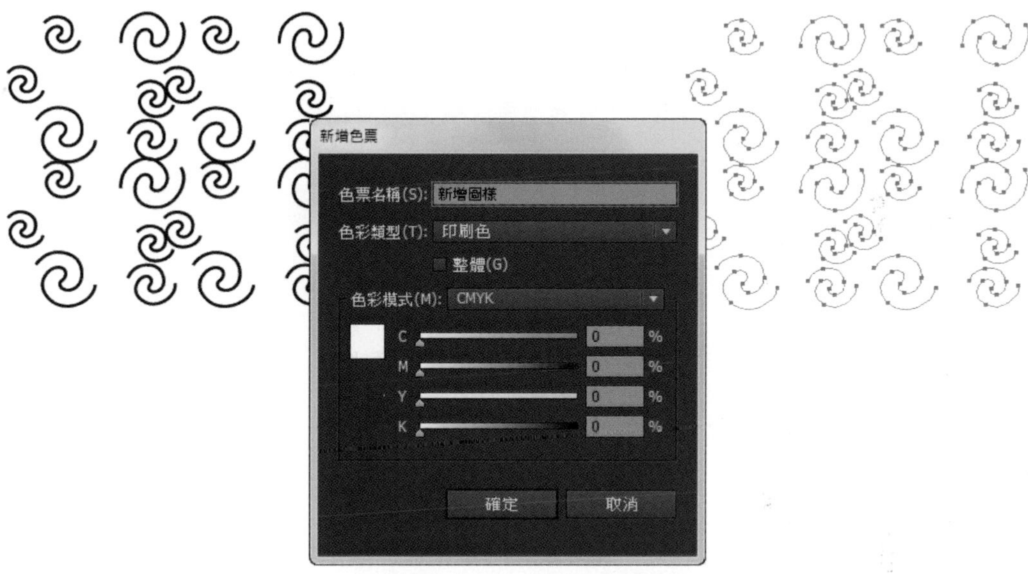

7 使用矩形工具 繪製一個和紋理圖形相同大小的矩形，並在色票面板中填充剛新增的色票圖樣，並放到置入圖片的上層。

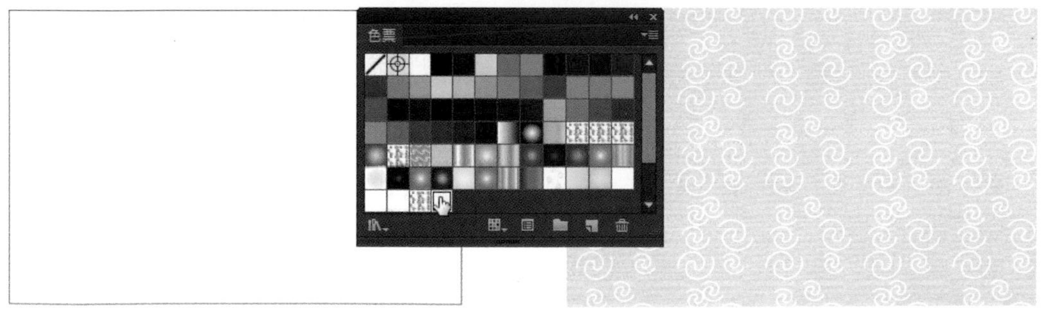

8 改變花紋矩形的不透明度。

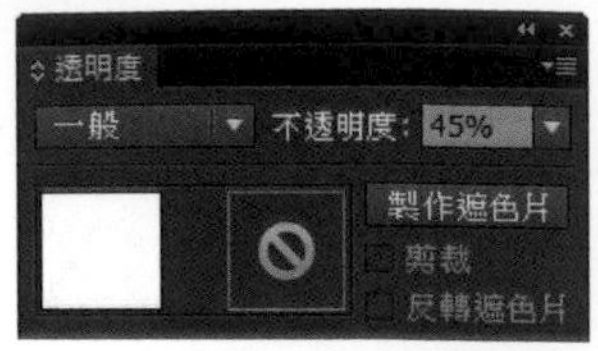

7-3-2 網頁裝飾小球的製作

1 使用橢圓形工具 繪製一正圓，去除筆畫並為其填充漸層色。

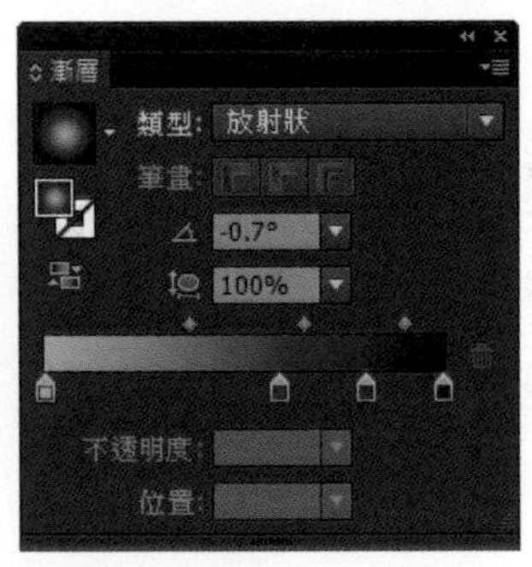

2 使用星形工具 ，在頁面的任意空白處點擊，在彈出的星形對話方塊中，將半徑 1 和半徑 2 分別設置為 35mm 和 2.5mm，並將星芒數設置為 4，點擊確定按鈕。

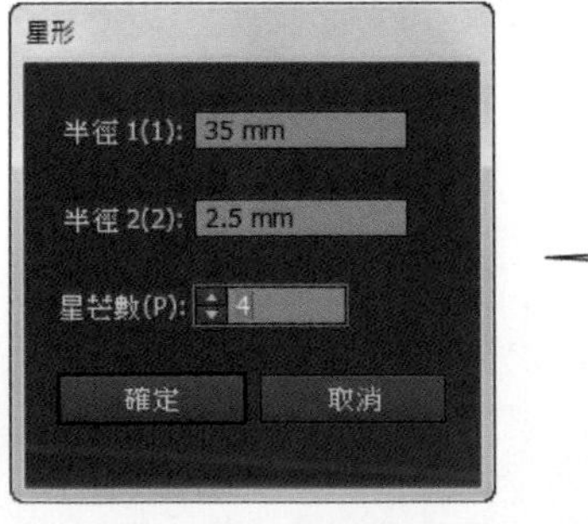

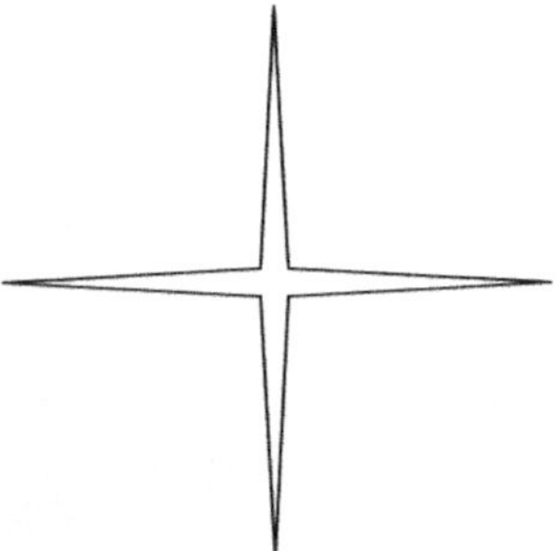

3 選取四芒星形執行物件 \ 變形 \ 旋轉指令，在彈出的旋轉對話方塊中，將角度設置為 30 度，並點擊拷貝按鈕。

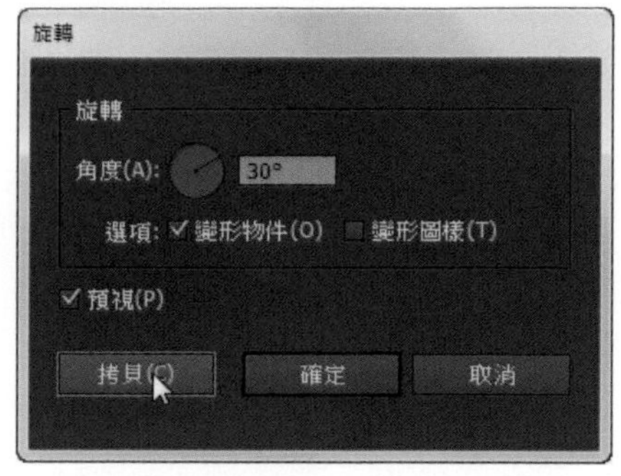

4 再按下 <Ctrl+D> 鍵，複製一個相同旋轉屬性的四芒星形。

5 選取所有的四芒星形，群組後填充漸層色並去除筆畫。

6 旋轉角度將繪製好的圖形放到球形中。

7 複製這兩個圖形，並將星形圖形放到如圖位置。

8 在路徑管理員面板中選取交集 選項，並點擊展開按鈕，將裁剪好的圖形放到球形中。

9 再複製一組完整星形圖形和球形圖形，並把星形圖形放到如圖位置。

10 選取這兩個圖形，在路徑管理員面板中，選取交集 選項，並點擊展開按鈕，將裁剪好的圖形放到球形中。

11 使用矩形工具 和直接選取工具 繪製圖形，去除筆畫並填充顏色放到球形的下層。

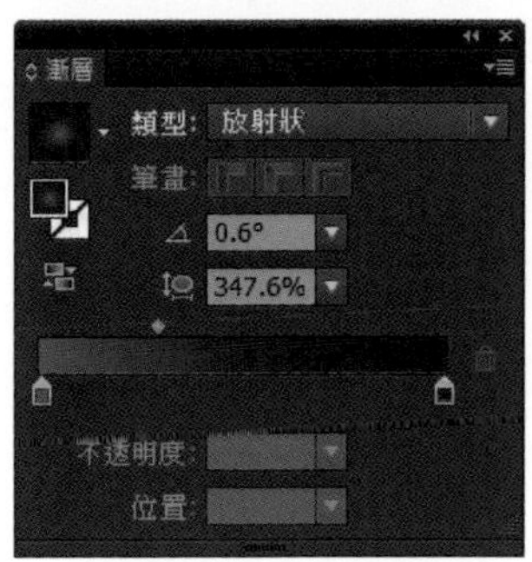

12 使用橢圓形工具 ，繪製一個藍色筆畫的空心橢圓，並將其放到合適位置。

13 用類似的方法繪製其他花紋的小球。

14 複製多個小球，放到頁面中，並改變大小顏色。

15 使用線段區域工具 為小球繪製小球的吊線。

7-3-3 網頁文字區域的製作

1 使用矩形工具 繪製一個與網頁同寬的長條矩形，為其填充漸層色和筆畫顏色，放到頁面的合適位置。

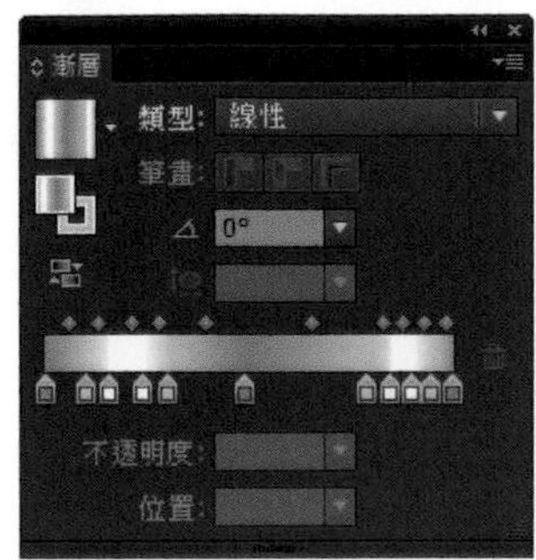

2 選取長條矩形，執行效果 \ 風格化 \ 製作陰影指令，在彈出的製作陰影面板中將 Y 位移設置為 1mm，模糊設置為 0mm，並點擊確定按鈕。

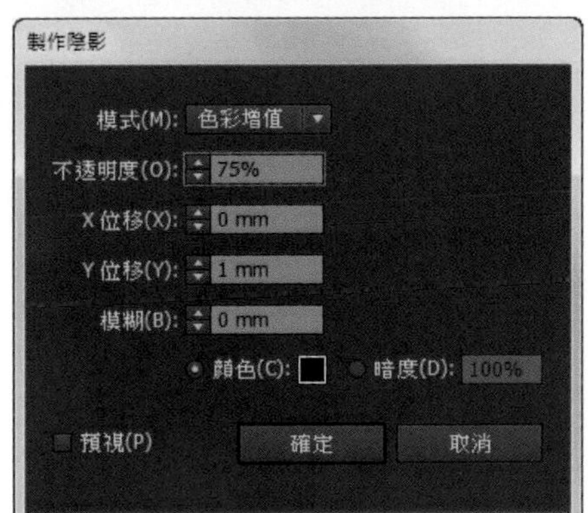

3 使用文字工具 T 輸入文字內容，並為文字填充白色。

4 選取需要做特殊效果的文字，執行文字\建立外框指令後，為其填充漸層色。

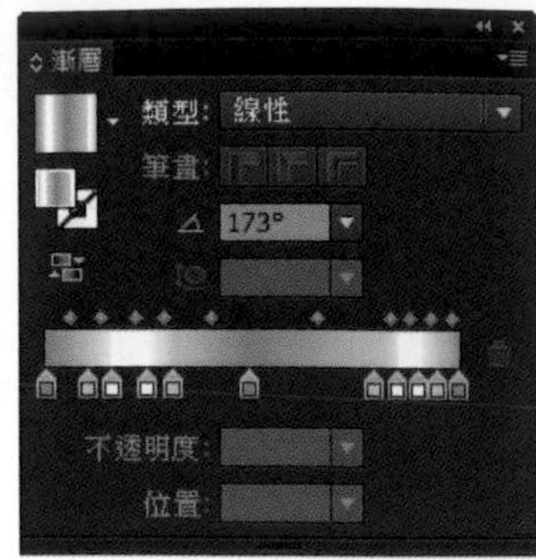

5 最後，執行效果\風格化\製作陰影指令，在彈出的製作陰影面板中將 Y 位移設置為 0.5mm，模糊設置為 0mm，並點擊確定按鈕。

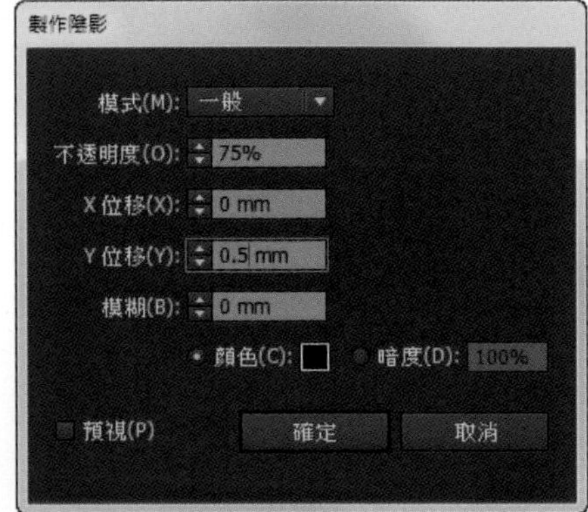

Note

08 插畫繪製

本章將透過使用多種繪製工具介紹如何製作不同風格的插畫作品。

▼ 設計流程

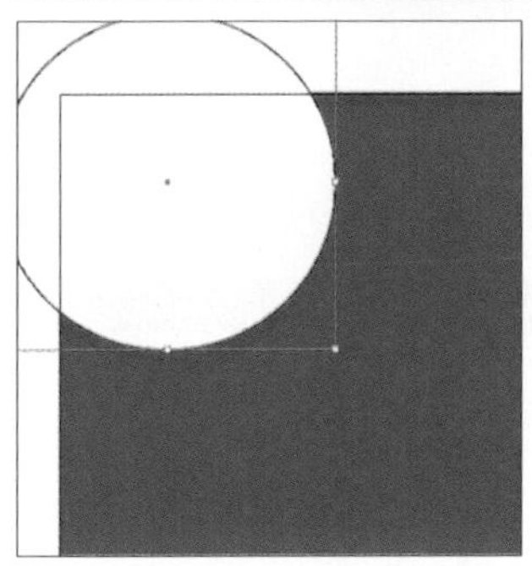
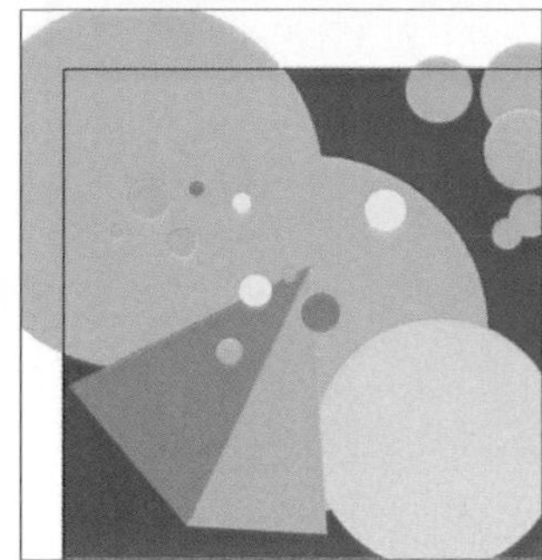
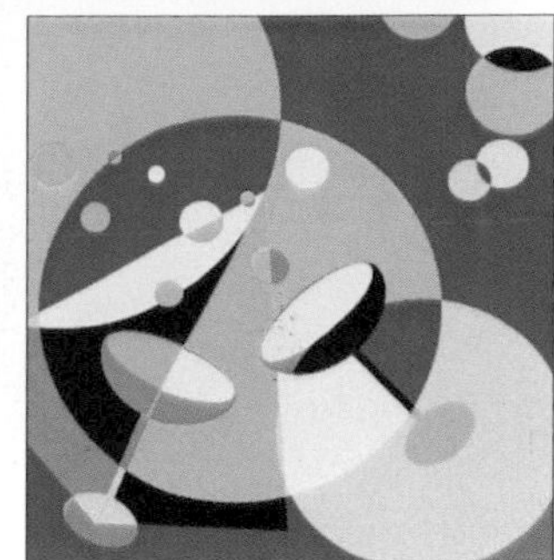

▼ 關鍵技巧

1 使用扭轉工具
2 執行視窗 \ 對齊指令
3 使用縮放面板縮放圖形
4 漸變模式的使用
5 使用位移複製指令
6 執行物件 \ 即時描圖 \ 製作指令
7 使用鏡射面板

 ch08\ > ch08-001.ai、ch08-002.ai、ch08-003.ai

8-1 創意插圖

1 按下 <Ctrl+N> 快速鍵，在彈出的新增文件對話視窗中輸入名稱 ch08-001，設定寬度為 9 公分，高度為 9 公分，點選色彩模式為 CMYK 選項。點擊確定按鈕一新建文件。

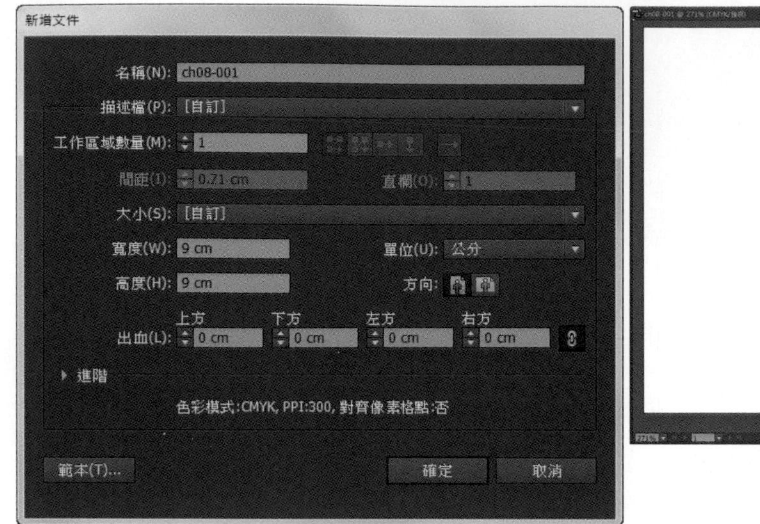

2 在工具箱中選擇矩形工具 ，在工作區域中按下滑鼠左鍵，在彈出的矩形對話視窗中設定寬度與高度皆為 9 公分。點擊確定按鈕，繪製一個正矩形。

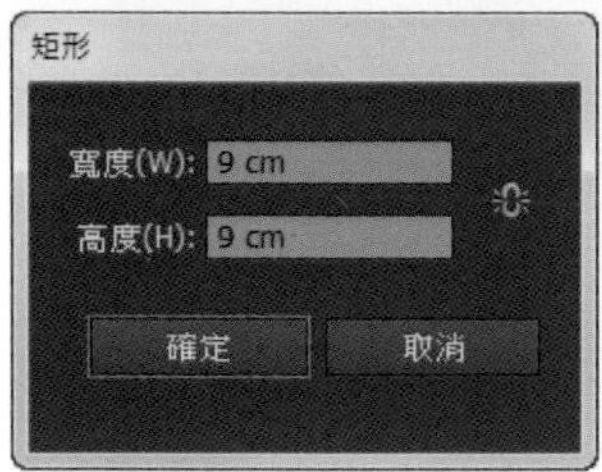

3 將矩形與文件對齊，並填上色彩。

4 執行物件 \ 路徑 \ 位移複製指令。在彈出的位移複製對話視窗中設定位移為 -0.25 公分，轉角為尖角，尖角限度為 4。點擊確定按鈕位移複製矩形。

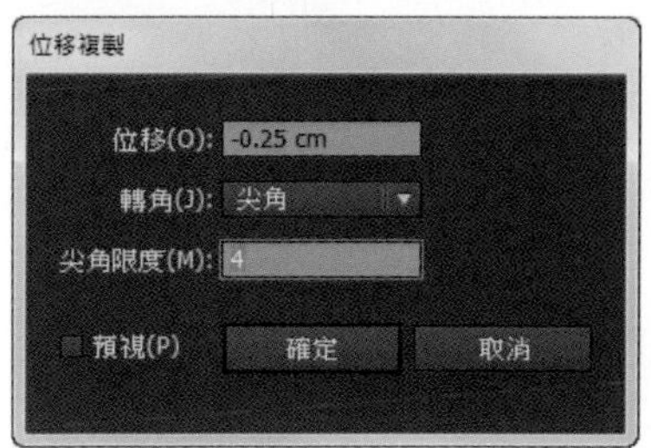

5 為複製的矩形填充不同的色彩。

6 在工具箱中選取橢圓形工具，按住<Shift>鍵繪製一個正圓形並填充色彩。

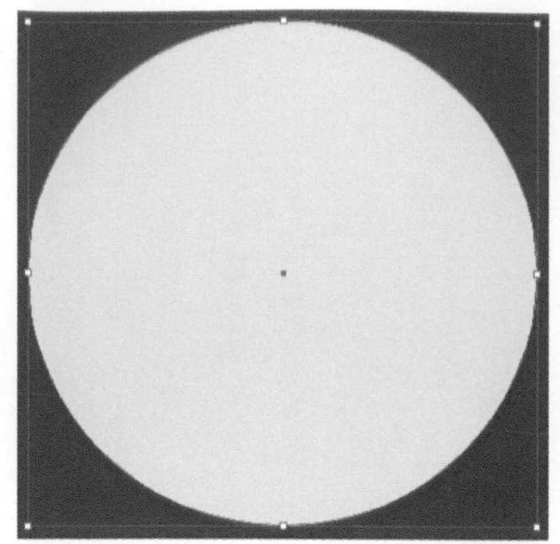

7 在工具箱中雙擊扭轉工具，在彈出的扭轉工具選項對話視窗中設定寬度為 3 公分，高度為 3 公分，角度為 0 度，強度為 50%，扭轉程度為 40 度，細節為 2，簡化為 50。點擊確定按鈕，完成扭轉工具的設定。

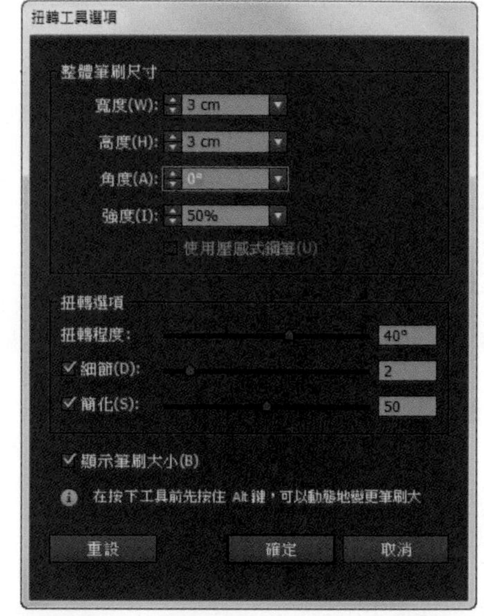

8 移動設定好的扭轉工具至正圓形上，按下滑鼠左鍵不放，圓形扭轉變形。

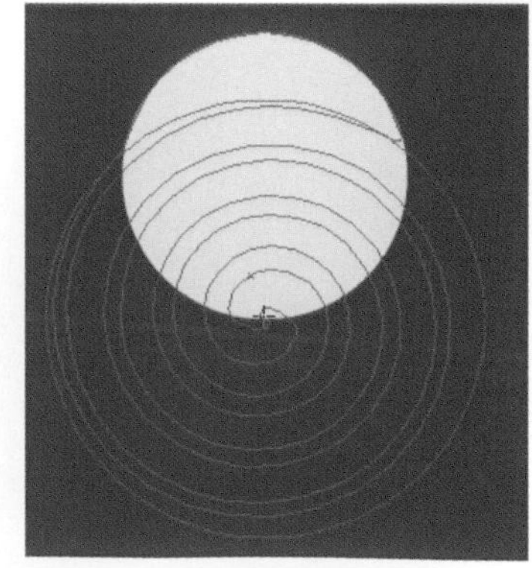

9 將繪製完成的扭轉圖形放置於矩形的右下角。按住滑鼠左鍵向右下角拖動扭轉圖形左上角的控制點，使圖形縮小。

10 保持扭轉圖形為選取狀態。在工具箱中雙擊鏡射工具，在彈出的鏡射對話視窗中點選垂直選項。點擊拷貝按鈕，鏡射複製扭轉圖形。

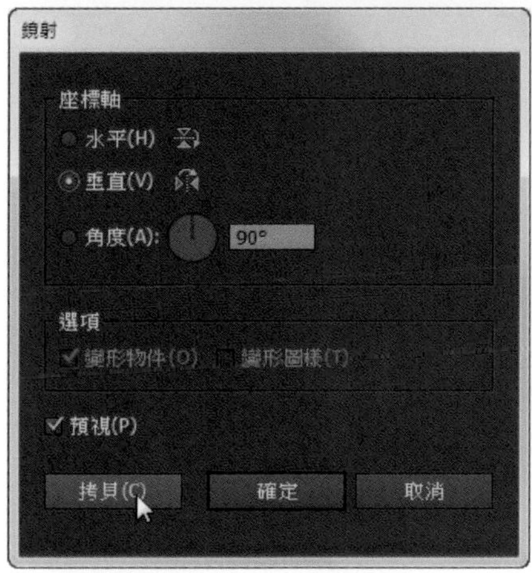

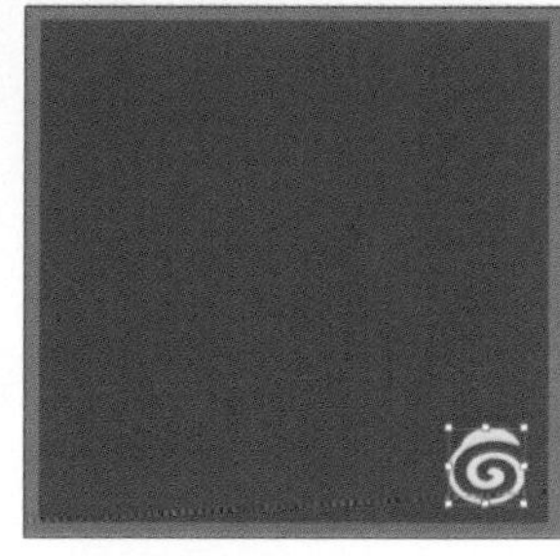

11 利用選取工具選取鏡射拷貝圖形，按住滑鼠左鍵移動至矩形的左上角。

12 在工具箱中選取橢圓形工具 ，繪製橢圓圖形。在工具箱中雙擊旋轉工具 ，在彈出的旋轉對話視窗中，設定角度為 45 度。點擊確定按鈕，調整橢圓形如圖。

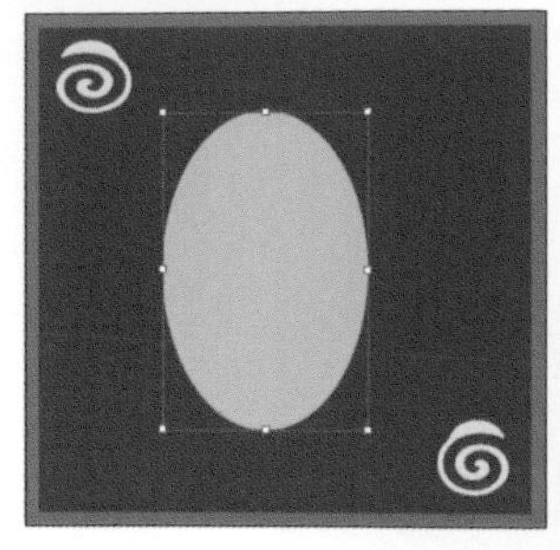

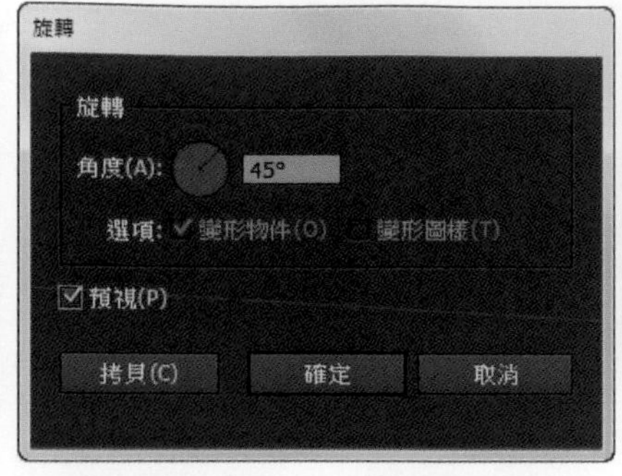

13 適當調整旋轉橢圓形的位置。利用鋼筆工具 ，繪製三個任意三角形，並填充相同色彩。

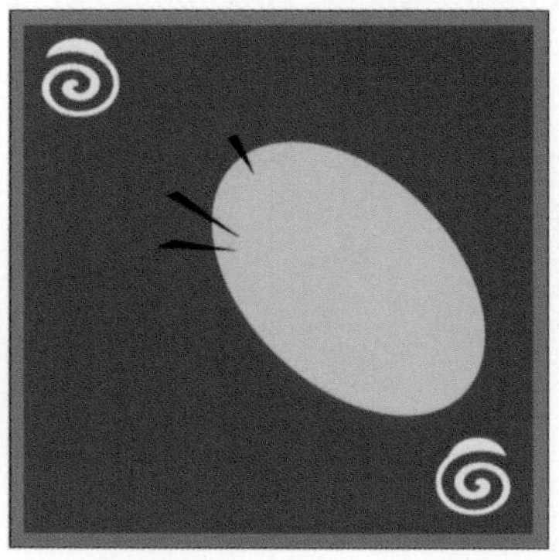

14 在工具箱中選取魔術棒工具 ，於其中一個三角形上點擊，同時選取三個三角形。

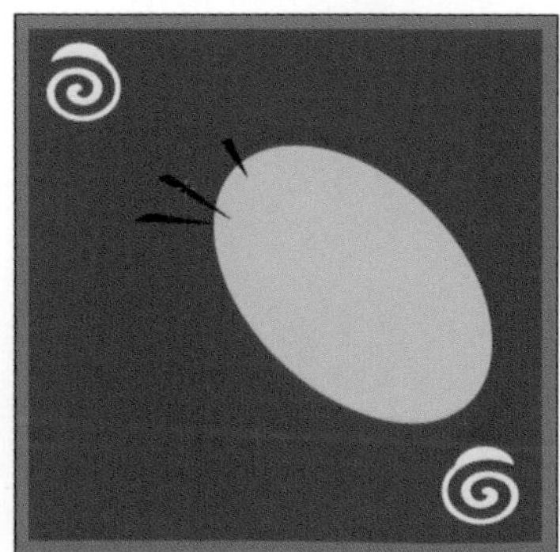

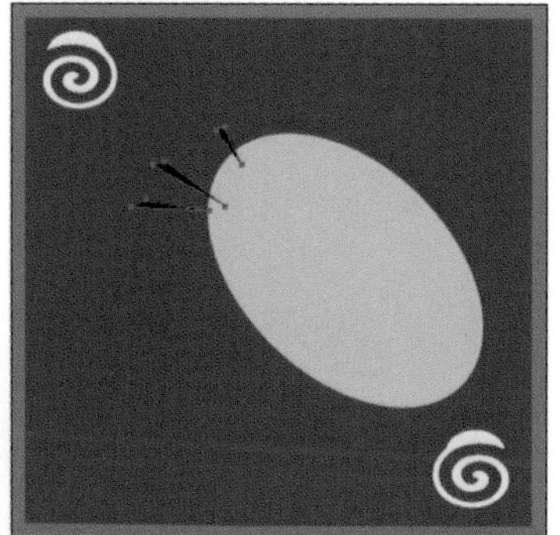

15 執行視窗 \ 對齊指令。在彈出的對齊面板中點擊垂直依中線均分按鈕 ，調整圖形分佈如圖。

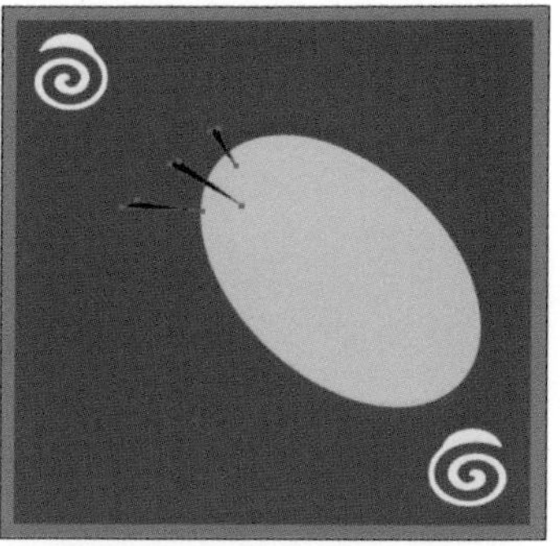

16 繪製一部汽車並保持選取狀態，在工具箱中雙擊縮放工具 。在彈出的縮放對話視窗中設定縮放為 40%。點擊拷貝按鈕，縮小複製汽車圖形。

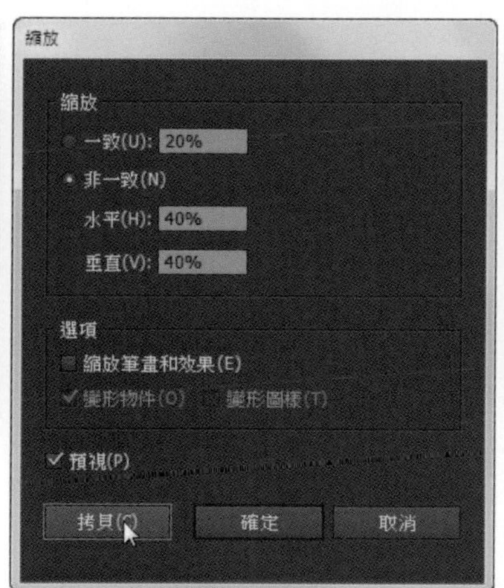

17 在工具箱中選取選取工具 ，按住滑鼠左鍵移動汽車拷貝至畫面左下角的位置。

18 利用選取工具選取汽車拷貝圖形和扭轉圖形，在對齊面板中點擊垂直向下按鈕，使兩物件底部對齊。

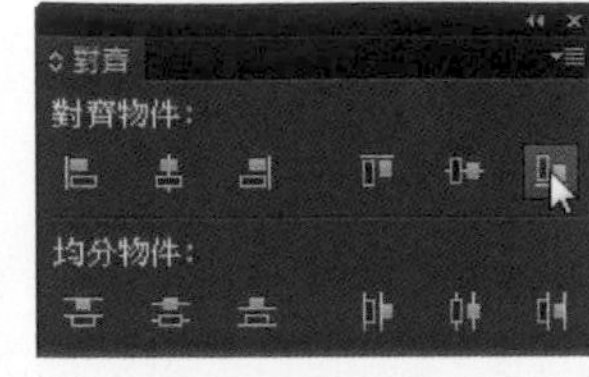

19 選取汽車拷貝，在透明度面板中選擇漸變模式為柔光。效果如圖所示。

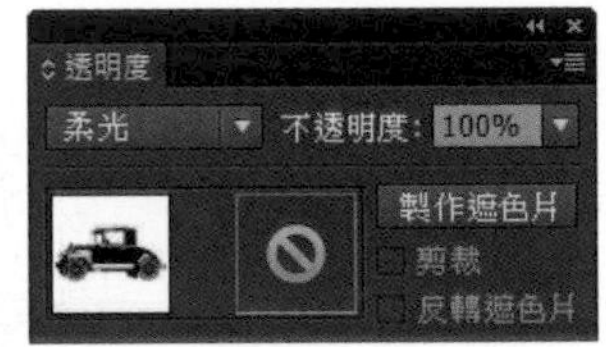

20 垂直鏡射複製汽車拷貝圖形，並將其放置於畫面右上角。按住 <Shift> 鍵，利用選取工具 選取上方的汽車圖形和扭轉圖形。在對齊面板中點擊垂直齊上按鈕，使兩物件頂部對齊。

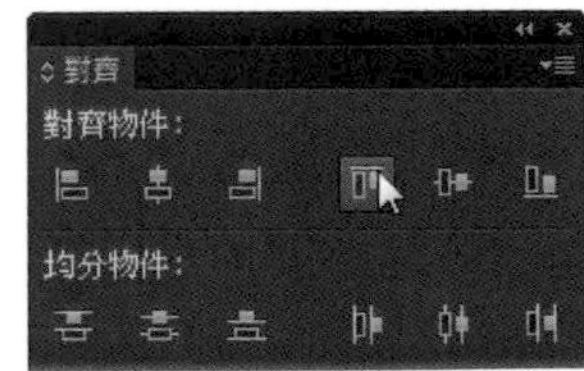

21 繪製完成其餘元素，如此便完成了這個實例練習了。

8-2 拖鞋繪製

1 在工具箱中選取鋼筆工具 ，於空白工作區域內繪製出拖鞋的輪廓，並填充色彩和筆畫。

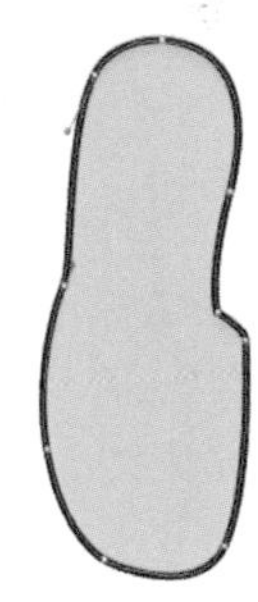

2 執行物件 \ 路徑 \ 位移複製指令，在彈出的位移複製對話視窗中設定位移為 -0.15 公分，轉角為尖角，尖角限度為 4。點擊確定按鈕，位移複製輪廓圖。

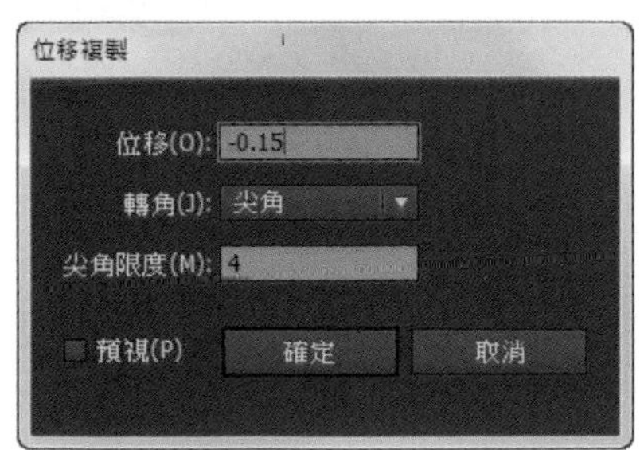

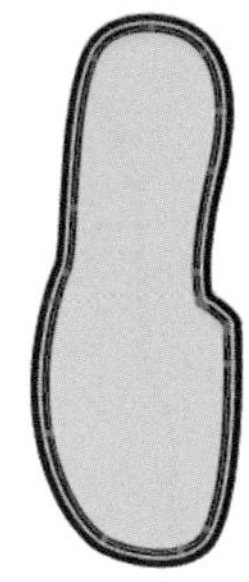

3 在頂端的屬性列中設定筆畫為0.5pt，並填充其他的色彩和筆畫色彩。

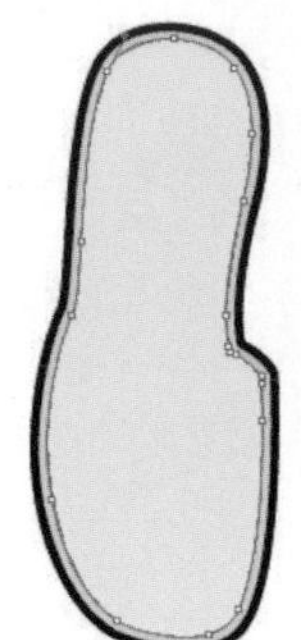

4 調整輪廓圖拷貝右側的幾個錨點，修改該圖形如圖所示。

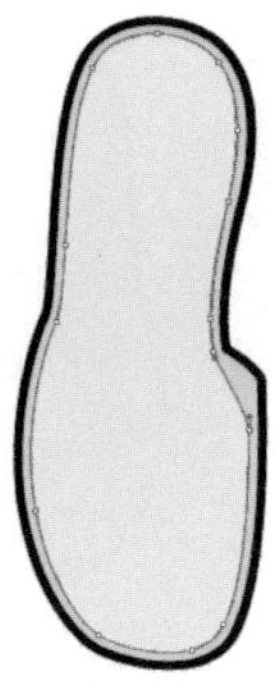

5 在工具箱中選擇鋼筆工具 ，繪製出鞋面輪廓。填充色彩和筆畫。

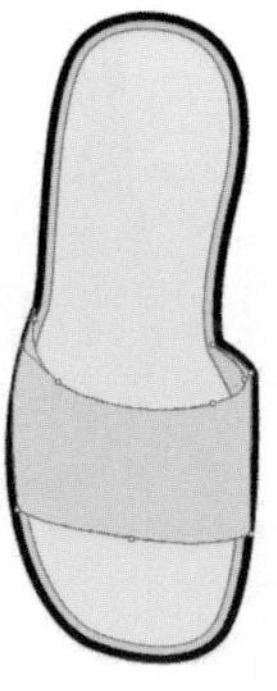

6 利用鋼筆工具 繼續繪製出鞋面的暗部，填充色彩。

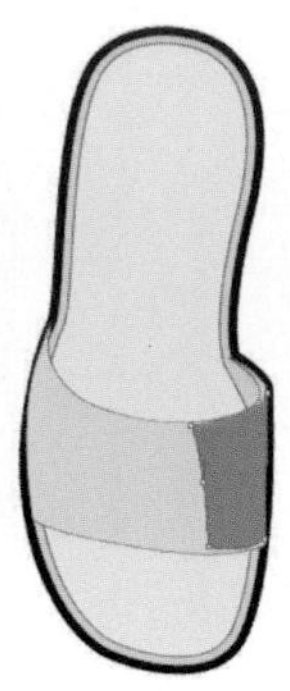

7 利用鋼筆工具 繪製出鞋面的邊緣厚度。執行物件 \ 路徑 \ 外框筆畫指令，轉換筆畫為可填充的物件並以漸層色彩填充。

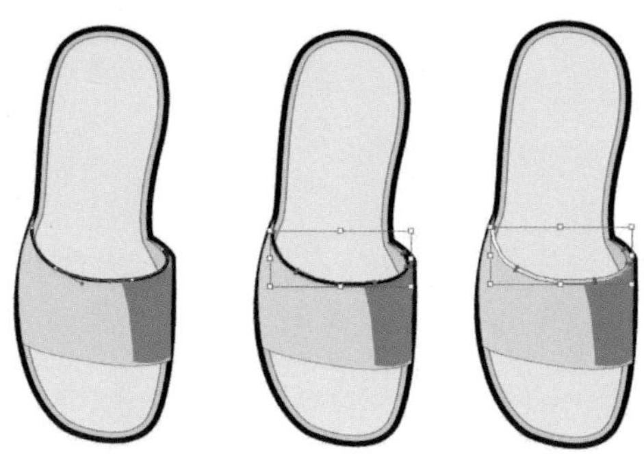

8 利用鋼筆工具 繪製出鞋面的投影，填充色彩。按下快速鍵 <Ctrl+[>，將鞋面投影置於鞋面之後。

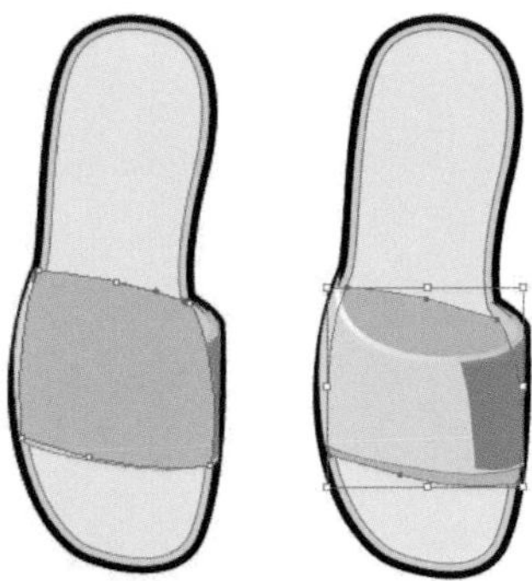

9 繪製花紋放置於鞋上作為點綴。

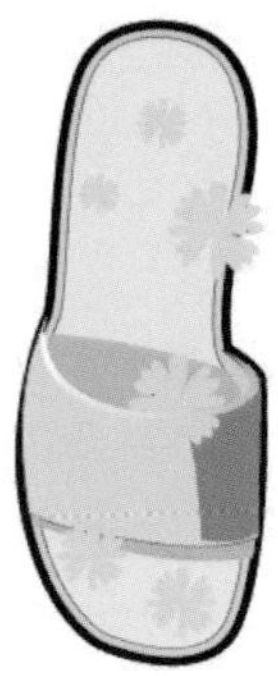

10 在工具箱中選擇美工刀工具 ，於鞋面右上方的花紋上按住滑鼠左鍵，拖出一條路徑，分割花紋。

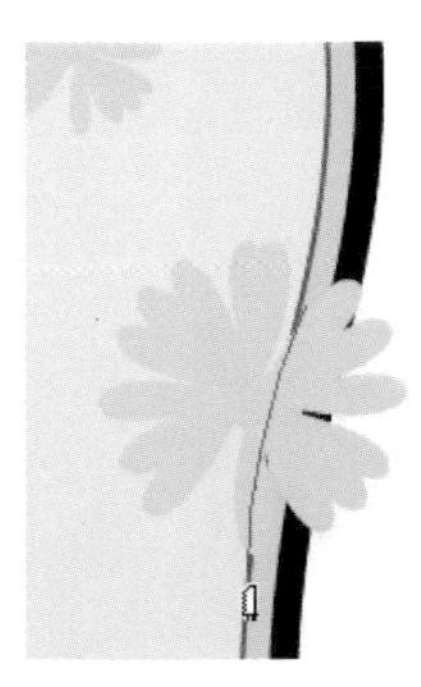

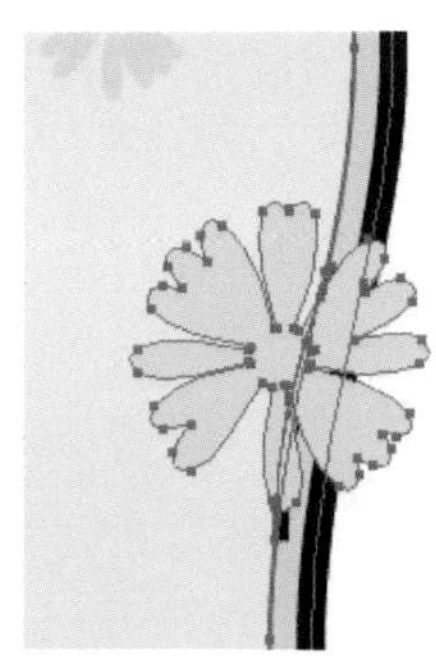

11 在工具箱中選擇直接選取工具 ，按住滑鼠左鍵拖動，框選欲切割的部分。

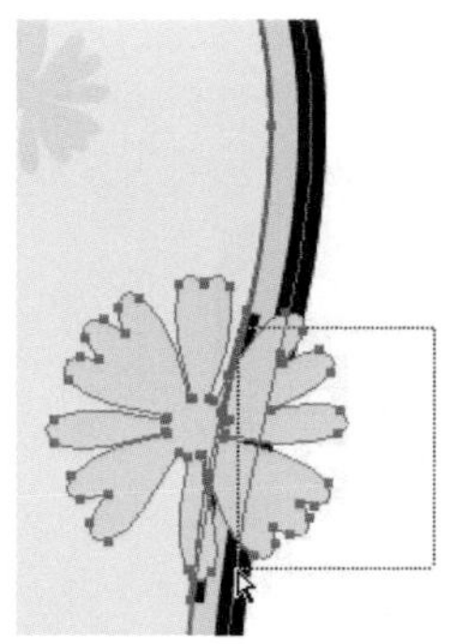

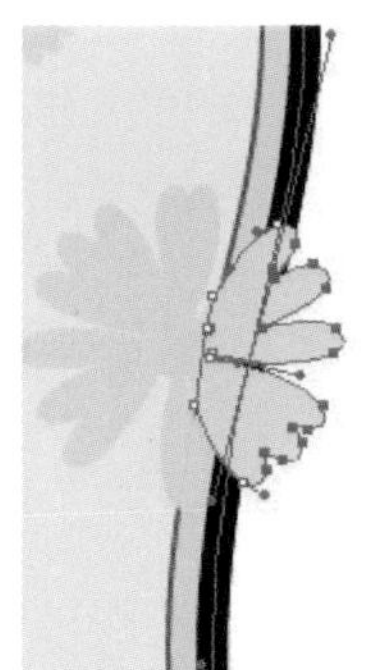

12 在工具箱中點擊選取工具 。按住 <Shift> 鍵，點擊鞋子的外輪廓，取消外輪廓的選取。

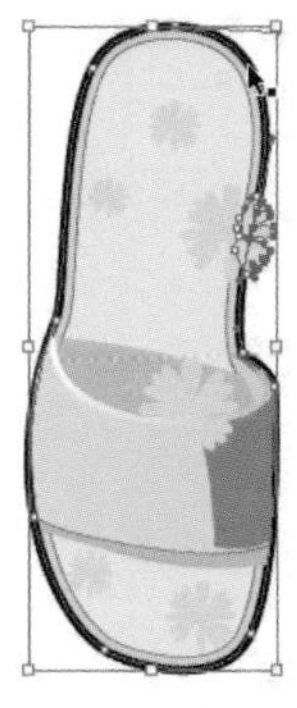

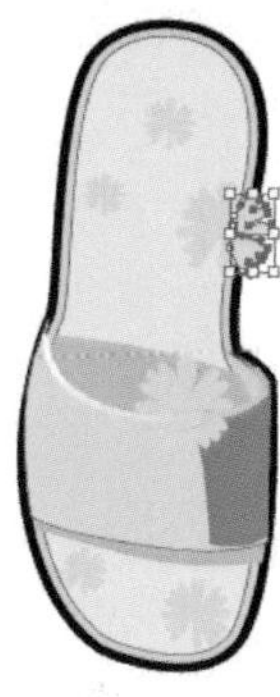

13 按下 <Delete> 鍵，刪除切割部分。

14 在工具箱中選擇直接選取工具 ，選取鞋面上的花紋路徑。

15 在工具箱中選擇剪刀工具 ，在花紋上的一個錨點上按下滑鼠左鍵。被分割錨點以實心顯示。

16 在另一個錨點上點擊滑鼠左鍵，將花紋分割成兩部分。

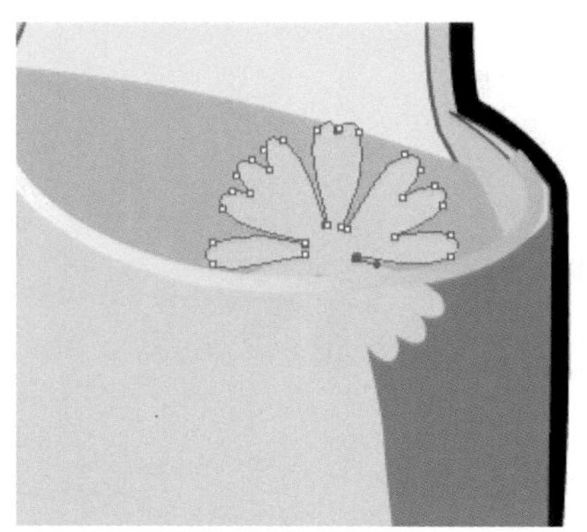

17 利用直接選取工具 點擊鞋面上花紋圖形的邊緣，選取該部分花紋。

18 按下 <Delete> 鍵兩次，刪除該部分內容。

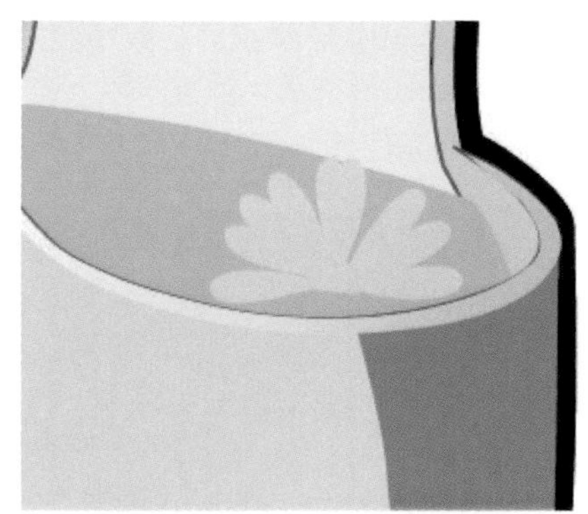

19 在工具箱中選擇選取工具 ，拖動繪製完成的拖鞋。

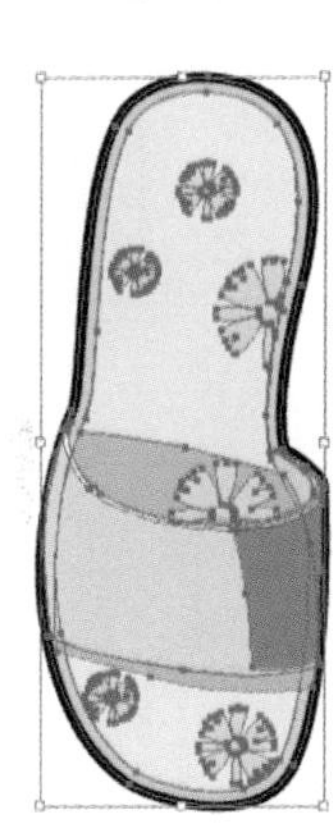

20 執行物件 \ 組成群組指令（快速鍵 <Ctrl+G>）群組圖形，按住 <Alt> 鍵，移動複製一隻拖鞋。

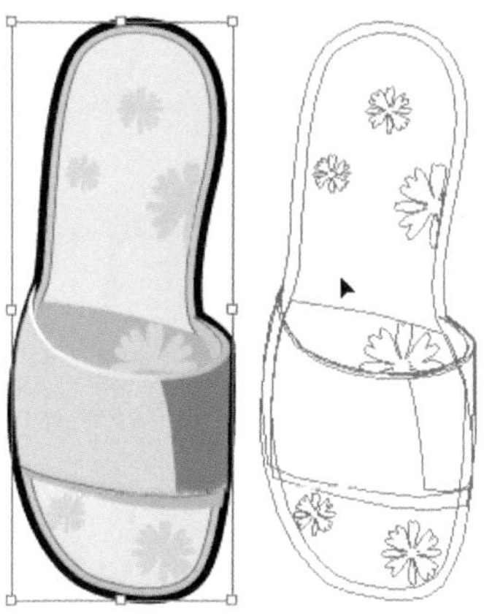

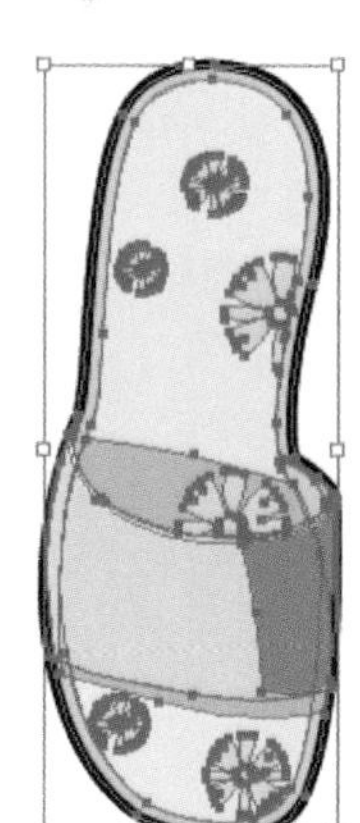

21 在工具箱中雙擊鏡射工具 ，在彈出的鏡射對話視窗中點選水平選項。點擊確定按鈕，拖鞋拷貝水平鏡射效果如圖。

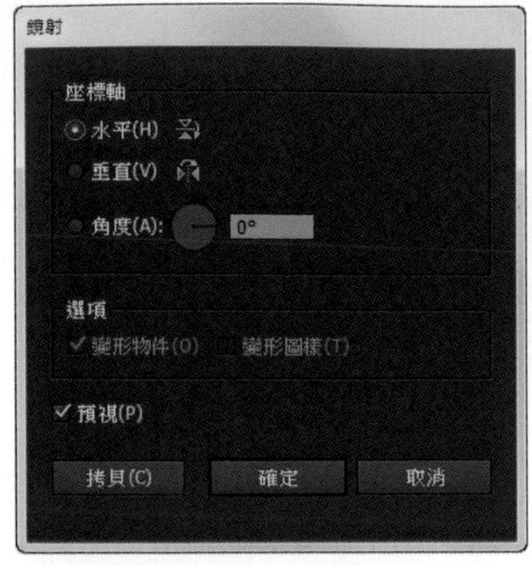

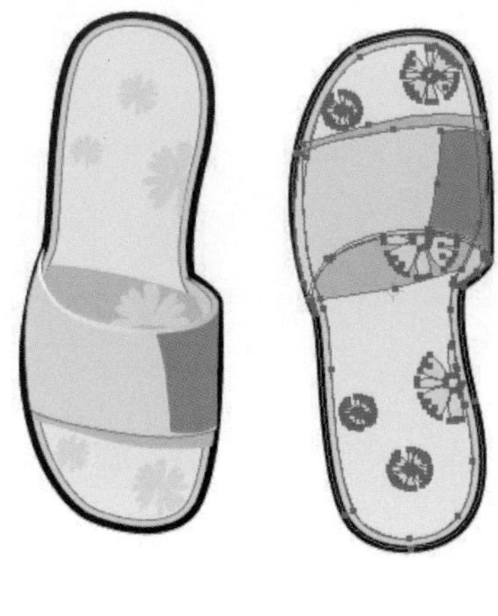

22 為拖鞋拷貝填充其他的色彩。

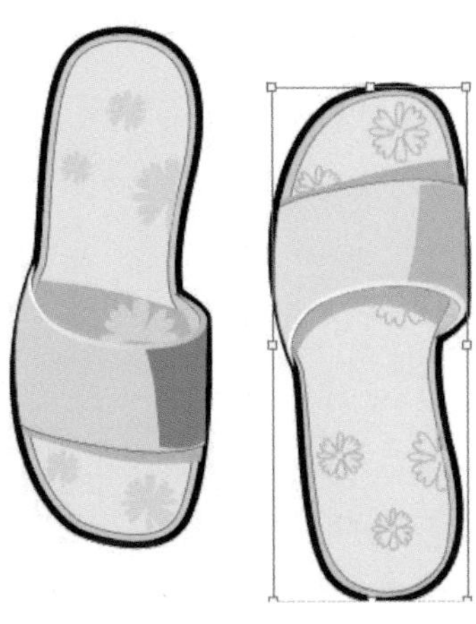

23 同樣的方法，再複製一隻拖鞋，並以其他色彩填充。

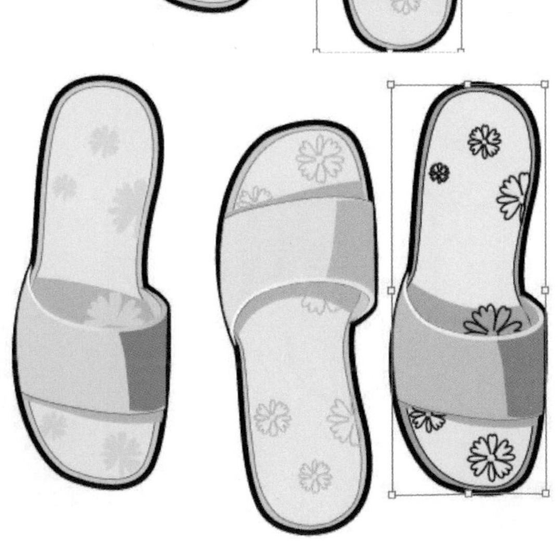

24 按住 <Shift> 鍵選取三隻拖鞋。在對齊面板中點擊垂直齊上按鈕，物件向頂部對齊。

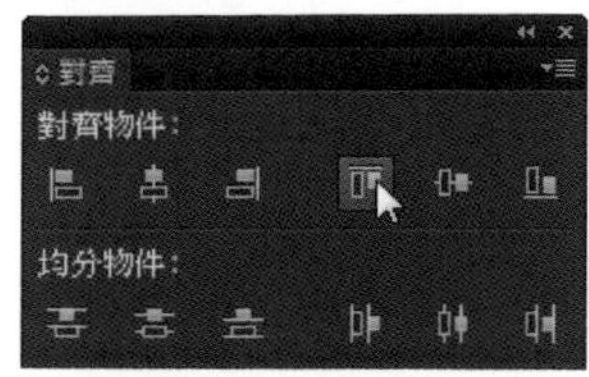

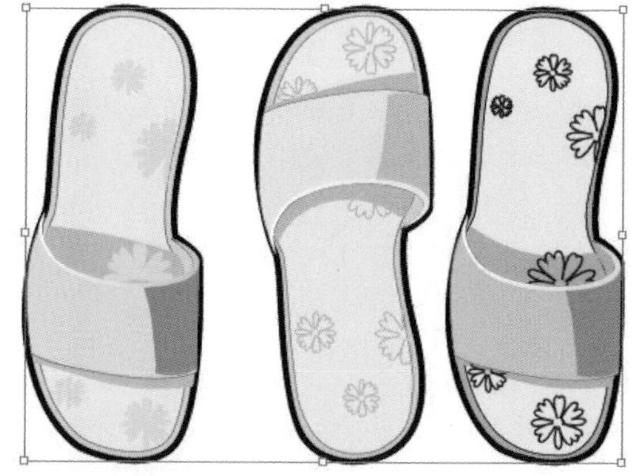

25 在對齊面板中，點擊水平均分間距按鈕，三物件水平均分間距。

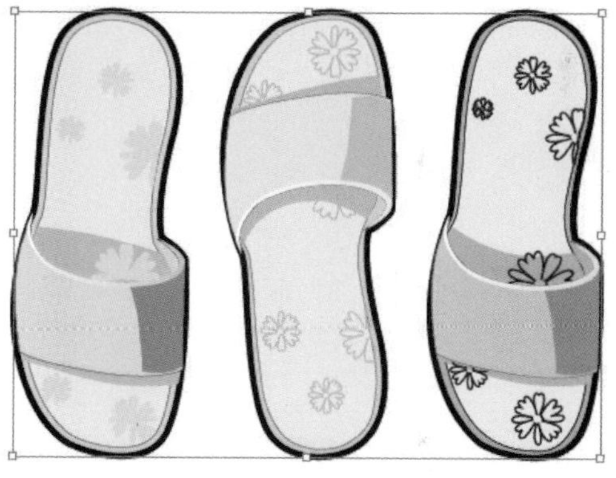

26 按下 <Ctrl+G> 快速鍵，群組三隻拖鞋，將其放置於背景畫面內。完成該插畫的繪製。

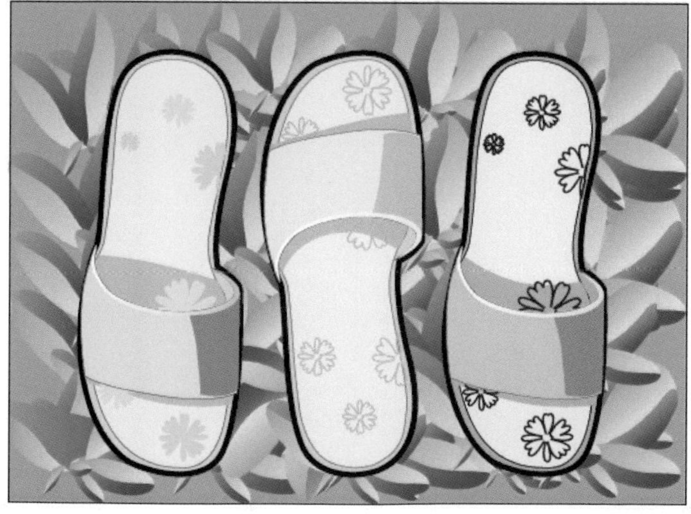

8-3 印象派元素

8-3-1 基本圖形繪製

1 按下快速鍵 <Ctrl+N>，在彈出的新增文件對話視窗中設定名稱為 06-01，寬度為 9 公分，高度為 9 公分，點選 CMYK 色彩選項。點擊確定按鈕完成新建檔案設定。

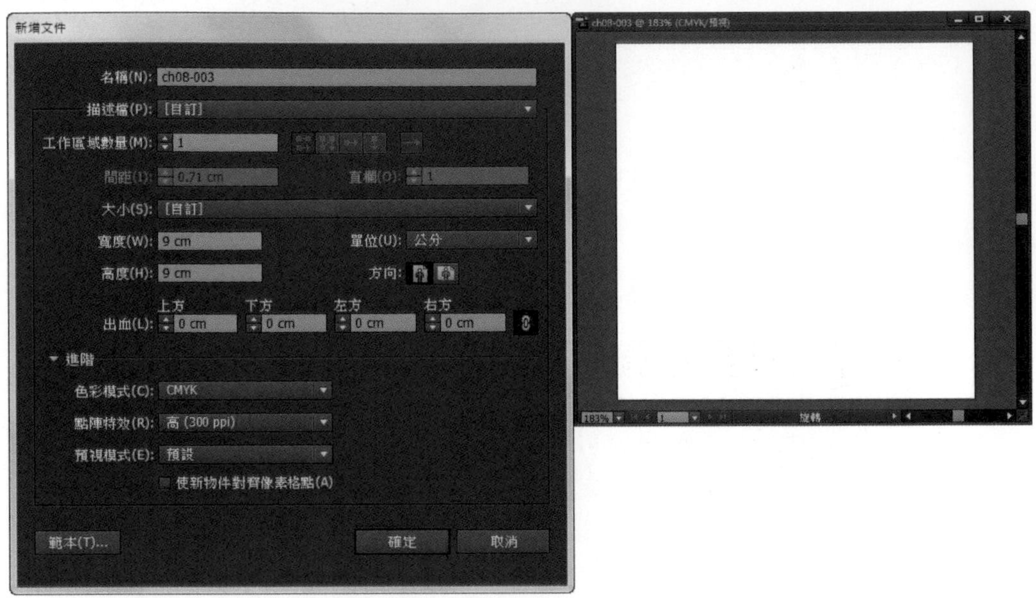

2 在工具箱中選擇矩形工具 ，繪製一個寬為 9 公分，高為 9 公分的正方形並調整與版面對齊。

3 在工具箱中點擊填色工具 ，在色票面板中選擇 M80Y95 的顏色，將矩形填充南瓜黃色。

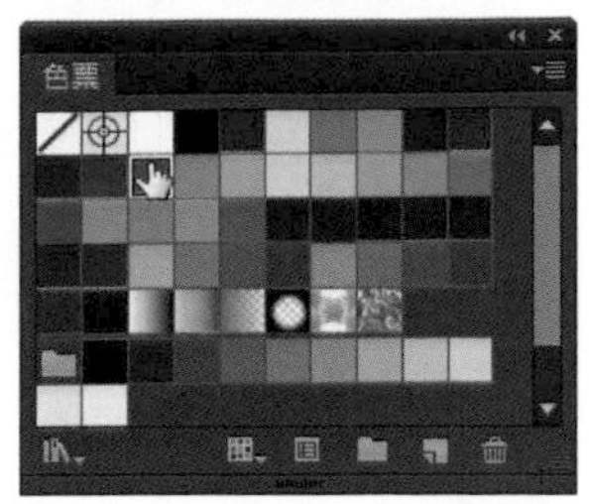

4 在工具箱中選擇橢圓形工具 ，按住 <Shift> 鍵繪製一個正圓形。在色票面板中點擊 C20Y100 的顏色，填充正圓形為橄欖綠色。

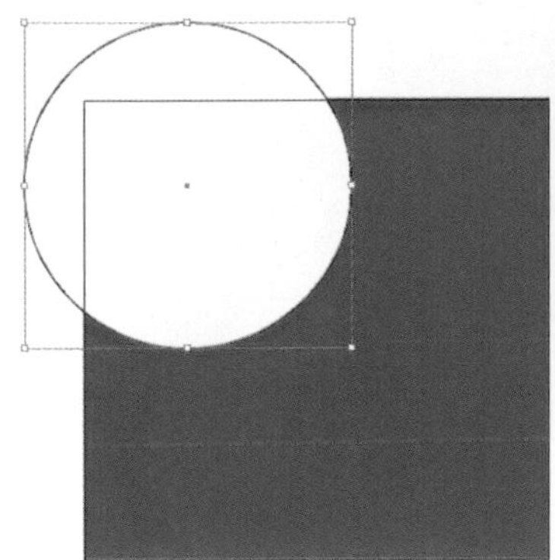

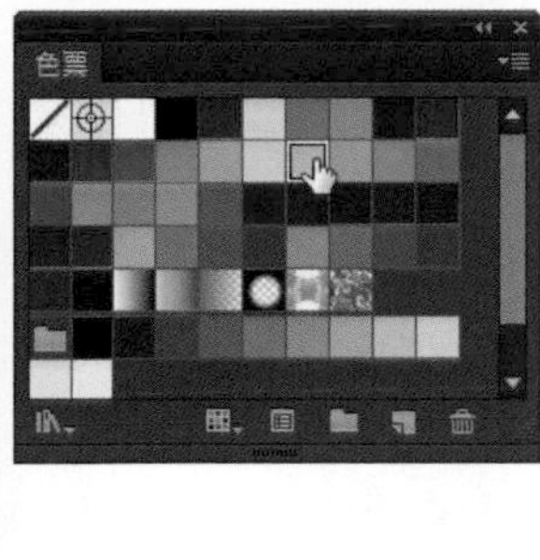

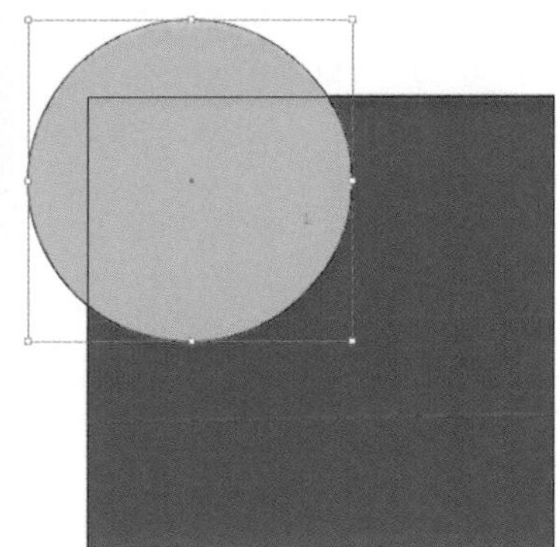

5 在頂端的屬性列中，設定筆畫為無，去掉圓形的筆畫色彩。

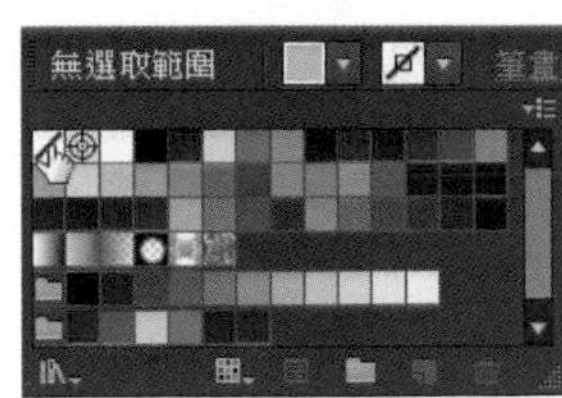

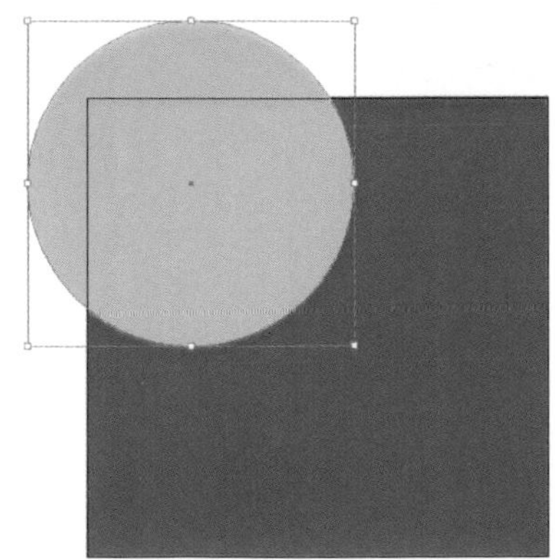

6 按住滑鼠左鍵向右下角拖動正圓形，在釋放滑鼠之前按下 <Alt> 鍵，移動複製正圓形。

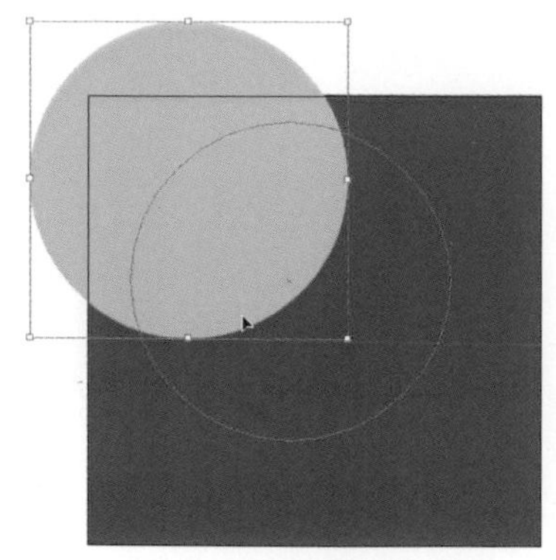

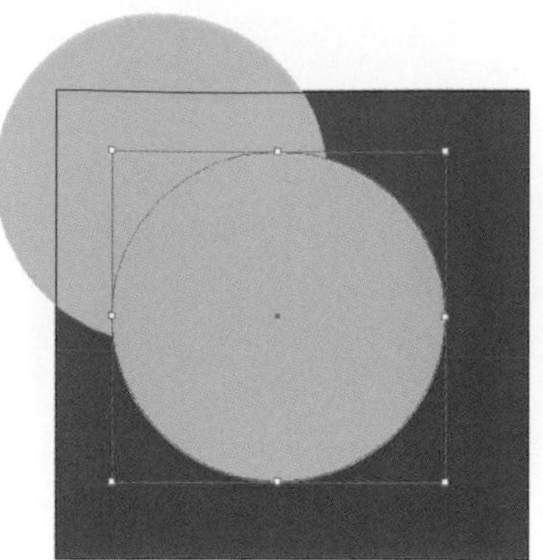

7 在工具箱中雙擊縮放工具，在彈出的縮放對話視窗中設定縮放為 80%。點擊拷貝按鈕，拷貝正圓形。

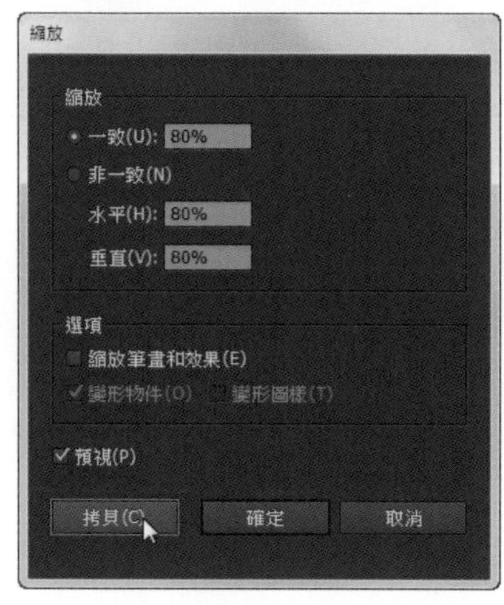

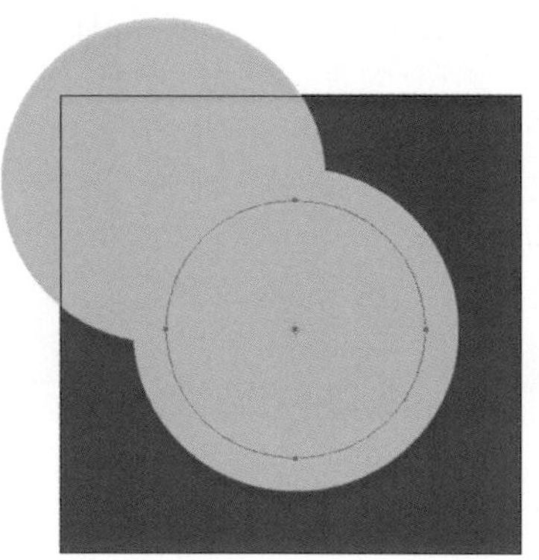

8 接下來使用選取工具拖動並調整縮放拷貝圓形至畫面右下角位置，將圓形填充為純黃色。

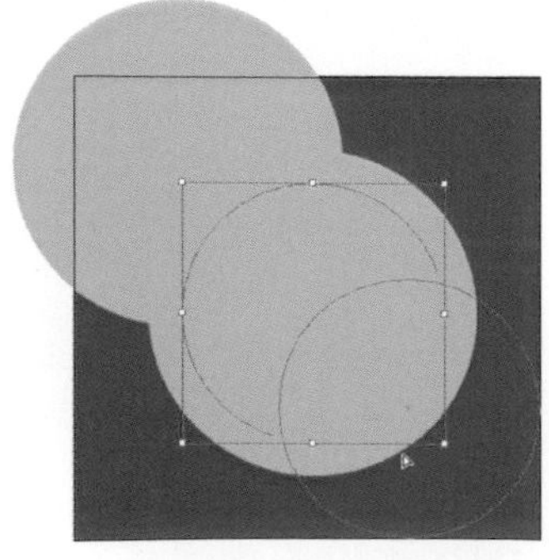

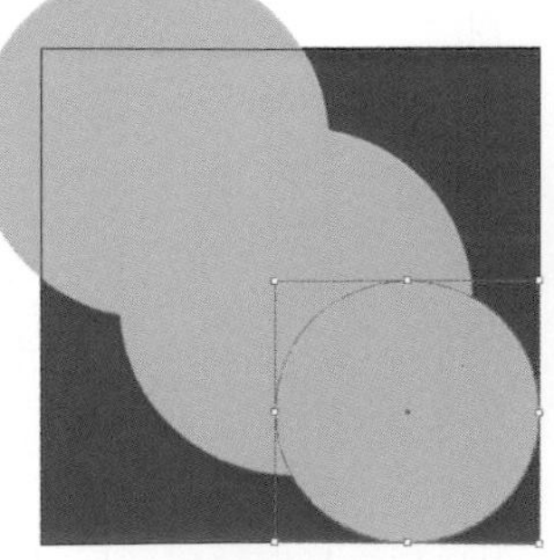

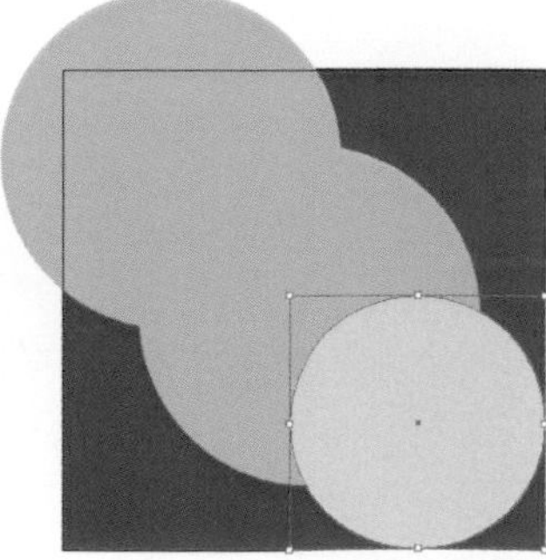

9 在工具箱中選擇多邊形工具 ，在空白處點擊滑鼠左鍵，在彈出多邊形對話視窗中設定半徑為 2 公分，邊數為 3。點擊確定按鈕，繪製出三角形圖形。

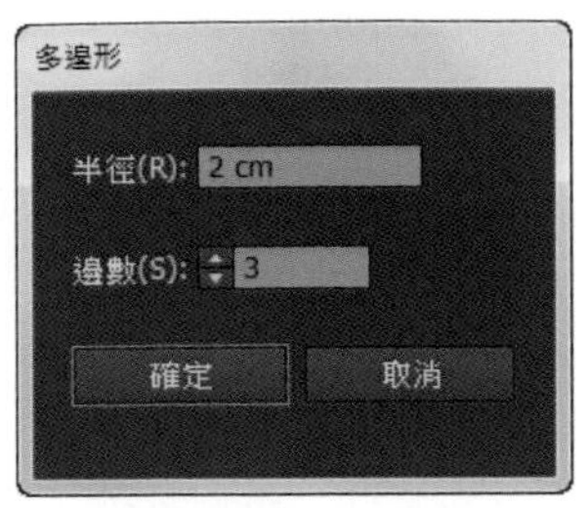

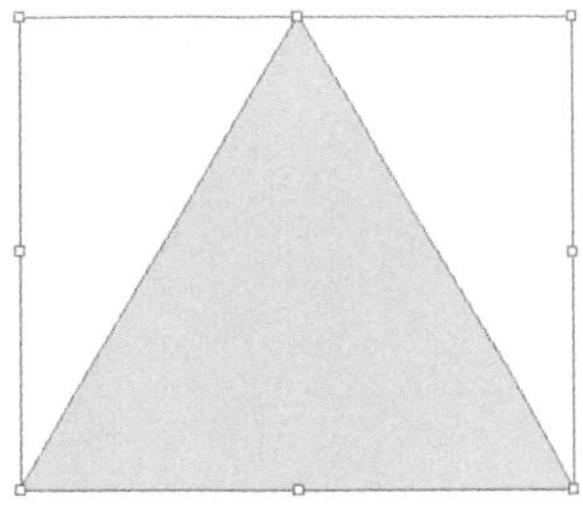

10 在工具箱中選擇直接選取工具 ，選取三角形的頂點，按住 <Shift> 鍵的同時，按住滑鼠左鍵向上拖動。調整三角形形狀並填充色彩。

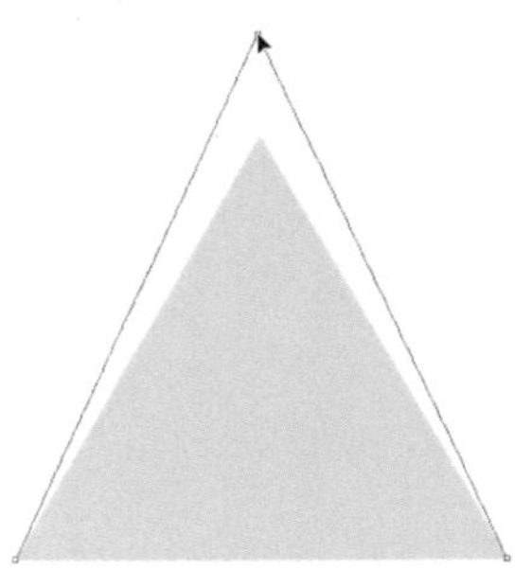
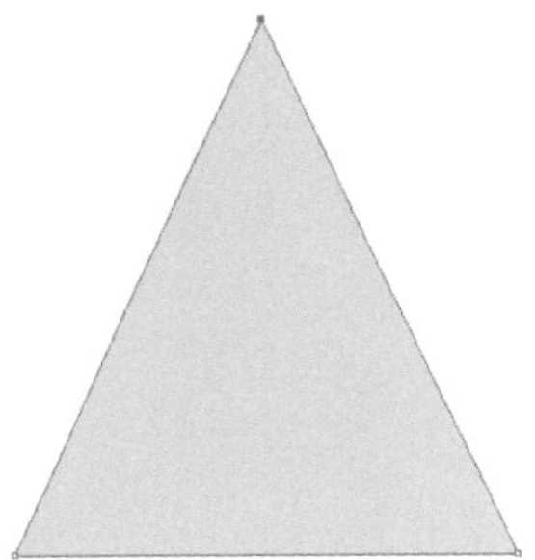

11 使用選取工具 選取物件，移動滑鼠至變形控制框的右下角位置。按住滑鼠左鍵向左方拖動，旋轉三角形。

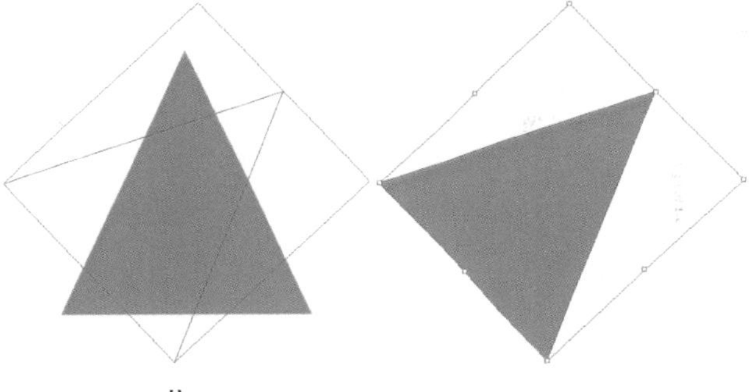

12 使用選取工具 移動三角形至畫面中合適的位置。

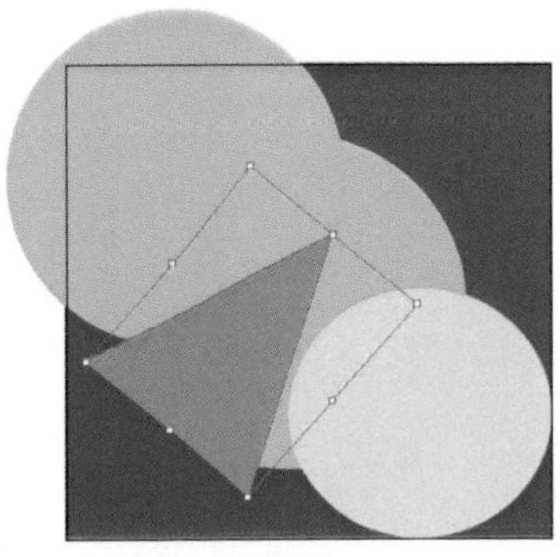

13 繼續繪製一個三角形並填充色彩，放置位置如圖所示。

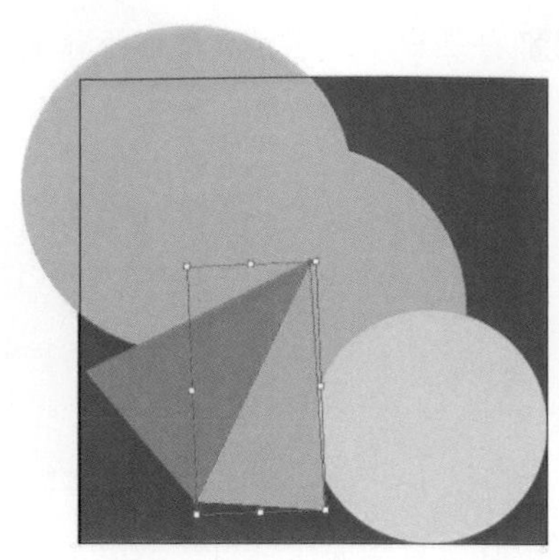

14 在工具箱中選擇橢圓形工具 ，根據需要分佈於畫面上，完成所有幾何圖形的繪製。

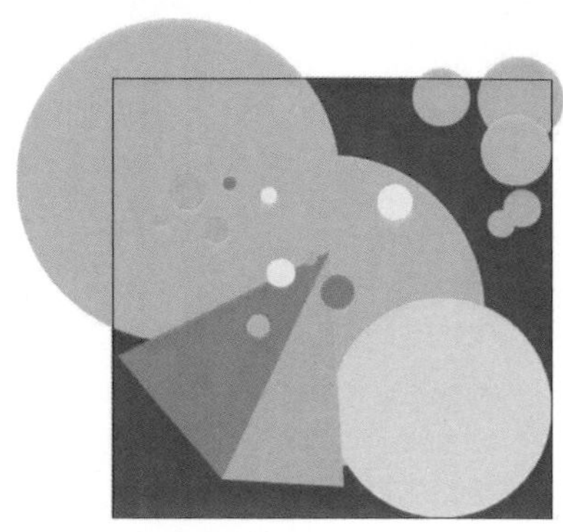

8-3-2 即時描圖酒杯圖像

1 執行檔案\置入指令，置入隨書所附贈光碟中的 ch08\ch08-003\001.jpg。

2 執行物件\即時描圖\製作指令，轉換 01.jpg 圖像為向量形式的即時描圖物件。

3 在頂端的屬性列中點擊展開按鈕，展開即時描圖物件為一般物件。

4 在工具箱中選擇直接選取工具 ，點擊物件的邊緣處。選取酒杯以外的矩形框。連續兩次按下 <Delete> 快速鍵，將矩形框清除。

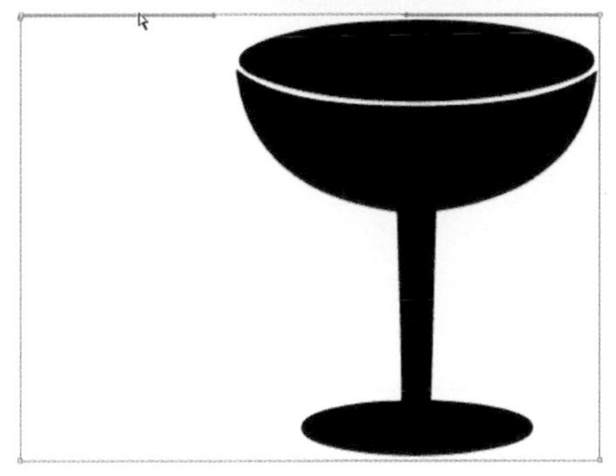

5 使用直接選取工具 ，選取酒杯的內部。

6 在工具箱中雙擊填色工具 ，在彈出的檢色器對話視窗中，設定顏色為 40% 的黃色，點擊確定按鈕。

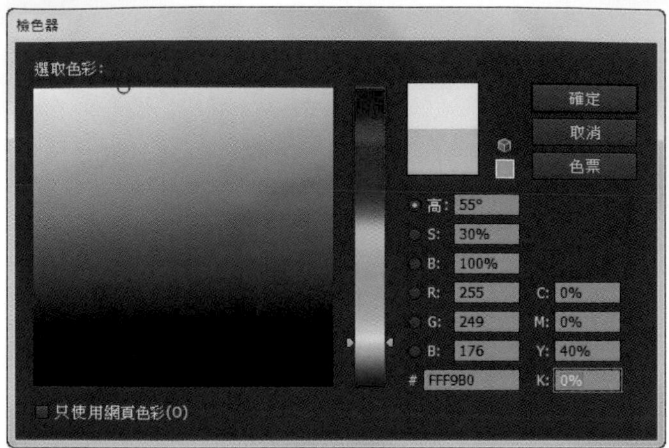

7 對酒杯的底部進行調整，調整結果如圖所示。

8 在工具箱中雙擊填色工具 ，在彈出的檢色器對話視窗中設置數值如圖所示。點擊確定按鈕，完成酒杯的繪製。

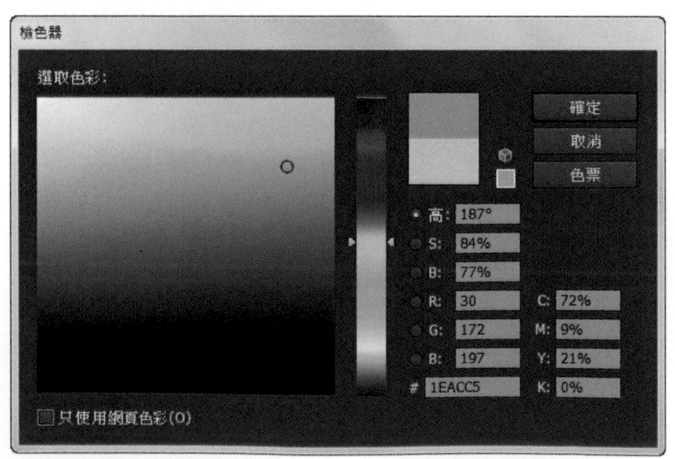

9 將繪製完成的酒杯放置到畫面中，調整角度、大小、位置，如圖所示。

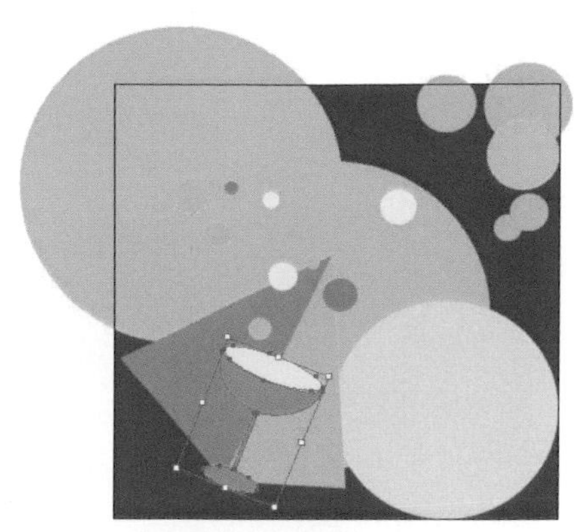

10 在工具箱中雙擊鏡射工具 ，在彈出的鏡射對話視窗中點選垂直選項。點擊拷貝按鈕，鏡射複製酒杯圖形。

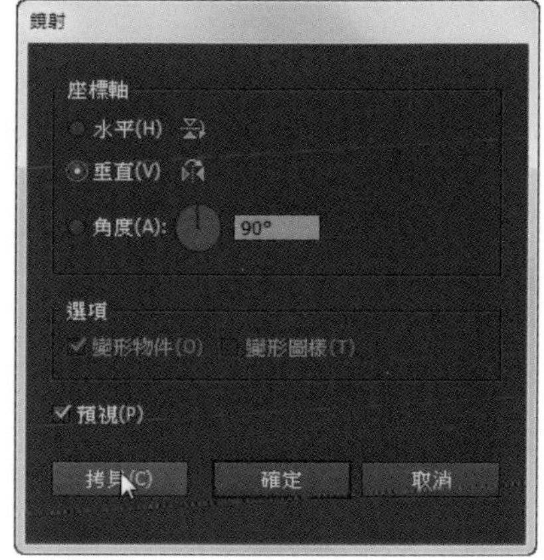

11 在工具箱中選擇選取工具 ，選取酒杯拷貝移至畫面右下方。

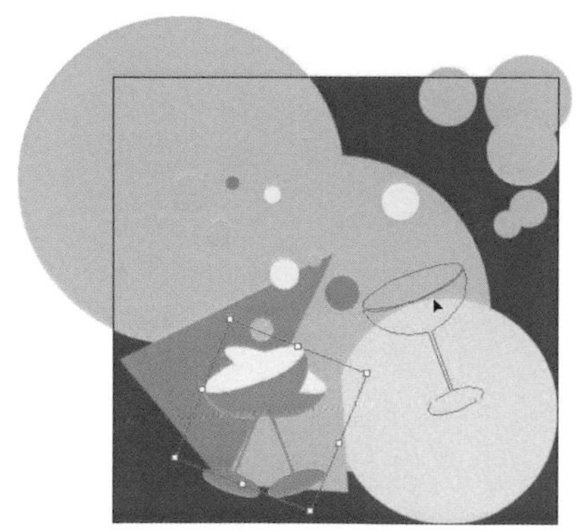

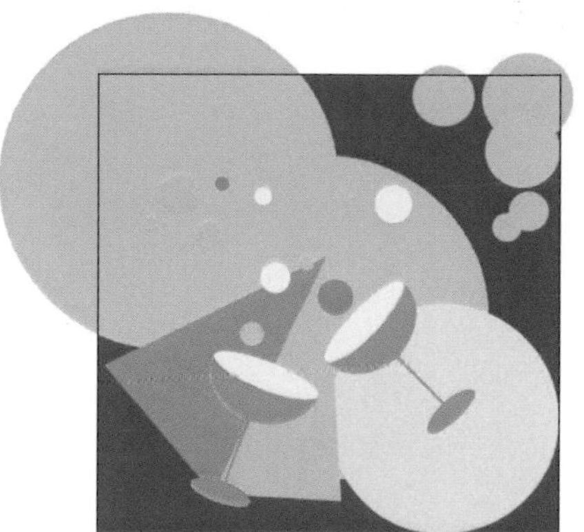

8-3-3 即時上色

1 在工具箱中選擇選取工具 ，按住滑鼠左鍵，拖出一個選框，選取所有物件。

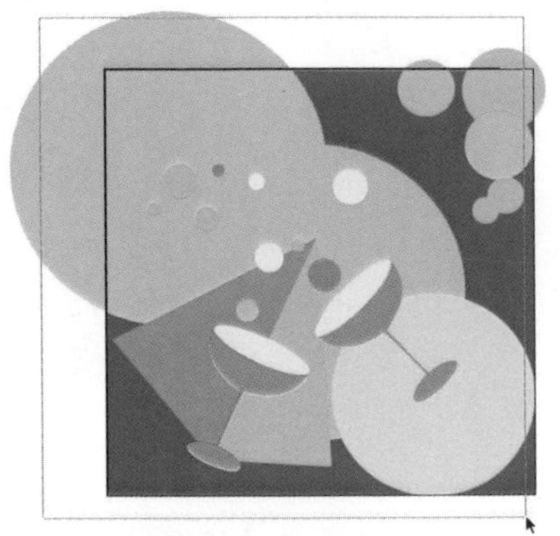

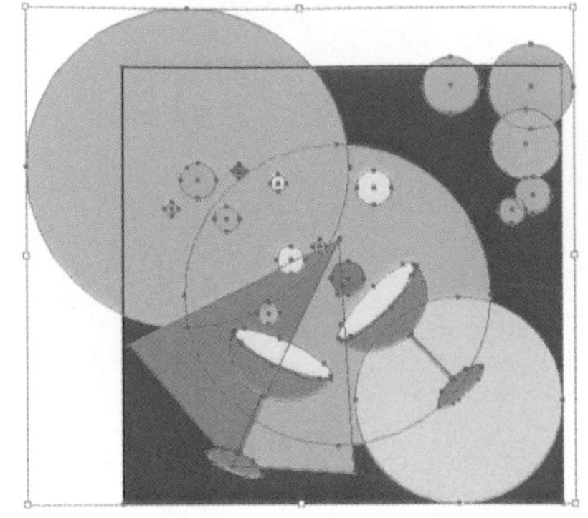

2 在工具箱中選擇即時上色油漆桶工具 於物件上點擊滑鼠左鍵，製作即時上色群組物件。

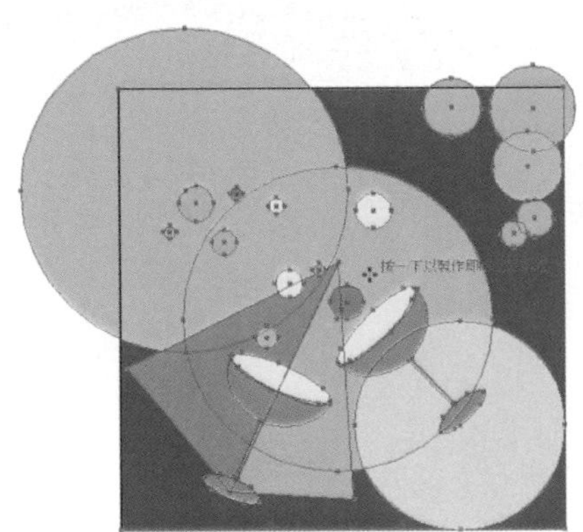

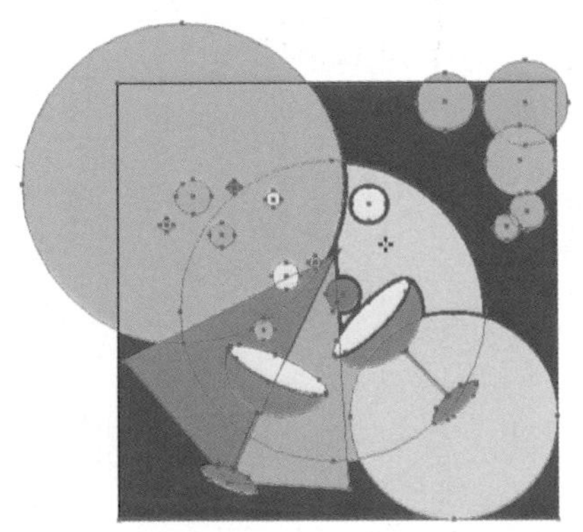

3 在色票面板中選擇 M80、Y95 的顏色，移動游標至某一色域內，按下滑鼠左鍵，該色域即以南瓜黃色填充。

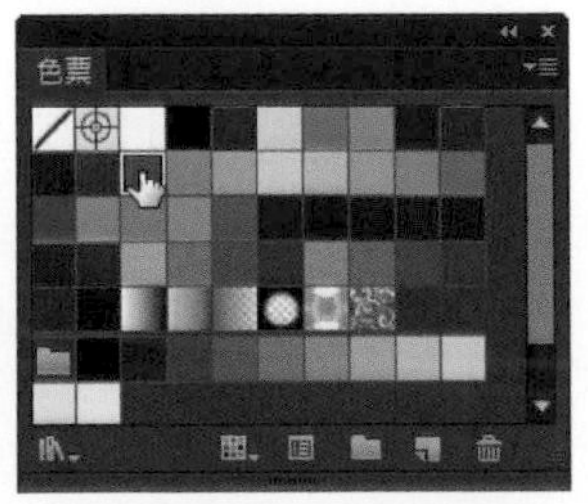

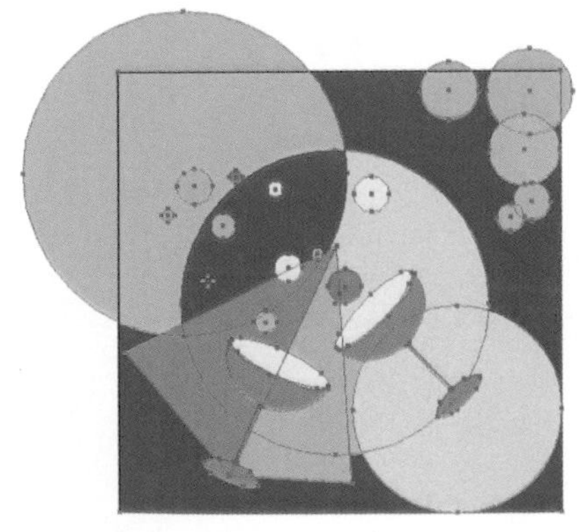

4 依次點擊需要填充南瓜黃色的色域，為它們填充南瓜黃色。

5 在色票面板中點擊 C50、M100 的顏色，在工具箱中選擇即時上色油漆桶工具 ，點擊需要填充紫色的色域，完成紫色的填充。

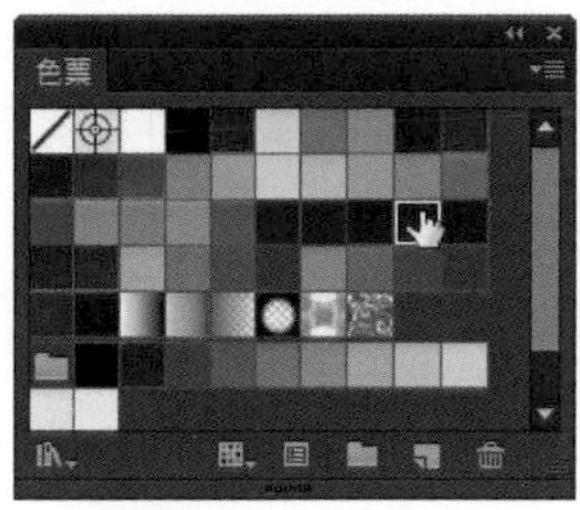

6 同樣方法完成其餘色域的填充。

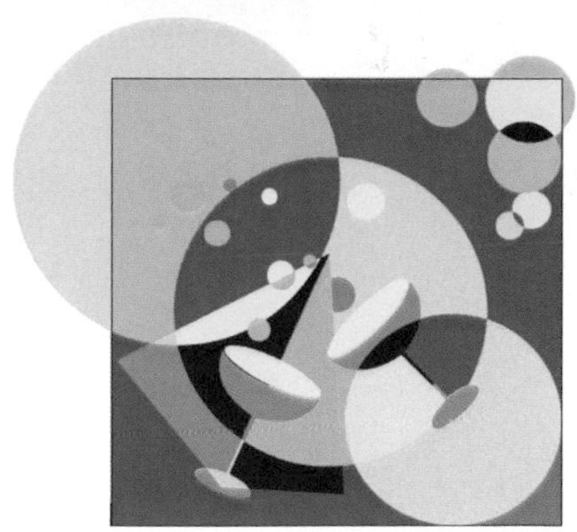

7 選取即時上色群組物件，點擊滑鼠右鍵，在彈出的下拉選項列中點擊分離選取的群組選項。物件四周以灰色雙線框顯示。

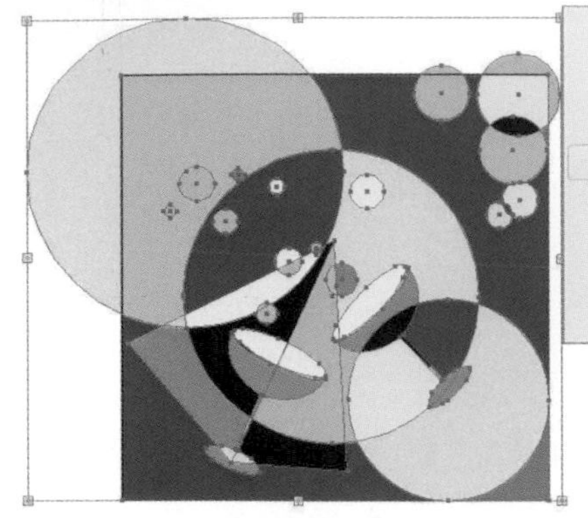

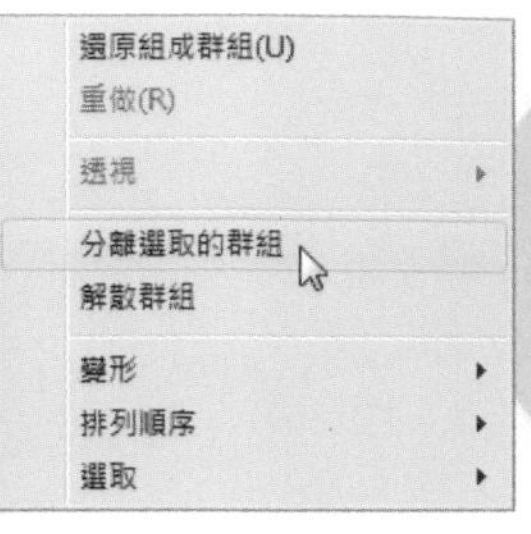

8 在工具箱中選擇直接選取工具 ，按住 <Shfit> 鍵連續點選畫面右上角的兩個小圓點，選取它們的路徑。在工具箱中點擊選取工具 ，在兩個圓點周圍顯示出即時上色群組物件框。

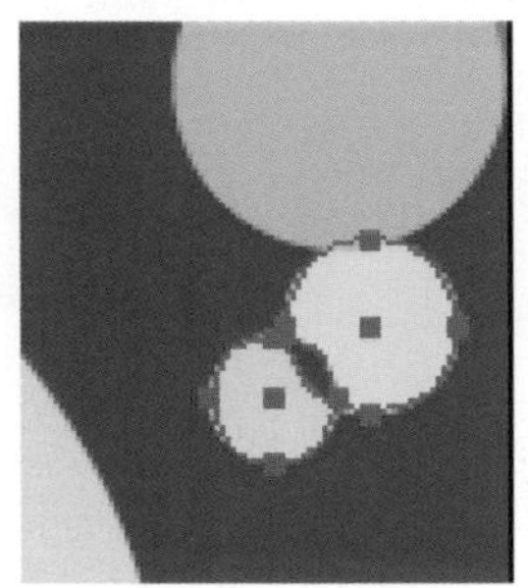

9 將選取的圓點稍微向左下方移動，圖像位置如圖所示。

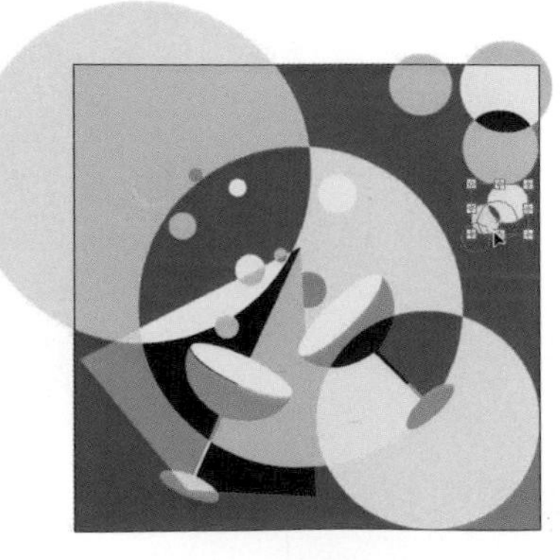

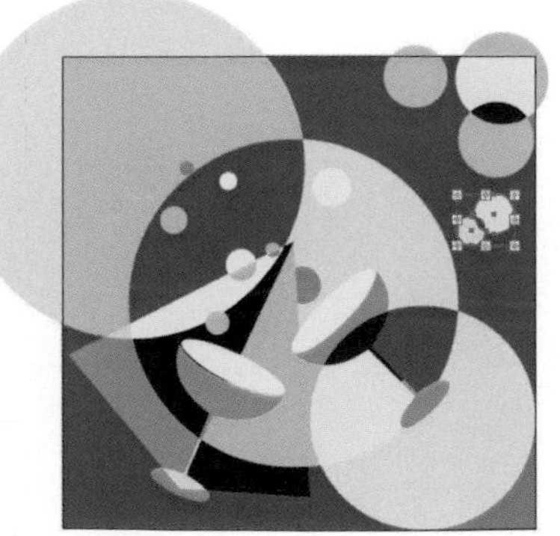

10 同樣方法對其餘圖像進行調整，最終效果如圖所示。

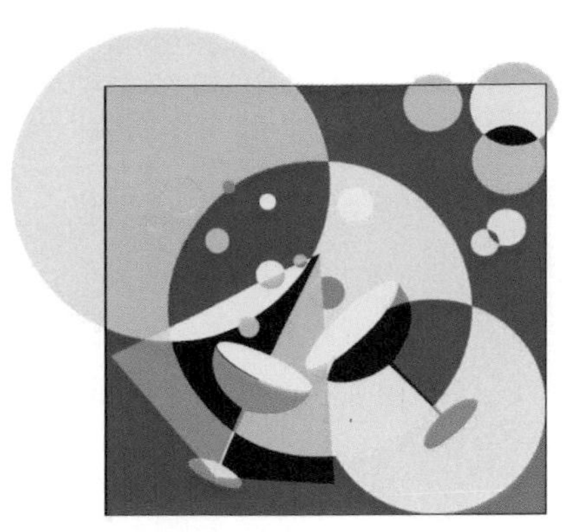

11 在物件上按下滑鼠右鍵，在彈出的下拉選項列中點擊分離選取的群組選項，退出分離群組的編輯狀態。

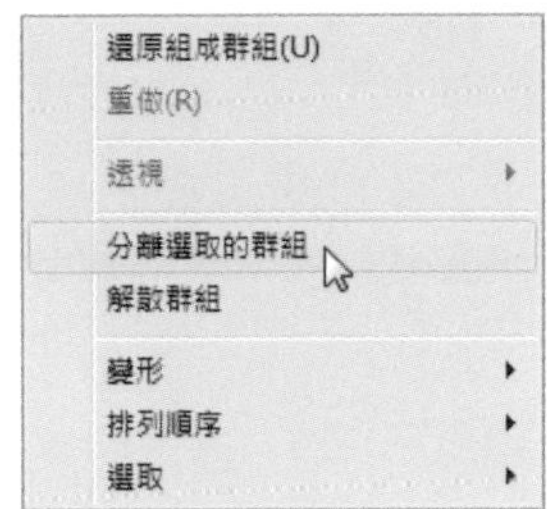

12 在色票面板中選取顏色 M35、Y85，並在工具箱中選擇即時上色油漆桶工具，為高腳酒杯的底部填充陽光色彩。

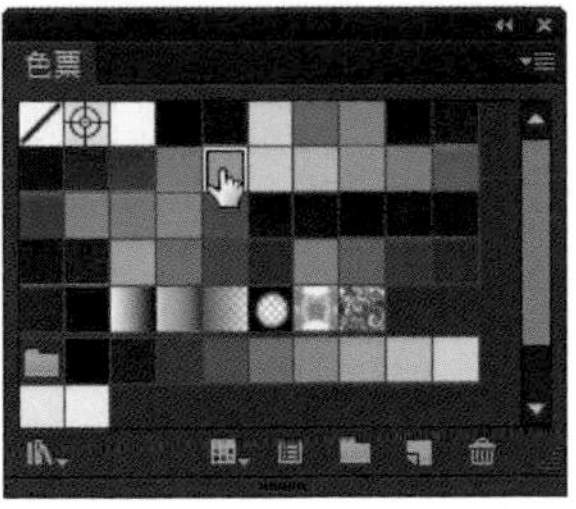

13 完成其餘地方的色彩調整。完成此插畫的繪製。

Note

09 包裝設計

SMEPHEN RAY 7.0
THE PROFESSIONAL IMAGE EDITING SOFTWARE

柔軟舒適
抗菌包裝
維尼濕紙巾

產品包裝最主要的目的是激發消費者購買慾望，規劃產品包裝計畫時首先考慮的就應該是這一目標。其次，即使消費者不準備購買此種產品，也應促使他們對該產品的品牌、包裝與商標產生良好深刻的印象。

▼ 設計流程

▼ 關鍵技巧

1. 快速鍵 <Ctrl+F> 貼至上層
2. 執行物件 \ 路徑 \ 分割下方物件指令
3. 漸變製作
4. 執行特效 \ 風格化 \ 製作陰影指令
5. 筆刷面板中選取合適的筆刷
6. 物件 \ 即時描圖 \ 描圖選項指令
7. 虛線設置
8. 符號噴灑器工具噴灑符號

 ch09\ > ch09-001.ai、ch09-002.ai、ch09-003.ai

產品的包裝主要目的是保護商品、維持價值，它涉及包裝材料的選擇、包裝方法、防護措施、包裝裝潢等內容。

包裝設計應從商標、圖案、色彩、造型、材料等構成要素入手，在考慮商品特性的基礎上，遵循設計的一些基本原則，如保護商品、美化商品、方便使用等，使各項設計要素協調搭配，相得益彰，以取得最佳的包裝設計方案。

產品包裝最主要的目的是激發消費者購買慾望，規劃產品包裝計畫時首先考慮的就應該是這一目標。其次，即使消費者不準備購買此種產品，也應促使他們對該產品的品牌、包裝和商標以及生產廠商產生良好及較深的印象。

包裝設計的三大構成要素：

(1) 外形要素
外形要素就是商品包裝展示面的外形，包括展示面的大小、尺寸和形狀。

(2) 構圖要素
構圖是將商品包裝展示面的商標、圖形、文字和組合排列在一起的一個完整的畫面，這四方面的組合構成了包裝裝潢的整體效果。

(3) 材料要素
材料要素是商品包裝所用材料表面的紋理和質感。它往往影響到商品包裝的視覺效果。

本光碟封面並沒有採用一貫的藍色作為背景，而是大膽運用了綠色色調，很有新意，也寓意著軟體強大的生命力。圖案幾乎都是圓環配以不同的色彩和分割的扇形，具有很強的時代感。
本實例儲存在隨書贈送光碟 chap08\8-2\ 光碟 .ai。

9-1 光碟封面

9-1-1 製作光碟盤面

1. 按下快速鍵 <Ctrl+N> 新增一個檔案，在新增檔案對話方塊中，將名稱改為光碟，畫板尺寸為 A4，方向為橫向，點擊確定按鈕。

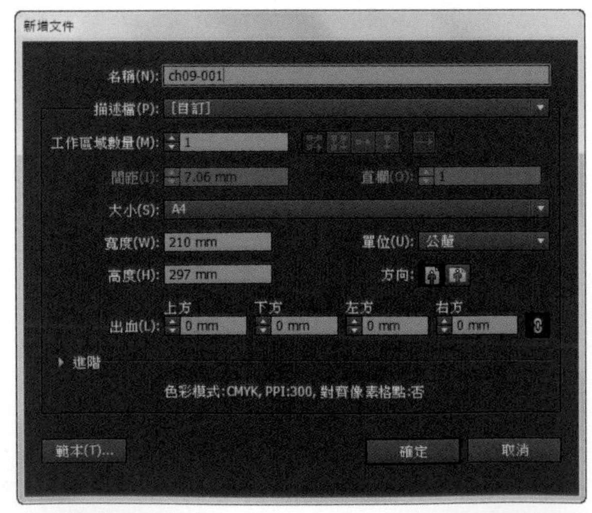

2 將圖層面板中圖層 1 改名為光碟，選取橢圓工具 建立一個直徑 120 公釐的圓。並將顏色填充為 C93、M16、Y100、K5。

3 按下快速鍵 <Ctrl+C> 拷貝圓，按下快速鍵 <Ctrl+F> 貼至上層，將貼至上層的圓在變形面板中寬高設為 114 公釐，填上顏色 C70、M;0、Y100、K0，筆畫為無色。

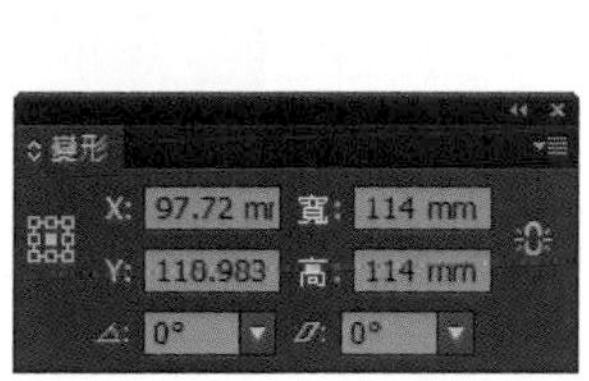

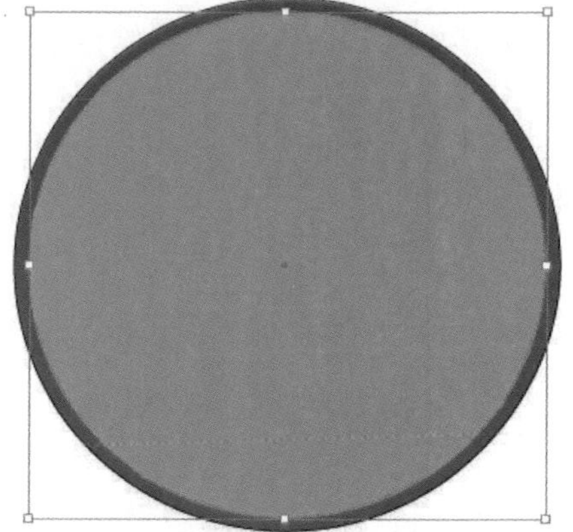

4 在透明度面板中設定漸變模式為網屏，不透明度為 60%。

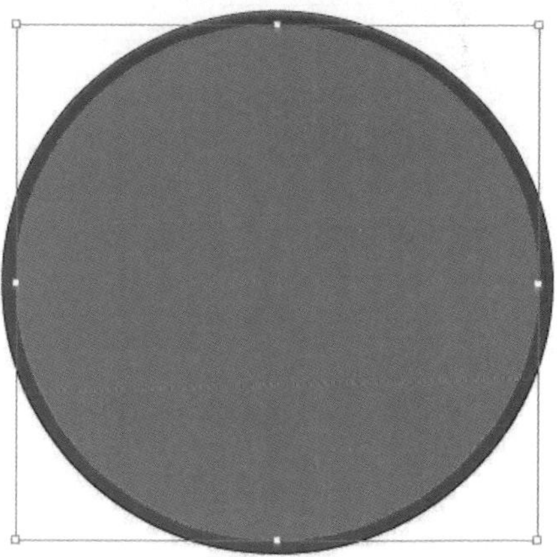

5 選取該圓，按下快速鍵 <Ctrl+C> 拷貝，按下快速鍵 <Ctrl+F> 貼至上層，在變形面板中將寬高均設為 108 公釐。

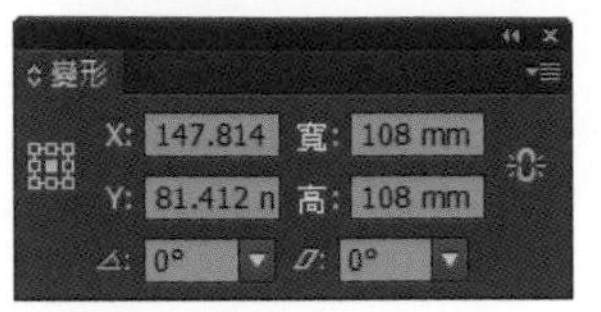

6 接著再拷貝三個圓，直徑分別為 101 公釐、91 公釐與 84 公釐。

7 選取中心直徑為 84 公釐的圓，在漸層面板中將該圓的漸層模式改為色彩增值，不透明度為 80%。

8 選取橢圓工具 ，建立一個直徑為 32 公釐的圓，填上 30% 的灰，不透明度為 60%，與光碟中心對齊。

9 選取該圓，按下快速鍵 <Ctrl+C> 拷貝，按下快速鍵 <Ctrl+F> 貼至上層，填上白色，寬高改為 30 公釐。

10 按下快速鍵 <Ctrl+F> 貼至上層，將寬高改為 17 公釐。

11 按下快速鍵 <Ctlf+F> 貼至上層，將此圓寬高改為 15 公釐。

12 選取直徑為 15 公釐的圓，執行物件 \ 路徑 \ 分割下方物件指令。

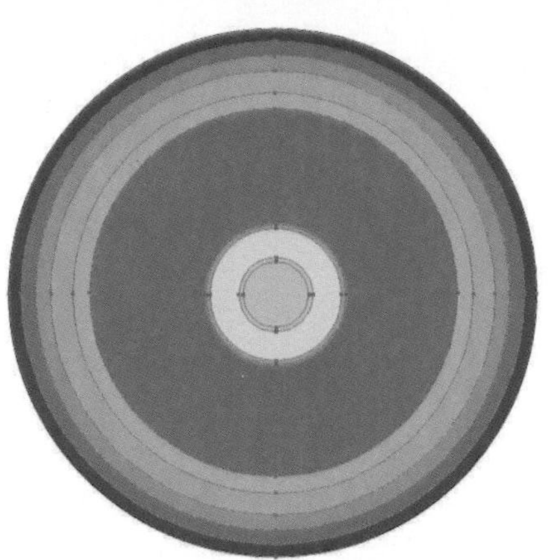

13 依次選取分割後中心的小圓，逐個刪除。

14 選取所有物件，按下快速鍵 <Ctrl+G> 群組。

9-1-2 製作光碟封面圖案

1 選取橢圓工具，建立一個直徑為 81 公釐的圓。

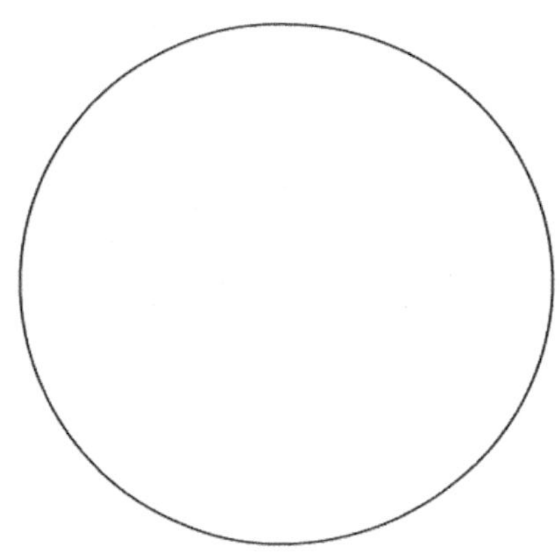

2 選取圓形物件，雙擊縮放工具，在彈出的對話方塊中設定為一致縮放 20%，點擊拷貝按鈕。

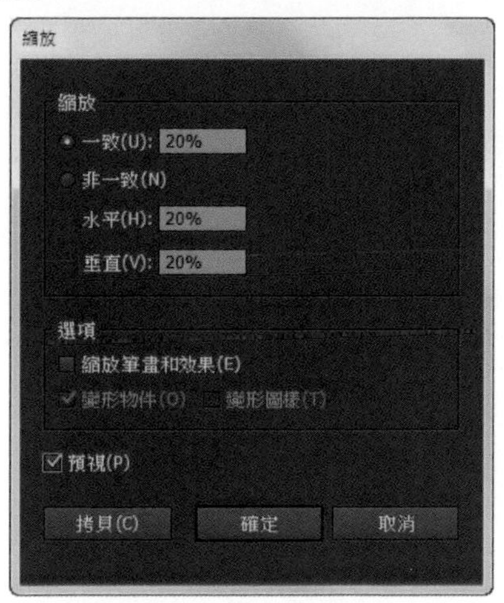

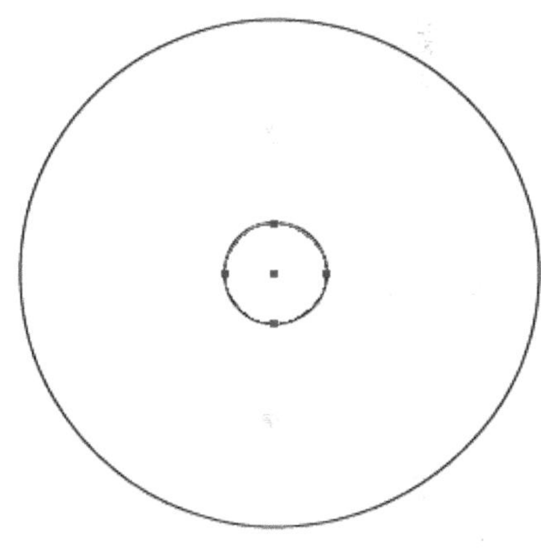

3 同時選取兩個圓，執行物件 \ 漸變 \ 製作或按下快速鍵 <Ctrl+Alt+B> 製作漸變。

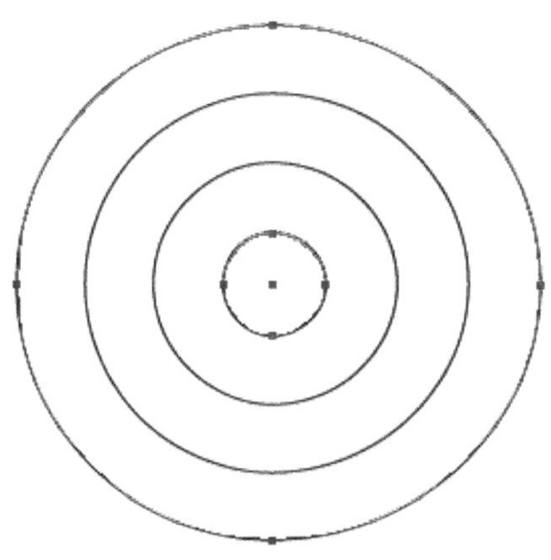

4 執行物件 \ 漸變 \ 漸變選項指令，在對話方塊中設定漸變階數為 9，點擊確定按鈕。

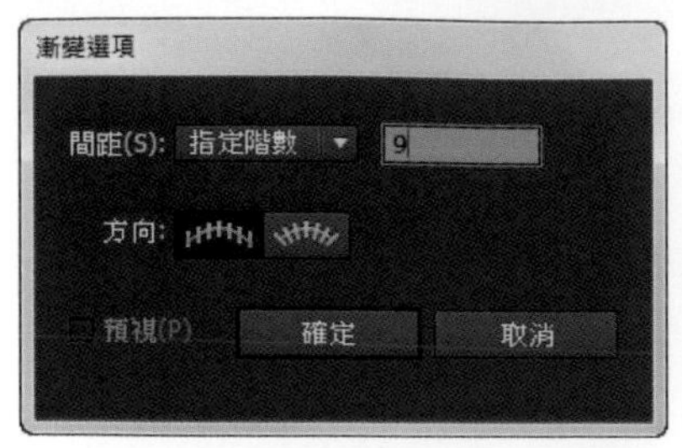

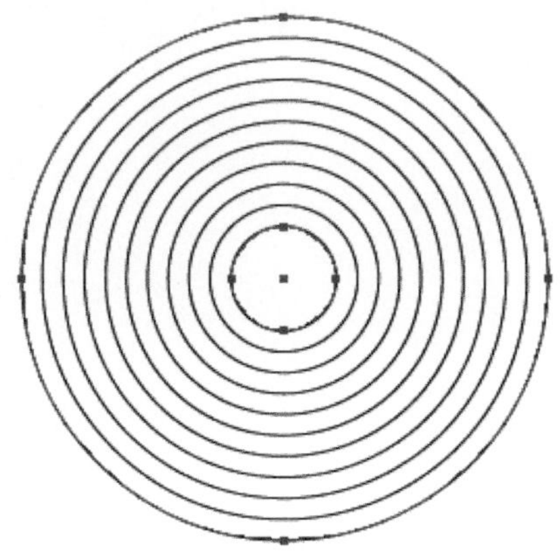

5 刪除部分不要的圓，並適當調各圓大小。

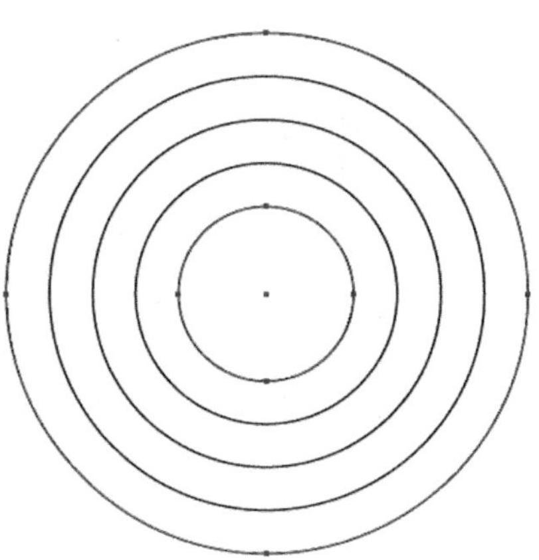

6 選取線段區段工具 ，以圓的中心建立一條線段。

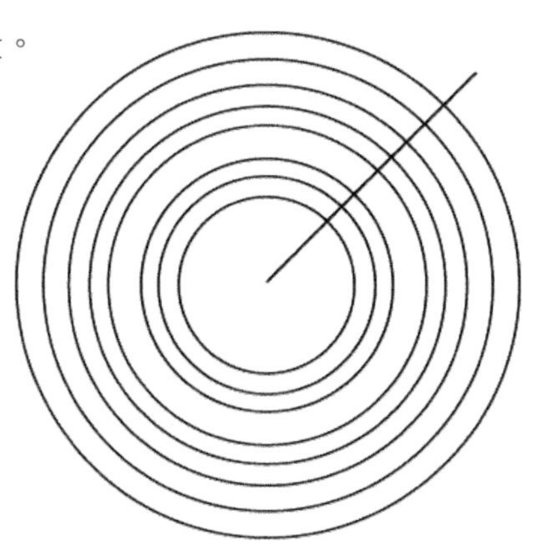

7 選取線段點擊旋轉工具 在線段端點處點擊定位旋轉軸心，使用滑鼠拖動旋轉線段，並且按住 <Alt> 鍵，旋轉並拷貝多條線段。

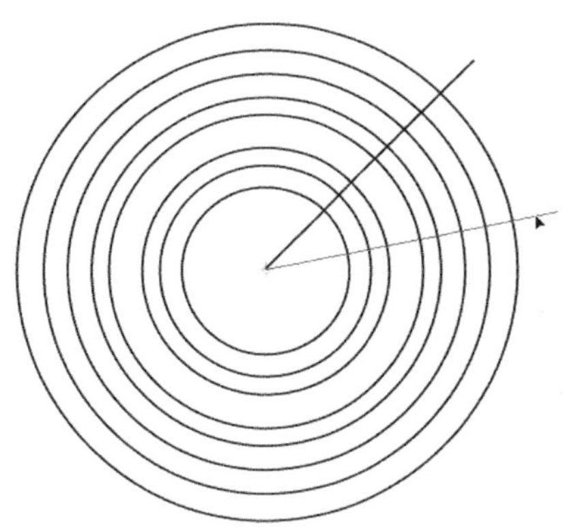

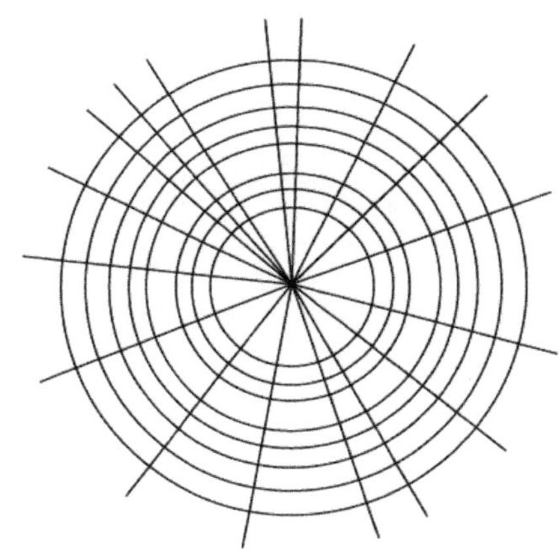

8 選取所有圓與線段，點擊路徑管理員中分割按鈕 。

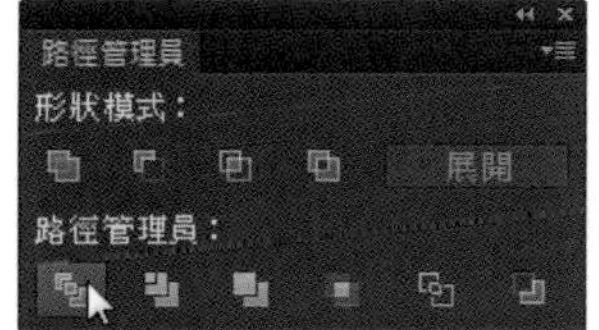

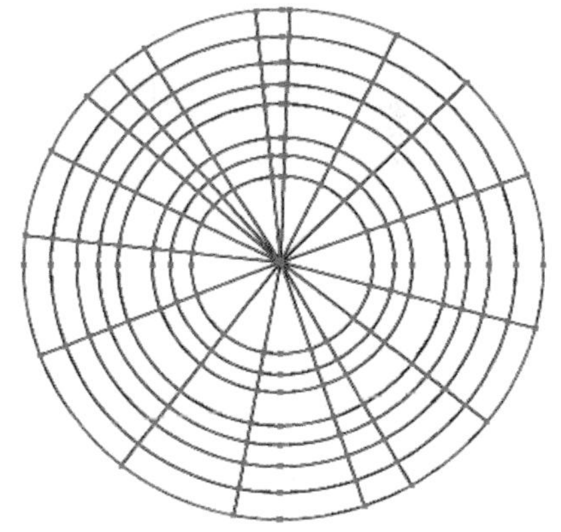

9 按下快速鍵 <Ctrl+Shift+G> 解散分割物件，填上灰色。

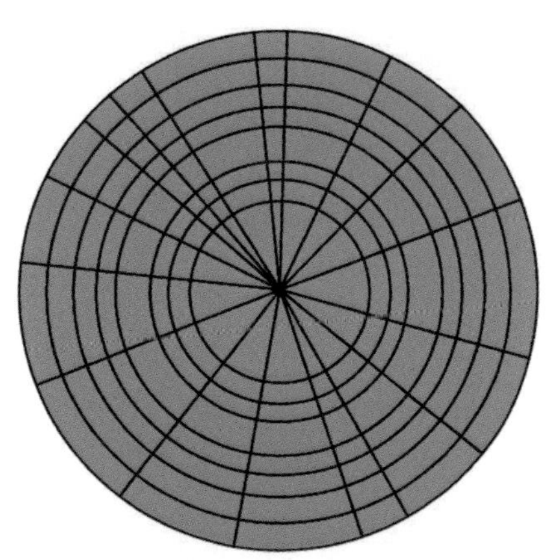

10 選取不要的部分，逐個刪除。

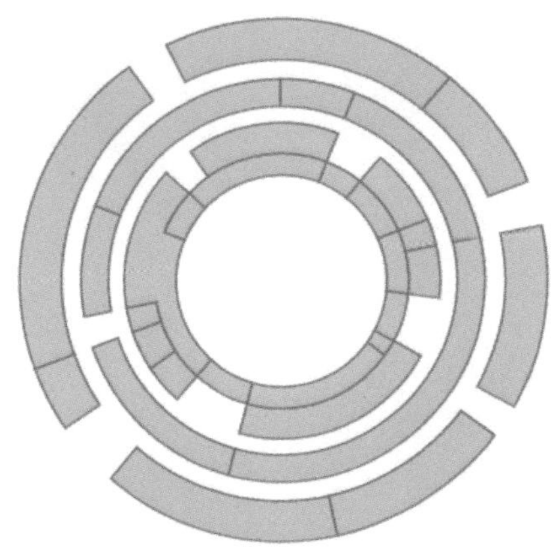

11 接著為物件填上不同顏色。

12 選取所有物件，按下快速鍵 <Ctrl+G> 群組，按下快速鍵 <Ctrl+C> 拷貝，按下快速鍵 <Ctrl+F> 貼至上層，並適當旋轉。

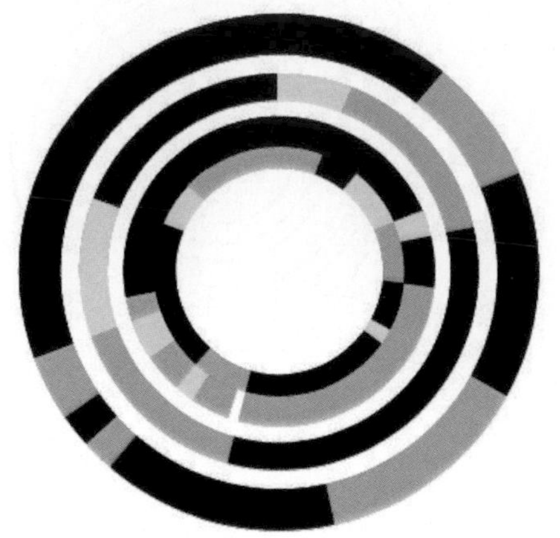

13 選取兩個物件，按下快速鍵 <Ctrl+G> 群組，在透明度面板中將不透明度設為 60%，漸變模式為實光，作為光碟圖案。

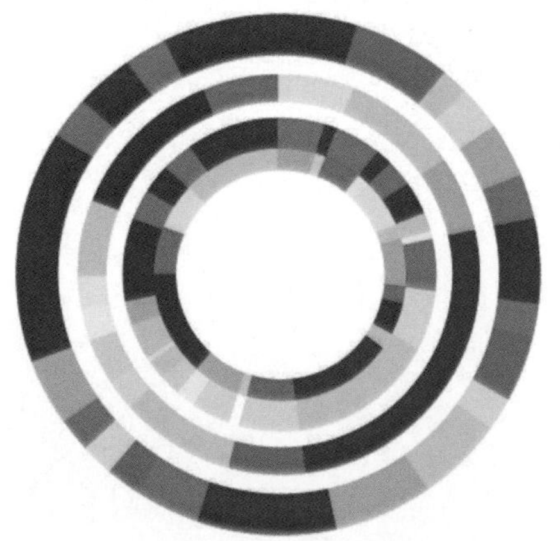

14 群組圓形物件，與光碟盤面中心對齊並群組。

15 點擊線段區段工具 ，建立一條垂直線段；選取旋轉工具 ，點擊線段下方端點處，按住 <Alt> 鍵拖動滑鼠旋轉拷貝出一條線段。

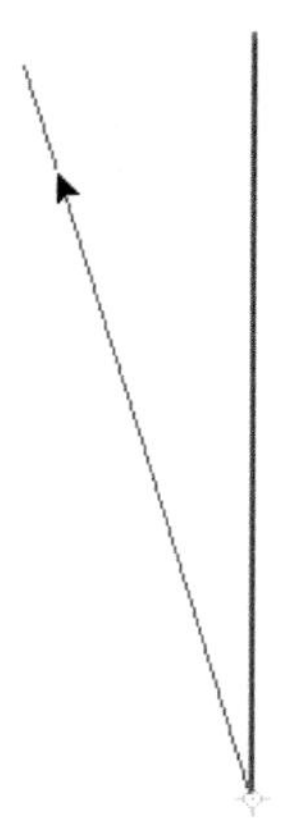

16 重覆上述操作旋轉並拷貝出共四條線段。

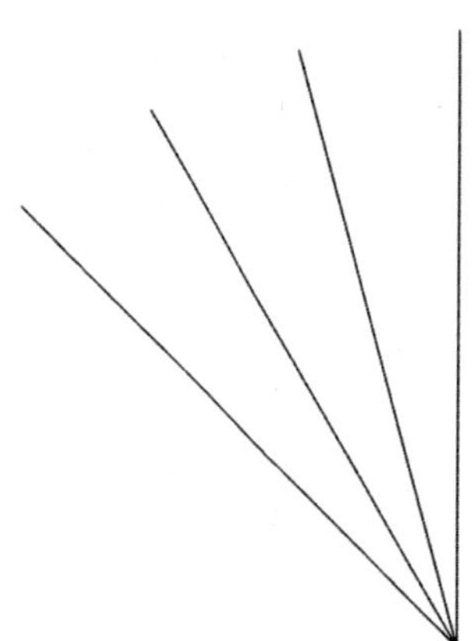

17 將第一條與第三條線段的筆畫顏色設定為 10% 的灰色，第二條與第四條為 40% 的灰色。

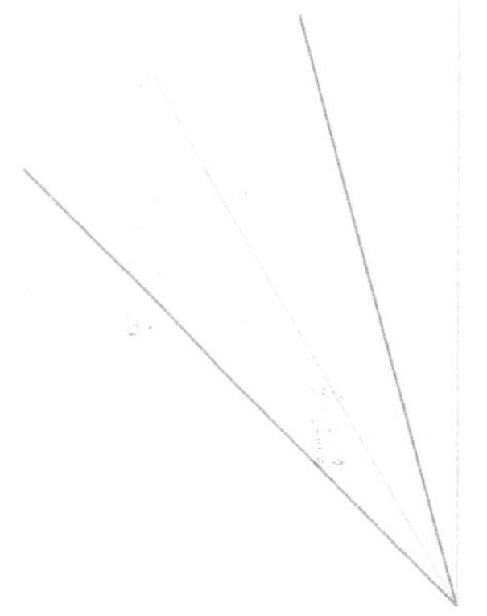

18 同時選取四條線段，執行物件 \ 漸變 \ 製作或按下快速鍵 <Ctrl+Alt+B> 製作漸變。

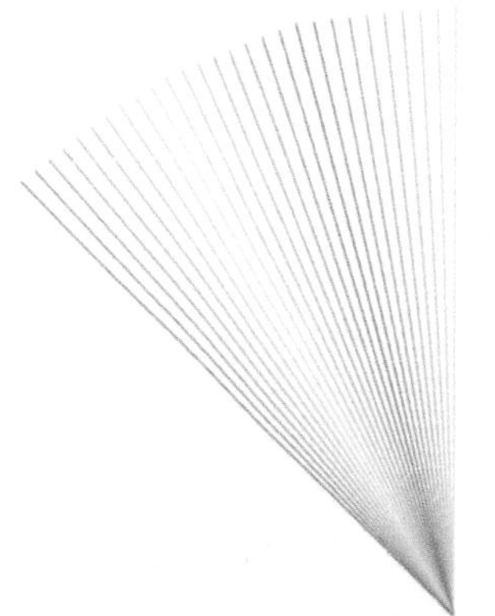

19 執行物件 \ 漸變 \ 漸變選項指令，在對話方塊中設定漸變階數為 100，點擊確定按鈕。

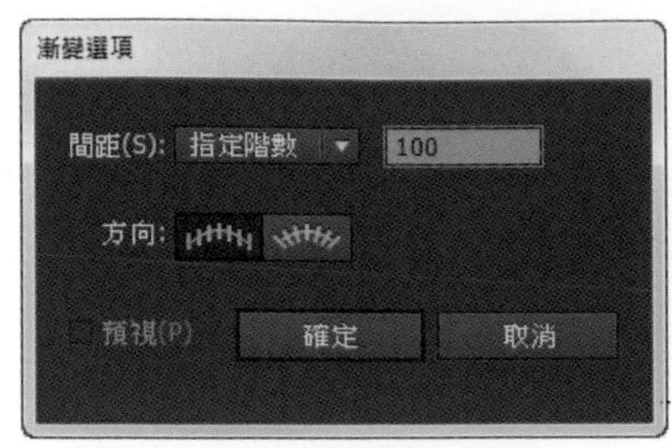

20 選取漸變物件，旋轉拷貝共四份，並群組在一起。

21 選取漸變物件，與光碟中心對齊。

22 建立兩個直徑分別為 53 公釐和 110 公釐的圓，與光碟中心對齊。

23 同時選取兩個圓，點擊路徑管理員面板中自外方塊區域相減按鈕，點擊展開。

24 同時選取相減後的複合形狀與漸變物件，按下快速鍵 <Ctrl+7> 製作遮色片。

25 選取裁剪後的漸變物件，在透明度面板中設漸變模式為實光，不透明度為 30%。

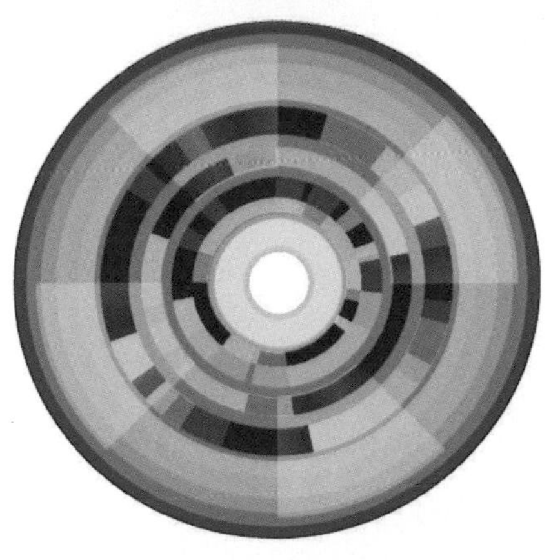

26 群組整個光碟，執行特效 \ 風格化 \ 製作陰影指令，在對話方塊中設定陰影模式為色彩增值，不透明度為 60%，X 位移為 1 公釐、Y 位移為 1 公釐，模糊為 1 公釐，顏色為黑色，點擊確定按鈕。

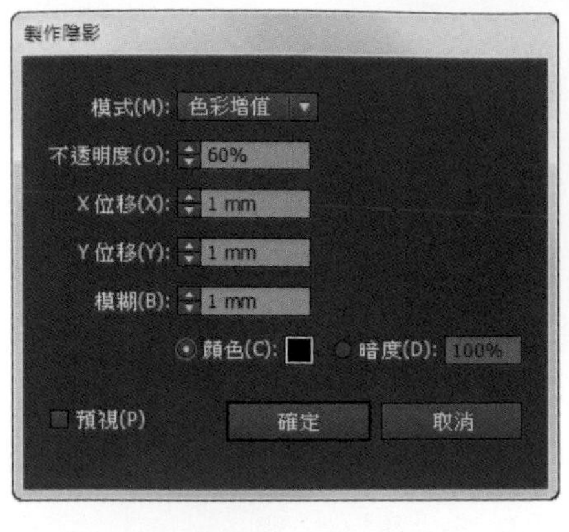

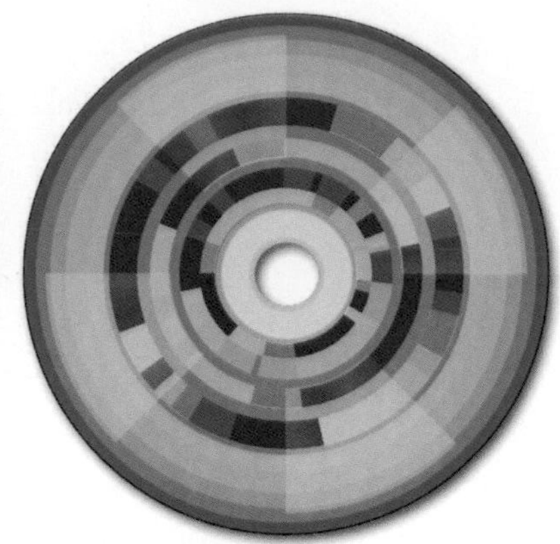

27 最後加上光碟上的文字，效果如圖所示。

9-2 音樂 CD 包裝設計

包裝的基本功能是保護產品，另外包裝具有促銷功能，在超市中各種產品雲集於貨架上，不同廠商的商品只有依靠產品的包裝展現自己的特色，這些包裝都以精巧的造型、醒目的商標、恰當的文字和協調的色彩等藝術語言來吸引消費者。本實例為一個音樂 CD 的包裝，包裝以多種形狀做為底圖，恰似此音樂 CD 一樣讓人產生無盡的想像和悠揚的感覺，使人有購買聆聽的慾望。

9-2-1 裝飾紋樣的繪製

1 使用矩形工具 ■ 繪製一個長和寬分別是 147mm 和 130mm 矩形，填充藍色 C70、M18、Y0、K0% 並去除筆畫，再複製一個填充灰色 C46、M38、Y35、K0，按 <Shift+Ctrl+[> 放到藍色矩形的下層。

2 使用橢圓形工具 ● 繪製點填充灰色 C93、M88、Y89、K80，複製多個調整大小，如圖組合。

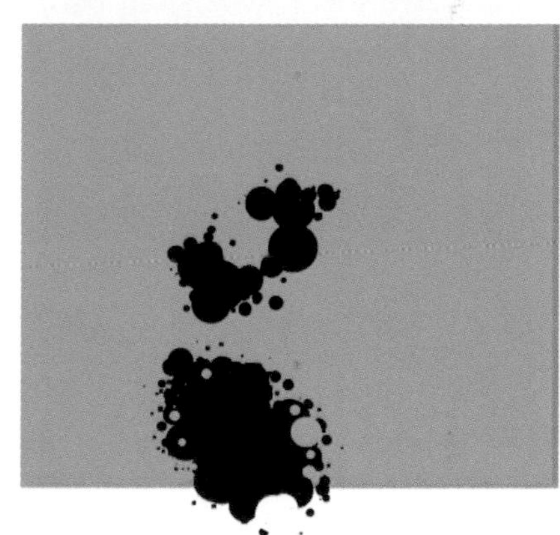

3 使用螺旋工具 ◎ 繪製螺旋形，再複製一個到合適位置。

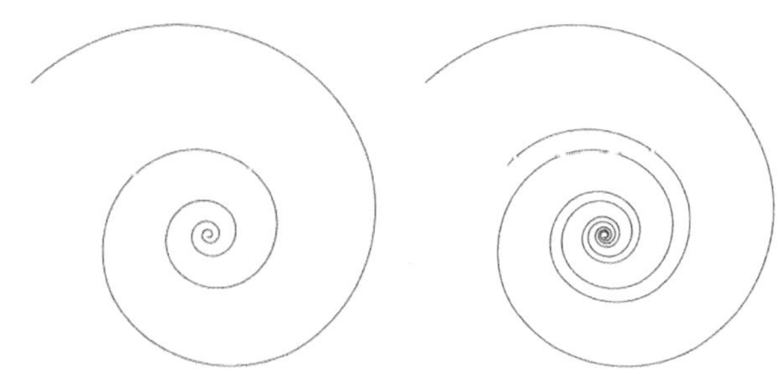

4 使用直接選取工具 選取這兩個螺旋形外部的端點，按 <Ctrl+J> 鍵，進行合併錨點。

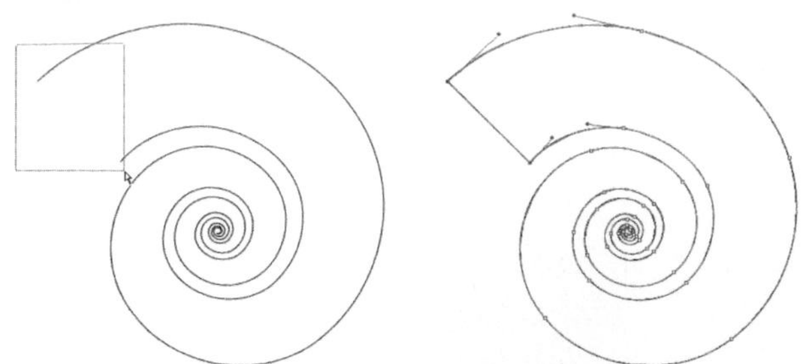

5 同樣螺旋形內部的兩個端點也進行合併，此時螺旋形為閉合路徑直，將其填充黑色。

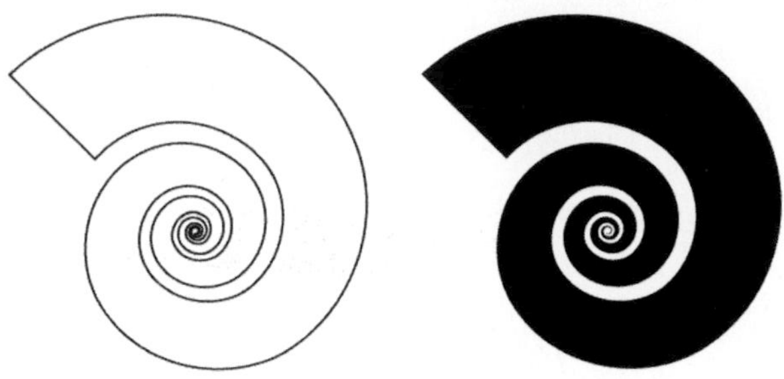

6 複製兩個，並改變填充顏色為白色，如圖進行組合。

7 使用橢圓形工具 繪製幾個正圓，並分別填充黑色、C65、M17、Y0、K0% 和 C42、M0、Y0、K0，進行如圖排列。

8 選取最上層的藍色正圓，在筆畫面板中為其添加寬度為 0.75pt 的筆畫。

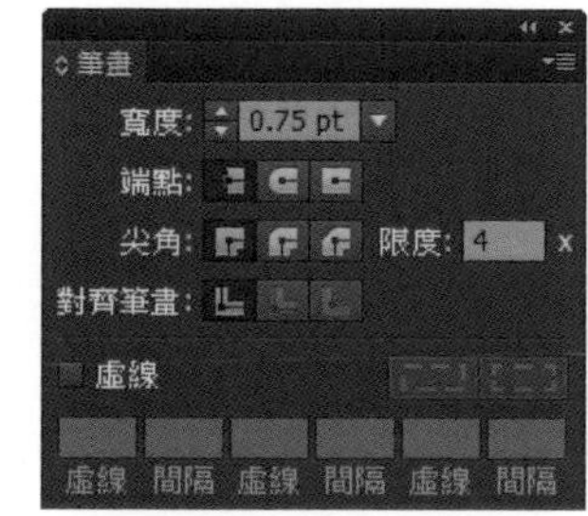

9 在筆刷面板中選取合適的筆刷，效果如圖。

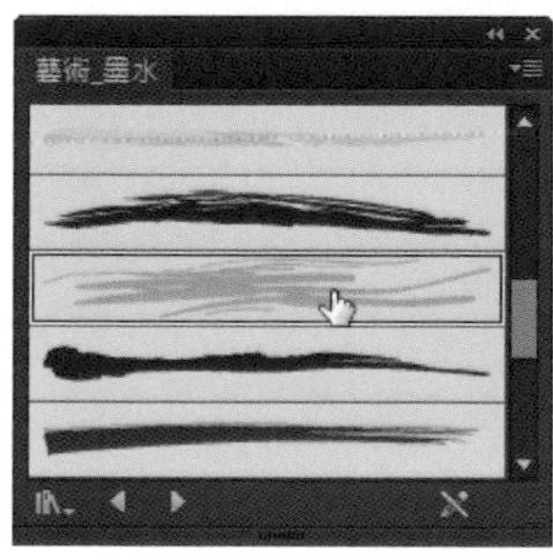

10 將筆畫設置為藍色 C40、M2、Y0、K0，群組這幾個正圓，效果如圖。

11 使用螺旋工具 繪製螺旋形，再複製一個調整大小到合適位置。

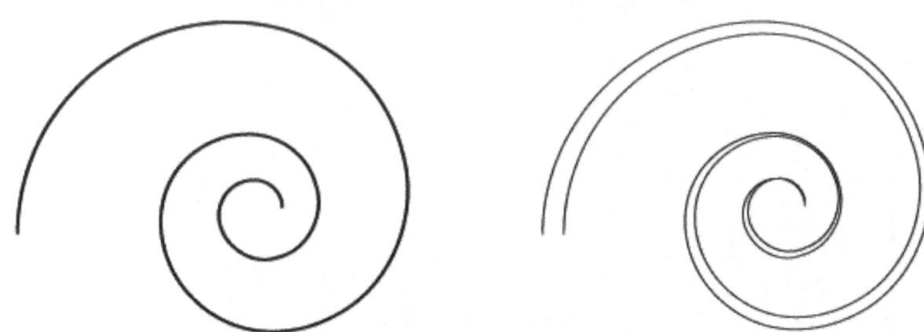

12 使用直接選取工具 選取這兩個螺旋形外部的端點，按 <Ctrl+J> 鍵，進行合併錨點。

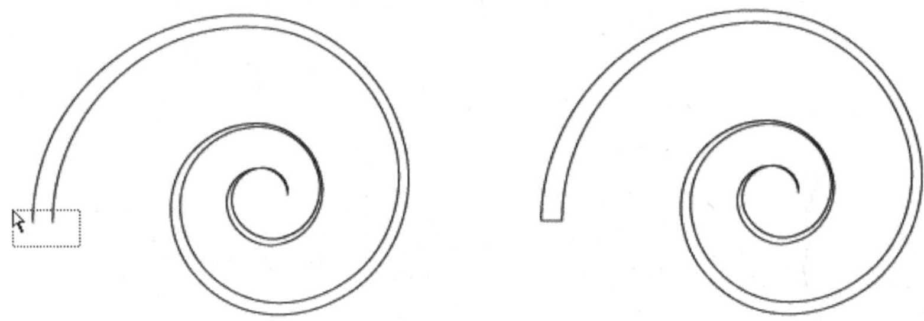

13 同樣螺旋形內部裏的兩個端點也進行合併，此時螺旋形為閉合路徑直，將其填充黑色。

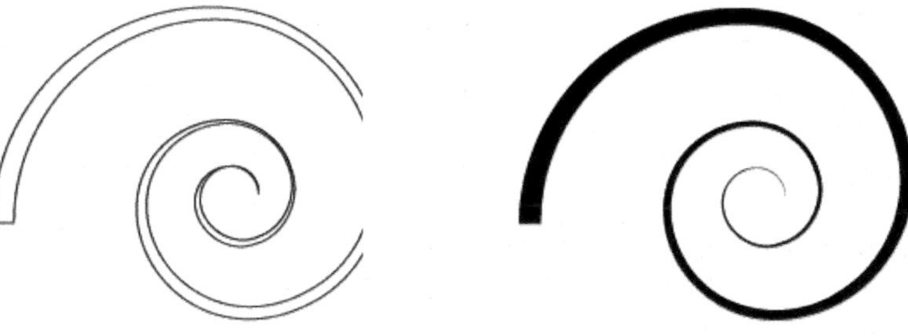

14 將繪製好的螺旋紋放到群組的正圓上層，效果如圖。

15 使用橢圓形工具 繪製幾個正圓，分別填充白色和黑色，去除筆畫進行如圖組合。

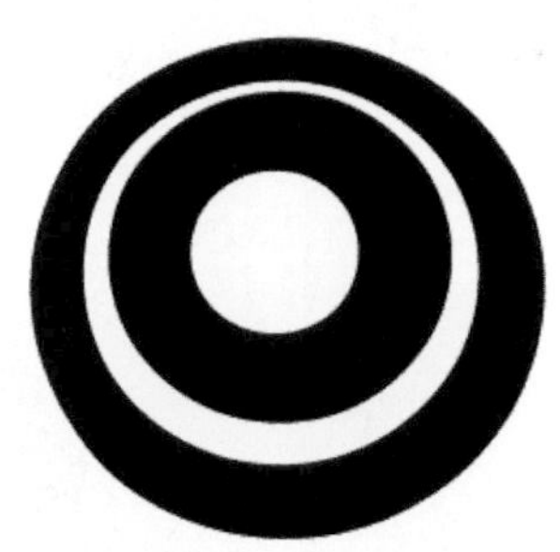

16 再使用橢圓形工具 繪製一個筆畫為 2pt 的空心正圓，放到如圖位置。

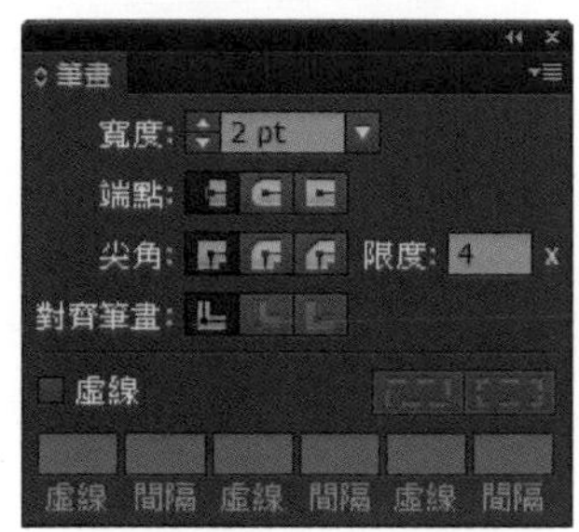

17 使用星形工具 ，繪製一個五角星形，為其填充藍色 C70、M18、Y0、K0 並去除筆畫，放到黑白圖形的上層，群組圖形。

18 使用星形工具 和橢圓形工具 繪製另一個圖形，並群組該圖形。

19 將剛繪製的三個圖形和螺旋圖形進行組合。

20 將組合圖形放到背景的合適位置，去除白色螺旋圖形的筆畫，再使用螺旋工具 和鋼筆工具 繪製圖形，豐富背景。

9-2-2 線條裝飾的繪製

1 使用線段工具 繪製兩條線段，將筆畫顏色填充為藍色 C70、M18、Y0、K0，細線段為 0.25pt，粗線段為 5pt，選取這兩條線段，雙擊漸變工具 ，在彈出的漸變選項對話方塊中，將指定距離設置為 0.8mm，並按下 <Ctrl+Alt+B> 鍵進行漸變。

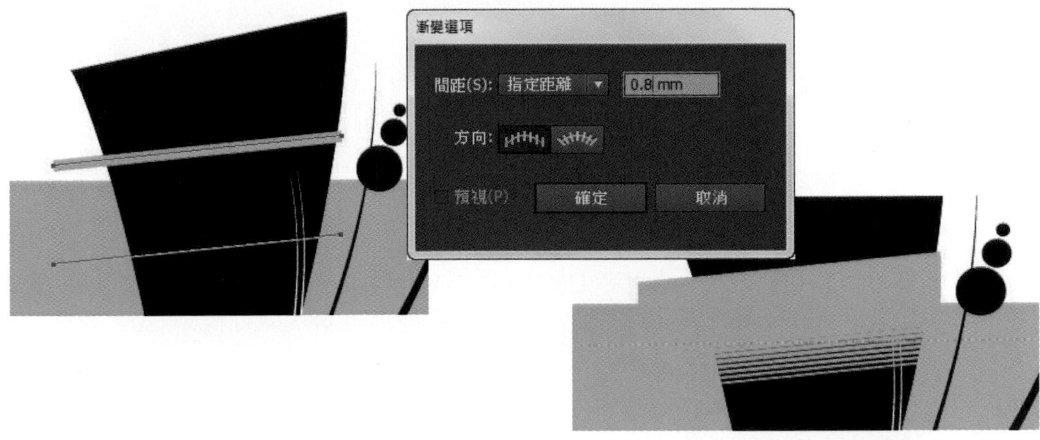

2 在原來的位置複製一個黑色圖形，並將它置於最上層，同時在選取漸變線段，執行物件 \ 剪裁遮色片 \ 製作指令，得到如圖效果。

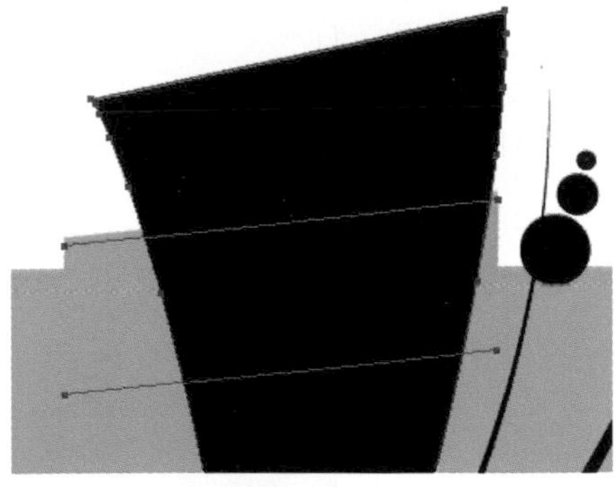

3 使用線段工具 繪製兩條如圖擺放的線段，將筆畫顏色填充為藍色 C70、M18、Y0、K0 和黑色，選取這兩條線段，雙擊漸變工具 ，在彈出的漸變選項對話方塊中，將指定階數設置為 50，並按下 <Ctrl+Alt+B> 鍵進行漸變。

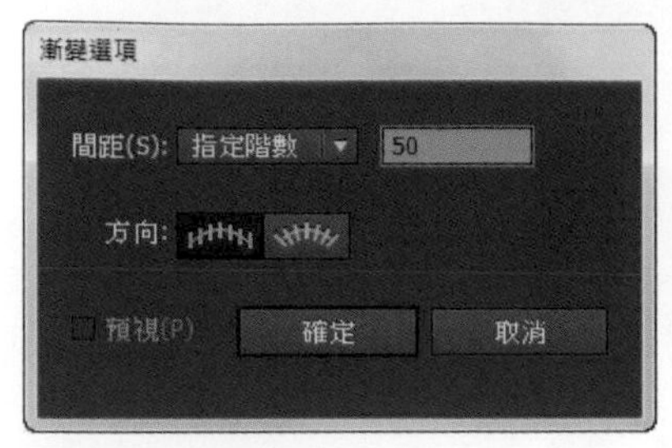

4 使用橢圓形工具 繪製一個藍色 C65、M17、Y0、K0 正圓，去除筆畫，複製一個正圓備用，將正圓放到漸變線段的上層，選取漸變線段和正圓，執行物件 \ 剪裁遮色片 \ 製作指令，得到如圖效果。

5 將剪裁的圖形和剛複製的正圓重合，群組圖形，效果如圖。

6 將做好的圖形放到如圖位置。

7 使用線段工具 繪製兩條如圖擺放的線段，將筆畫顏色填充為藍色 C65、M17、Y0、K0 和黑色，選取這兩條線段，雙擊漸變工具 ，在彈出的漸變選項對話方塊中，將指定階數設置為 50，並按下 <Ctrl+Alt+B> 鍵進行漸變。

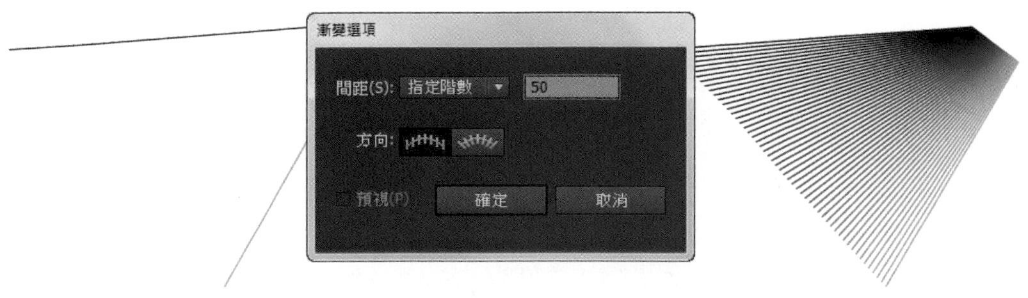

8 複製一組漸變線段，旋轉角度，後放到如圖位置。使用線段工具 繪製幾條斜線，筆畫色為淡藍色 C59、M4、Y0、K0，效果如圖。

9 使用橢圓形工具 繪製小圓，裝飾背景，效果如圖。

9-2-3 心形裝飾的繪製

1 使用螺旋工具 繪製一個筆畫為 3pt 的圓端點 螺旋形。

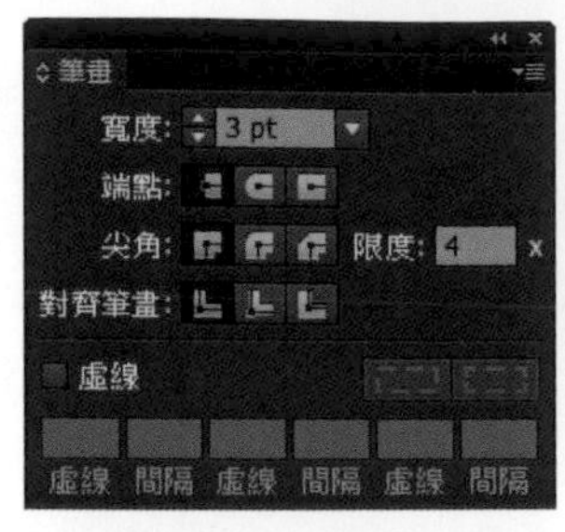

2 複製一個並為其填充漸層色。

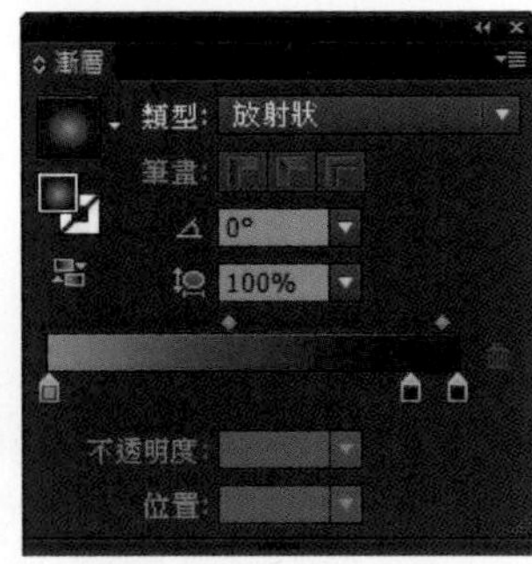

3 將兩個進行重合，並將黑色筆畫的螺旋紋改為白色，效果如圖。

4 將兩個圖形進行群組，在複製兩個，旋轉角度後進行排列組合如圖。

5 使用橢圓形工具 繪製一個正圓，並用直接選取工具 將其變形為心形。

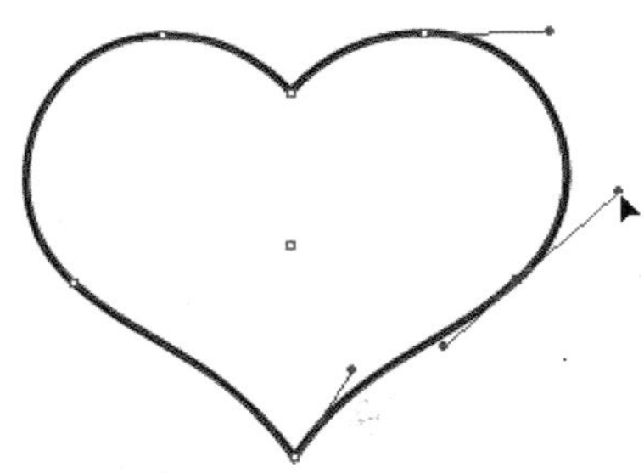

6 複製兩個心形備用，將原來的星形和螺旋紋進行組合，選取星形和螺旋紋，執行物件 \ 剪裁遮色片 \ 製作指令，得到如圖效果。

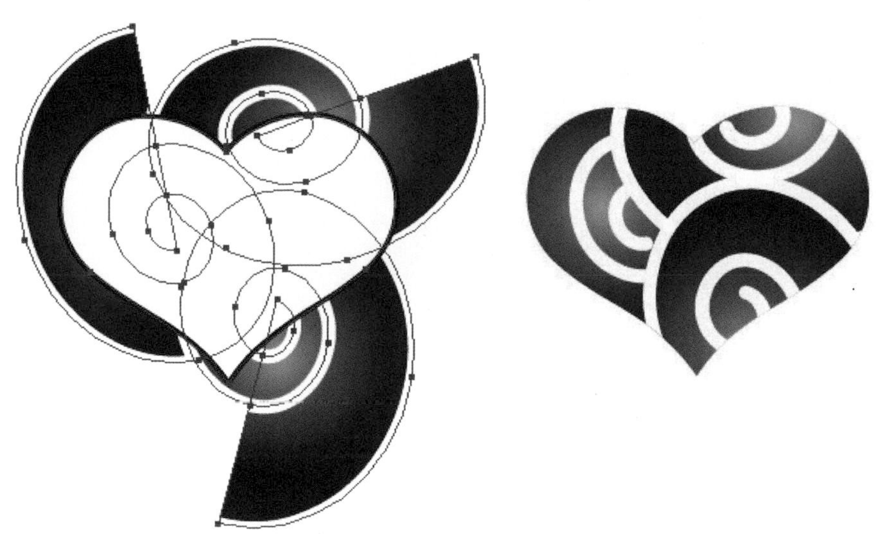

7 將備用的其中一個心形填充為藍色 C70、M18、Y0、K0，並去除筆畫，將剪裁好的圖形和藍色心形進行組合，群組這兩個圖形。

8 將最後備用的心形，去除填色，並將筆畫寬度設置為 3pt，顏色填充為白色，將空心心形放到群組心形的上層，效果如圖。

9 群組這個心形圖形，複製一個，調整角度，放到頁面的合適位置，群組除背景矩形的所有圖形。

10 使用矩形工具 繪製一個與藍色矩形一樣大小的矩形，放到所有圖形的最上層，選取新繪製的矩形和群組的圖形，執行物件 \ 剪裁遮色片 \ 製作指令，得到如圖效果。

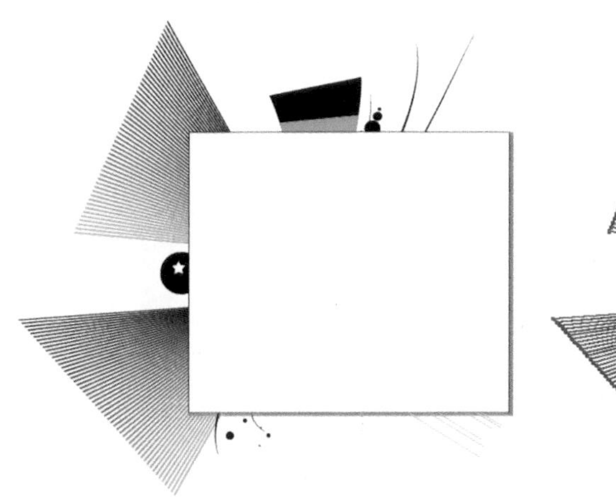

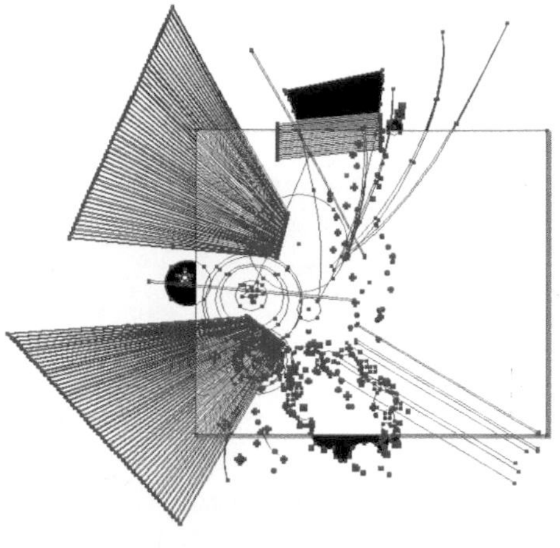

9-2-4 人物剪影和文字的編輯

1 置入附贈光碟中 ch09\ch09-002\001.jpg 圖片，執行物件 \ 即時描圖 \ 描圖選項指令，在彈出的描圖選項對話方塊中，將預設設置為黑白標誌，點擊描圖按鈕，效果如圖。

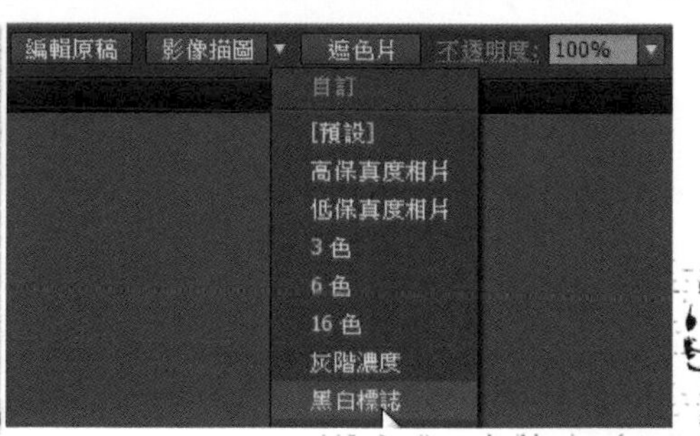

2 對即時描圖圖片執行物件 \ 展開指令，使用直接選取工具 刪除多餘的部分，只保留頭部。

3 將繪製好的人物頭部放到頁面的合適位置。

4 使用文字工具 輸入文字內容。

5 選取專輯名然後執行效果 \ 風格化 \ 製作陰影指令，在彈出的製作陰影面板中將不透明度設置為 100%，顏色設置為白色，點擊確定按鈕。

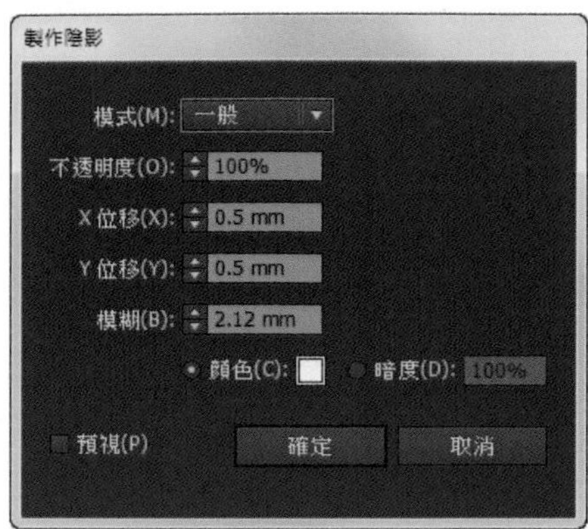

6 將正面的設計元素複製一份，刪除不要的圖形，調整設計元素的位置大小後，製作成 CD 背面的背景。

7 使用文字工具 T 輸入文字內容，CD 盒背面設計就製作完成了。側面的設計較簡單，在此不一一講述了，讀者可以自己試做看看。

9-3 紙巾包裝設計

紙巾在流通與使用過程中其包裝有宣傳產品的廣告作用，所以在製作紙巾包裝時，可將公司形象或產品標誌設計上去，還可在上面加入公司的產品介紹等等。本實例為一家企業的濕紙巾包裝設計，紙巾包裝以柔色為大調，其中心形圖案和紫紅色的搭配完美的詮釋了該紙巾的健康、舒適特點。

本實例為隨書附贈光碟 ch09\004.ai。

9-3-1 包裝背景的繪製

1 使用矩形工具 繪製一個長和寬分別是258mm 和 160mm 的紅色矩形，並去除筆畫。

2 使用圓角矩形工具 繪製圓角半徑為 5mm 的空心圓角矩形。

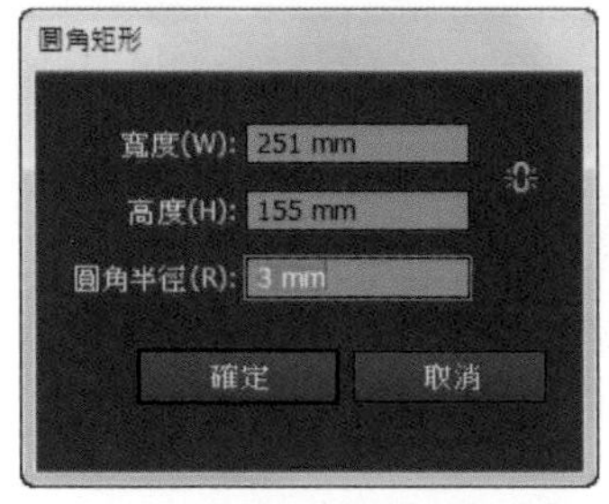

3 將空心圓角矩形，筆畫色設置為黃色 C6、M0、Y96、K0，在筆畫面板中將虛線選項點勾，並把虛線和間隔分別設置為 2pt、5pt，將虛線放到紅色矩形中。

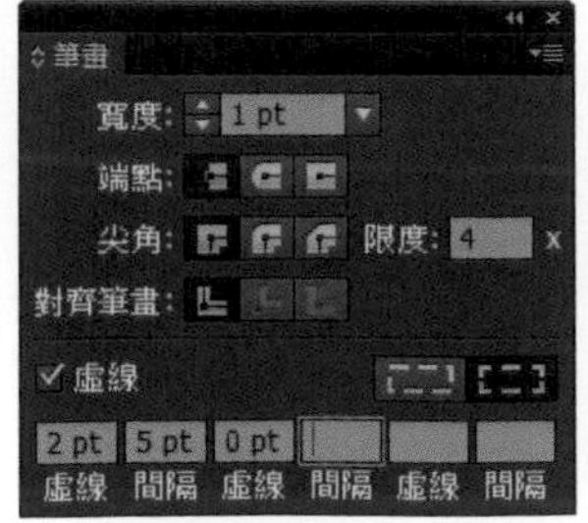

4 使用矩形工具 繪製兩個矩形，分別填充粉紅色 C10、M99、Y37、K0 和黑色到白色漸層色，去除筆畫。

5 選取這兩個矩形，在透明度面板中點擊右上角的小三角形按鈕，在彈出的下拉選項欄中，選取製作不透明度遮色片選項。

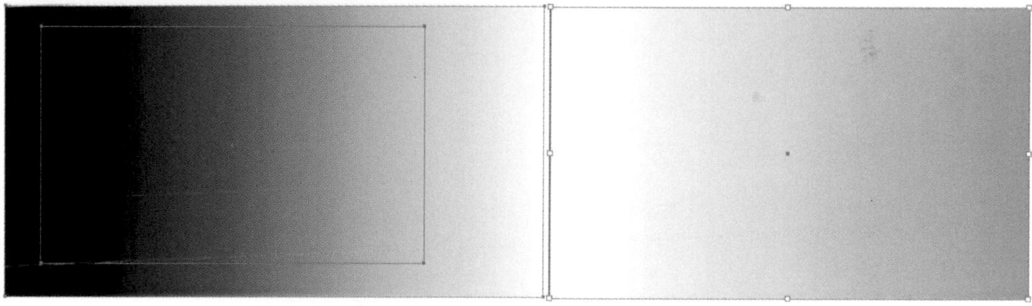

6 將製作好漸層矩形放到頁面的合適位置。

7 使用矩形工具 繪製兩個稍小的矩形，分別填充粉紅色 C10、M99、Y37、K0 和黑色到白色漸層色，去除筆畫。

8 使用相同的方法為矩形製作不透明度遮色片，並放到頁面的合適位置。

9 使用圓角矩形工具 繪製圓角半徑為 5mm 的圓角矩形，填充紅色並放到如圖位置。

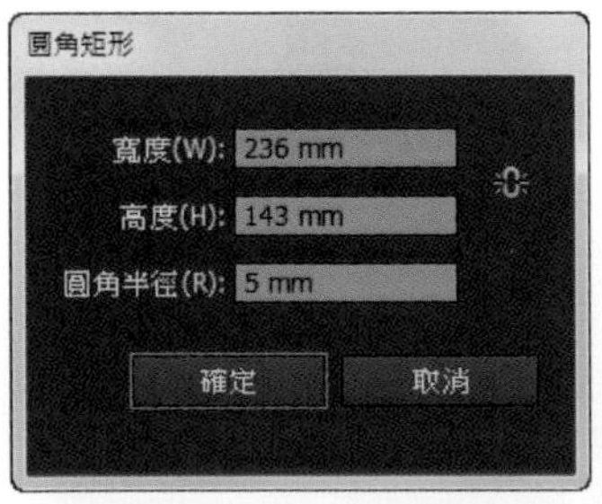

9-3-2 裝飾元素的繪製

1. 使用橢圓形工具 繪製一個橢圓，執行視窗 \ 筆刷指令，開啟筆刷面板，此時點擊筆刷面板中的圖樣，改變筆畫樣式。

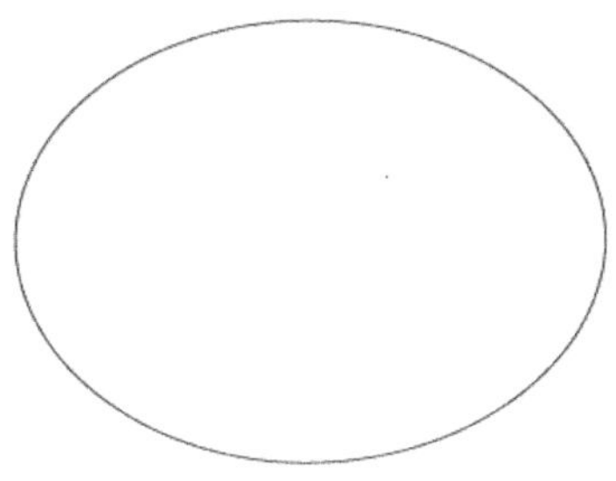

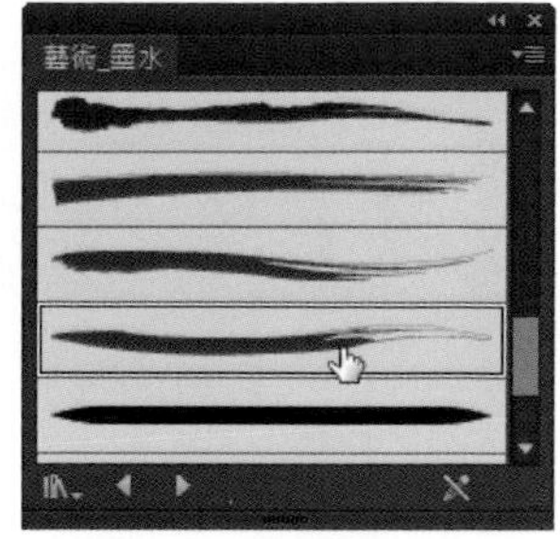

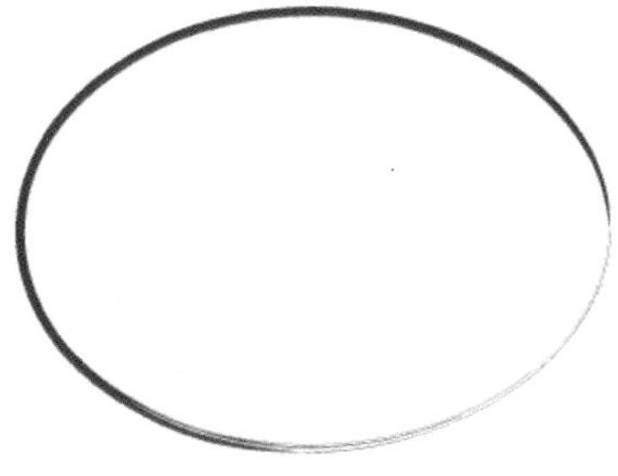

TIPS ▶

點擊筆刷面板右上角的小三角按鈕，在彈出的下拉選項欄中，選取開啟筆刷資料庫中的指令，可開啟筆刷資料庫。

2. 保持對橢圓筆刷的選取狀態，將筆畫面板中的寬度設置為 3pt，並為筆畫填充粉紅色 C1、M53、Y18、K0。

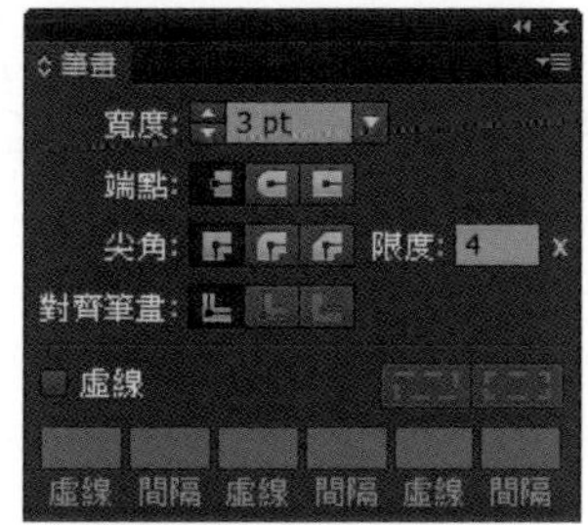

3. 複製筆刷，並在筆刷面板中，選取幹墨 1 圖樣。

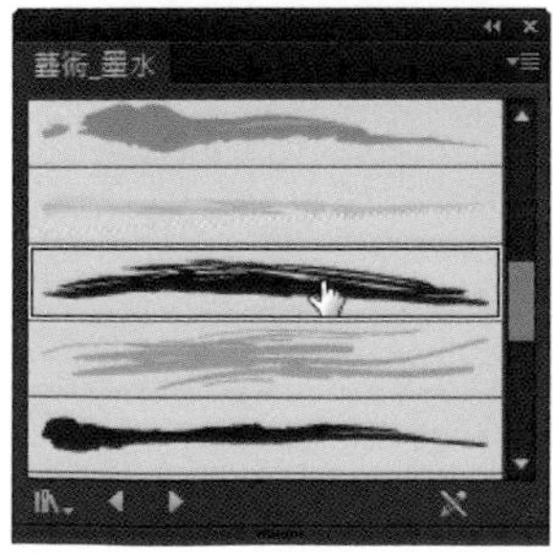

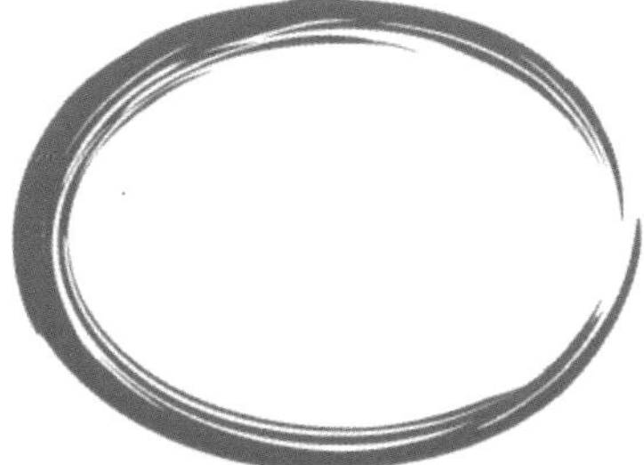

4 將兩個筆刷，進行組合放到如圖位置。

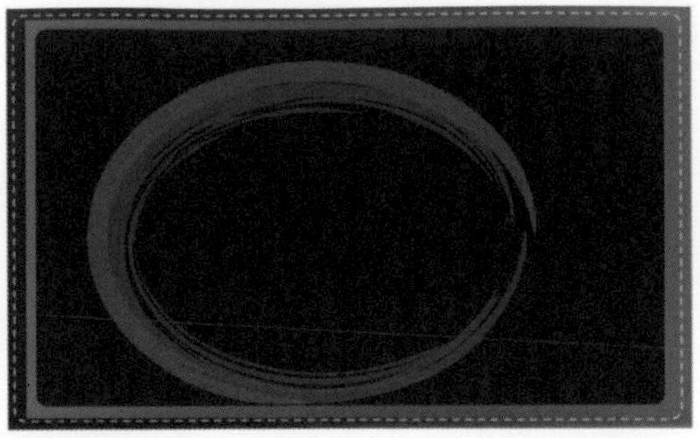

5 使用橢圓形工具 繪製一個正圓，並用直接選取工具 將其變形為心形。

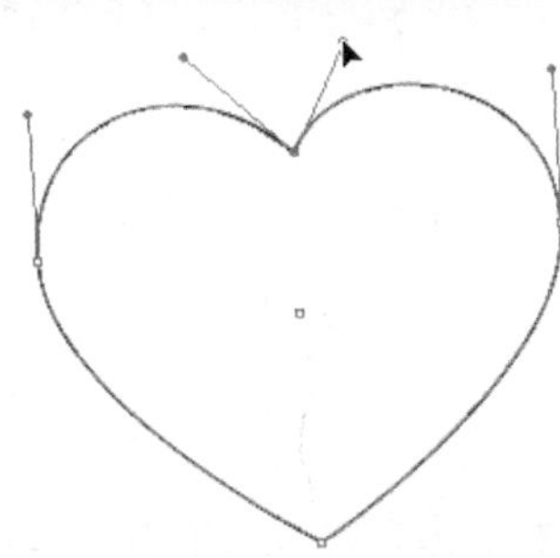

6 將心形填充黃色 C4、M0、Y45、K0，去除筆畫放到如圖位置。

7 複製一個心形，並調整成空心的心形，並為筆畫填充黃色 C1、M0、Y55、K0，放到如圖位置。

8 選取空心心形，在筆刷面板中，選取合適的筆刷，效果如圖。

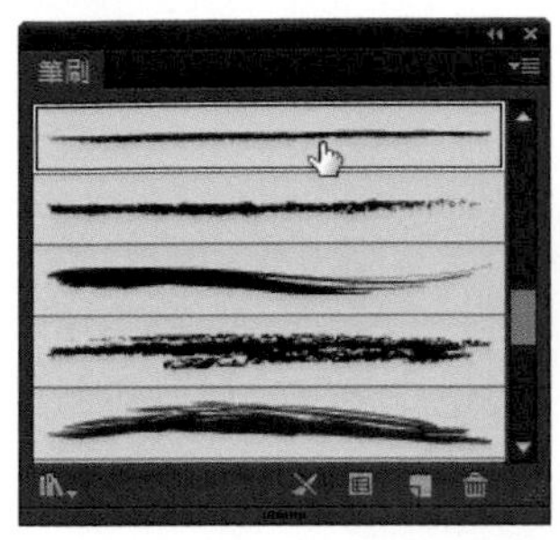

9 複製兩個心形，分別填充紅色和粉紅色，調整大小，組合成如圖位置。

10 選取淡紅色心形，執行效果 \ 風格化 \ 羽化指令，在彈出的羽化對話方塊中，將羽化半徑設置為 11mm，點擊確定按鈕。

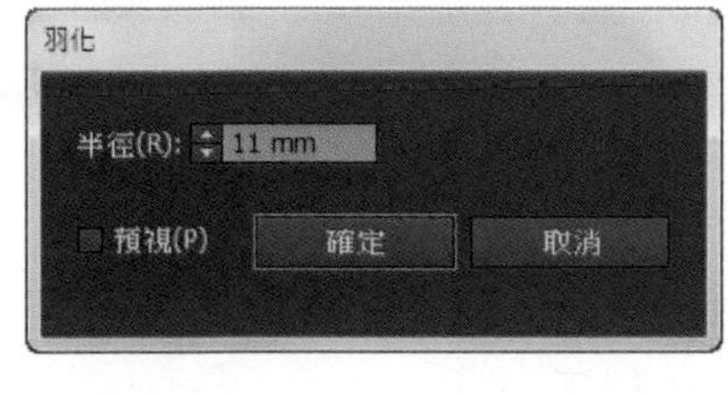

11 選取這兩個心形，雙擊漸變工具 ，在彈出的漸變選項對話方塊中，將指定階數設置為 50，並按下 <Ctrl+Alt+B> 鍵進行漸變。

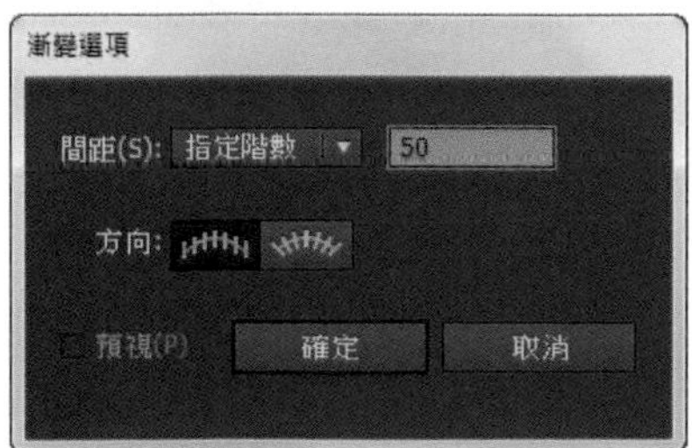

12 將製作好的心形旋轉角度後放到如圖位置。

13 複製一個原來位置的漸變心形，使用橢圓形工具 繪製一個橢圓，並將複製的漸變心形按 <Shift+Ctrl+]> 放到橢圓的上層，效果如圖。

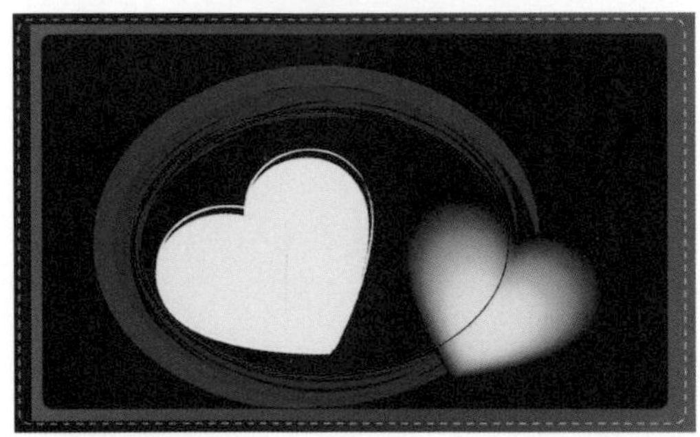

14 選取橢圓和複製的漸變心形，在路徑管理員面板中選取交集 選項，並點擊展開按鈕。

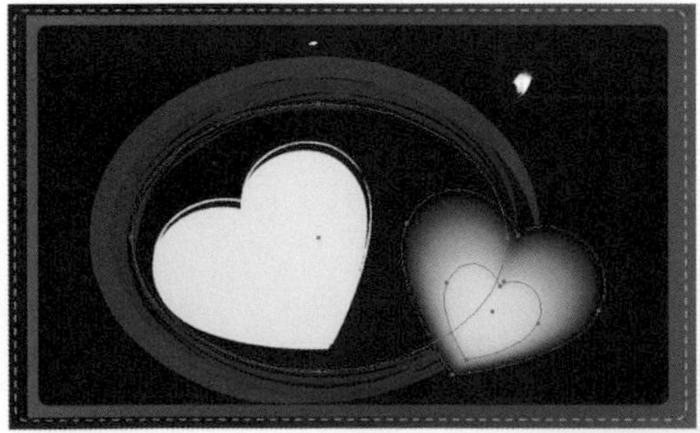

路徑管理員
形狀模式：
展開
路徑管理員：

15 將裁剪的線條填充黃色 C6、M0、Y96、K0 筆畫色，並在筆畫面板中勾中虛線選項，設置如圖。

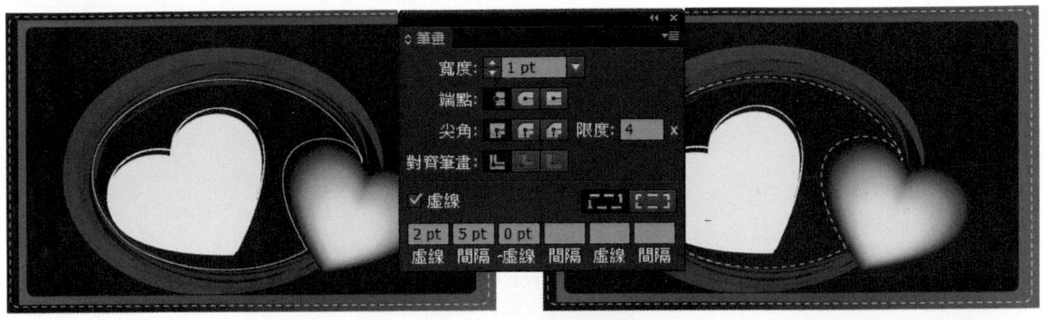

16 複製多個心形，調整大小，剛到頁面的合適位置。

17 使用星形工具 繪製一個半徑 1 為 20mm、半徑 2 為 50mm、星芒數為 9 的九芒星形。

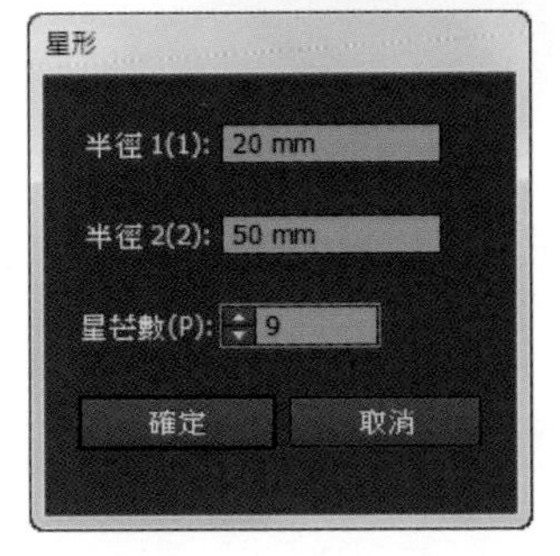

18 使用直接選取工具 ，選取九芒星內部錨點，並點擊屬性列上將選取的錨點轉換為平滑 的選項，將九芒星變形。

19 將變形後的九芒星填充黃色 C6、M0、Y96、K0，並去除筆畫，複製多個到頁面的合適位置。

20 使用星形工具 繪製一個半徑 1 和半徑 2 分別為 1.2mm 和 4.8mm，星芒數為 4 的四芒星形。

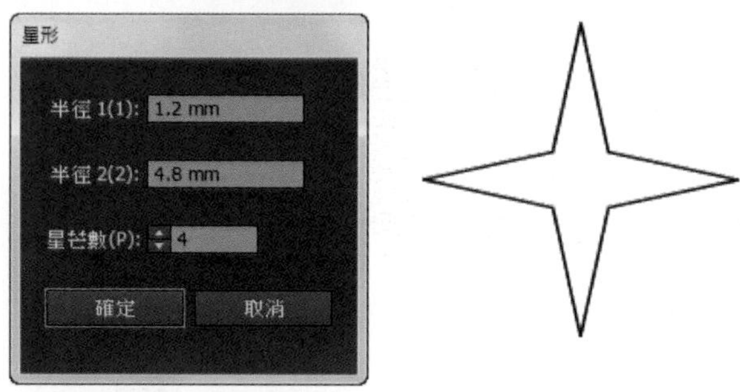

21 使用直接選取工具 ，選取四芒星內部錨點，並點擊屬性列上點擊將選取的錨點轉換為平滑 的選項，將四芒星變形。

22 將變形後的四芒星形填充顏色 C6、M0、Y96、K0，並複製 一個調整為白色到如圖位置。

23 使用符號噴灑器工具 選取合適的符號，噴灑出圖形，並對符號執行物件 \ 展開指令，在彈出的展開指令中，點擊確定按鈕。

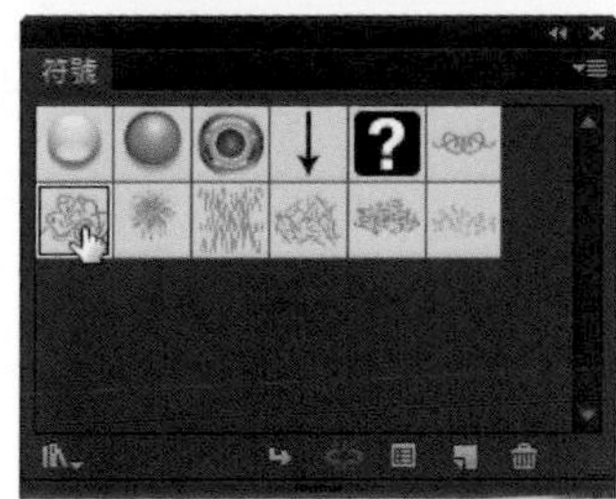

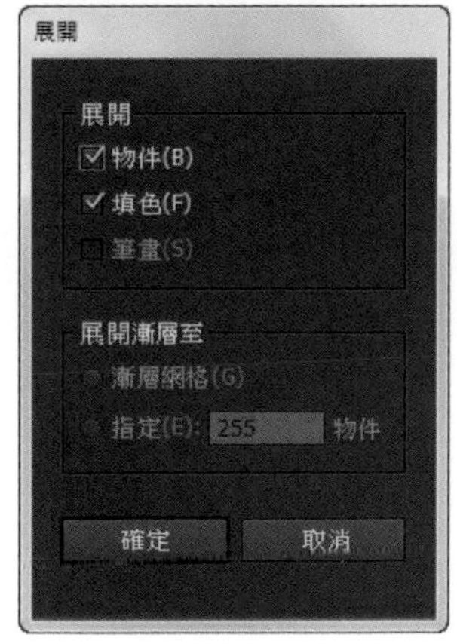

24 將展開後的圖形，填充顏色 C0、M51、Y0、K0，複製多個放到頁面的合適位置。

9-3-3 文字內容的編輯

1 使用文字工具 T 輸入文字內容，並調整角度到合適位置，效果如圖。

2 使用文字工具 T 移動滑鼠到文字中，當滑鼠變成 I 時，選取需要改變字體大小的文字，調整大小，效果如圖。

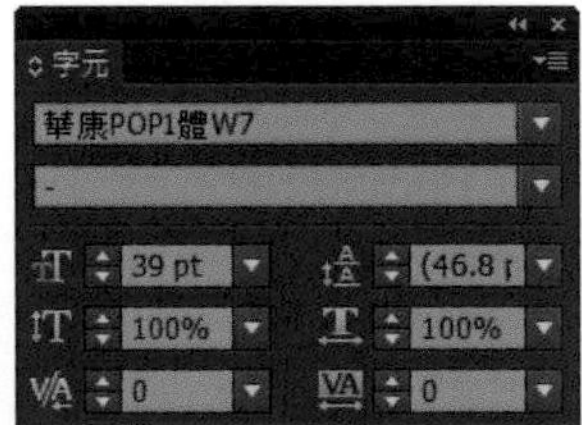

3 使用相同的方法將其他文字進行編輯。

4 調整文字的填色為白色和筆畫顏色 C0、M99、Y24、K0%，效果如圖。

5 置入繪製好的人物 ch09\ch09-004\woman.ai，放到合適位置。

6 使用矩形工具 繪製一個和背景矩形一樣大小的矩形，執行物件 \ 剪裁遮色片 \ 製作指令為人物製作遮色片。

7 使用文字工具 輸入企業的名稱，填充白色，並為其製作模糊為 0mm 的陰影，這樣紙巾的正面包裝設計就完成了。

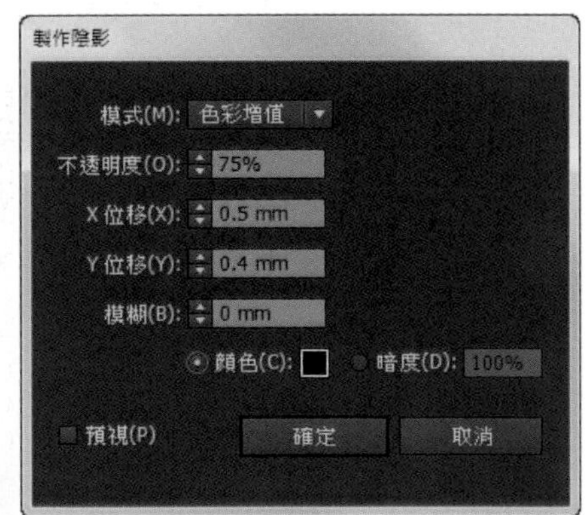

8 複製正面背景圖形，並再複製一個最小的圓角矩形，為其在色票中填充合適的圖樣，效果如圖。

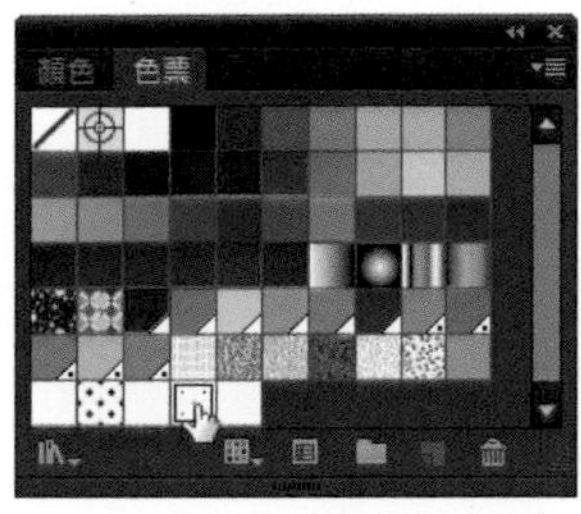

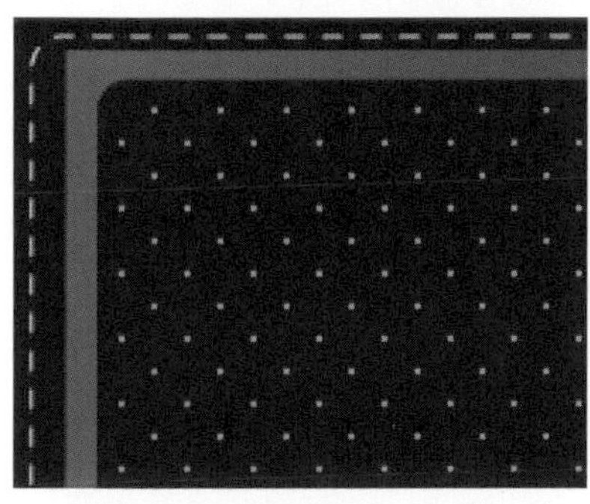

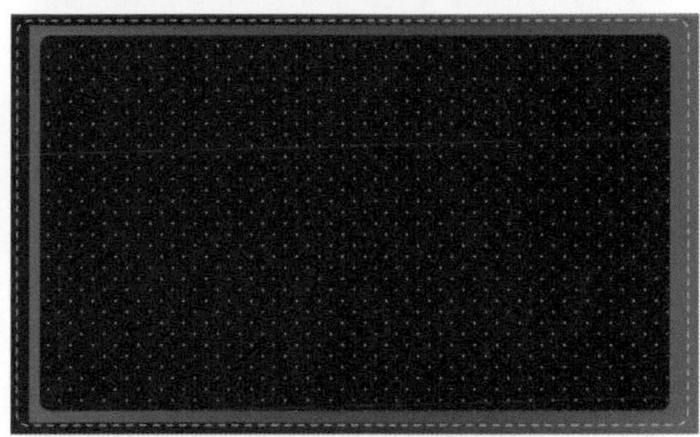

9 複製兩個正面包裝的心形，調整大小和填色後，放到頁面的合適位置。

10 複製包裝正面的產品名，放到頁面的合適位置，並使用文字工具 T 輸入企業名，填充白色，放到合適位置。

11 複製一個心形，使用區域文字工具 ，移動滑鼠到心形的邊緣上，進行點擊，工具變為 時，可以輸入以心形為外輪廓的文字。

12 將文字放到頁面的合適位置，紙巾背面包裝設計就完成了。

Note

10 POP 展版製作

Bar
Free planning line
We are waiting for
放縱的夜晚　紛飛的心靈
營業時間:每日晚8:00—凌晨2:0
Barroom
FASHION
Bar
N101 GVE

本實例為 POP 展板製作，將代表夜店元素的酒瓶放置顯著位置，並且霓虹的色彩吸引人們的主意，背景的環形光環更增加了整個畫面的氛圍。

▼ 設 計 流 程

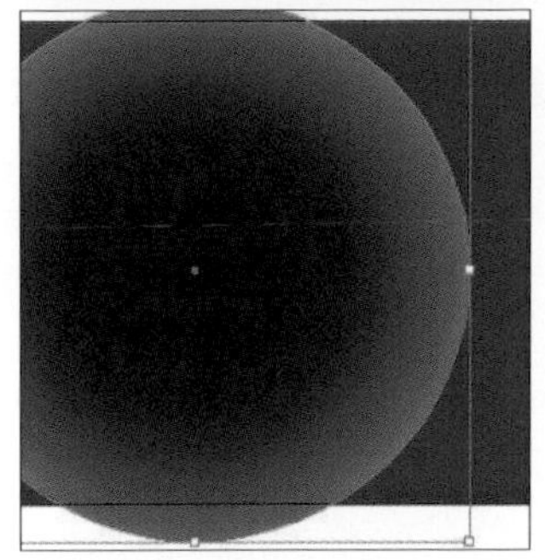

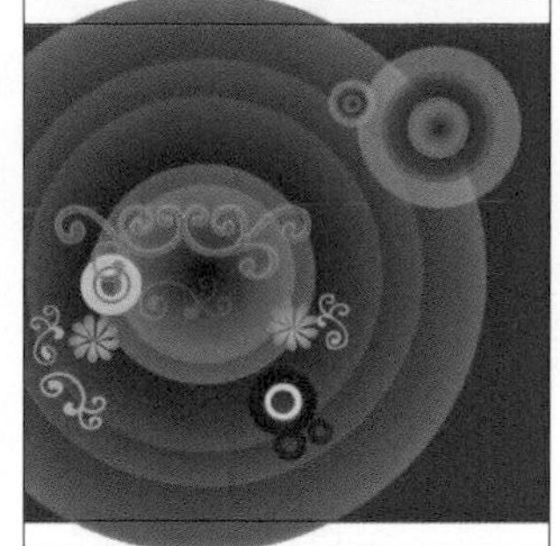

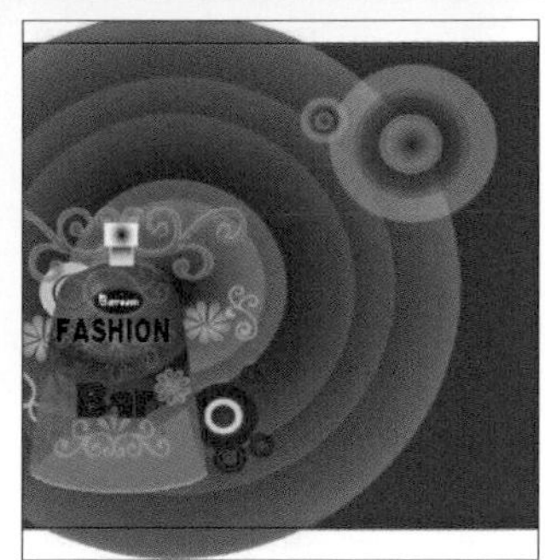

▼ 關 鍵 技 巧

1 執行物件 \ 路徑 \ 位移複製指令

2 在面板中設置物件的不透明度

3 筆畫面板中設定寬度

4 漸層網格填充圖形

 ch10\ ▬ >ch10.ai、car.ai

10-1 背景繪製

1 按下快速鍵 <Ctrl+N>，在彈出的新增文件對話視窗中輸入名稱為 05-01，寬度為 15 公分，高度為 10 公分。點擊確定按鈕，完成新建文件。

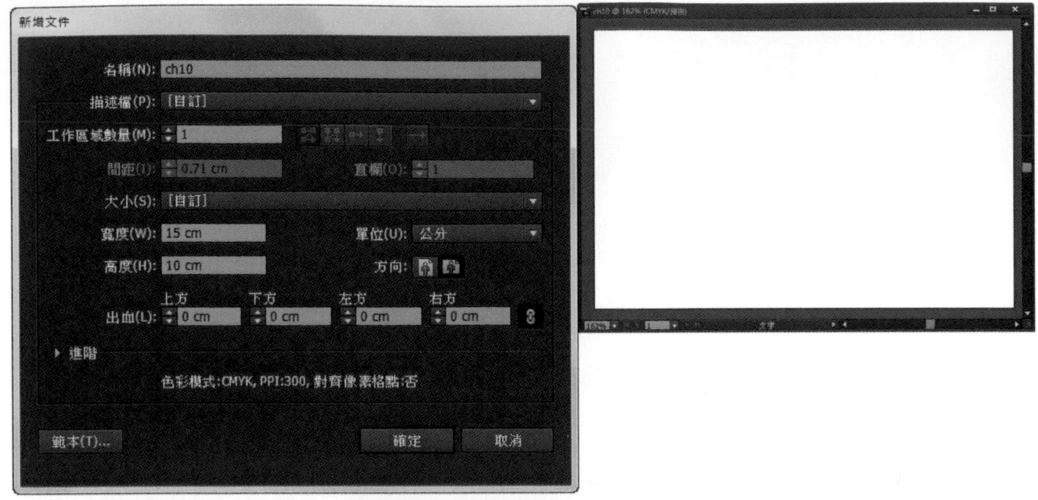

2 在工具箱中選擇矩形工具 ，繪製一個矩形，並與版面對齊。

3 在工具箱中雙擊填色工具 ，在彈出的檢色器對話視窗中設定顏色。點擊確定按鈕，完成色彩填充。

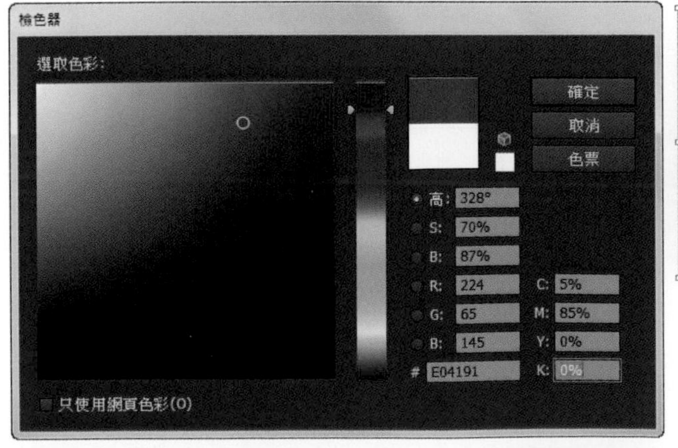

4 在工具箱中選擇橢圓形工具 ，按住 <Shift> 鍵繪製一個正圓形。

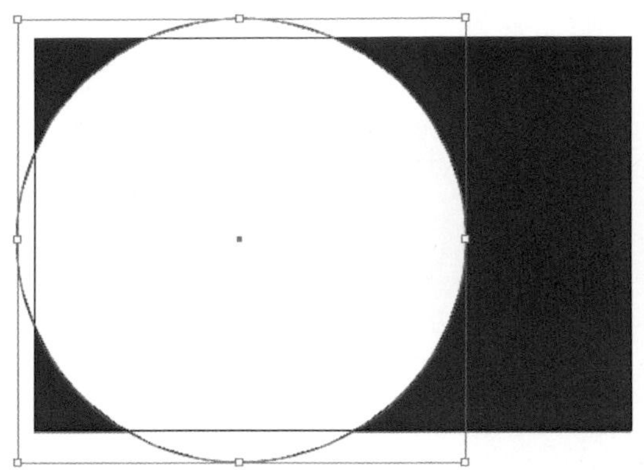

5 執行視窗 \ 漸層指令（快速鍵 <Ctrl+F9>），在開啟的漸層面板中設定類型為放射狀，位置為 73.45%。

6 雙擊漸層滑桿左端的端點，在彈出的顏色面板中按下右上角的小三角形按鈕，在下拉功能列中點選 CMYK 選項。

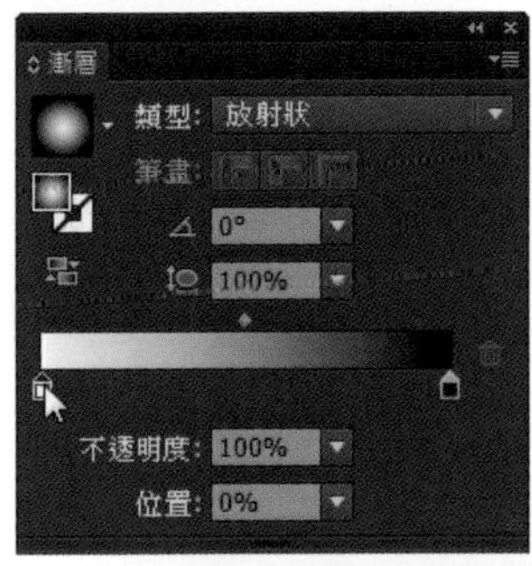

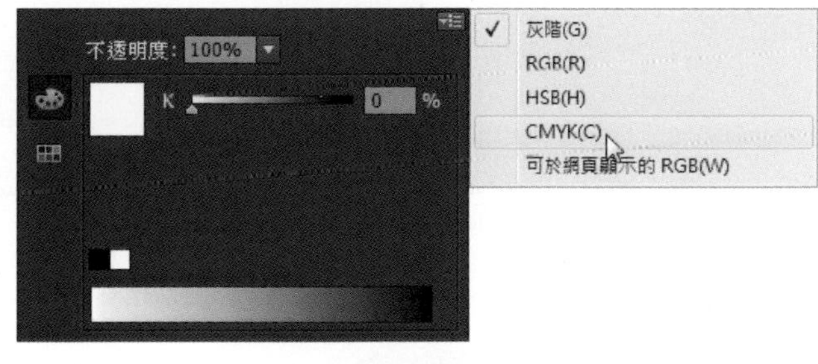

7 在顏色面板中設定好顏色按下 <Enter> 鍵，設定漸層滑桿上左邊端點的色彩。

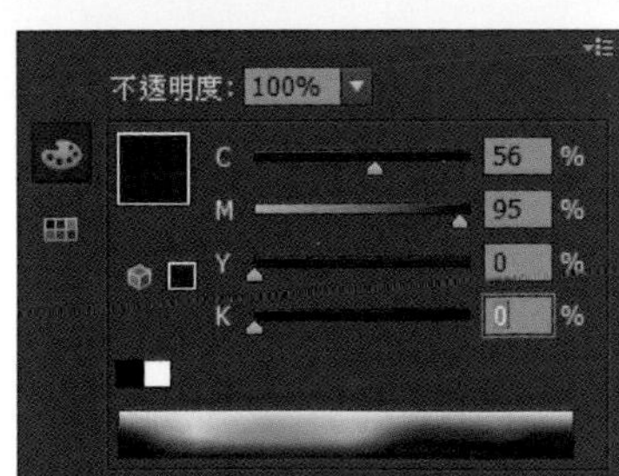

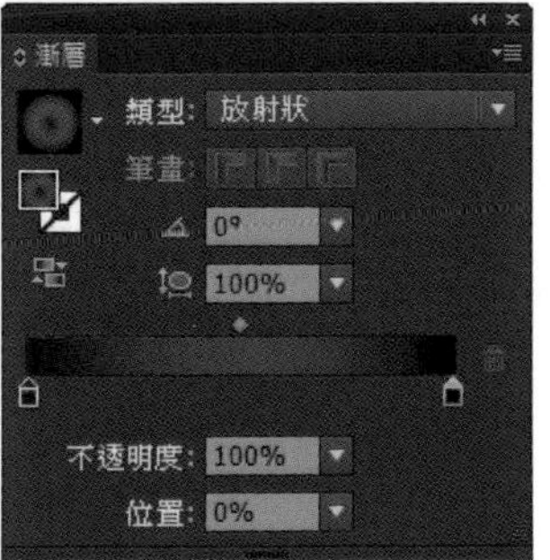

8 選取漸層滑桿右端的顏色端點，在彈出的顏色面板中按下右上角的小三角形按鈕，在彈出的下拉功能列中點擊 CMYK 選項。

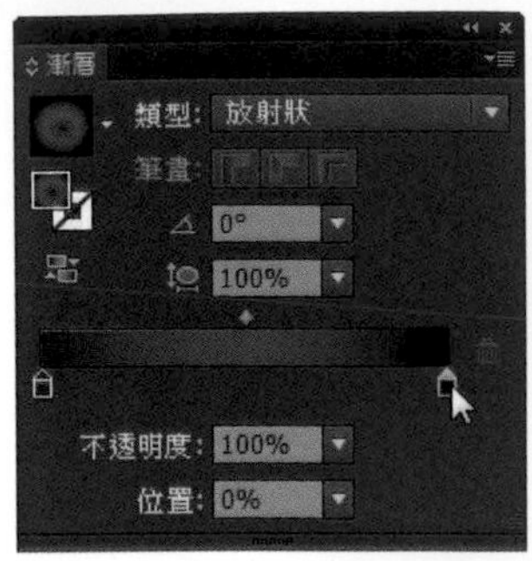

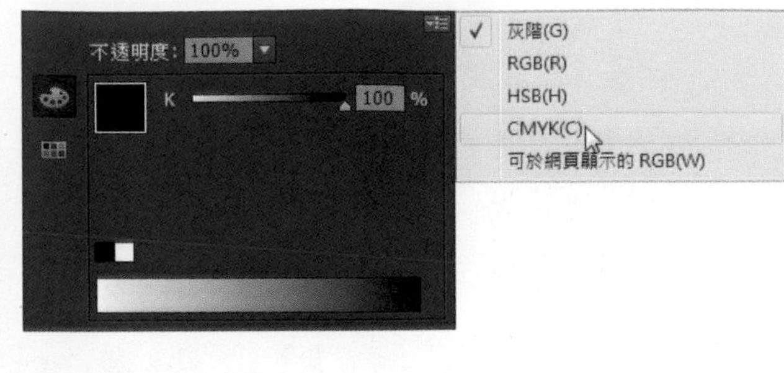

9 如圖所示在顏色面板中設定顏色。

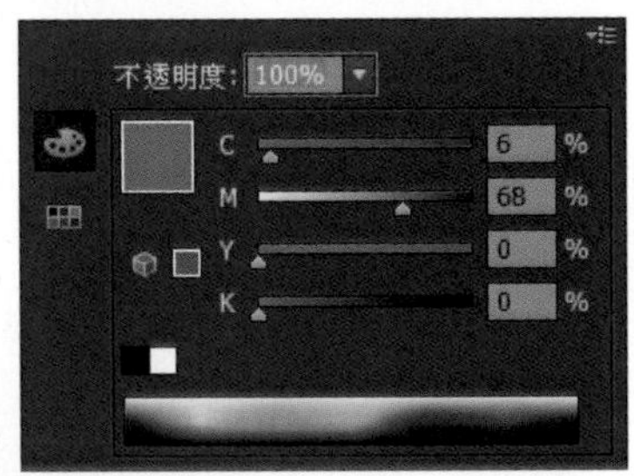

10 點擊上方漸層滑桿出現一方塊，設定位置為 73.45%，確定漸層過渡位置，完成後圓形以漸層填充。

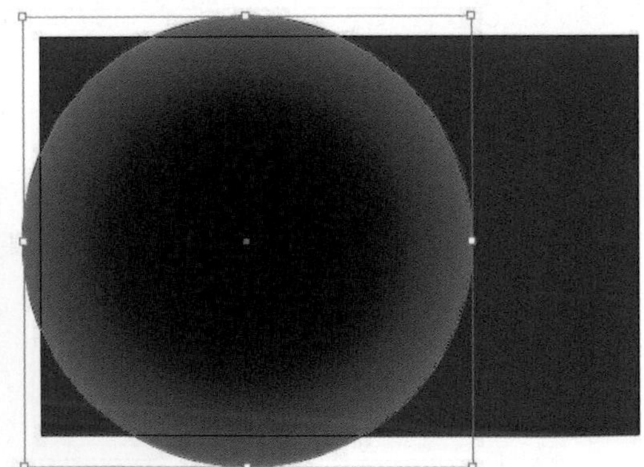

11 在工作視窗上方的屬性列中點擊筆畫選項，在彈出的色票視窗中點擊無選項，去掉筆畫色彩。

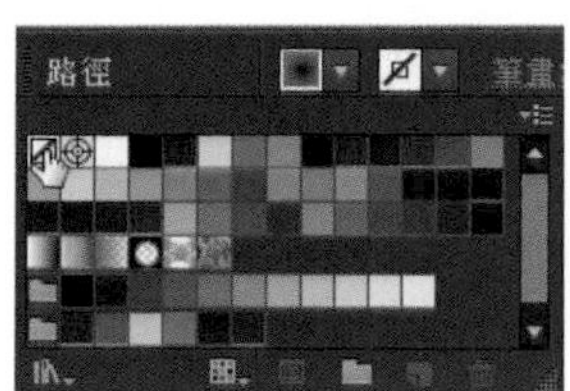

12 執行物件 \ 路徑 \ 位移複製指令，在彈出的位移複製對話視窗中設定位移為 -1.25 公分，轉角為尖角，尖角限度為 4。點擊確定，位移複製正圓形。

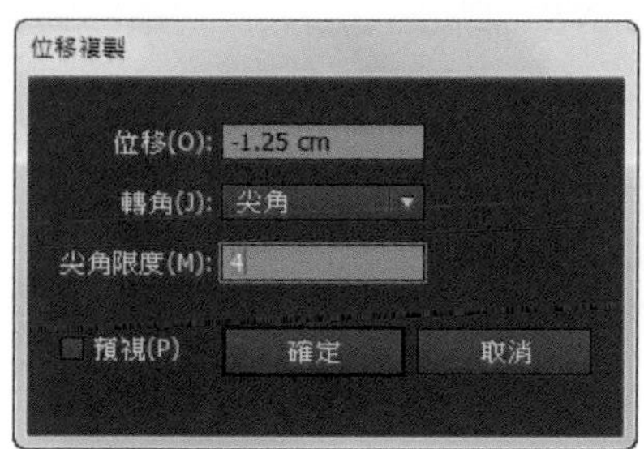

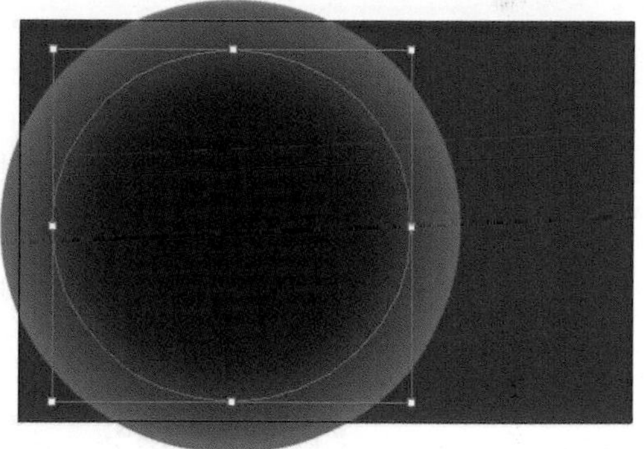

13 以前面漸層填色的方法，將位移複製的四個圓形都以漸層色彩填充。

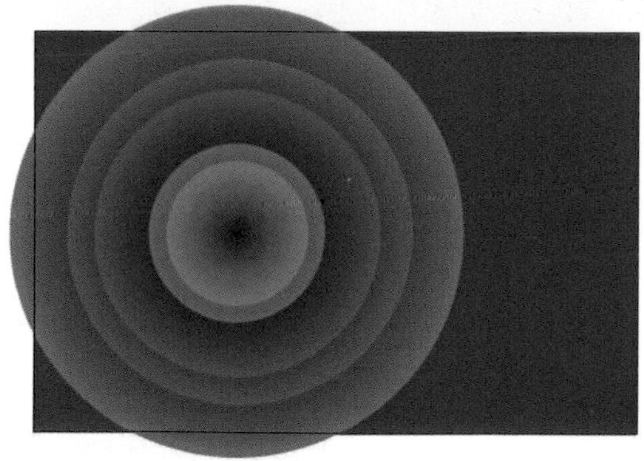

14 按住 <Shift> 鍵同時選取繪製完成的所有正圓形，然後按下快速鍵 <Ctrl+G> 群組物件。完成圓環群組的繪製。

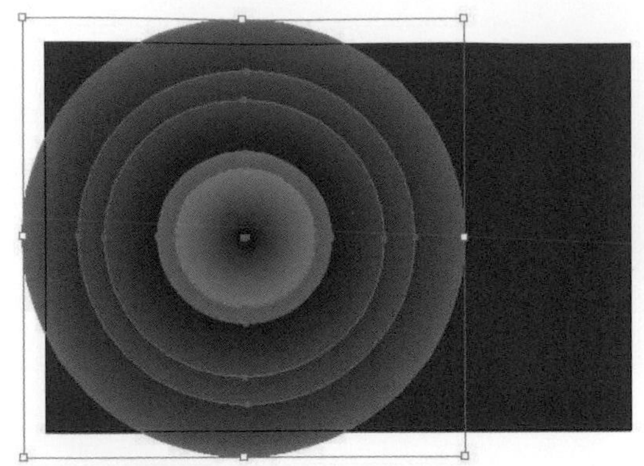

15 如圖繪製一個正圓形。在透明度面板中設定不透明度為 33%，使圓形透明化並去掉圓形的筆畫色彩。

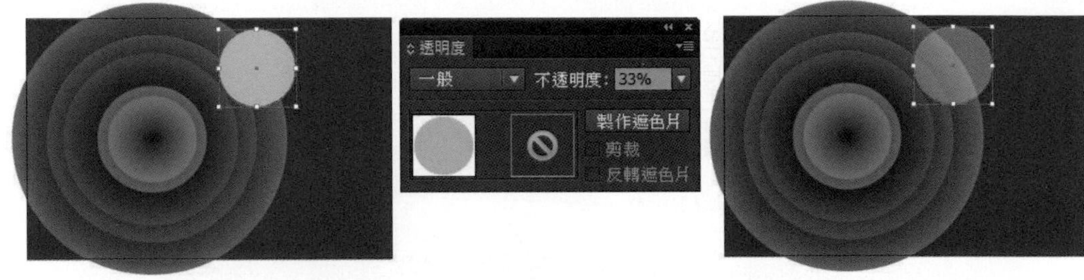

16 位移複製正圓形，以不同的色彩填充並調整不透明度。完成半透明圓環群組的繪製。

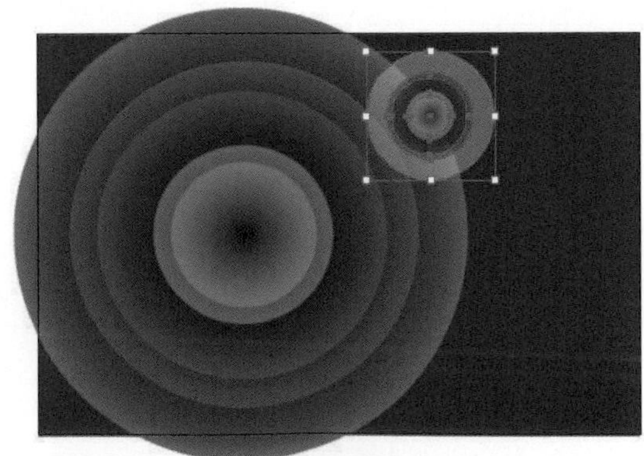

17 移動複製一組半透明度圓環，調整其大小並放置到合適的位置。

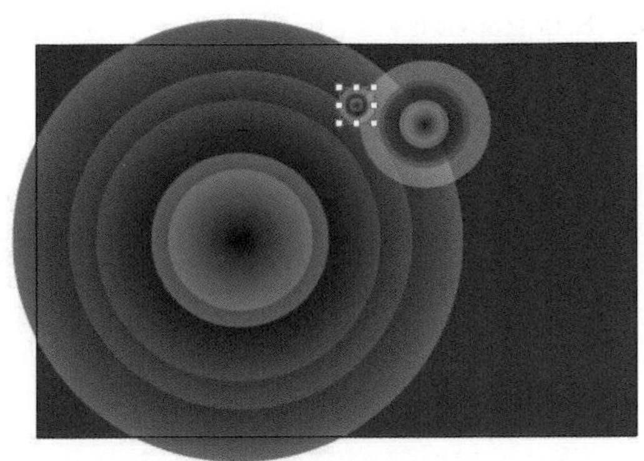

10-2 花紋繪製

1 在工具箱中選擇鋼筆工具，繪製如圖花紋。

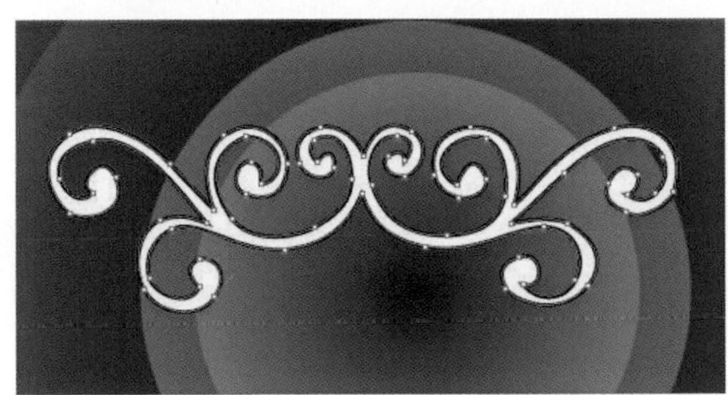

2 在工具箱中雙擊填色工具，在彈出的檢色器對話視窗中選取填充顏色，點擊確定按鈕為花紋填充如圖色彩。

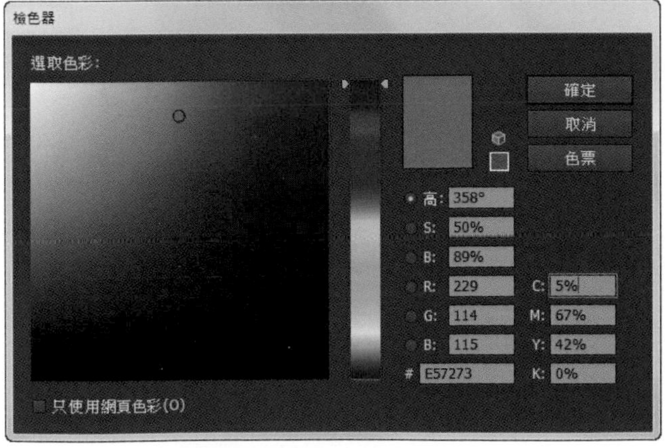

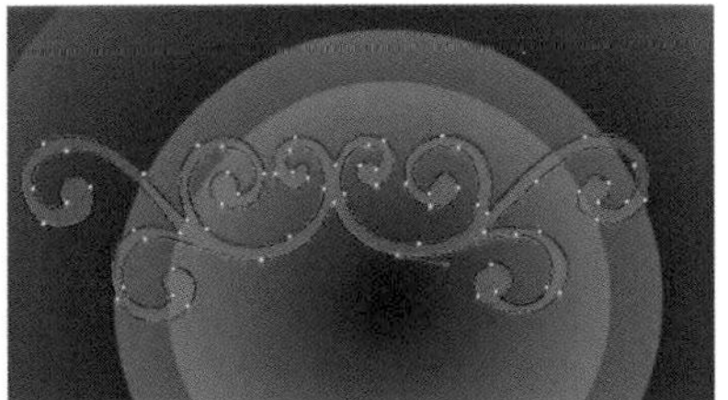

3 在工具箱中雙擊筆畫按鈕 ，在彈出的檢色器對話視窗中設定好顏色。點擊確定按鈕，完成筆畫色彩的填充。

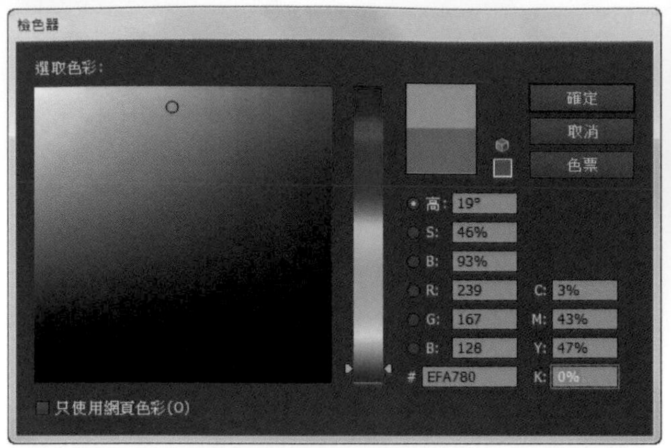

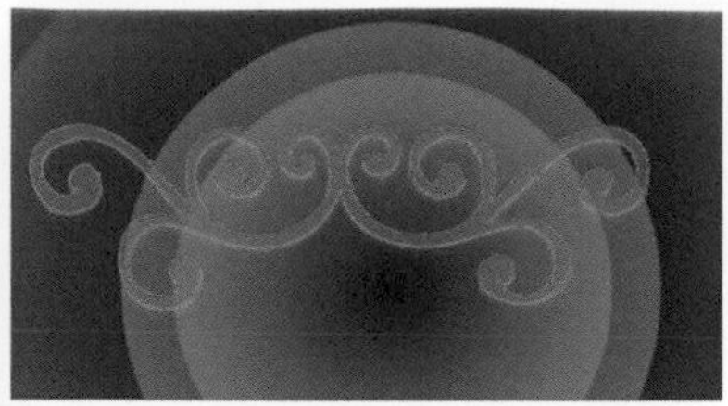

4 執行視窗 \ 筆畫指令，在打開的筆畫面板中設定寬度為 1pt，點擊圓角按鈕 繪製花紋，筆畫效果如圖所示。

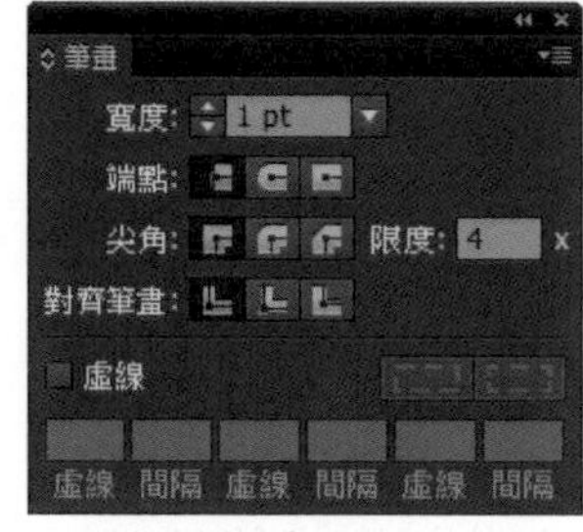

5 使用鋼筆工具 繪製三條貝茲曲線。

6 執行視窗 \ 筆刷指令，在開啟的筆刷面板中點擊 3pt 圓角選項。繪製曲線筆刷效果。

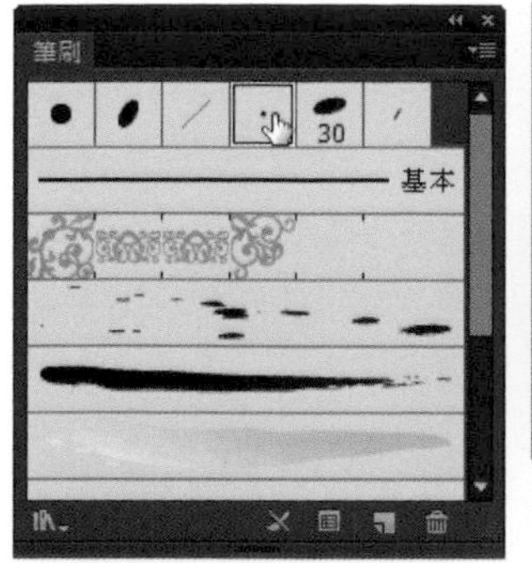

7 在筆畫面板中設定寬度為 0.25pt，如圖完成花紋的繪製。

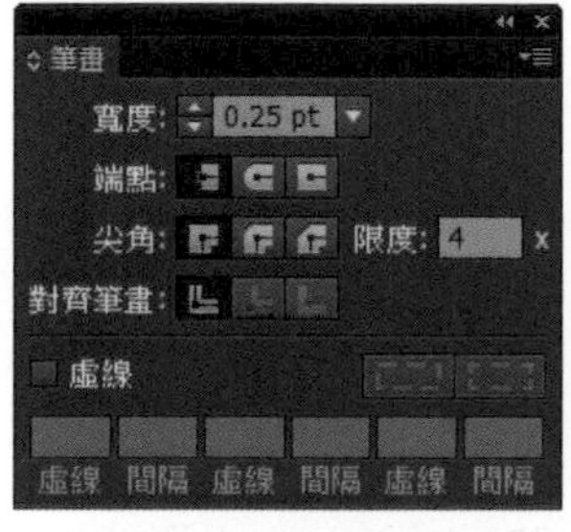

8 這裡需要複製三個花紋，調整大小後放置到如圖的位置。

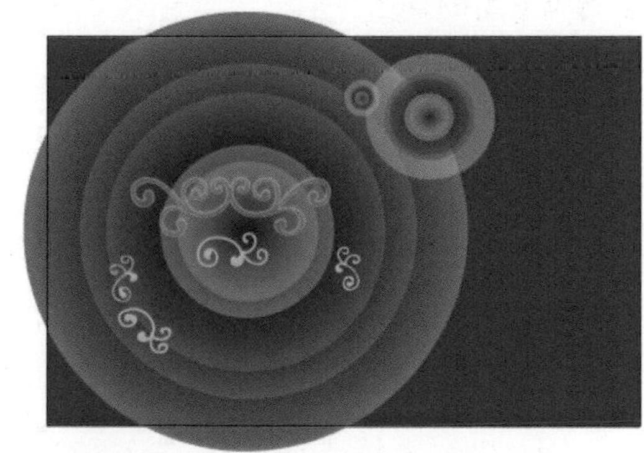

9 選取圖像中的一個花紋。執行視窗 \ 透明度指令，在開啟的透明度面板中設定漸變模式為柔光，效果如圖。

10 繪製完成其他花紋，放置於如圖位置上。

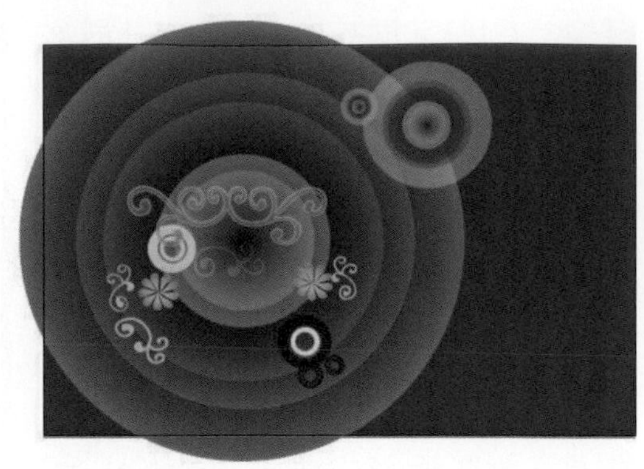

10-3 網格花瓣的繪製

1 在工具箱中選擇鋼筆工具 ，繪製出花瓣輪廓。

2 在工具箱中雙擊填色工具 ，在彈出的檢色器對話視窗中設定好顏色。點擊確定按鈕，為花瓣填充色彩並去掉筆畫色彩。

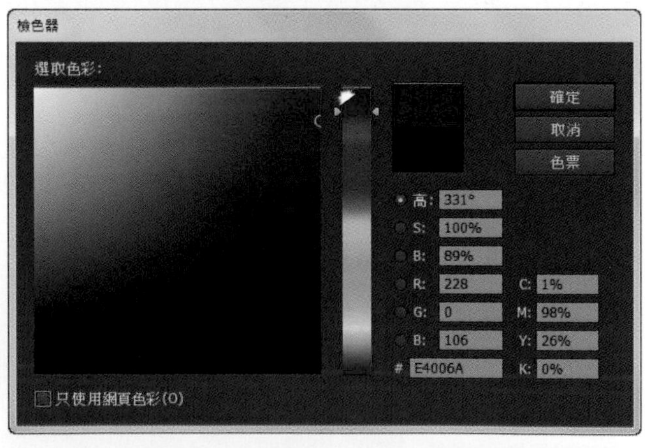

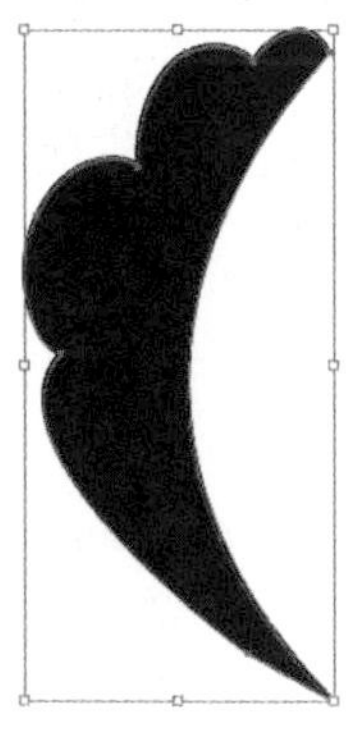

3 執行物件 \ 建立漸層網格指令，在彈出的建立漸層網格對話視窗中設定橫欄為 3，直欄為 3，外觀為至中央。點擊確定按鈕，為花瓣建立網格如圖所示。

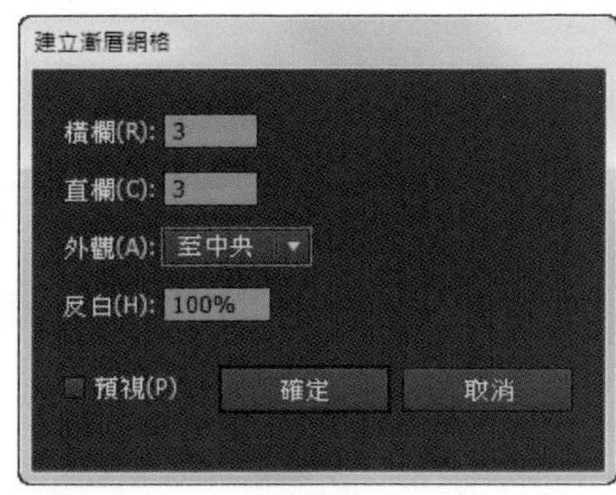

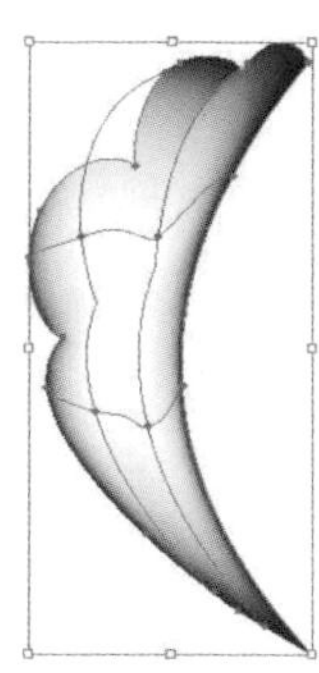

4 在工具箱中選擇直接選取工具 ，選取花瓣上的一個格點。雙擊工具箱中的填色工具 ，在彈出的檢色器對話視窗中選取如圖顏色。點擊確定按鈕，填充格點範圍的色彩。

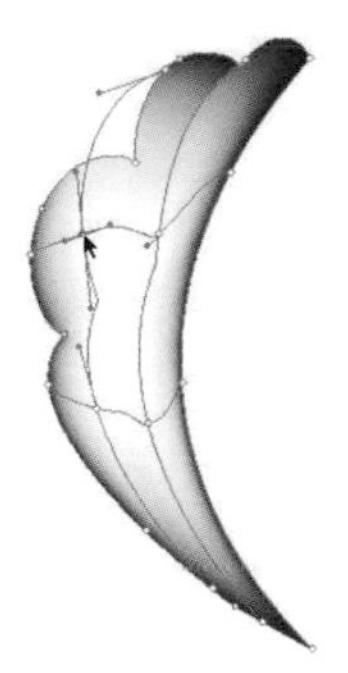

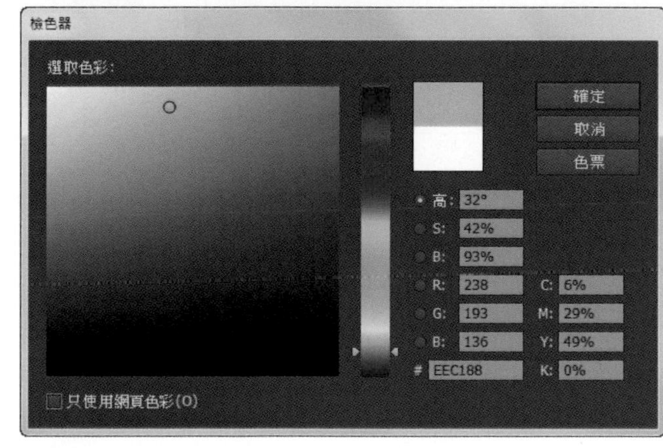

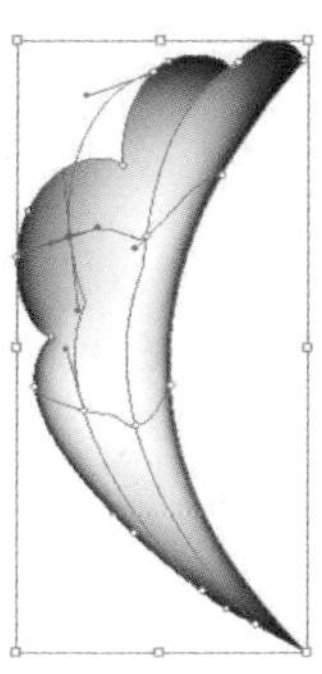

5 以相同的方法，選取花瓣邊緣處的格點，以其他的顏色填充。

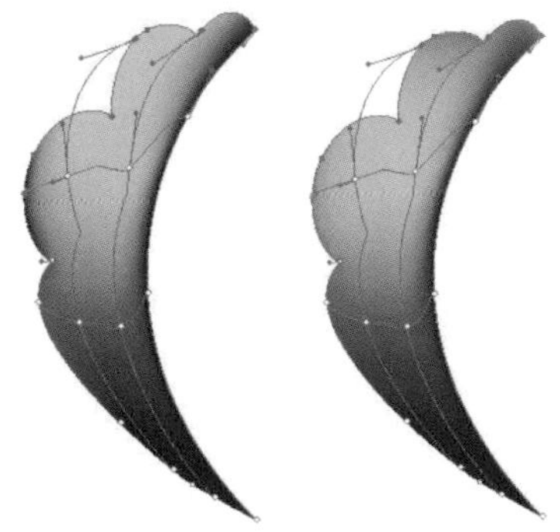

6 選取花瓣右側的一個格點。拖動格點左側的控制手柄，製作花瓣翻捲的效果。

7 選取花瓣右側的另一個格點，向左方拖動格點左端的控制手柄。完成花瓣翻捲效果的繪製。

8 使用直接選取工具 選取花瓣中間的一個格點。按住滑鼠左鍵，向上方拖動該格點，調整格點的色彩範圍。

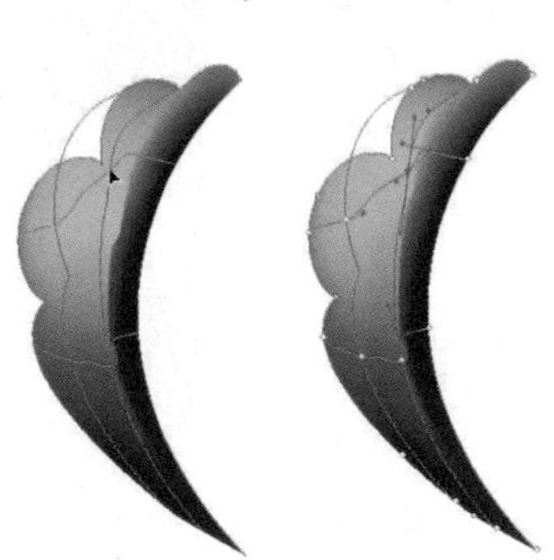

9 按住 <Shift> 鍵，同時選取花瓣內下方的兩個格點，向上方拖動，調整漸層網格的色彩。

10 在工具箱中選擇網格工具 ，移動滑鼠至花瓣內。在一網格線上點擊，新增一個格點。

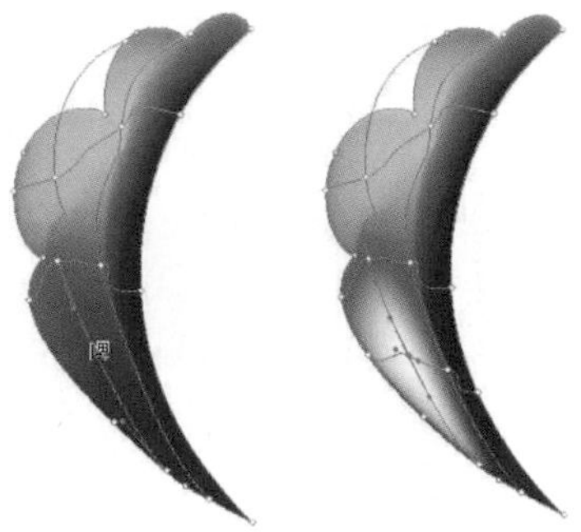

11 在工具箱中雙擊填色工具 ，在彈出的檢色器對話視窗中選取如圖顏色。點擊確定按鈕，為新增格點區域填充色彩。

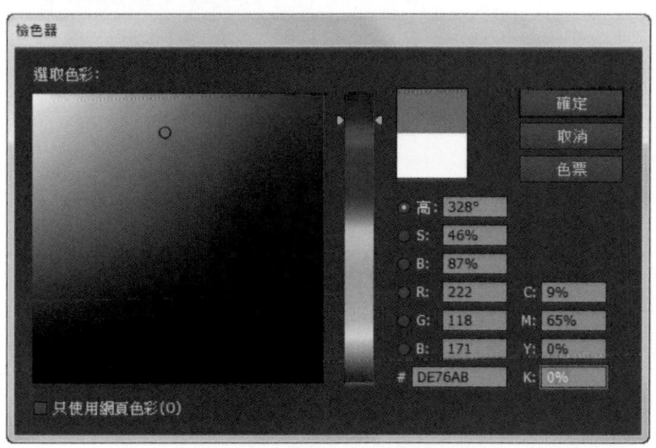

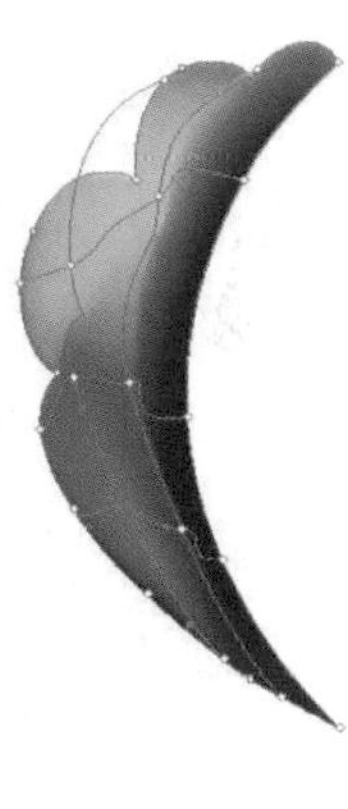

12 調整花瓣的角度、大小，放置於畫面的左下角。

13 在透明度面板中設定漸變模式為亮化，花瓣亮化效果如圖所示。

10-4 酒瓶繪製

1 在工具箱中選擇鋼筆工具 ，繪製瓶身輪廓。

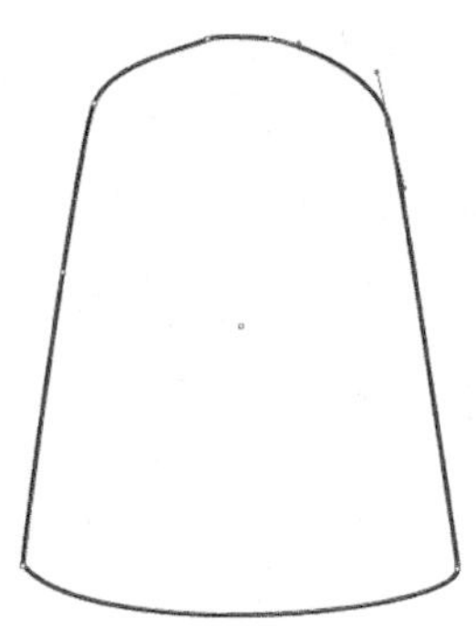

2 在漸層面板中，設定類型為放射狀，設置顏色端點如圖。以漸層色彩填充酒瓶。

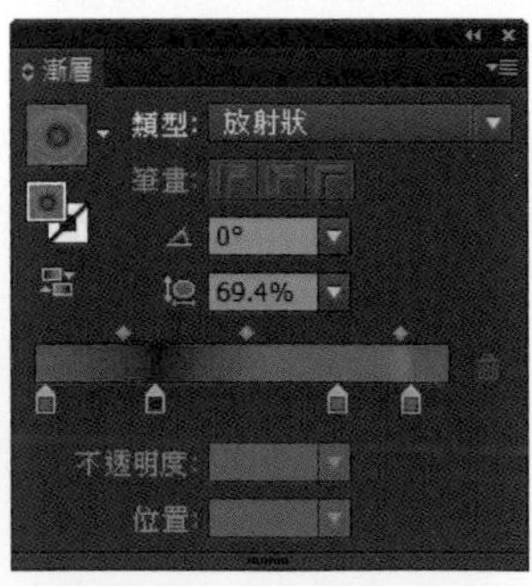

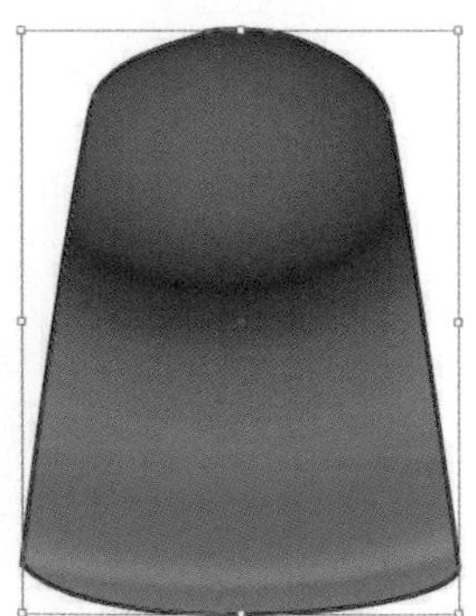

3 接下來使用筆畫工具 ，於工具箱底部點擊無按鈕 ，去除瓶身的筆畫色彩。

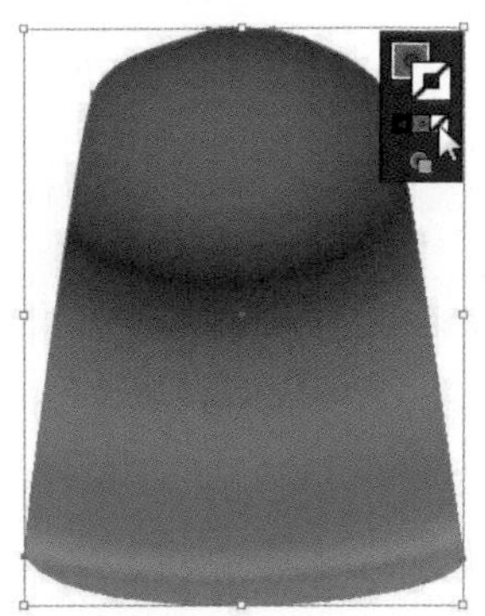

4 運用鋼筆工具 ，在瓶身上繪製花紋。設定花紋填色，筆畫為白色，0.5pt。

5 在透明度面板中設定花紋漸變模式為重疊，花紋產生重疊效果。

6 以相同的方法，在瓶身下方也繪製一個花紋，填充為白色。在透明度面板中設定該花紋的不透明度為 26%，花紋透明化。

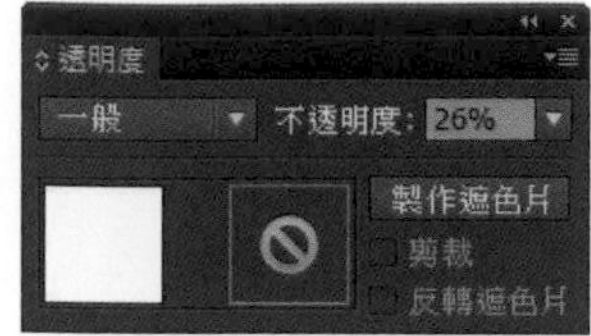

7 在工具箱中選取鋼筆工具 ，繪製出酒瓶的瓶底。為瓶底填充色彩並去掉筆畫顏色。

8 繪製完成酒瓶的其餘元素，最終完成效果如圖。

9 將繪製完成的酒瓶放置於圖中適當位置。

10 將事先繪製完成的汽車放入畫面中，輸入文字資訊，完成該海報的繪製。

11 商業圖卡

light industry of blue peacock

藍孔雀輕紡城 ◎ 讓美麗翩飛

藍孔雀輕紡城創建於2005年，是一個致力於時尚，現代的輕工業紡織城。
在這裡匯聚了全國各大紡織企業數百家。歡迎全世界的朋友光臨。

light industry

THE FASHION MODERN | distinctive national features ◎ INTERNATIONAL LEVEL

本實例為一張商業圖卡，此處會運用到前面所介紹的外觀和繪圖樣式編輯技巧。現在我們就來看看這個實例的製作過程。

▼ 設 計 流 程

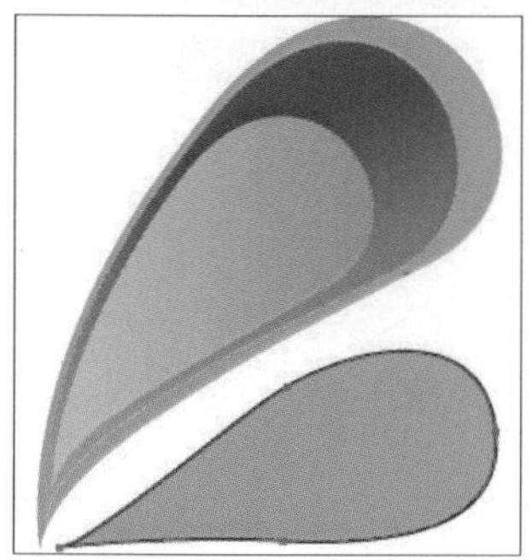

▼ 關 鍵 技 巧

1 新增繪圖樣式
2 3D 突出與斜角
3 筆畫寬度設置

 ch11\ >ch11.ai

11-1 背景繪製

1 按下快速鍵 <Ctlr+N>，在彈出的新增文件對話視窗中設定名稱為 ch11，寬度為 160 公釐，高度為 80 公釐。點擊確定按鈕，完成頁面的設置。

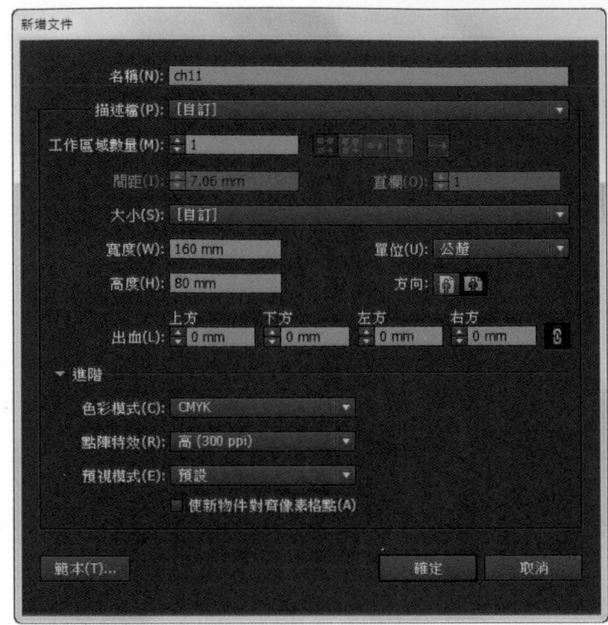

2 選擇工具箱中的矩形工具 ，在工作視窗中點擊滑鼠左鍵，彈出矩形對話視窗中設定寬度為 160 公釐，高度為 80 公釐。點擊確定按鈕，繪製出設定的矩形。

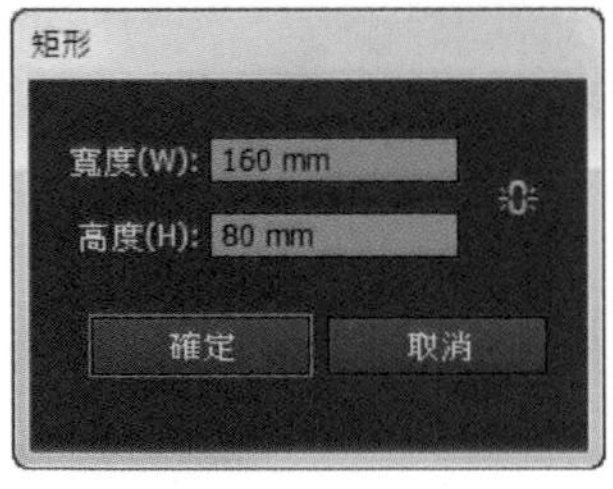

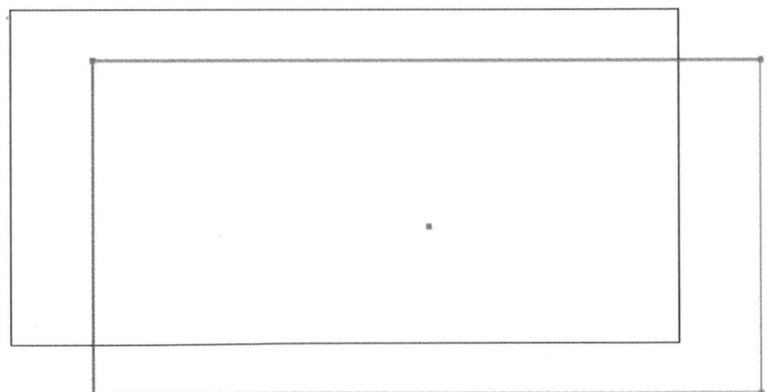

3 在工作視窗上方的屬性列中設定控制點為左上角節點，X 為 0 公釐、Y 為 80 公釐。點擊 <Enter> 鍵，矩形便會與版面完全對齊。

4 在顏色面板中設定好顏色，點擊 <Enter> 鍵，將矩形填充色彩。

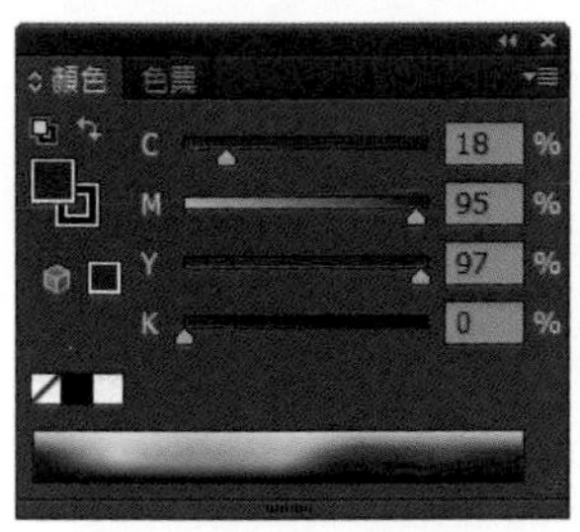

5 在工具箱中選擇鋼筆工具 ，繪製路徑。

6 在工作視窗上方的屬性列中設定填色為無，筆畫為白色，筆畫寬度為 1pt。並將其放置於畫面的左上方。

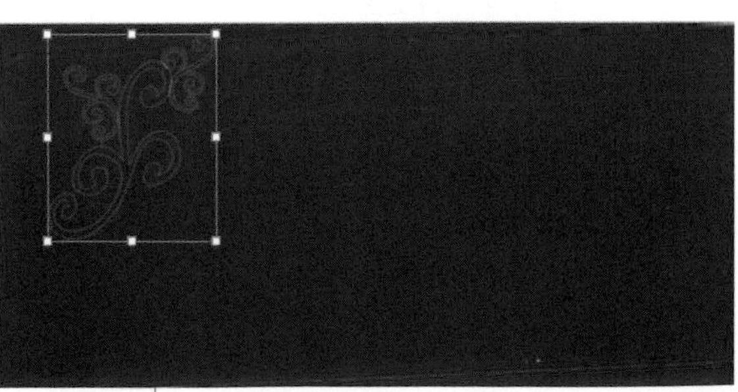

7 向右移動複製圖形，完成背景的繪製。

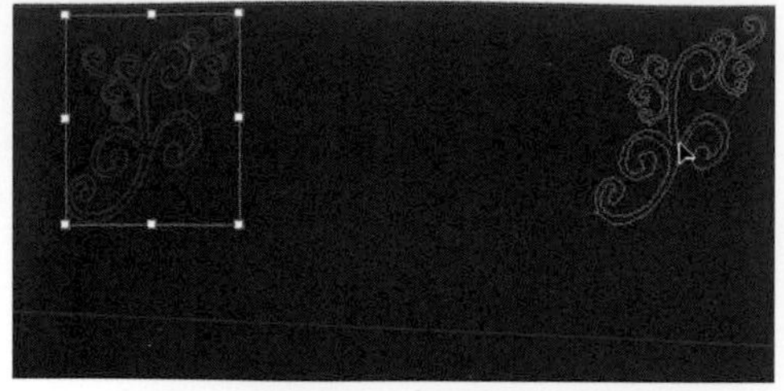

11-2 花紋的繪製

1 在工具箱中選擇鋼筆工具 ，繪製路徑圖形。

2 設定其筆畫為無，填充好顏色後點擊 <Enter> 鍵，編輯路徑圖形的外觀如圖。

3 在藍色圖形的中間再繪製一個較小的圖形，新繪製的圖形延用了上個圖形的屬性選項。

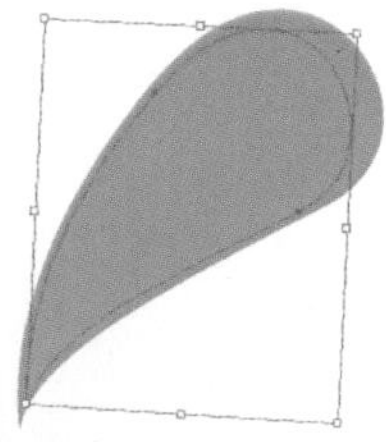

4 在漸層面板中設置漸層數據如圖，為花瓣填充橙色的漸層色。

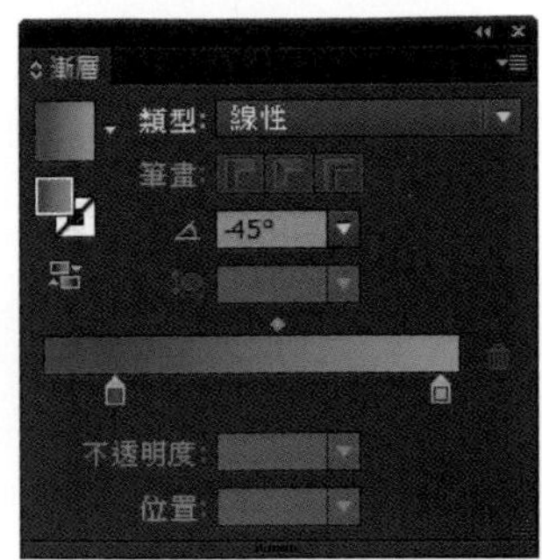

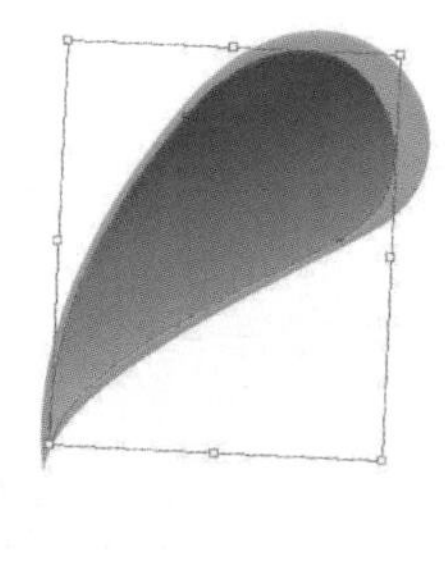

5 執行視窗\繪圖樣式指令（快速鍵<Shift+F5>），打開繪圖樣式面板。點擊面板右上角的小三角形按鈕，在彈出的功能表中點擊新增繪圖樣式選項。

6 在彈出的繪圖樣式對話視窗中，設定樣式名稱為橙色漸層。點擊確定按鈕，繪圖樣式面板中便新增了橙色漸層樣式。

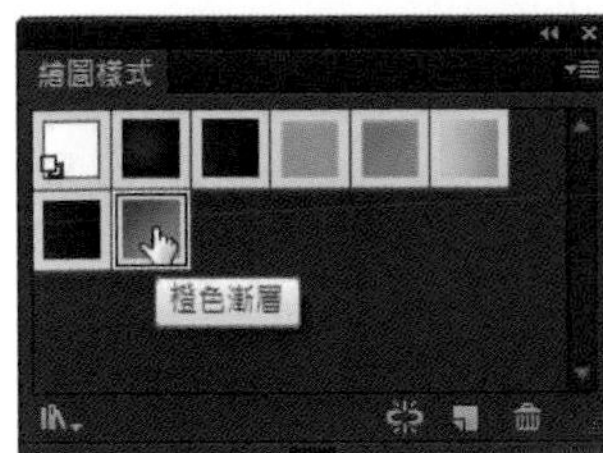

7 繼續繪製一個更小的圖形，放置於橙色漸層圖形的中間。

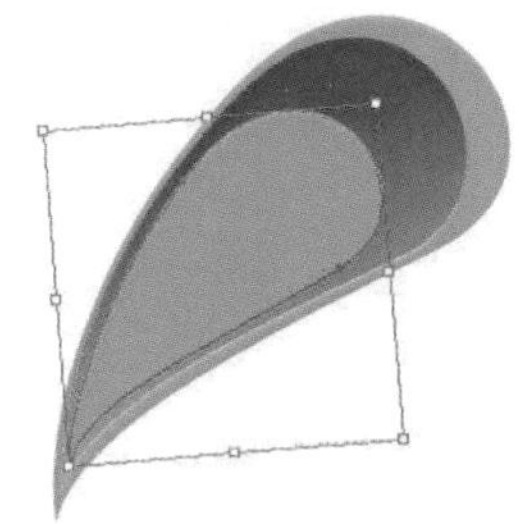

8 在外觀面板中選擇填色屬性，在漸層面板中設置數值如圖。

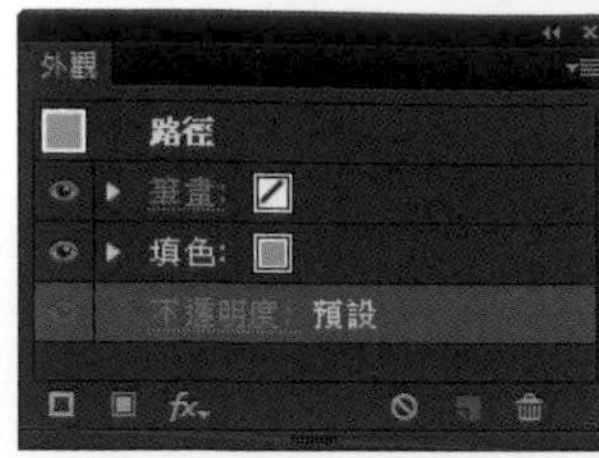

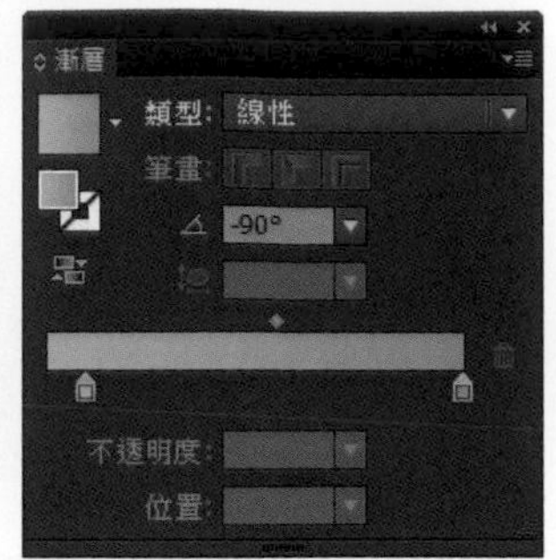

9 在外觀面板中，填色屬性選項重新編輯為漸層色。而剛繪製的圖形也以編輯的漸層色彩填充。

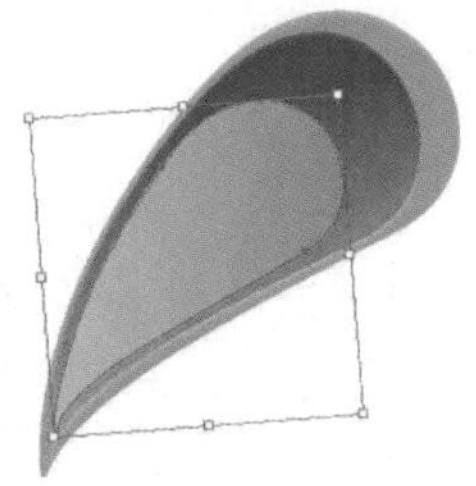

10 在繪圖樣式面板中，點擊右上角的小三角形按鈕。在彈出的功能表中點擊新增繪圖樣式選項。

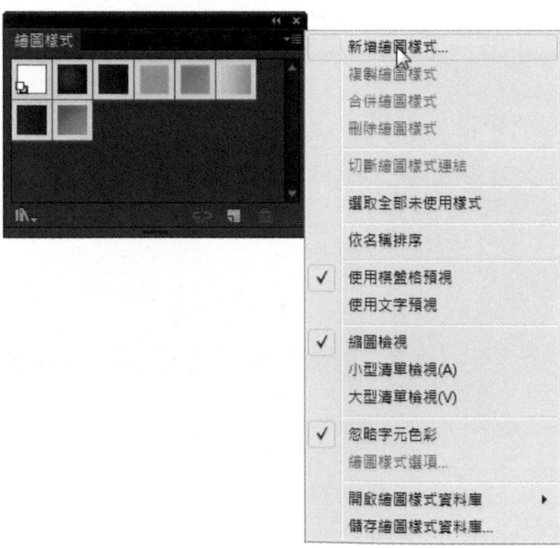

11 彈出繪圖樣式選項對話視窗，設定樣式名稱為綠色漸層。點擊確定按鈕，繪圖樣式面板中便新增了綠色漸層樣式 。

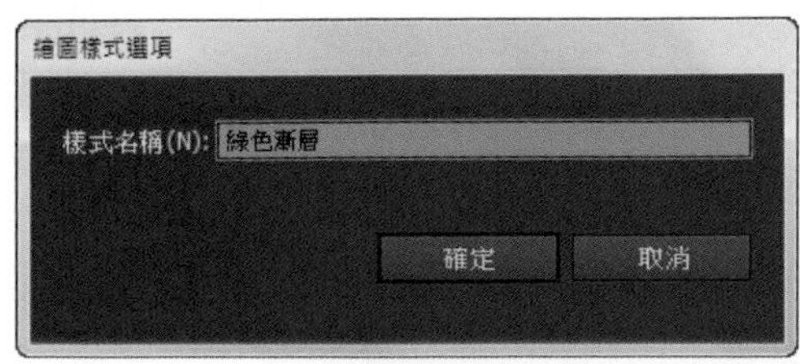

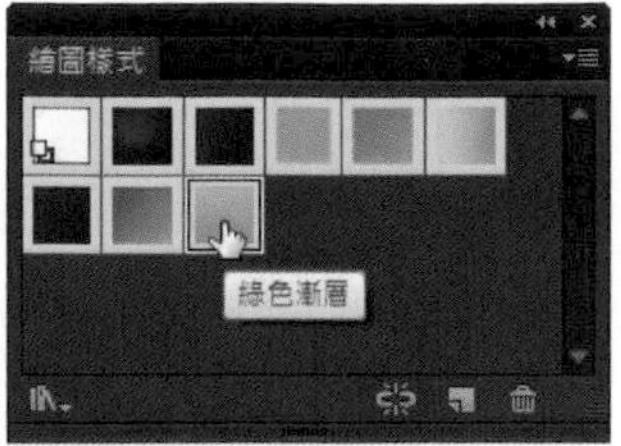

12 在工具箱中選擇鋼筆工具 ，繪製圖形。

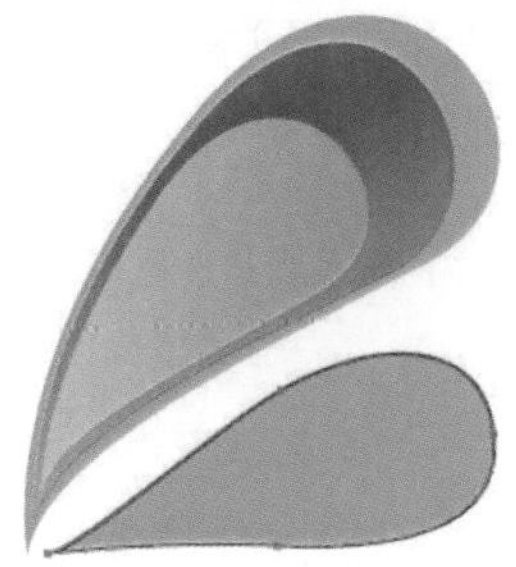

13 在繪製的圖形中央再繪製一個較小的相似圖形，較小的圖形便延用了上個圖形的基本屬性選項。

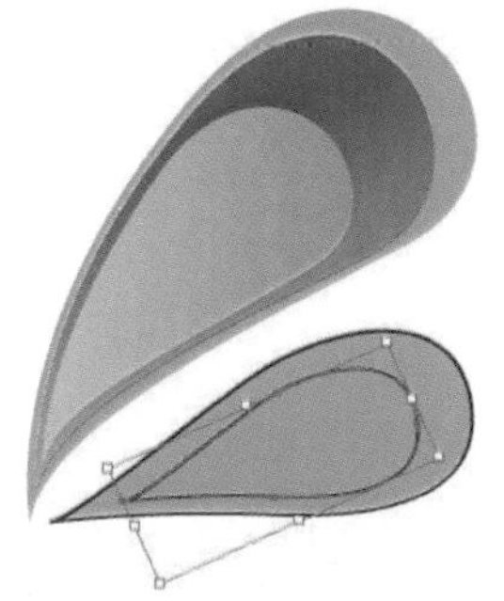

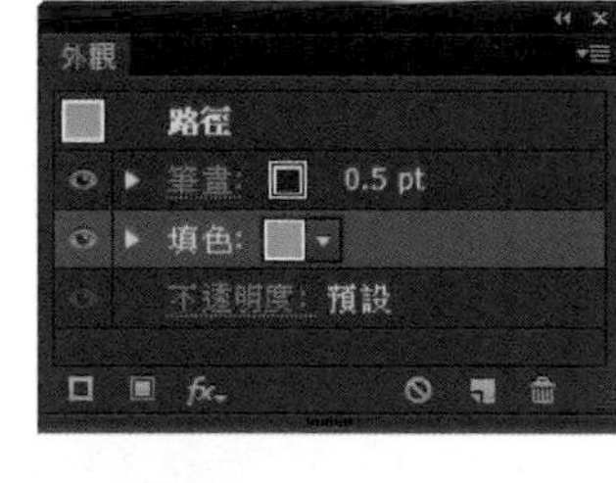

14 在繪圖樣式面板中點擊橙色漸層樣式選項。圖形便套用了橙色漸層樣式。

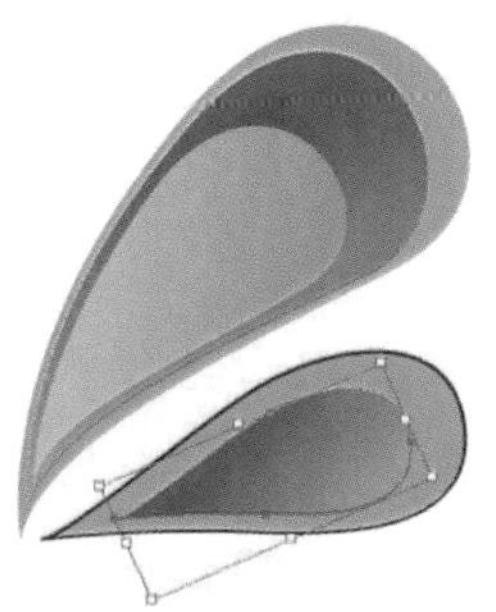

15 再繪製一個更小的相似圖形放在橙色漸層圖形的中間。這個圖形延用了橙色漸層圖形的基本屬性選項。

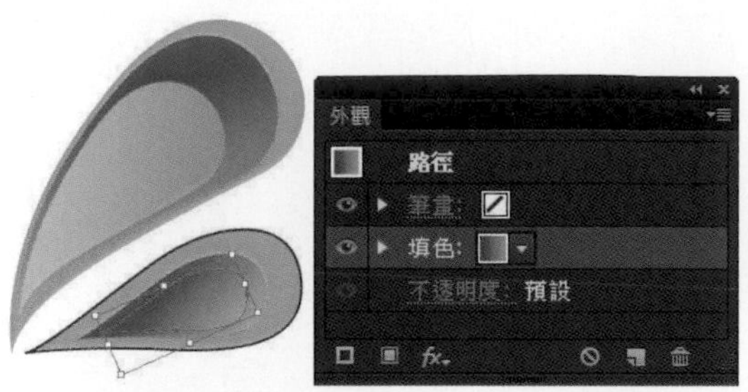

16 在繪圖樣式面板中選擇綠色漸層樣式選項，為該圖形套用綠色漸層樣式。

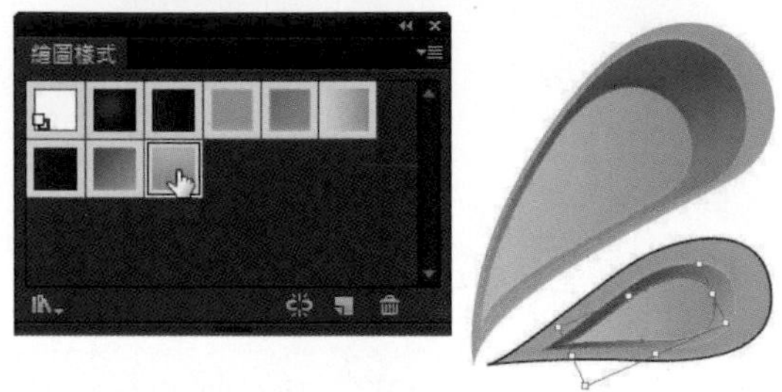

17 以相同的方法，完成其餘圖形的繪製，並以不同的色彩填充。完成這組花紋的繪製。

18 將繪製完成的花紋放置於如圖所示的位置。

19 繪製完成另一組花紋，將其放置於卡片的左邊。

11-3 文字的製作

1 選擇工具箱中的矩形工具 ，在工作區域內按住滑鼠左鍵拖動，繪製一個矩形。

2 在漸層面板中進行設置，並為矩形填充漸層色彩。

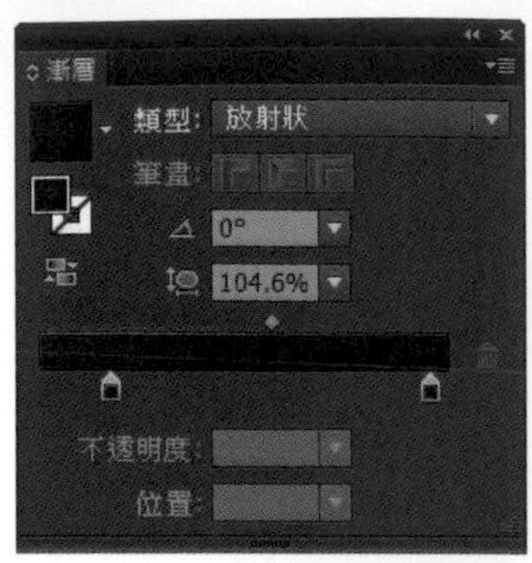

3 將繪製完成的矩形放置於圖中適當的位置。

4 選擇工具箱中的文字工具 T ，在矩形上輸入文字 Light industry，外觀面板中顯示了文字的屬性選項。

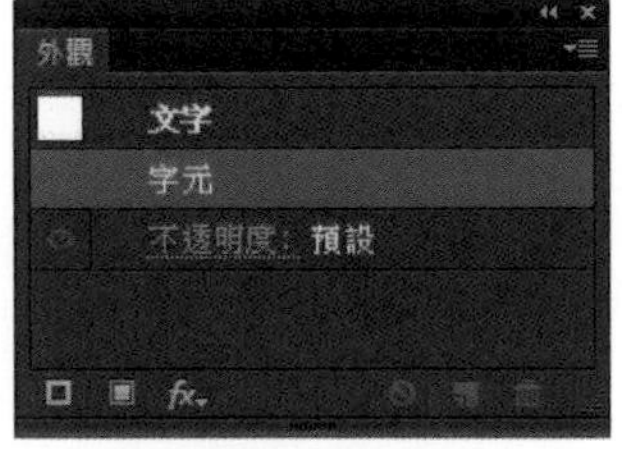

5 在工作視窗上方的屬性列中設定填色為白色，筆畫為無，字元為 Impact，字級為 12pt。點擊 <Enter> 鍵，文字效果如圖。

6 執行效果\3D 突出與斜角指令，在彈出的 3D 突出與斜角選項對話視窗中進行設置相關參數如圖所示。點擊確定按鈕，文字產生 3D 特效效果。

7 文字的 3D 特效並不太顯著。在外觀面板中雙擊 3D 突出與斜角屬性選項。在彈出的 3D 突出與斜角選項對話視窗中，重新設定各選項如圖。點擊確定按鈕，調整文字立體化效果。

8 點擊外觀面板右上角的小三角形按鈕，在彈出的功能表中選擇新增填色選項。

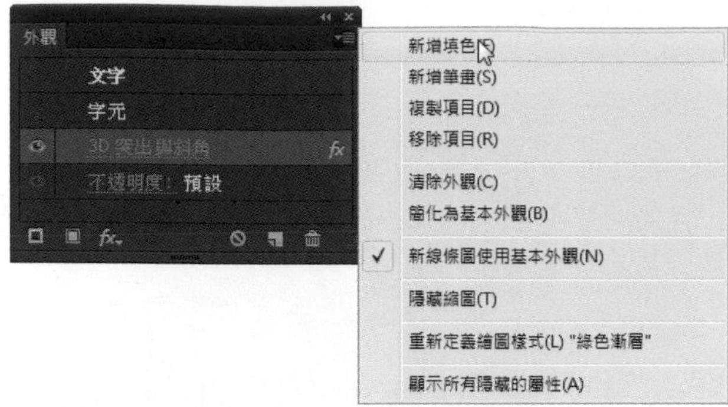

9 在外觀面板中新增了填色屬性選項，並將文字填充為黑色。

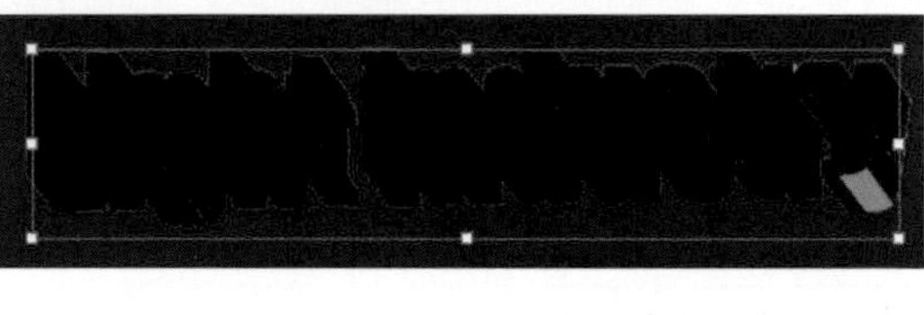

10 編輯填色屬性選項為白色，將文字填充為白色。

11 在外觀面板中選擇筆畫屬性。重新編輯筆畫顏色，筆畫寬度為 0.25pt，並調整文字效果如圖。

12 將繪製完成的文字放置在如圖所示的位置。

13 繪製完成其餘部分，輸入文字描述，最後完成本張商業卡片的繪製。

12 型錄設計

WELCOME
TO
Taiwan
International Children's Day
傾聽來自聖潔地帶的聲音......
關注兒童　關注未來
2020年6月1日台灣國際兒童節即將於站前廣場隆重開

本實例為一張型錄設計，畫面活潑跳躍，色彩豐富鮮艷，配合簡潔的文字能很好的傳遞本型錄的中心主題。

▼ 設計流程

▼ 關鍵技巧

1 靈活的運用增加錨點工具、刪除錨點工具、轉換錨點工具

2 筆刷工具的使用

3 星形工具的使用

ch12\ 📁 >ch12.ai

12-1 背景繪製

1 按下快速鍵 <Ctrl+N>，在彈出的新增文件視窗中設定寬度為 15 公分，高度為 9.5 公分，點選 CMYK 色彩。點擊確定按鈕，新建一文件。

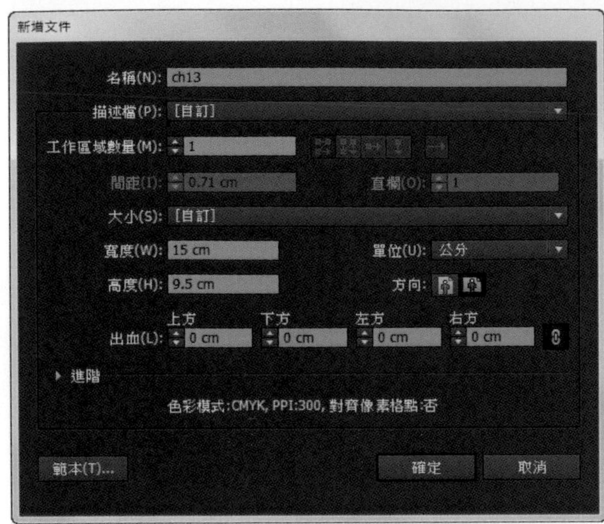

2 在工具箱中選擇矩形工具 ，於工作區域內按下滑鼠左鍵。在彈出的矩形對話視窗中設定寬度為 15 公分，高度為 9.5 公分。點擊確定按鈕，繪製出一個矩形。

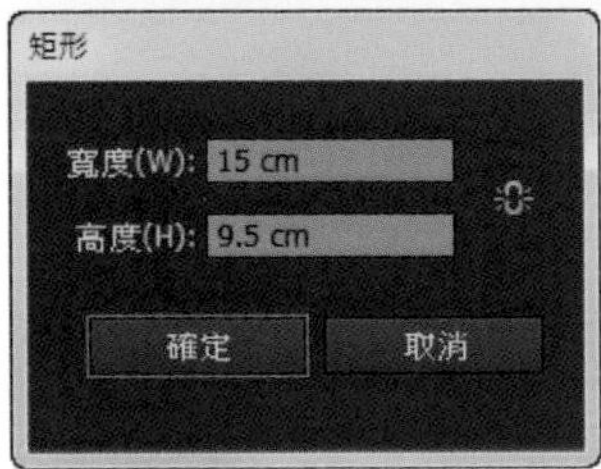

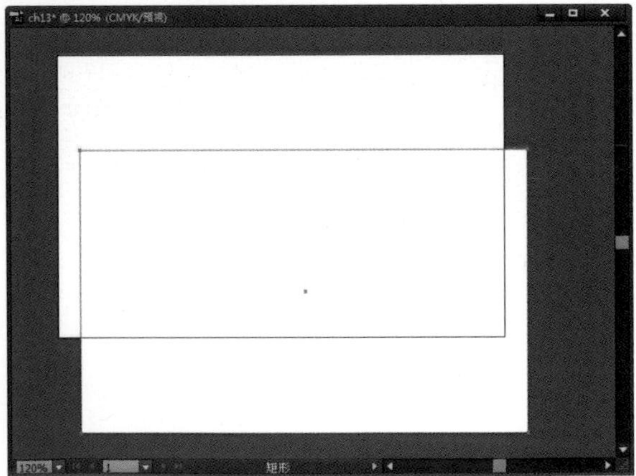

3 在頂端的工具選項列中，設定參考點為左上角角點，X 為 0 公分、Y 為 9.5 公分。矩形與版面重合。

4 為矩形填充色彩，在工具箱中選擇鋼筆工具 ，在工作視窗下方按下滑鼠左鍵，確定第一個錨點。

5 在版面的右下方邊緣處按下滑鼠左鍵，確定第二個錨點，繪製出一條直線。

6 繼續向下確定錨點位置，繪製出連續的直線如圖。

7 移動滑鼠至第一個錨點處，在鋼筆工具的右下角出現了小圓圈。按下滑鼠左鍵，閉合路徑。

8 在工具箱中選擇矩形工具 按住滑鼠左鍵於版面內拖動，繪製一個任意矩形。接下來使用選取工具 調整矩形位置如圖。

9 在工具箱中選擇增加錨點工具 ，在矩形與版面右側的交點處增加一個錨點。

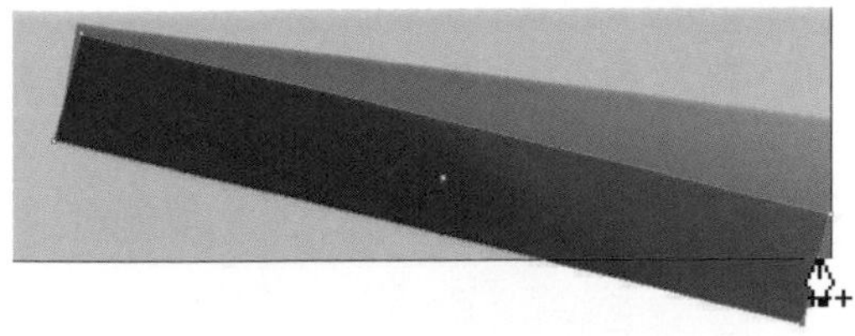

10 同樣方法，在矩形與版面交點的左側增加一個錨點。

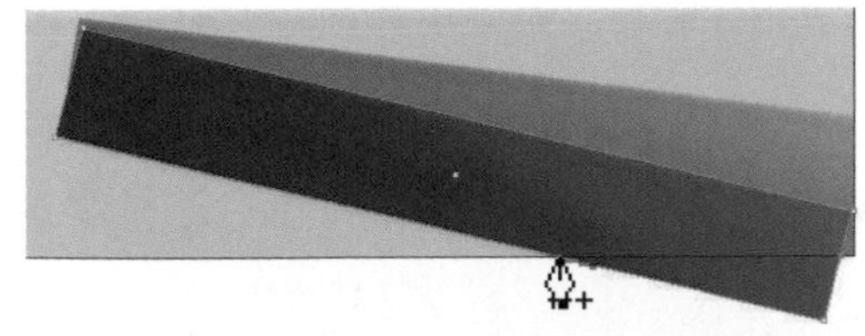

11 在工具箱中選擇刪除錨點工具 ，刪除矩形最下方的錨點。調整矩形如圖。

12 在工具箱中選擇轉換錨點工具 ，點擊矩形的左上角，選取左上角的錨點。

13 使用滑鼠向左移動，直到調整該錨點至適當位置。

14 在工具箱中選擇多邊形工具 ，於工作區域內點擊滑鼠左鍵。在彈出的多邊形視窗中設定半徑為 0.75 公分，邊數為 3。 最後點擊確定按鈕，繪製一個三角形。

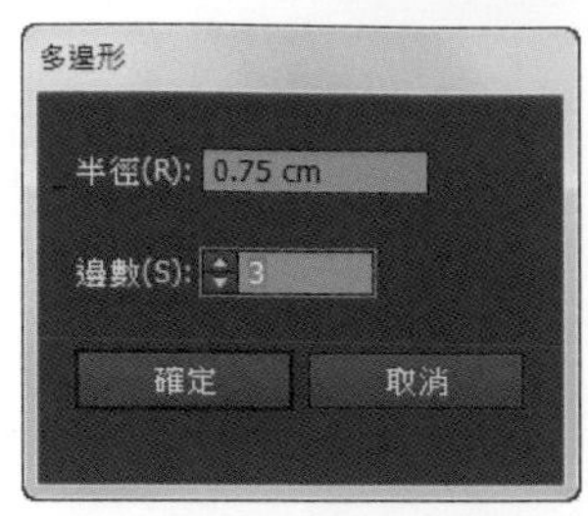

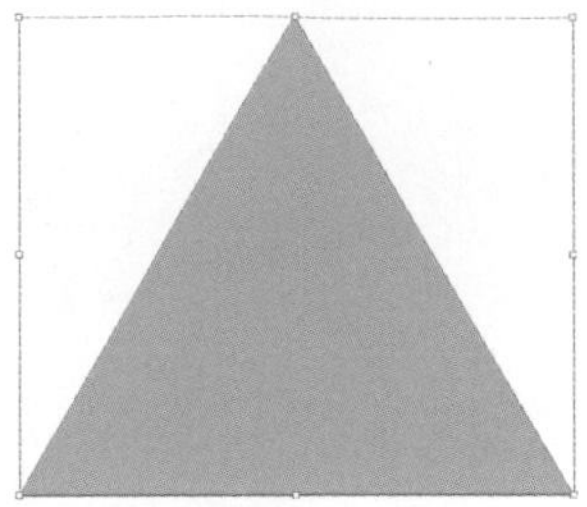

15 調整三角形的大小、角度，放置於版面的如圖位置。

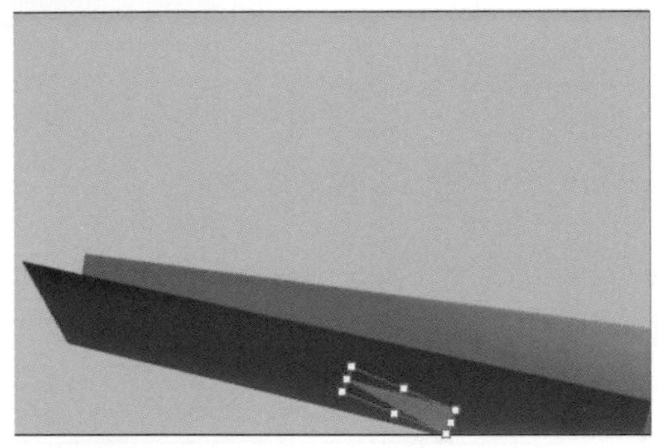

16 在工具箱中選擇線段區段工具 ，按住滑鼠左鍵於版面內拖動，繪製一條任意直線。

17 同上述方法，繼續繪製若干線條和不規則的幾何形，填充顏色改變透明度最終完成效果如圖。

18 在筆刷面板中點擊墨水潑濺 2 選項，在工具箱中選擇繪圖筆刷工具 ，於版面右上角按住滑鼠左鍵拖動，繪製墨水潑濺的筆刷效果。

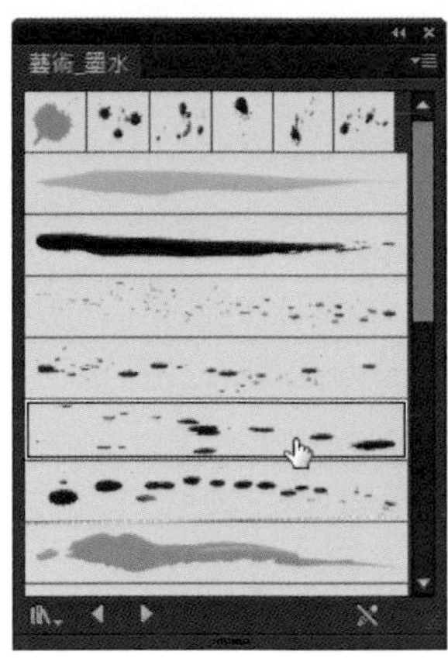

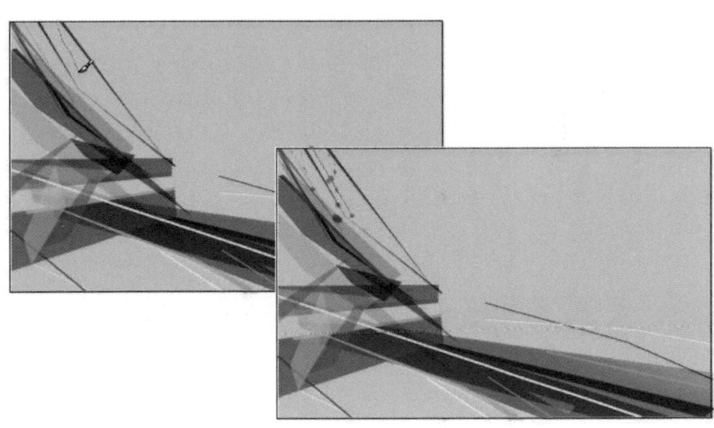

12-2 心形的繪製

1 在工具箱中選擇鋼筆工具 ，於工作區域內任意空白處按下滑鼠左鍵，繪製出第一個錨點。

2 確定第二個錨點的位置，按下滑鼠左鍵不放，向右下角拖動。在錨點的兩側拖出兩個控制手柄，繪製出一條曲線。

3 確定第三個錨點的位置，按下滑鼠左鍵不放，向下拖動。繼續繪製出曲線。

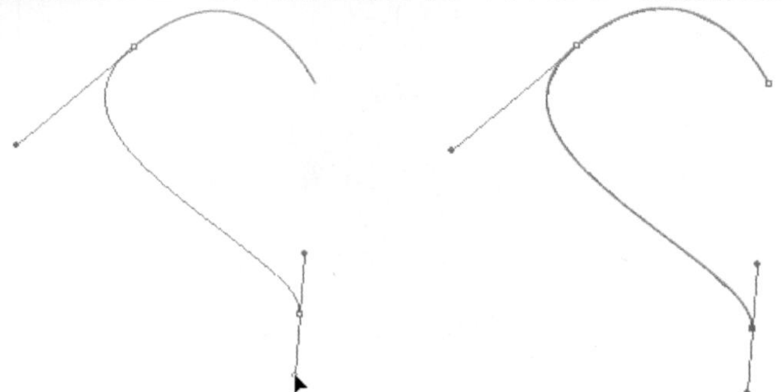

4 移動滑鼠至錨點上，使該錨點一側的控制手柄消失，以便繼續繪製尖角。

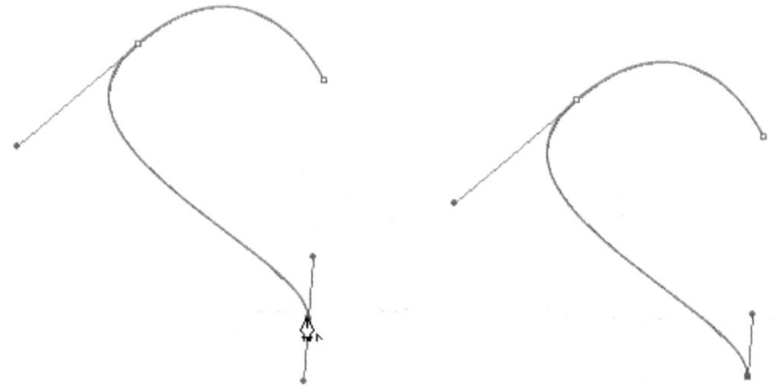

5 確定第四個錨點的位置，按下滑鼠左鍵不放向右上角拖動，繼續繪製出曲線。

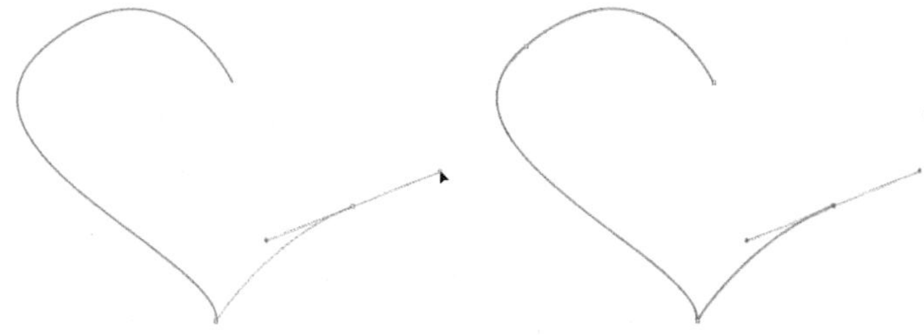

6 移動滑鼠至第一個錨點處，鋼筆工具的右下角出現了一個小圓圈符號，按下滑鼠左鍵不放，向左下角拖動，閉合路徑。

7 在工具箱中選擇轉換錨點工具 ，按住心形左上角的錨點向左下方拖動，調整心形如圖。

8 保持該錨點為選取狀態，按下 < → > 鍵若干次，直至調整錨點至如圖位置。

9 利用轉換錨點工具 ，點擊心形右側的錨點，該錨點以實心顯示。

10 按住 <Ctrl> 鍵，轉換錨點工具變為符號 。按住滑鼠左鍵向上移動該錨點，調整心形如圖。

11 用轉換錨點工具 ，按住心形中心錨點的控制手柄向左拖動，心形調整如圖。

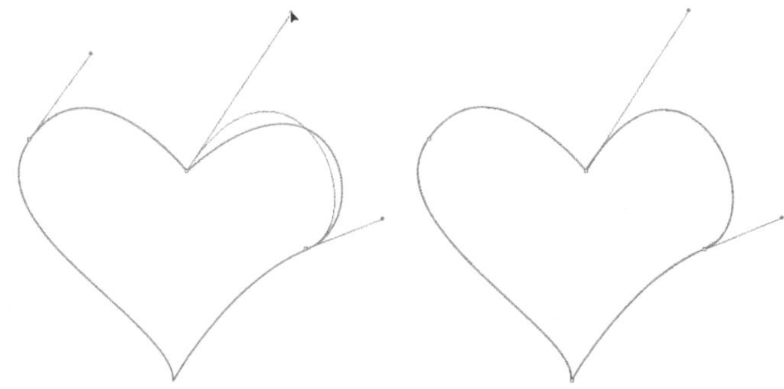

12 再稍稍調整心形右側的錨點，完成該心形的輪廓繪製，為其填充色彩。

13 同樣方法，再繪製三個較小的心形，置於該心形的中心。完成第一個心形組的繪製。

14 調整大小後，將心形放置於如圖位置，並根據需要繪製若干大小不一的心形組，分佈於畫面。

12-3 圓環和星形的繪製

1 在工具箱中選擇橢圓形工具 ，在按住 <Shift> 鍵的同時，按住滑鼠左鍵於空白工作區域內拖動，繪製一個正圓形。

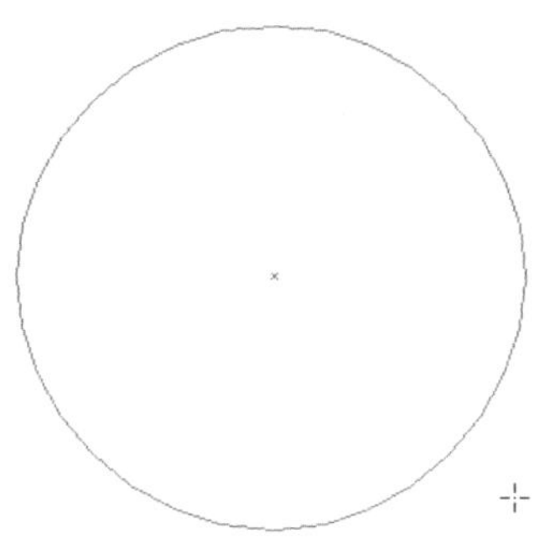

2 再繪製幾個稍小的同心正圓形，填充色彩。

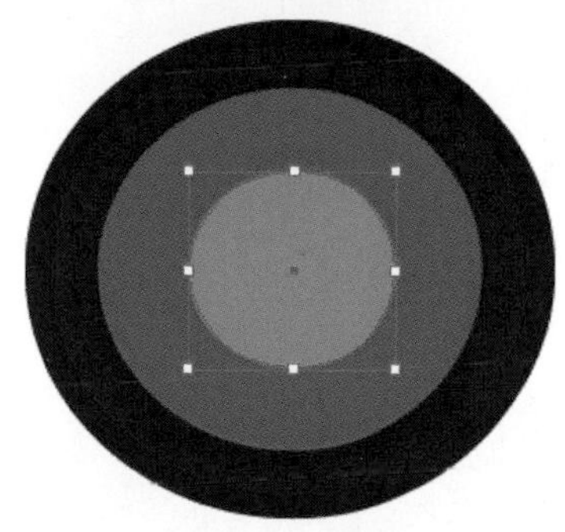

3 將繪製完成的圓環圓形複製若干個放置於畫面合適位置，並調整其大小。

4 在工具箱中選擇星形工具 ，於工作區域內點擊滑鼠左鍵。在彈出的星形對話視窗中設定半徑 1 為 0.9 公分，半徑 2 為 1.8 公分，星芒數為 5。點擊確定按鈕，繪製出星形。

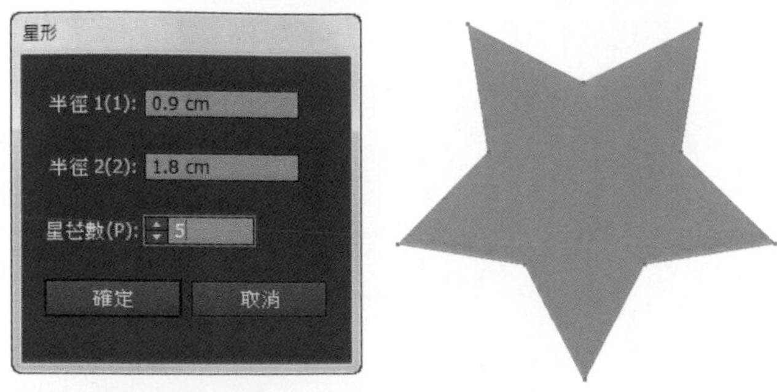

5 將繪製完成的星形放置於圖像的右上角，調整其角度如圖。繪製若干大小不一不同色彩的星形，分佈於畫面右上角。完成其餘構圖元素，輸入文字資訊。完成該海報的繪製。

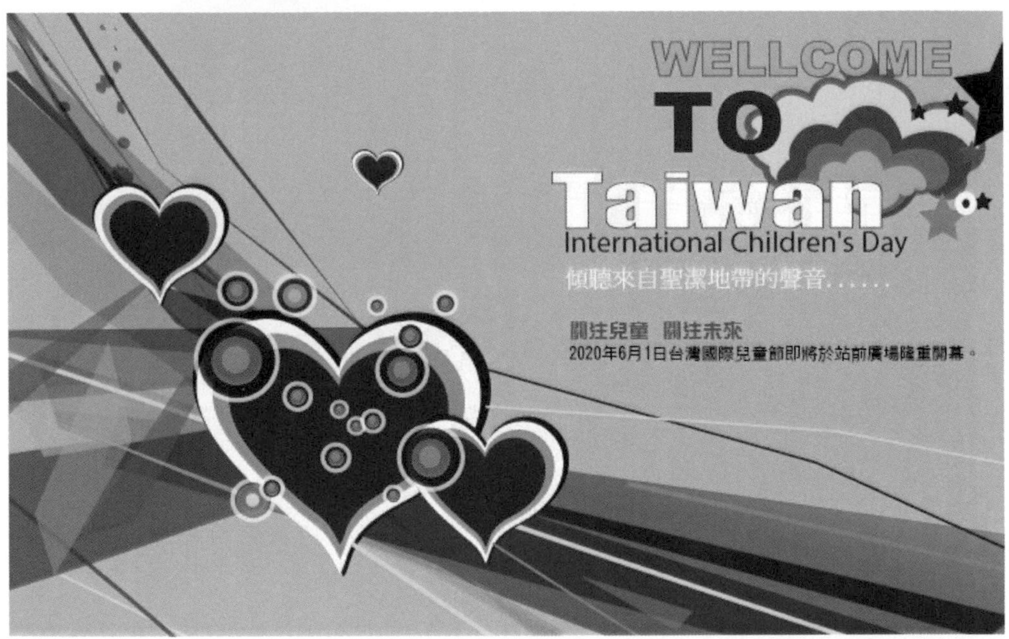

Note

13 戶外廣告設計

華舍·雅居
環境·家·生活·幸福

華舍·雅居
售樓地址：001台北市海華路三段253號
TEL：02-87650001
FAX：02-8765

本實例為一家房地產戶外廣告。背景的白色至藍色漸層色，代表天空；曲線形狀的白色至青色漸層色，代表大海，給人海闊天空的感覺。蘭花與海天背景相匹配，清爽的藍色配上素靜的白色，襯托出優雅、寧靜的居住環境。

▼ 設計流程

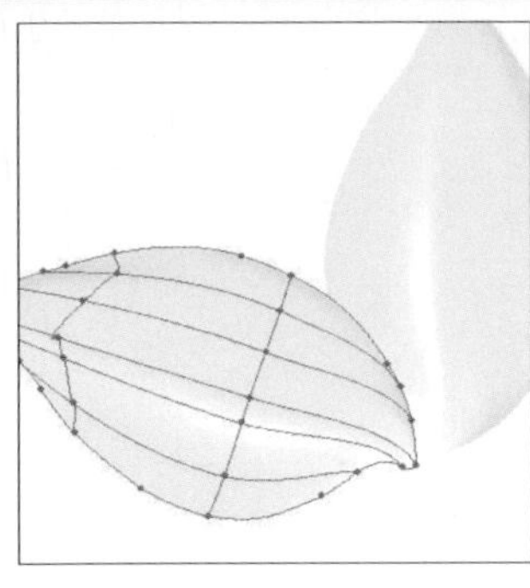

▼ 關鍵技巧

1 執行選取 \ 儲存選取範圍指令
2 網格工具填充顏色
3 旋轉工具旋轉圖形
4 執行特效 \ 紋理 \ 顆粒紋理指令

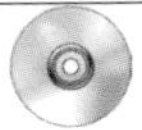 ch13\ >ch13.ai、001.psd

13-1 製作背景

1 按下快速鍵 <Ctrl+N> 新增檔案，在彈出的新增文件對話方塊中設定尺寸為 A4，方向為橫向，點擊確定按鈕。

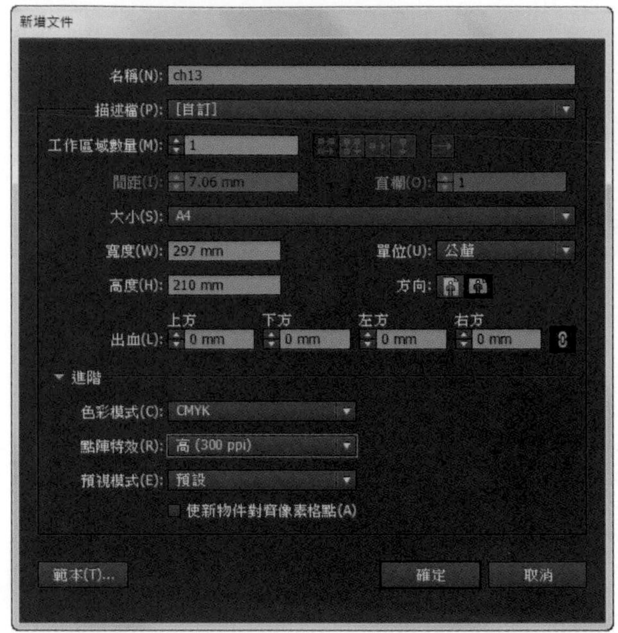

2 雙擊圖層面板中的圖層 1，將圖層名稱改為背景。

3 選取矩形工具 建立一個寬 150 公釐，高 70 公釐的矩形。

4 選取矩形，填上漸層色，在漸層面板中設定漸層顏色分別為白色至青藍色，並將筆畫設為無色。

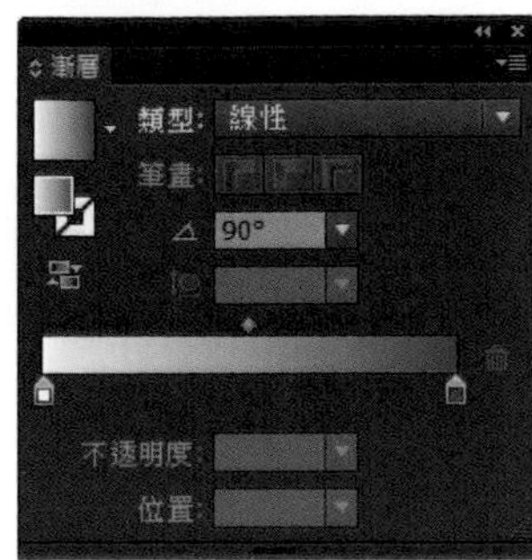

5 將該矩形拷貝一份，並將拷貝的矩形高改為 24 公釐。

6 選取增加錨點工具 ，在矩形上方加一個錨點，並適當調整矩形下方為弧形。

7 在漸層面板中修改矩形的漸層色分別為左側滑塊顏色為白色，右側滑塊顏色 C85、M15、Y2、K0。

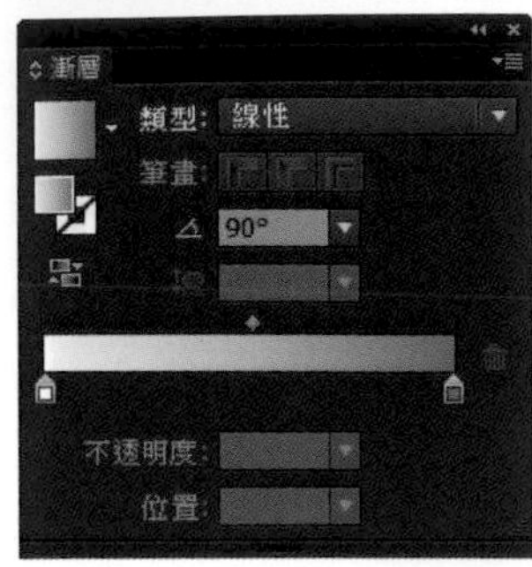

8 選取大矩形，按下快速鍵 <Ctrl+C> 拷貝，再按下快速鍵 <Ctrl+F> 將該矩形複製到弧形層上方。將拷貝的矩形高度改為 14 公釐，並排版矩形如圖所示。

9 選取拷貝的矩形，選取檢色滴管工具，吸取上方矩形漸層色，接著使用漸層工具調整出如圖漸層效果。

10 選取最上層矩形，按下快速鍵 <Ctrl+C> 拷貝，按下快速鍵 <Ctrl+F> 貼至上層，將拷貝的矩形高改為 11 公釐，填上顏色 C93、M8、Y13、K3。

11 選取增加錨點工具 ，在該矩形上邊添加兩個錨點，調整上邊為波浪形。

12 選取波浪形邊的矩形，執行選取 \ 儲存選取範圍指令，在彈出的對話方塊中將目前選取範圍名稱設為波浪形，點擊確定按鈕。

TIPS ▶

在 Illustrator 中可以將某一選取範圍儲存起來並取上一個名稱，當需要再次選取該選取範圍時，可在選取選單中找到該名稱。對於圖像中重疊在一起的物件，使用該功能很方便快速選取。

13-2 製作蘭花圖案

1. 選取所有物件，按下快速鍵 <Ctrl+2> 鎖定。接著製作蘭花圖案，選取鋼筆工具，建立蘭花的枝，並將花枝群組在一起。

2. 再使用鋼筆工具 建立花葉，並將花葉群組在一起。

3. 將花葉與花枝擺放在一起。

4. 最後為蘭花加上一些細枝末節等細節加以完善，按下快速鍵 <Ctrl+Alt+2> 解除鎖定。

5 點擊群組選取工具 ，選取蘭花中各物件，分別填上如圖顏色。

6 選取蘭花所有物件，按下快速鍵 <Ctrl+G> 群組。建立一個適當大小的矩形，點擊網格工具 ，為矩形添加一條垂直格線與水平格線。

7 使用網格工具 ，耐心細緻地調整矩形網格四周的錨點，形成蘭花花瓣形狀。

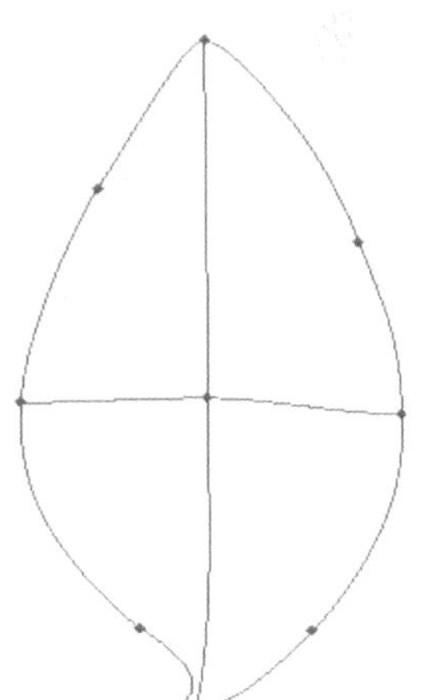

8 為花瓣添加適當數量的網格線。

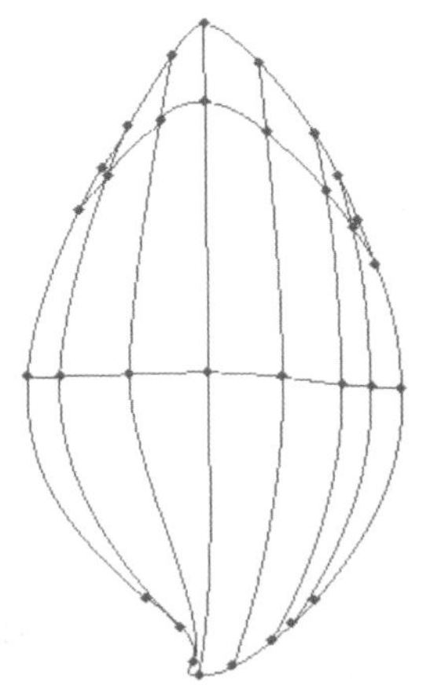

9 選取色票面板中合適顏色，為蘭花填上顏色。

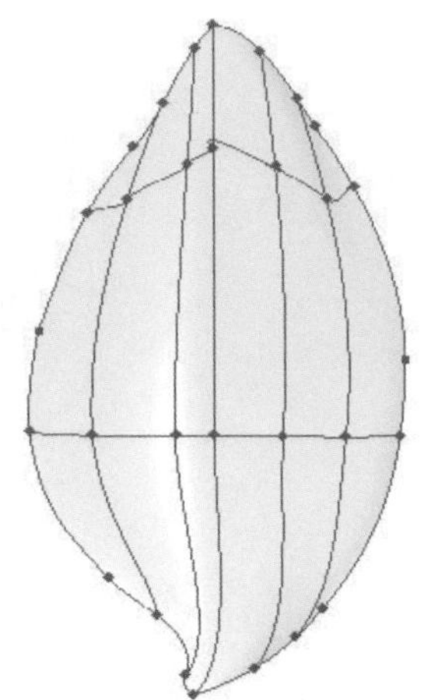

10 選取花瓣，點擊旋轉工具 ，按住 <Alt> 鍵點擊花瓣下端，在彈出的旋轉對話方塊中設定角度為 72 度，點擊拷貝按鈕。

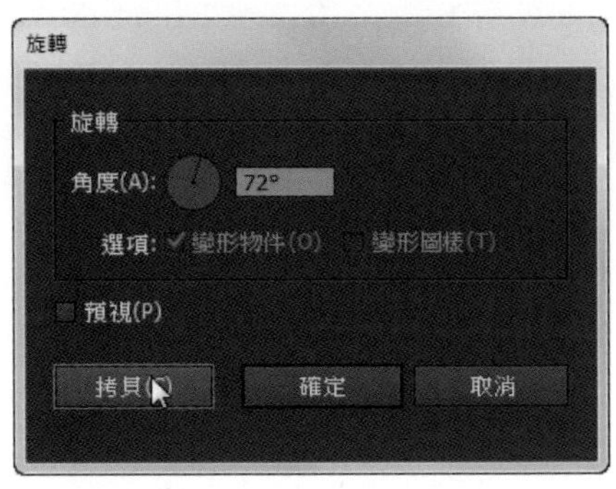

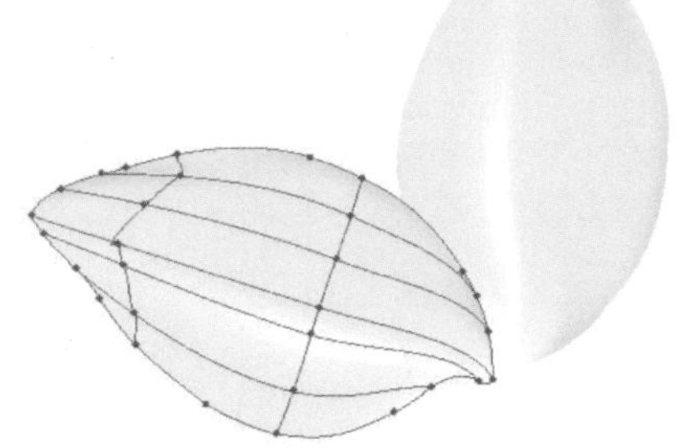

11 接著按下快速鍵 <Ctrl+D> 三次，旋轉拷貝三個花瓣。

12 選取橢圓工具，建立兩個大小相異的同心圓，中心小圓填上顏色 C3、M2、Y91、K0，大圓填上顏色 C92、M4、Y96、K1。

13 選取兩個圓，執行物件 \ 漸變 \ 漸變選項指令，在對話方塊中設定間距指定階數為 100，點擊確定按鈕。然後按下快速鍵 <Ctrl+Alt+B> 製作漸變，將此圖案作為花心。

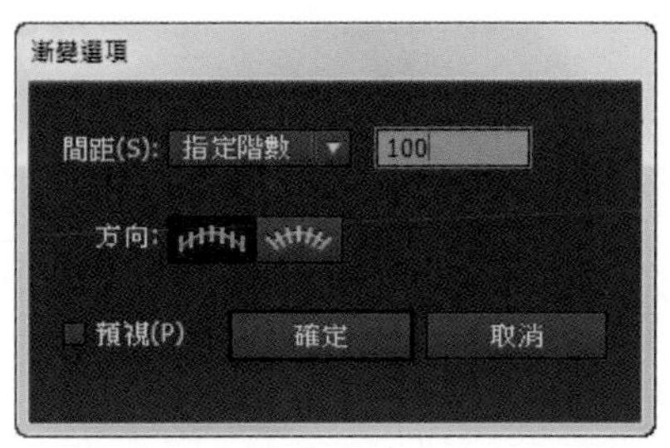

14 選取所有花瓣，按下快速鍵 <Ctrl+G> 群組，將圓形漸變物件擺放到花瓣下。

15 群組花瓣與花心組成花朵，將花朵移到花枝如圖位置。

16 按住 <Alt> 鍵拖動花瓣拷貝出其他花朵，擺放到如圖適當位置，並調整各花朵大小及角度。

17 選取整個蘭花，按下快速鍵 <Ctrl+G> 群組，並將蘭花拷貝幾份，調整不同大小，組合在一起。

18 將蘭花擺放到藍色網底左側位置，拷貝一份放到右側。

19 選取矩形工具 建立一個寬 150 公釐，高 70 公釐的矩形。

20 將左右兩側蘭花群組在一起，然後同時選取上一步所建立的矩形，按下快速鍵 <Ctrl+7> 製作裁剪遮色片。

21 執行選取\波浪指令，將之前儲存的選取範圍波浪形矩形選取，按下快速鍵 <Ctrl+Shift+]> 移至最上層。

22 選取矩形工具 建立一個矩形，填上漸層色，作為廣告牌支撐桿。

23 建立一個新圖層，取名為文字。

24 選取文字工具 T，輸入企業名稱、宣傳語與公司資訊等文字內容。並調整字體、大小與顏色，擺放文字至合適位置。

25 選取背景圖層中蘭花，拷貝一份，並按下快速鍵 <Ctrl+Alt+7> 釋放遮色片，解散群組後刪除右側蘭花，在左側蘭花上端建立一個寬 15 公釐高 16 公釐的矩形。

26 選取矩形與蘭花，按下快速鍵 <Ctrl+7> 製作裁剪遮色片。

27 建立一個寬 15 公釐高 16 公釐的矩形，填上從白色至青色 C85、M15、Y2、K0 的線性漸層，並將筆畫寬度設為 1pt，顏色為 C92、M42、Y7、K2。

28 將漸層色矩形與裁剪的蘭花貼齊，按下快速鍵 <Ctrl+G> 群組在一起，作為企業 Logo。

29 將 Logo 擺放到企業名稱前。

30 選取 Logo 與企業名稱，拷貝一份，調整拷貝的 Logo 與企業名稱大小及位置，擺放到廣告牌左下角。

31 最後處理一下背景形狀，使用群組選取工具 選取背景形狀中最後一層的藍色漸層色矩形，執行特效\紋理\顆粒紋理指令，在彈出的對話方塊中適當調整如圖各項參數，得到如下視覺效果。

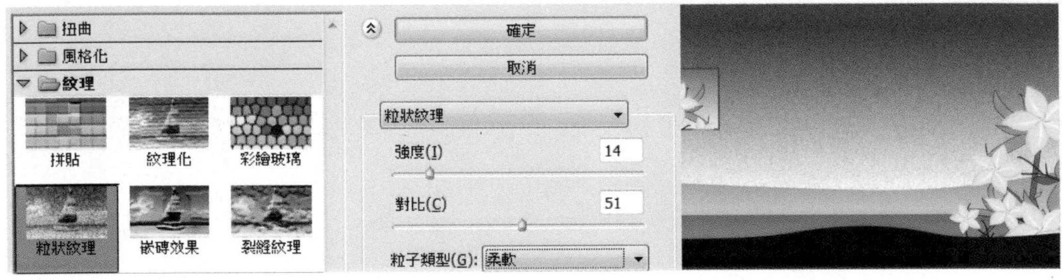

32 適當整理檔案，完成製作。

Note

14 生日橫幅設計

橫幅設計的重點在主題明確，簡潔大方，圖文並茂，有較強的吸引力，注重色彩的搭配和版面構成，符合大眾的審美觀點。本章將透過生日橫幅的設計讓各位讀者體驗製作的技巧。

▼ 設計流程

▼ 關鍵技巧

1 執行效果 \ 風格化 \ 羽化指令
2 使用符號噴灑器工具噴灑雪花符號
3 展開符號
4 執行物件 \ 剪裁遮色片 \ 製作指令

 ch14\ >ch14.ai、001.ai

14-1 背景的製作

1 使用矩形工具 繪製一個長和寬分別是 208mm 和 64mm 的矩形，並填充漸層色，去除筆畫。

2 使用鋼筆工具 和直接選取工具 繪製兩條曲線，去除筆畫並填充漸層色。

3 選取這兩條曲線，執行效果 \ 風格化 \ 羽化指令，在彈出的羽化對話方塊中，將羽化半徑設置為 2mm，點擊確定按鈕。

4 保持對這兩條曲線的選取狀態，在透明度面板中將漸變模式設置為實光，不透明度設置為 80%，效果如圖。

14-2 裝飾泡泡的繪製

1 使用橢圓形工具 繪製大小不同的正圓，並分別為其填充漸層色，去除筆畫。

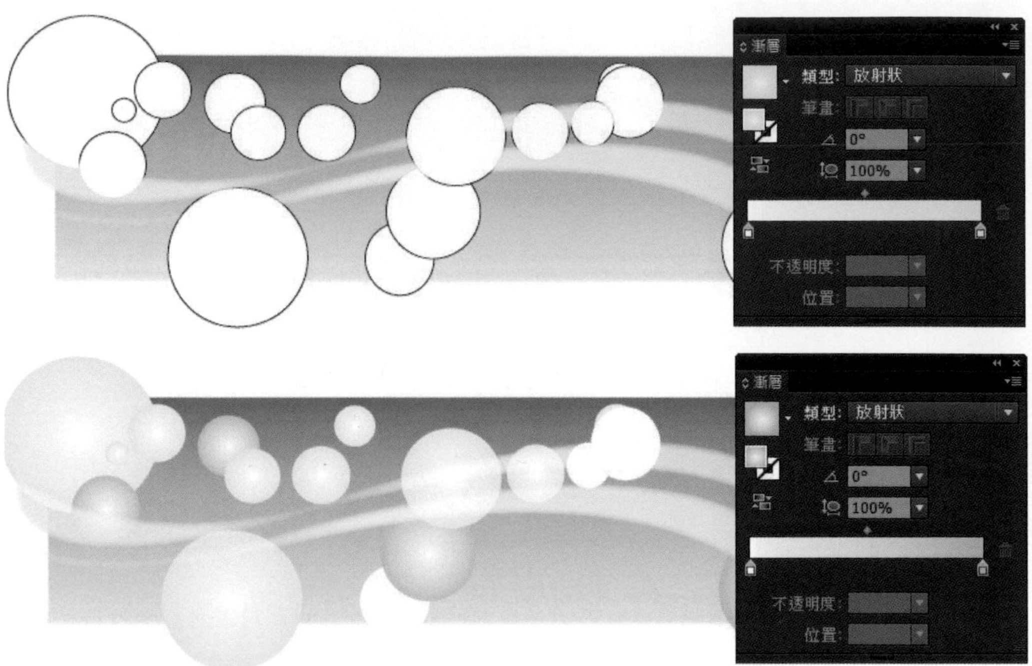

2 選取所有正圓，執行效果\風格化\羽化指令，在彈出的羽化對話方塊中，將羽化半徑設置為 2mm，點擊確定按鈕。

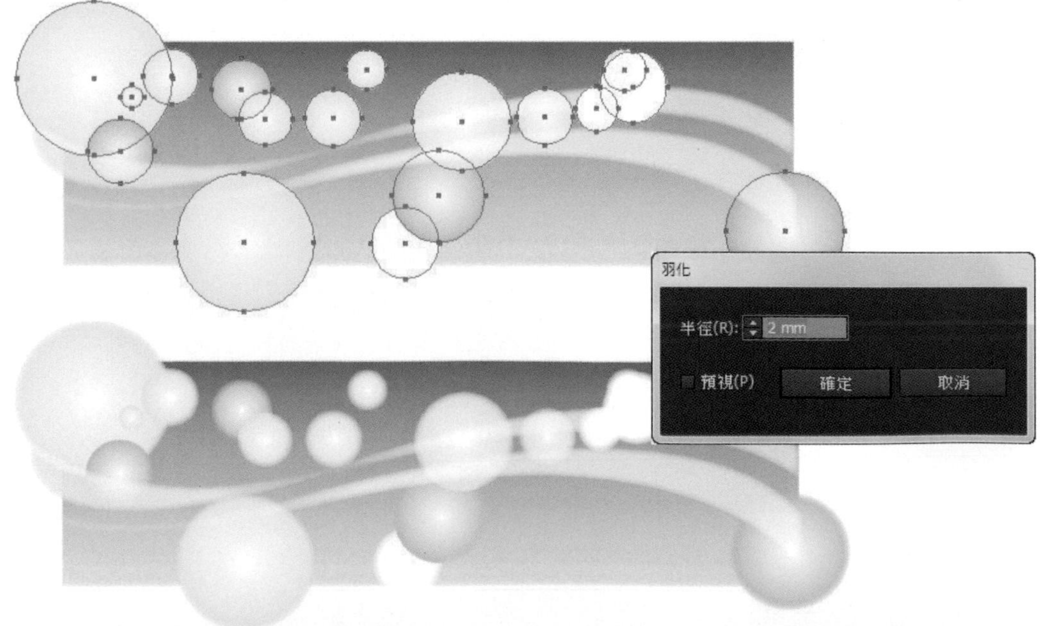

3 選取正圓，在透明度面板中將漸變模式設置為實光，不透明度設置為 80%，效果如圖。

4 複製幾個正圓，調整大小。

14-3 蠟燭和花紋的繪製

1 使用橢圓形工具 繪製圓形，並用直接選取工具 將其稍微變形，填充漸層色，去除筆畫。

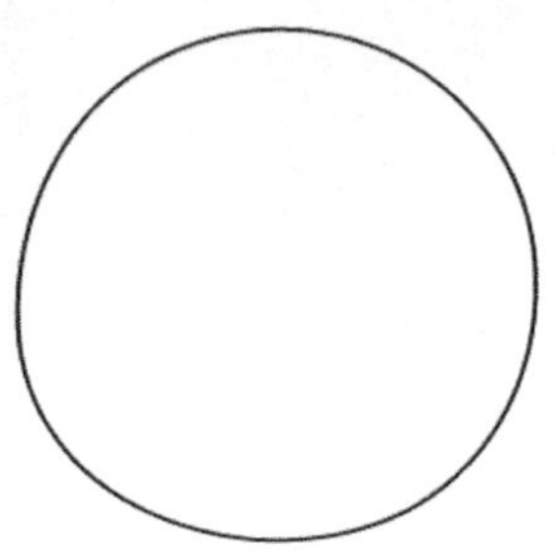

2 對圓形執行效果 \ 風格化 \ 羽化指令，在彈出的羽化對話方塊中，將羽化半徑設置為 1mm，點擊確定按鈕。

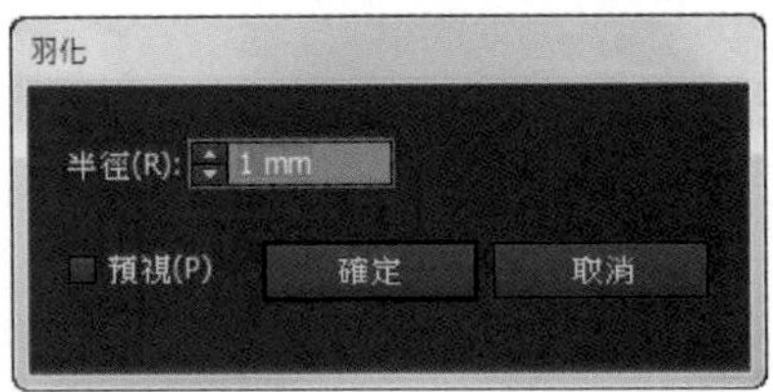

3 使用鋼筆工具 和直接選取工具 繪製圖形，去除筆畫並填充漸層色。

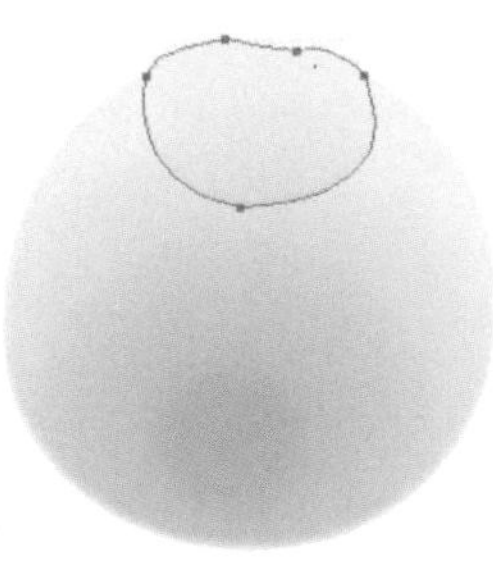

4 使用鋼筆工具 和直接選取工具 繪製圖形，去除筆畫並填充漸層色。

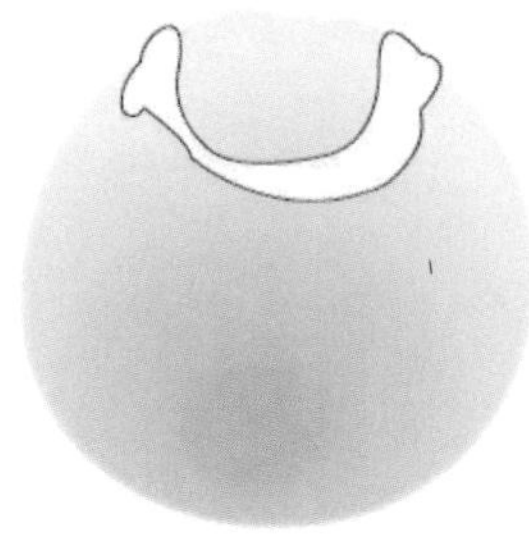

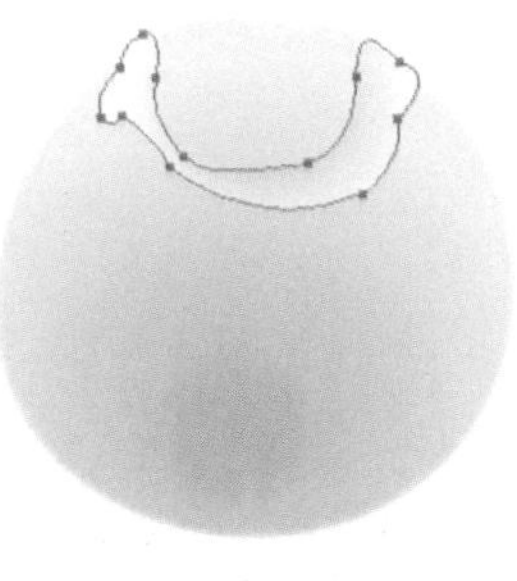

5 使用鋼筆工具 和直接選取工具 繪製火焰圖形，去除筆畫並填充漸層色。

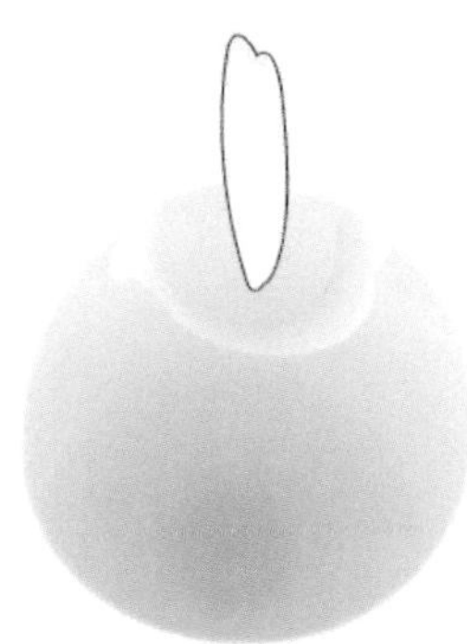

6 使用鋼筆工具 和直接選取工具 繪製蠟燭芯，去除筆畫並填充漸層色。

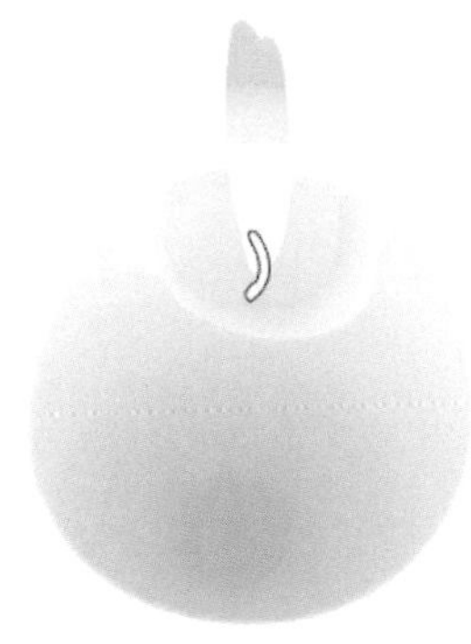

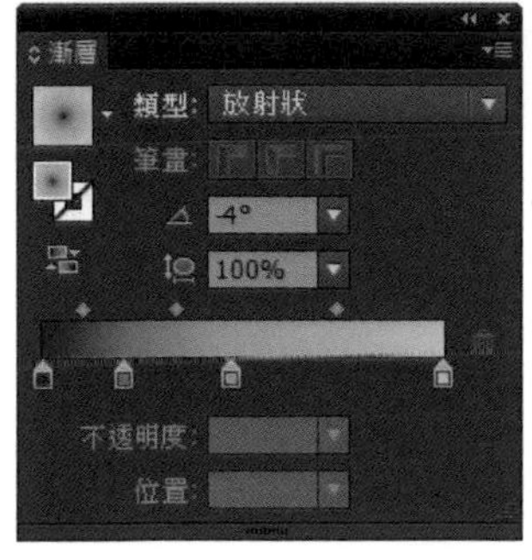

7 使用橢圓形工具 繪製圓形，繪製如圖圖形。

8 選取所有橢圓，在路徑管理員面板中，選取加入外框區域 選項，並點擊展開按鈕。

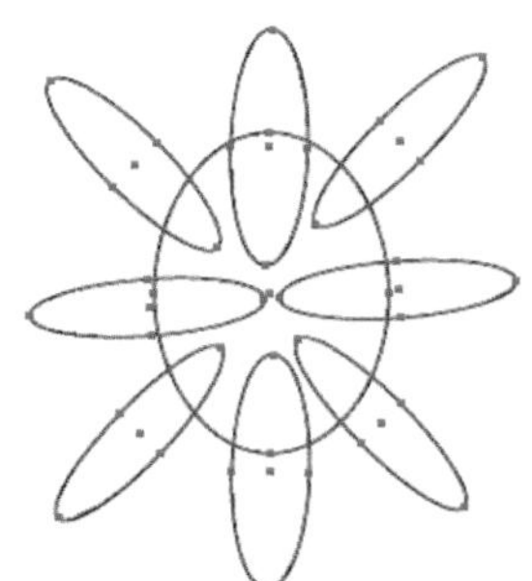

9 為圖形填充漸層色，複製多個調整大小作為蠟燭的花紋。

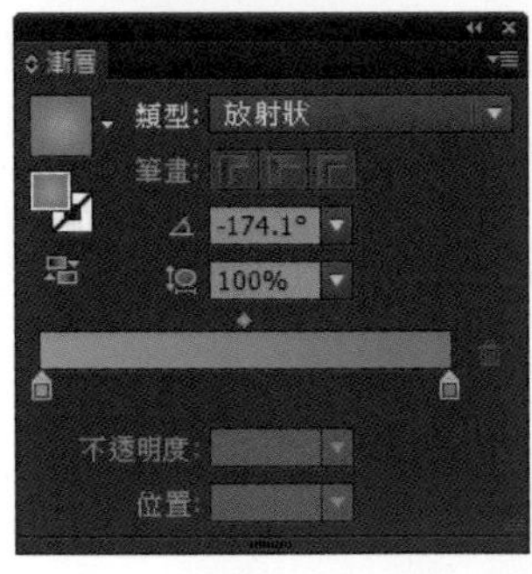

10 使用矩形工具 繪製一個矩形，並填充漸層色，去除筆畫。

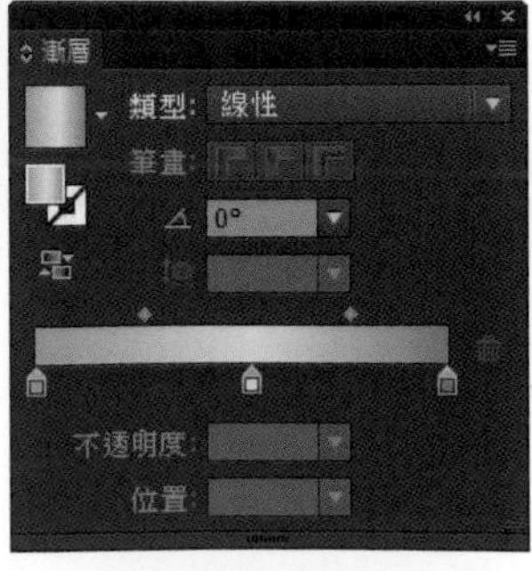

11 使用橢圓形工具 繪製一個橢圓，去除筆劃並填充紅色漸層色。

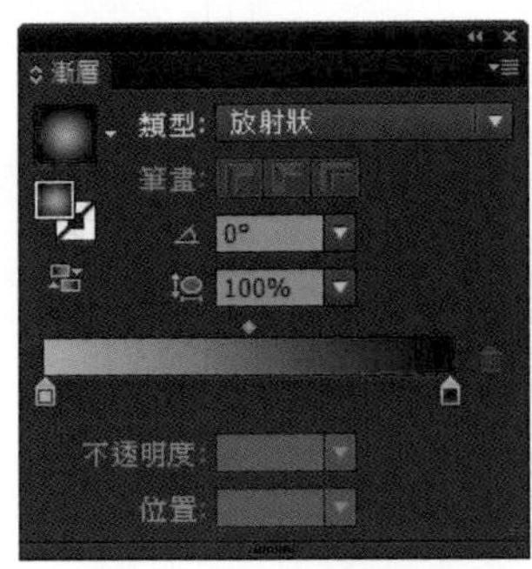

12 使用鋼筆工具 和直接選取工具 繪製蠟油，去除筆畫並填充漸層色。

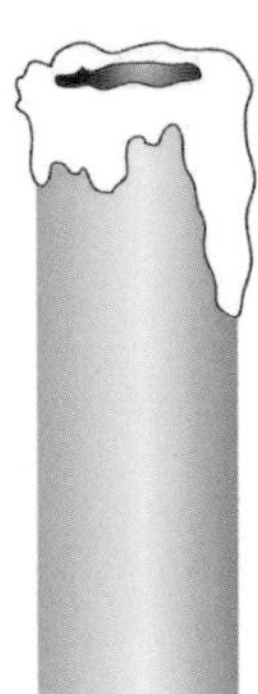

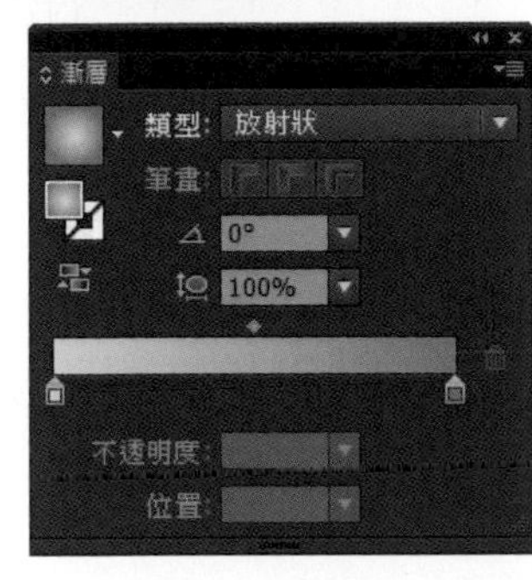

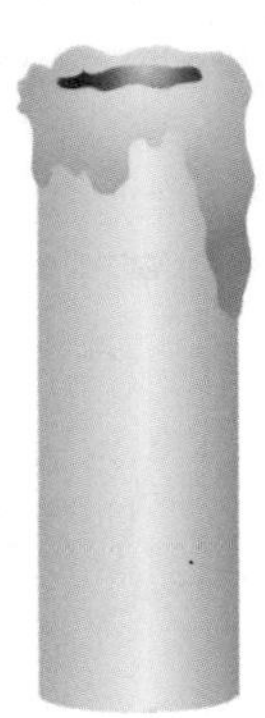

13 使用鋼筆工具 和直接選取工具 繪製蠟燭的火焰和蠟燭芯，去除筆畫並填充漸層色。

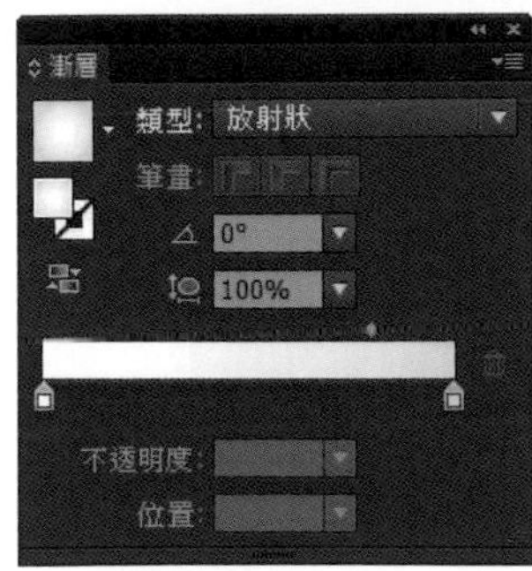

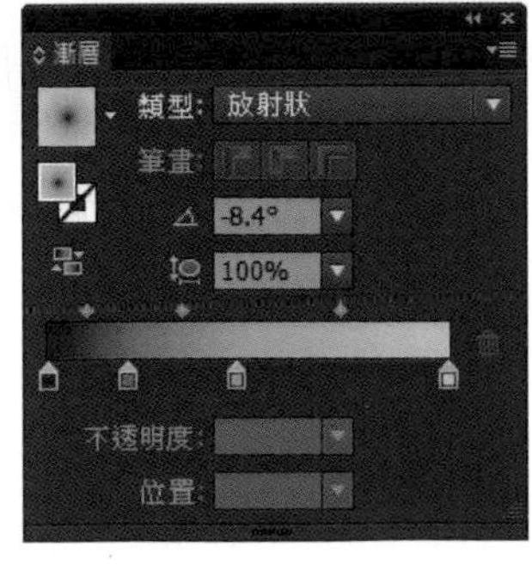

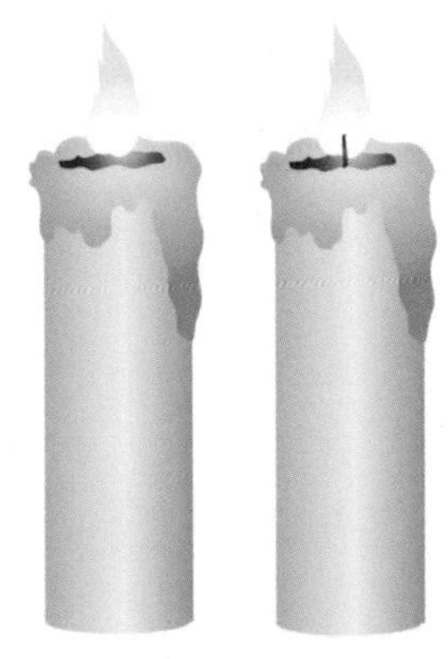

14 使用鋼筆工具 和直接選取工具 繪製蠟燭條狀花紋，去除筆畫並填充漸層色。

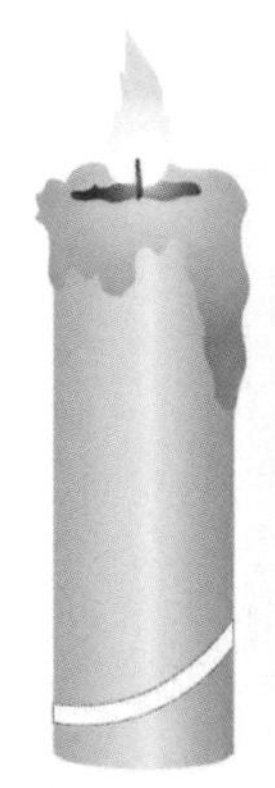

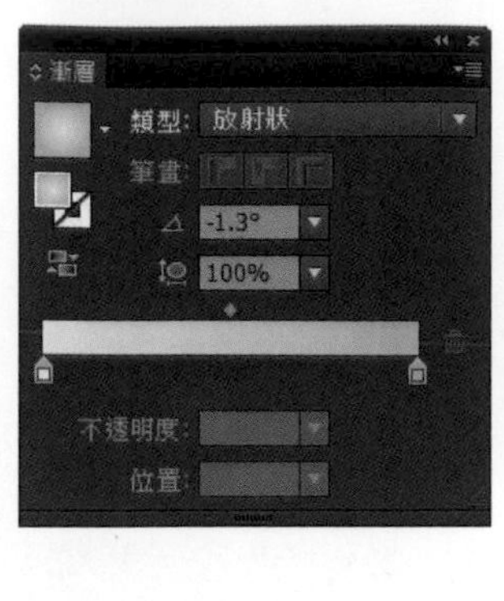

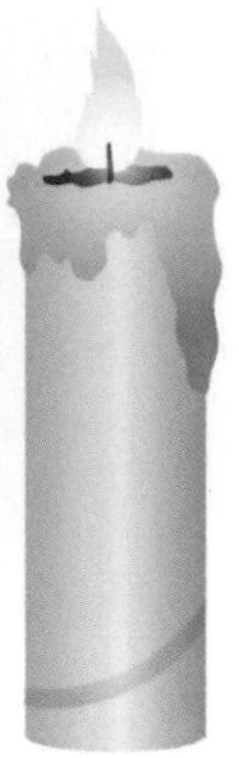

15 使用星形工具 繪製五角星形，去除筆畫填充漸層色。

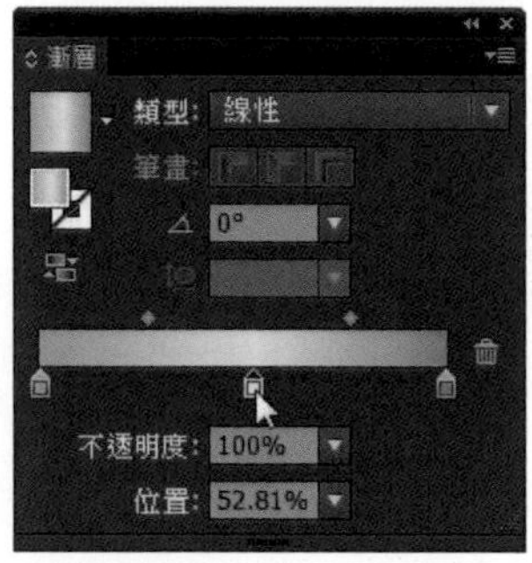

16 並複製多個調整大小作為蠟燭的裝飾圖形。

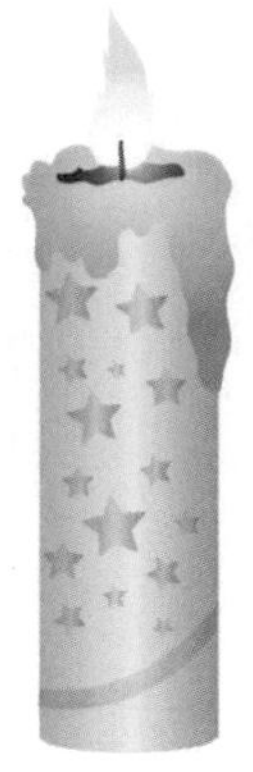

17 將繪製好的蠟燭複製一個，調整顏色和花紋，進行如圖排列並群組蠟燭圖形。

18 將蠟燭圖形剛到賀卡的合適位置。

19 使用符號噴灑器工具 噴灑雪花符號。

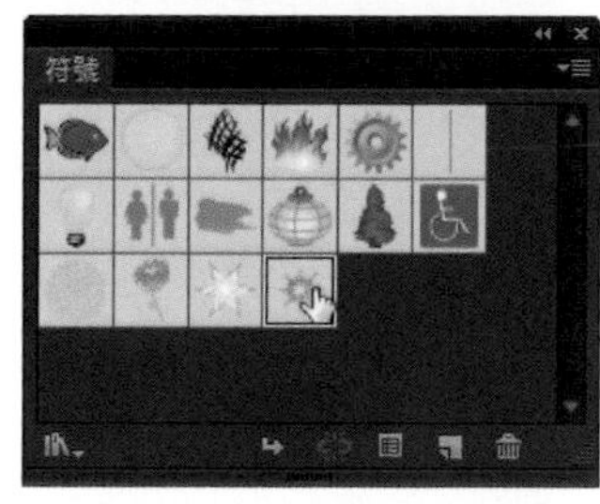

20 對符號執行物件 \ 展開指令，在彈出的展開面板中點擊確定按鈕。

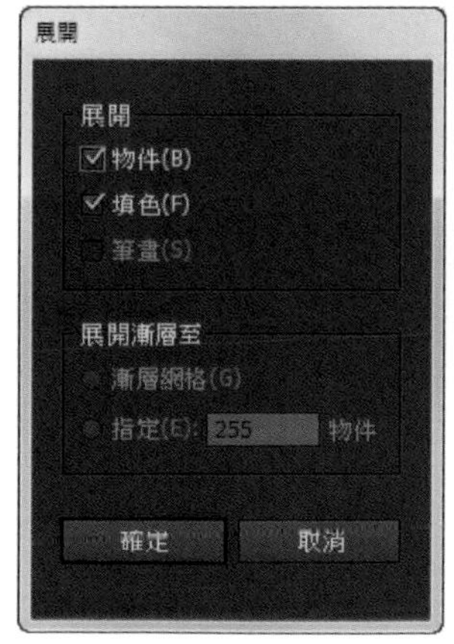

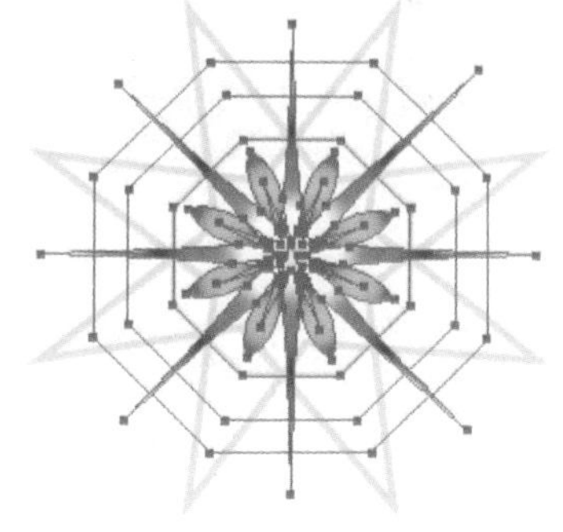

21 將圖形取消群組，刪除多餘的圖形元素。

22 調整圖形的顏色，讓其變為暖色調。

23 將調整好的圖形群組，並在透明度面板中將漸變模式設置為實光，不透明度設置為80%，複製多個調整大小放到賀卡的合適位置。

24 置入 ch14\001.ai 素材文字，群組賀卡所有圖形元素後，使用矩形工具 繪製一個與背景圖形一樣大小的矩形，並與背景圖形重合，如圖效果。

25 選取矩形和圖形元素，執行物件 \ 剪裁遮色片 \ 製作指令，生日賀卡就完成了。

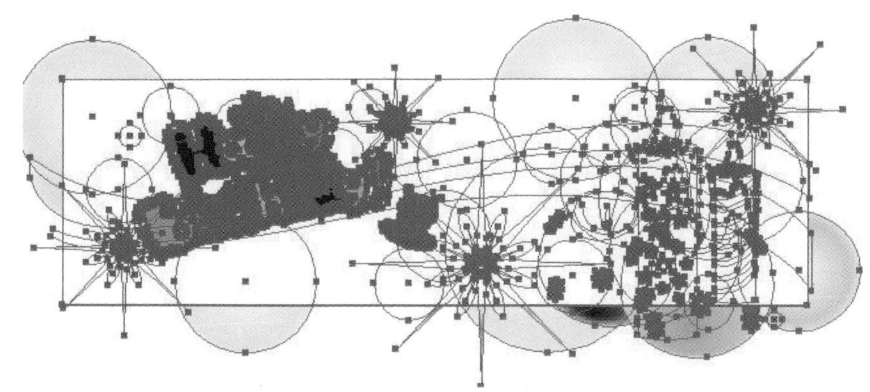

15 圖紋展覽海報設計

紋
朝代花紋圖案展
此次展出的文物基本包括了自新石器時代開始至清代北方各個時期的器物和文化產品，他們當中花紋圖案隨歷史朝代的不同、呈現出個朝代的風格特徵。這些展品有新石器時代的龍山文化的罐形鼎、紅山文化的石鏟和石耜，青銅時代二裏頭文化的陶爵、夏家店下層文化的骨錐，商周時期的高柄陶豆，西漢的帶蓋陶尊，北魏的扁水壺，唐代的彩繪陶俑，遼代的坐欄和木俑，宋代的鎏金銅洗，金代的海獸紋銅鏡，西夏的首領銅印，元代的道教故事銅鏡，清代的銀鑲珊瑚頭飾等。花紋圖案或飛禽鳥獸，或抽象紋樣，或龍鳳呈祥寓意深厚。
展出地點：
國立故宮博物院
展出地址：
臺北市士林區至善路二段221號
電話：
02-28812021

本章海報實例整個畫面的色彩和設計元素都很好的透出了歷史訊息，裝飾圖形的製作正好突顯展覽的主題重點，讓人心領神會。下面我們就來實際演練這個課題的操作吧！

▼ 設計流程

▼ 關鍵技巧

1 效果 \ 風格化 \ 外光暈指令
2 指定階數漸變
3 旋轉工具的使用
4 執行物件 \ 即時掃描 \ 製作指令
5 執行文字 \ 建立外框指令

 ch15\ >ch15.ai、001.tif、002.psd

15-1 裝飾紋樣的繪製

1 使用矩形工具 繪製一個寬和高分別是 229mm 和 353mm 矩形，並填充漸層色，去除筆畫。

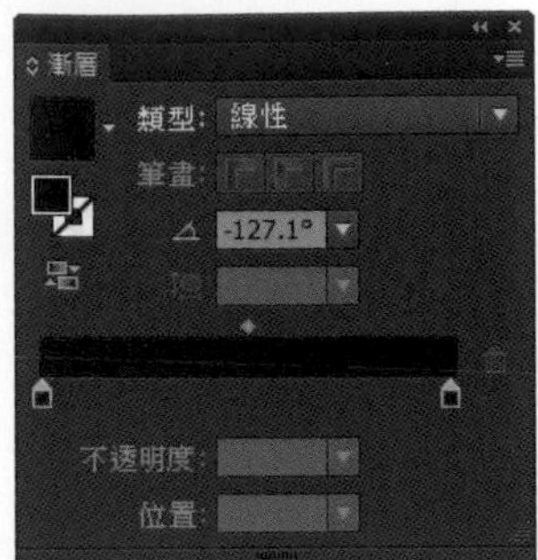

2 使用橢圓形工具 繪製一個正圓，填充紅色並去除筆畫，對正圓執行效果\模糊\高斯模糊指令，在彈出的高斯模糊對話方塊中，將半徑設置為 3.5 像素，點擊確定按鈕。

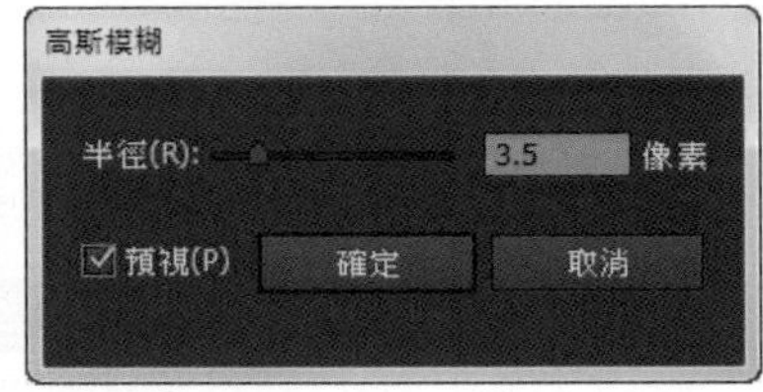

3 保持對正圓的選取狀態，並執行效果\風格化\外光暈指令，在彈出的外光暈對話方塊中，將不透明度和模糊分別設置為 100% 和 2.47mm，顏色設置為黃色 C6、M0、Y93、K0%，點擊確定按鈕。

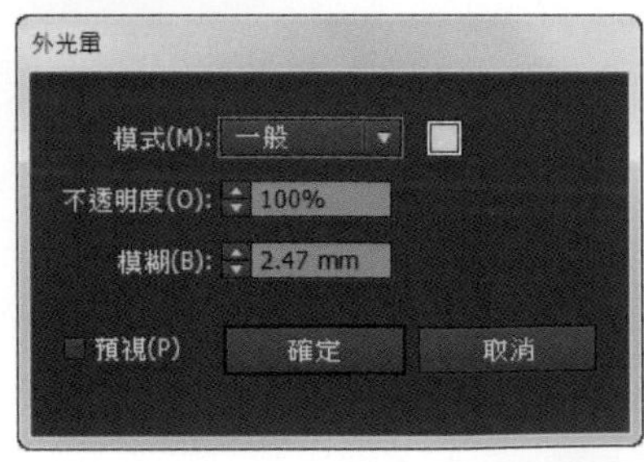

4 使用鋼筆工具 繪製三條明暗不同的相交直線。

5 使用橢圓形工具 繪製一個正圓，選取正圓和直線，在對齊面板中點擊水平居中 和垂直居中 選項。

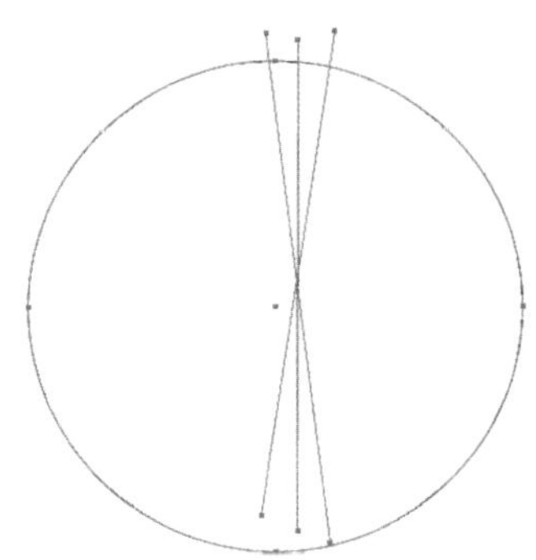

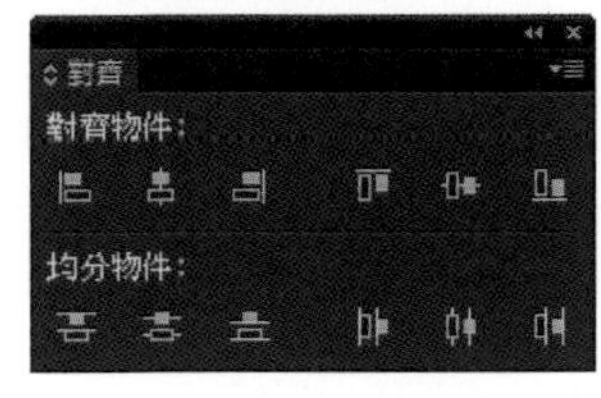

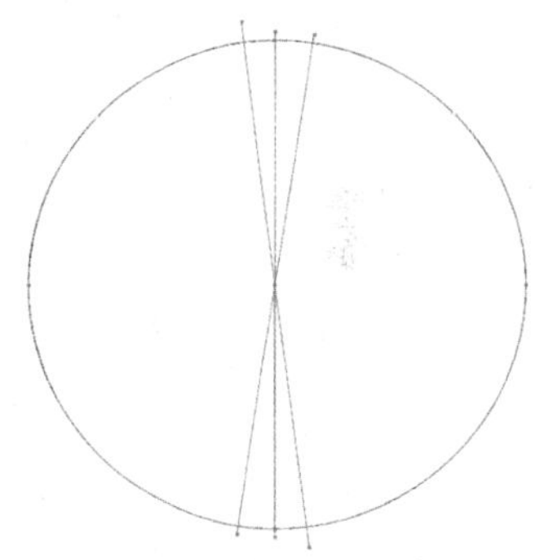

6 調整直線的長短，刪除正圓。

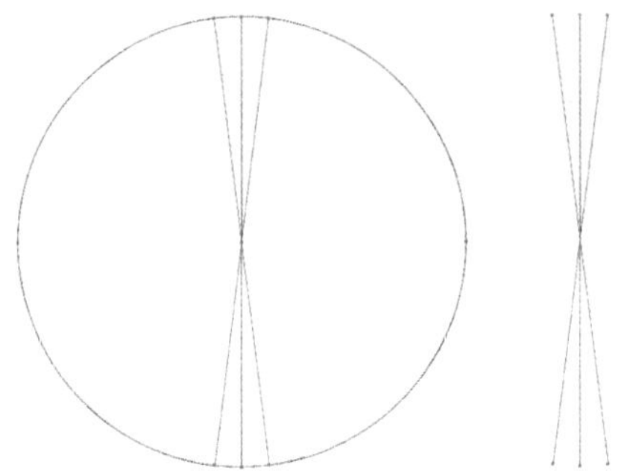

7 雙擊工具箱中的漸變工具 ，在彈出的漸變選項對話方塊中，把指定階數設置為 5，並按下 <Ctrl+Alt+B> 鍵進行漸變。

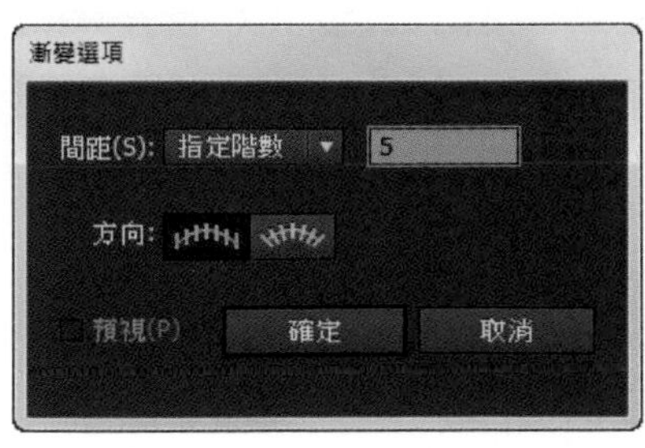

8 使用旋轉工具 ，按住滑鼠不放進行移動，當圖形旋轉到合適位置時，同時按下 <Alt> 鍵，當滑鼠變為 時，鬆開滑鼠和 <Alt> 鍵，複製圖形。

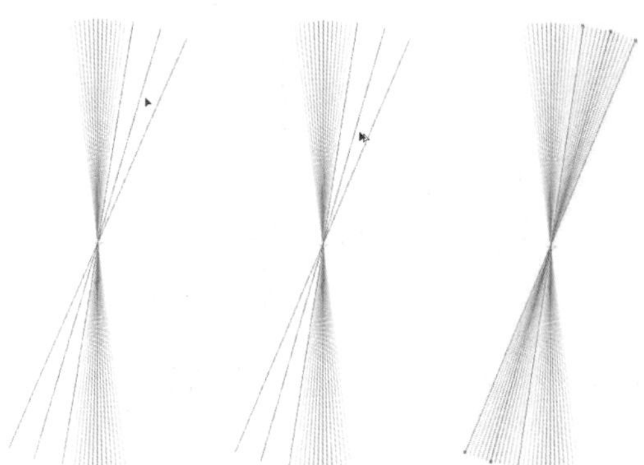

9 按下 <Ctrl+D> 鍵進行旋轉複製，效果如圖。

10 將繪製好的放到紅色正圓上，並在對齊面板中點擊水平居中 和垂直居中 選項。

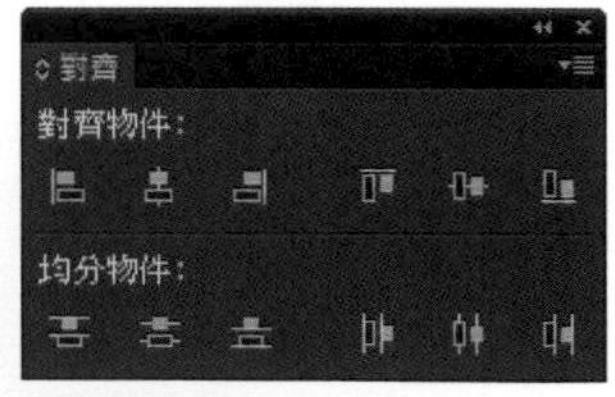

11 圖形調整大小效果如圖。

12 置入附贈光碟中 ch15\002.psd 檔案，放到正圓圖形的上層，並改變圖案紋樣的不透明度。

13 使用橢圓形工具 繪製三個同心正圓，分別填充紅黃橙三種色顏色和去除筆畫。

14 群組同心正圓，並執行效果 \ 風格化 \ 外光暈指令，在彈出的外光暈對話方塊中，將不透明度和模糊分別設置為 100% 和 2.47mm，顏色設置為淡黃色 C3、M0、Y31、K0%，點擊確定按鈕。

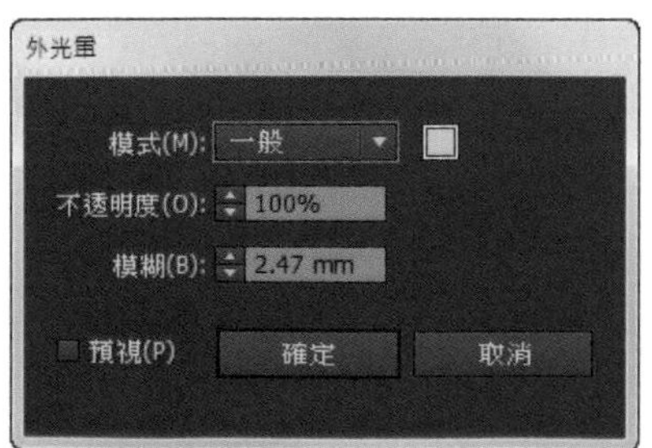

15 使用橢圓形工具 繪製一個大正圓，並將正圓和彩色同心圓如圖擺放。

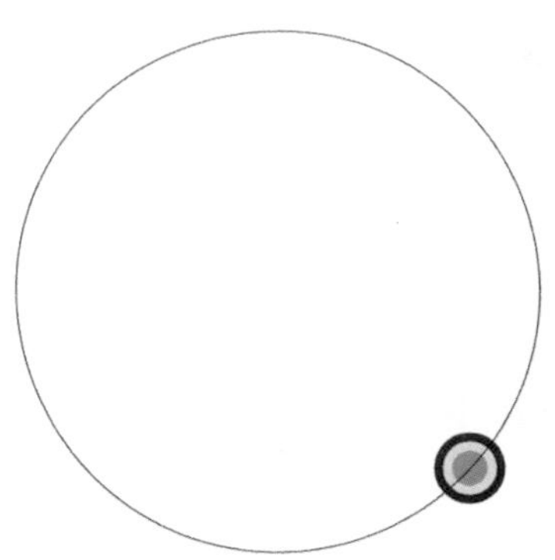

16 拖出兩條輔助線，輔助線的交叉位置為正圓的中心點，使用旋轉工具 ，將彩色同心圓的旋轉中心點 移動到正圓的中心點上。

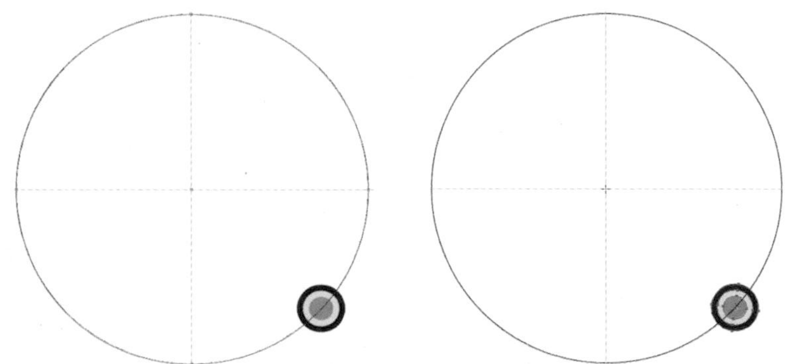

TIPS ▶

執行檢視 \ 顯示尺標開啟尺標，滑鼠移到尺標上按住滑鼠不放，往頁面內拖拽可以拖出輔助線。

17 按住滑鼠不放進行移動，當圖形旋轉到合適位置時，同時按下 <Alt> 鍵，當滑鼠變為 時，鬆開滑鼠和 <Alt> 鍵，複製圖形。

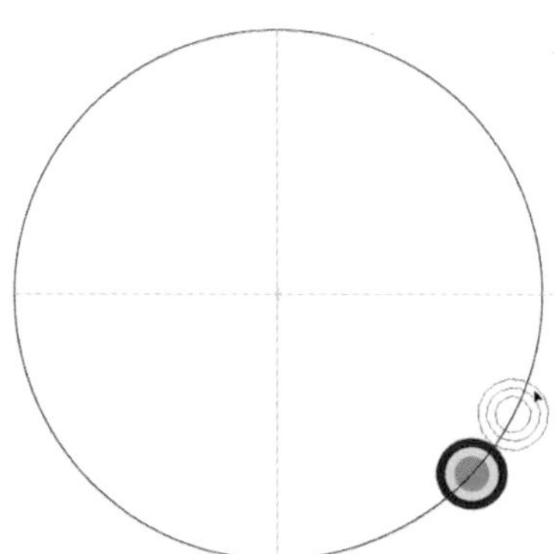

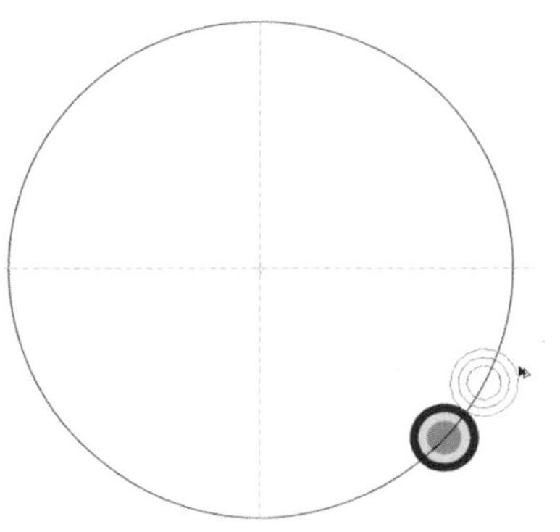

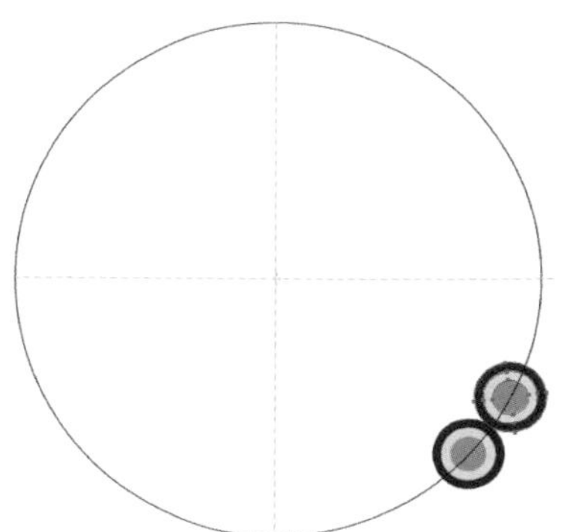

18 按下 <Ctrl+D> 鍵進行旋轉複製，效果如圖。

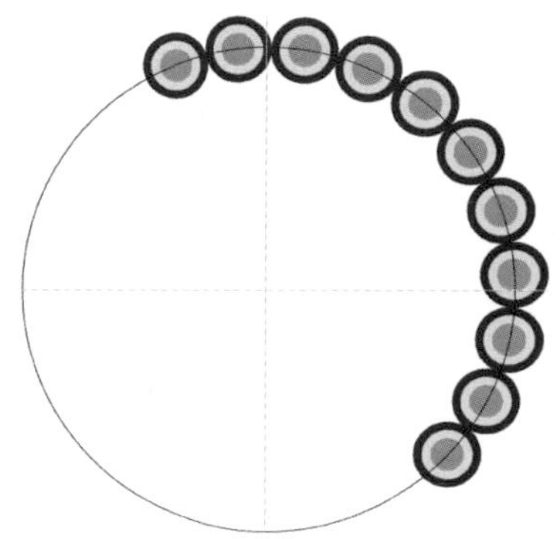

19 群組所有彩色同心圓，繼續使用旋轉工具 ，將彩色同心圓的旋轉中心點 移動到正圓的中心點上，再複製一組彩色同心圓。

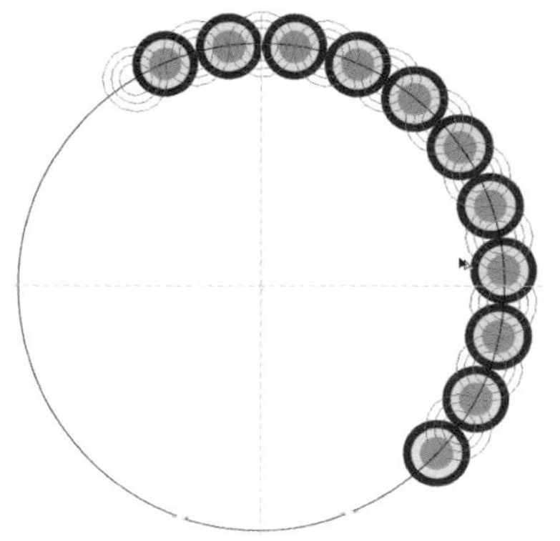

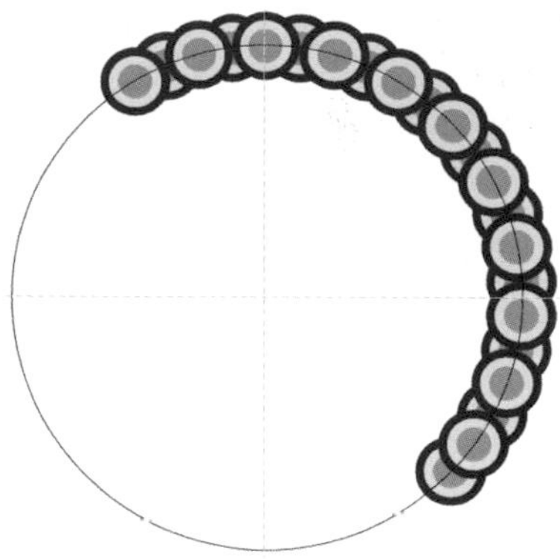

20 將上層的彩色同心圓調整大小，效果如圖。

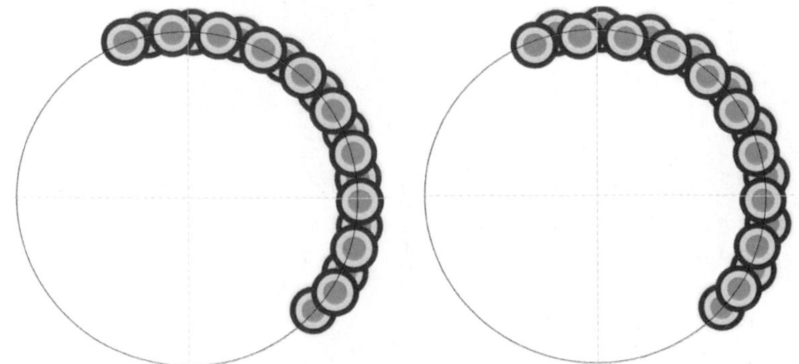

21 使用鋼筆工具 和直接選取工具 繪製浪花圖形，為其填充黃色 C3、M0、Y49、K0%，並把筆畫色填充為橘紅色 C0、M75、Y100、K0%。

22 群組浪花圖形後，複製兩個調整大小，如圖組合群組。

23 對浪花圖形執行效果 \ 風格化 \ 外光暈指令，在彈出的外光暈對話方塊中，將不透明度和模糊分別設置為 100% 和 2.47mm，顏色設置為淡黃色 C3、M0、Y31、K0%，點擊確定按鈕。

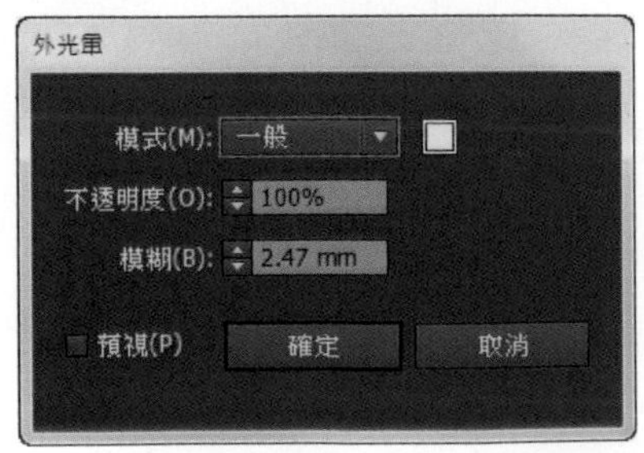

24 使用橢圓形工具 繪製三個圓形，填充黃色並去除筆畫，如圖排列。

25 複製一組圓形和浪花圖形進行組合，並對圓形圖形執行效果 \ 風格化 \ 外光暈指令，在彈出的外光暈對話方塊中，將不透明度和模糊分別設置為 100% 和 0.35mm，顏色設置為淡黃色 C3、M0、Y31、K0%，點擊確定按鈕。

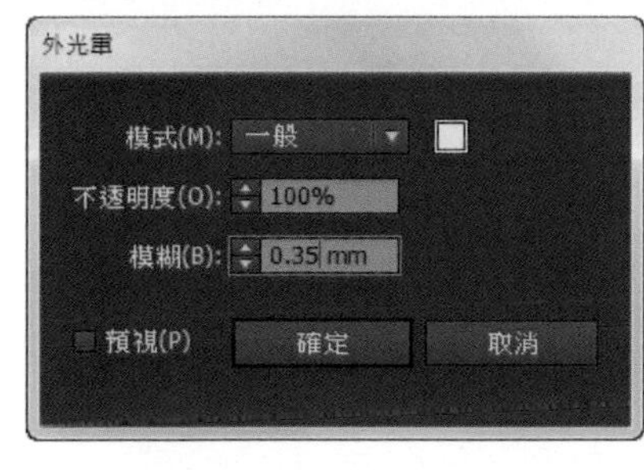

26 將做好的浪花圖形群組放到彩色同心圓的下層，並使用旋轉工具 ，將浪花圖形的旋轉中心點 移動到正圓的中心點上。

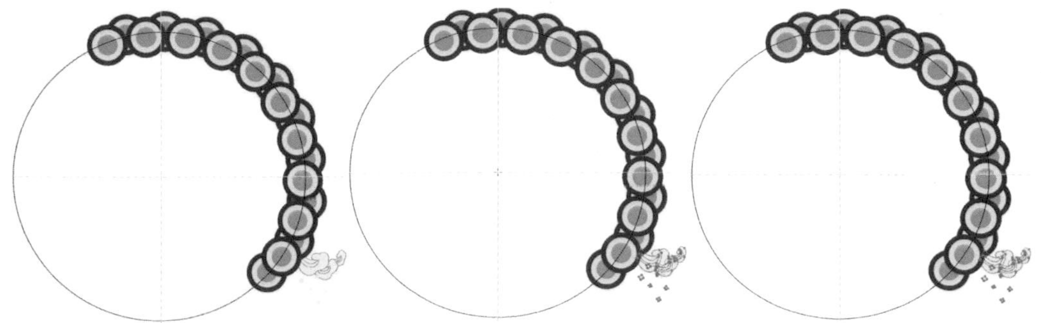

27 按住滑鼠不放進行移動，當圖形旋轉到合適位置時，同時按下 <Alt> 鍵，當滑鼠變為 ▶ 時，鬆開滑鼠和 <Alt> 鍵，複製圖形。

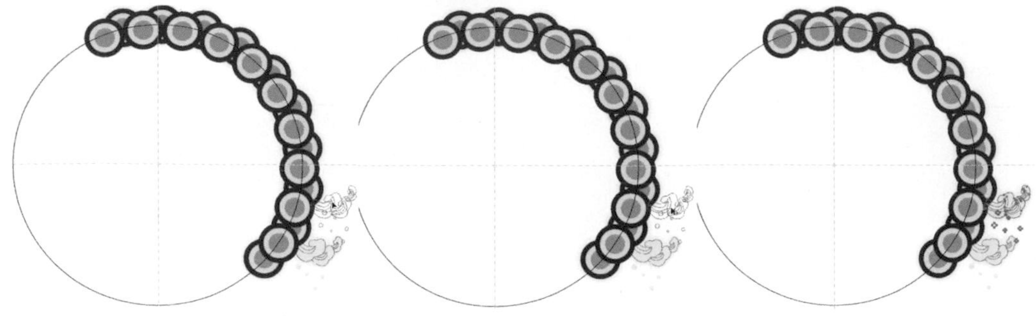

28 按下 <Ctrl+D> 鍵進行旋轉複製，效果如圖。

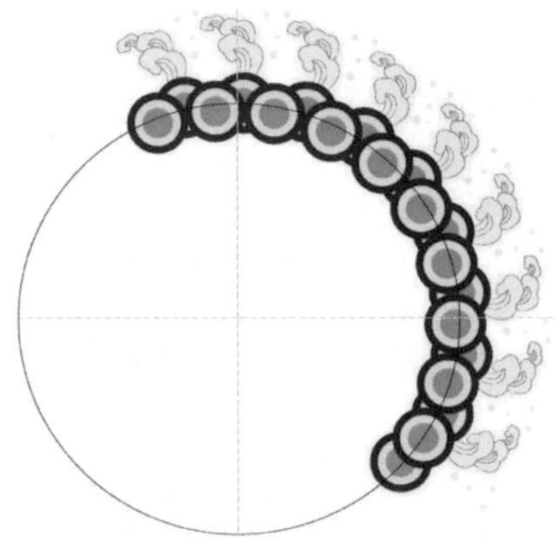

29 刪除正圓和輔助線，將圖形群組，按 <Shift+Ctrl+[> 放到紅色正圓的下層，效果如圖。

30 將所有圖形群組，放到背景矩形的上層，效果如圖。

31 使用矩形工具 繪製一個和背景圖形一樣大小的矩形，並與背景圖形重合，如圖效果。

32 選取矩形和圖形元素，執行物件 \ 剪裁遮色片 \ 製作指令，多餘的圖形就遮住了。

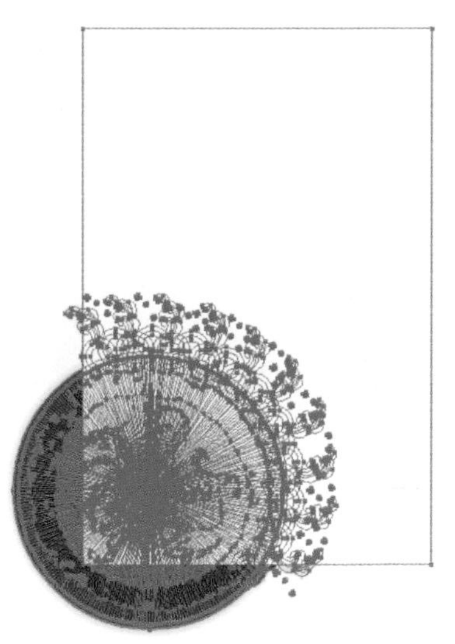

15-2 文字內容的編輯

1 置入附贈光碟中 ch15\001.tif 檔案的文字圖形，對圖片執行物件 \ 即時掃描 \ 製作指令，效果如圖。

TIPS ▶

保持連接圖形的選取狀態，點擊屬性列上的編輯原稿，可以開啟 Photoshop 軟體對文字圖形進行編輯。

連結檔案 002.psd 透明 RGB PPI: 72 嵌入 編輯原稿 影像描圖 ▾ 遮色片

2 對即時掃描文字執行物件 \ 展開指令，並使用直接選取工具 選取白色部分進行刪除。

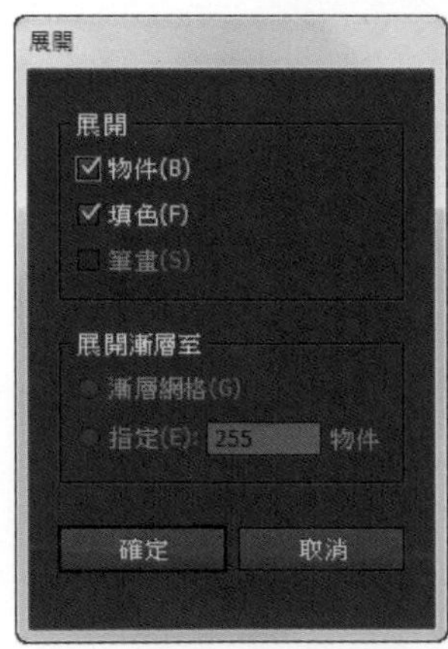

3 為文字圖形填充漸層色，並放到合適位置。

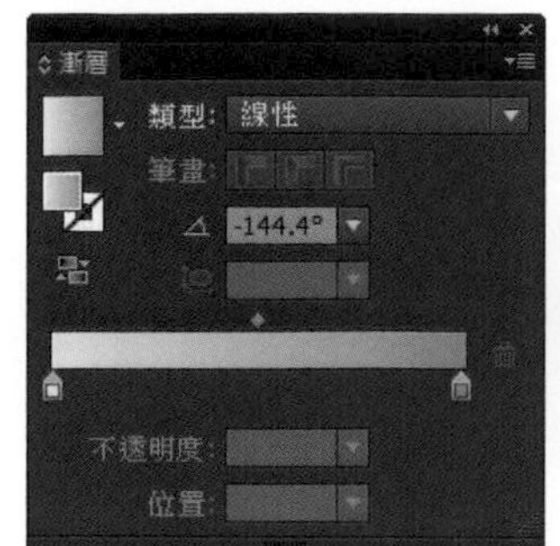

4 使用垂直文字工具 T，按住滑鼠不放拖出一個文字框。

5 放開滑鼠，輸入文字。

6 執行視窗 \ 文字 \ 字元指令，開啟字元面板選擇合適的字體和字體大小。

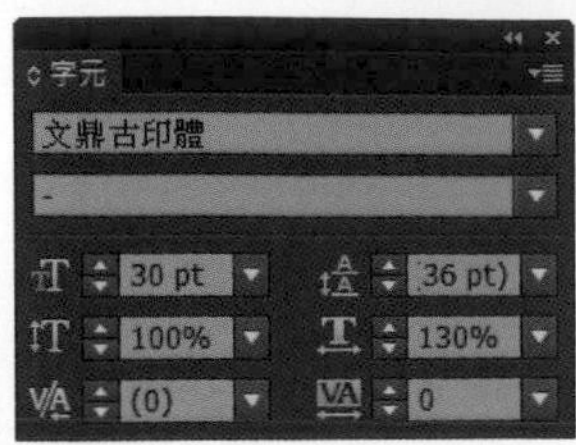

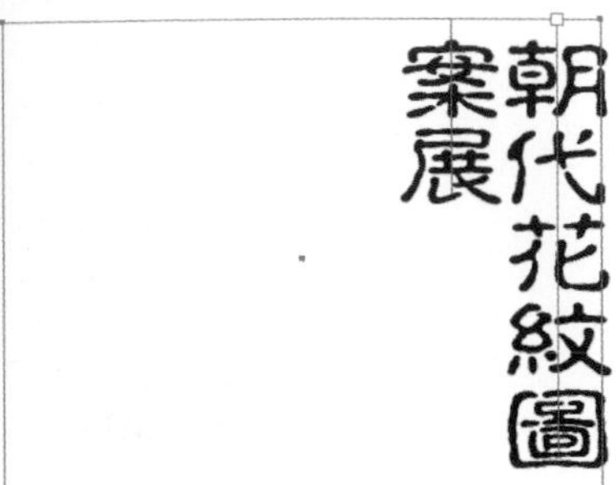

7 使用選取工具 拖曳文字框，把文字框調整到合適大小。

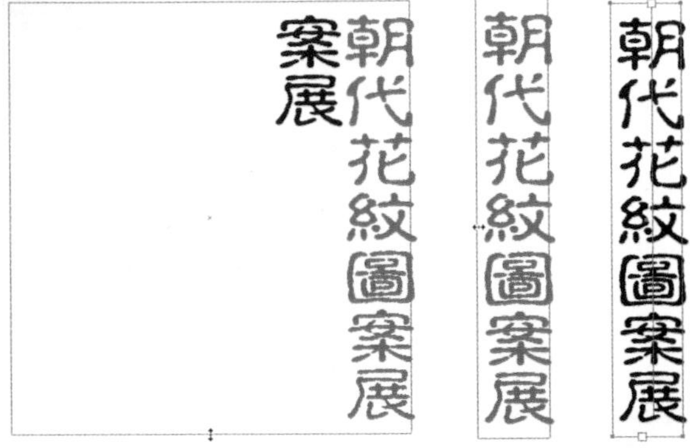

8 使用相同的方法繼續添加文字，效果如圖。

9 對文字執行文字 \ 建立外框指令，為文字填充漸層色。

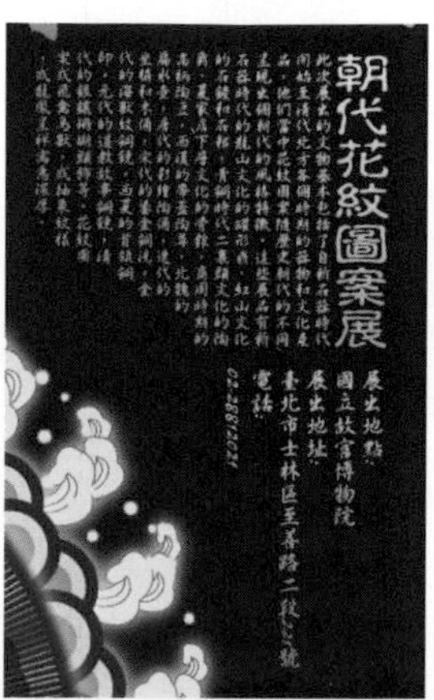

10 最後完成效果見圖。

16 書籍裝幀設計

本實例製作的是時尚雜誌，透過人物的剪裁，配合旁邊的裝飾性元素，利用透明度模式的改變，增加亮點，注重視覺美觀的同時，還具備了強烈的視覺沖力。

▼ 設 計 流 程

▼ 關 鍵 技 巧

1 漸變模式
2 字符的運用
3 錨點轉換
4 影像描圖為 16 色和素描圖
5 美工刀工具的使用
6 上色油漆桶
7 不透明度遮色片的製作

 ch16\ > ch16.ai、001.png、002.ai

16-1 背景的製作

1 使用矩形工具 在頁面中繪製一個矩形，然後填充放射狀漸層色，效果如圖。

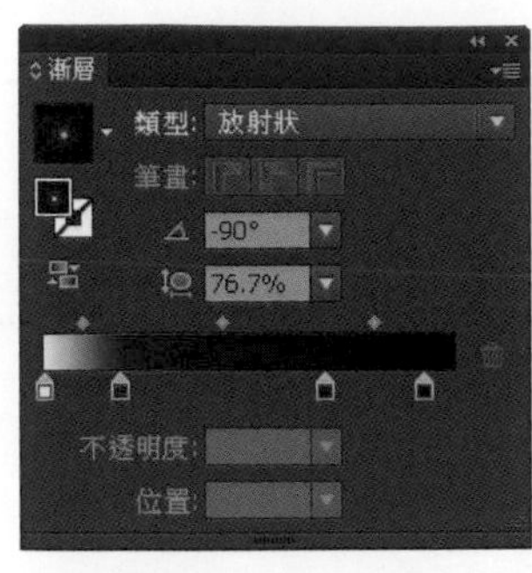

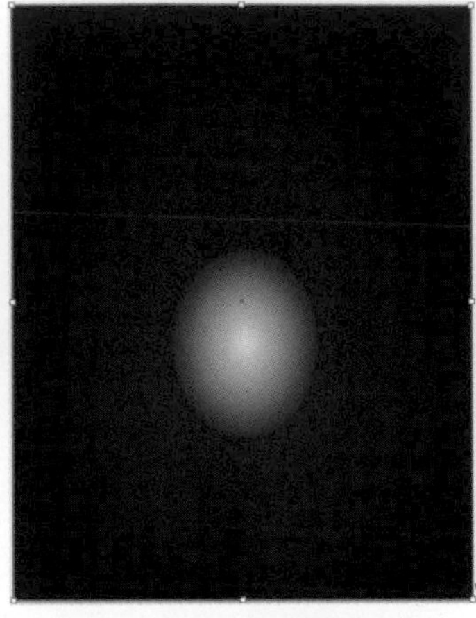

2 使用橢圓形工具 在頁面中繪製一個橢圓，填充放射狀漸層色，效果如圖。

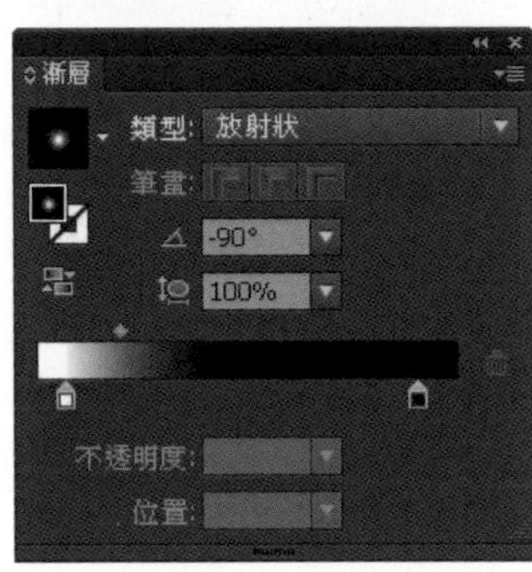

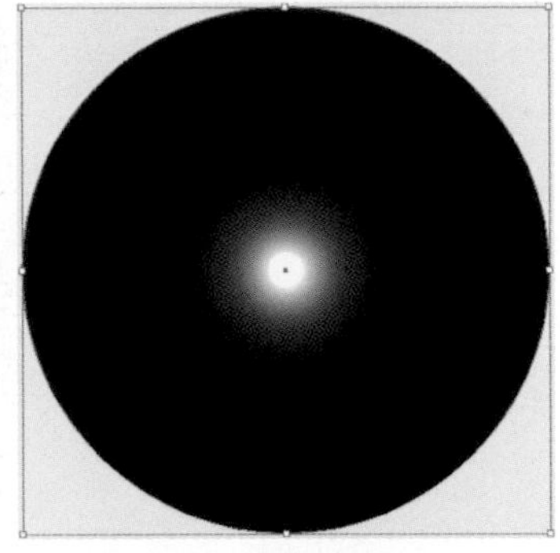

3 將圖形放置在整體圖中，然後執行視窗 \ 透明度指令，然後在彈出的透明度面板中漸變模式設置為網屏，不透明度為 100%，效果如圖。

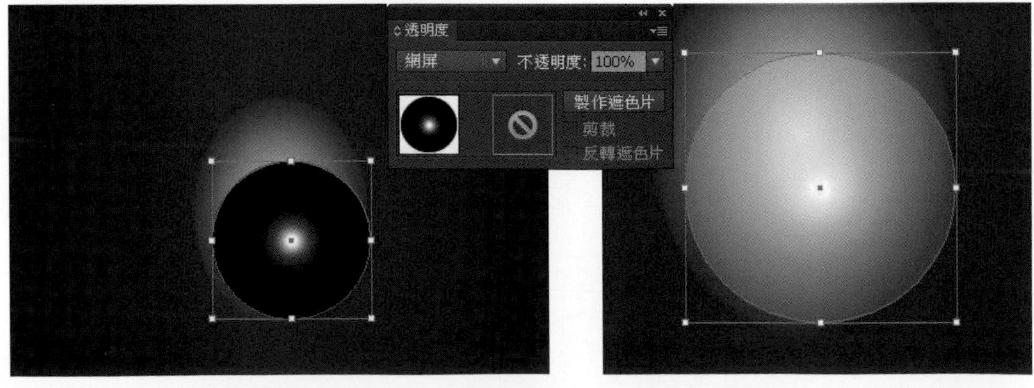

4 使用橢圓形工具 ，在如圖位置繪製兩個橢圓型成十字交叉，填充顏色為白色，邊框設置為無，然後按快速鍵 <Ctrl+G> 鍵群組起來，執行視窗 \ 透明度指令，然後在彈出的透明度面板中，漸變模式設置為重疊，不透明度為 100%。

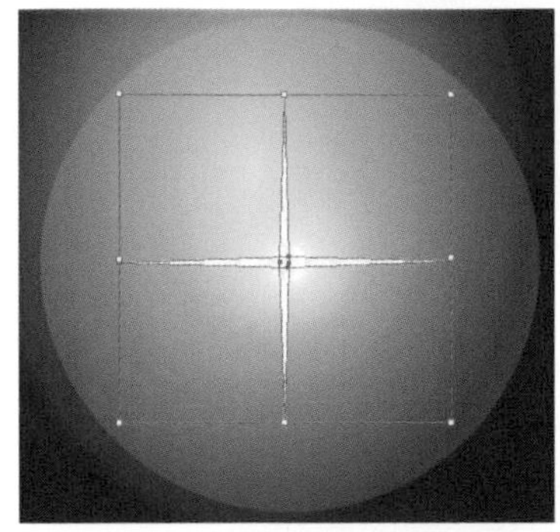

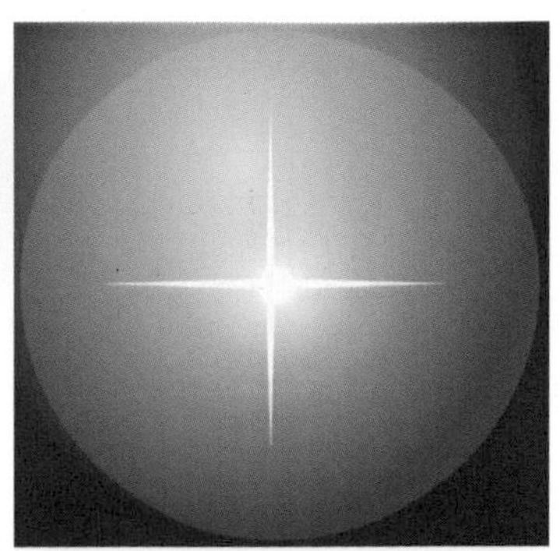

5 同理我們繪製出其他的圖形，排列在一起，最終效果如圖。

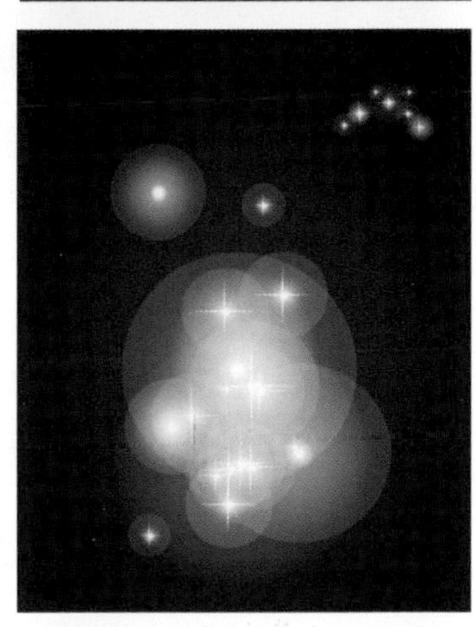

6 點擊橢圓形工具 ，按住 <Shift> 鍵在頁面中繪製一些正圓，填充顏色為白色，最後選取所有白色正圓，按快速鍵 <Ctrl+G> 鍵群組圖形，執行視窗 \ 透明度指令，然後在彈出的透明度面板中，漸變模式設置為色彩加亮，不透明度為 100%，效果如圖。

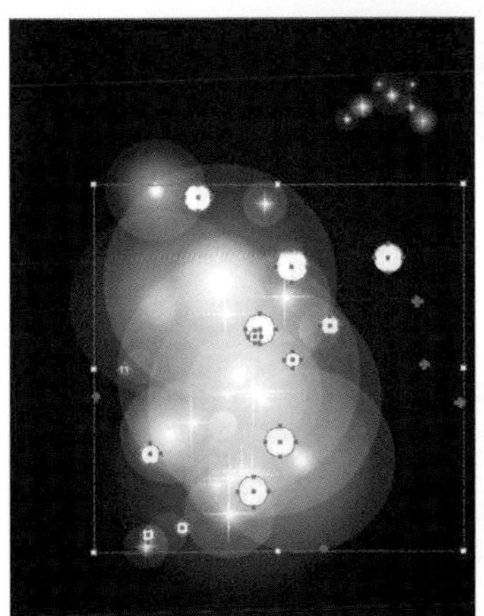

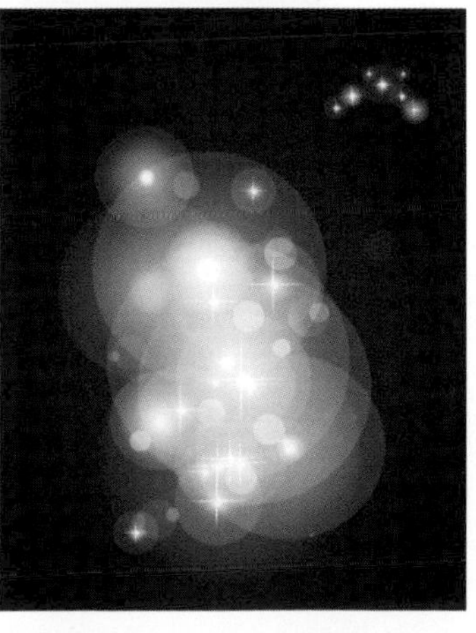

7 同理我們利用橢圓形工具 ，繪製其他正圓，同樣地填充白色，修改漸變模式設置為色彩加亮，調整不同的透明度，最終效果如圖。

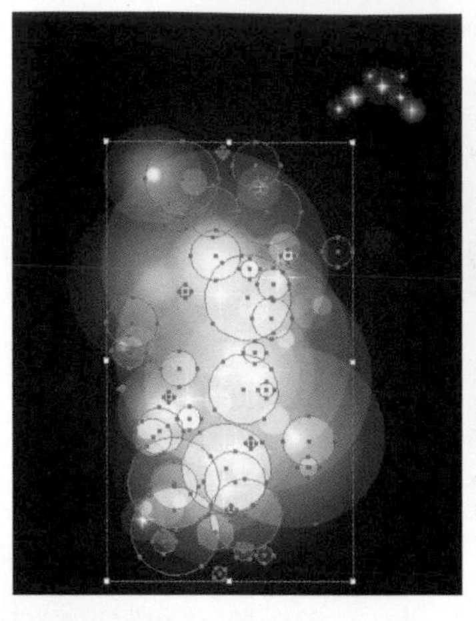
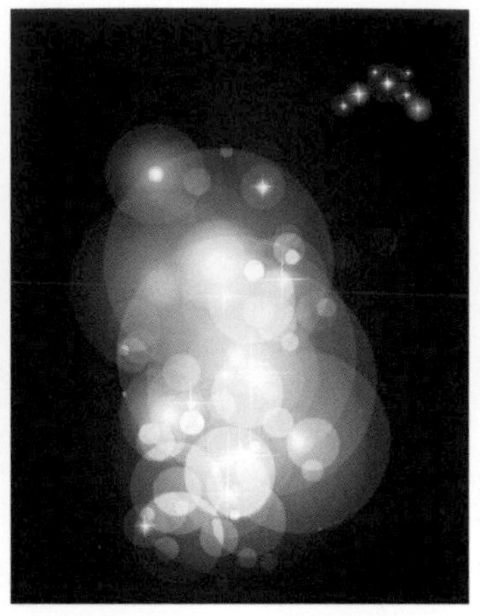

8 點擊工具箱中的矩形工具 在如圖位置繪製一個矩形，填充顏色為白色，邊框設置為無，然後按住 <Alt> 鍵向下拖動圖形，鬆開滑鼠左鍵複製一個，效果如圖。

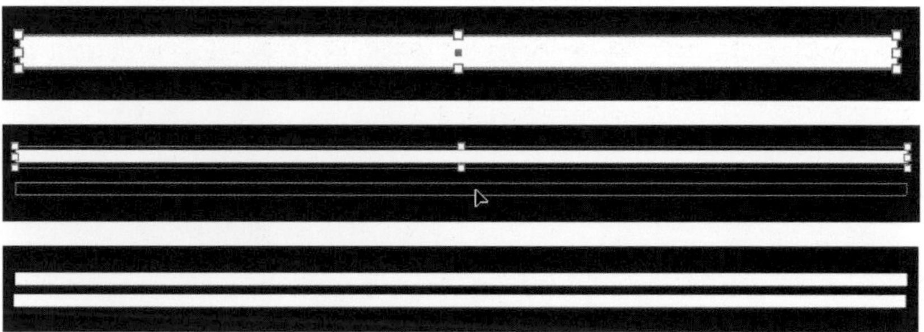

9 快快速鍵 <Ctrl+D> 鍵重復複製若干矩形，並且按快速鍵 <Ctrl+G> 鍵群組所有白色矩形，然後點擊工具箱中的橢圓形工具 ，在如圖位置繪製一個橢圓，效果如圖。

10 選取橢圓和矩形群組，然後點擊視窗 \ 路徑管理員指令，然後在彈出的路徑管理員面板中點擊分割 按鈕。

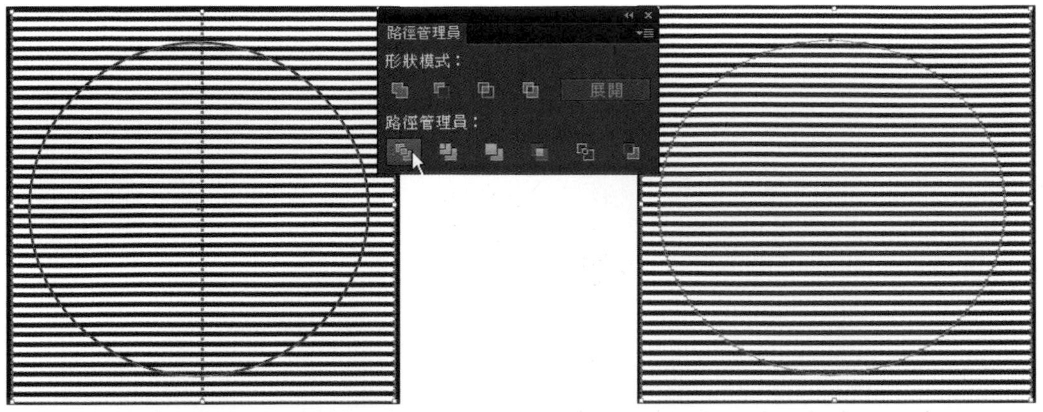

11 點擊工具箱中的直接選取工具 ，按快速鍵 <Delete> 鍵刪除多餘的部分，然後將圖形放置在如圖位置，效果如圖。

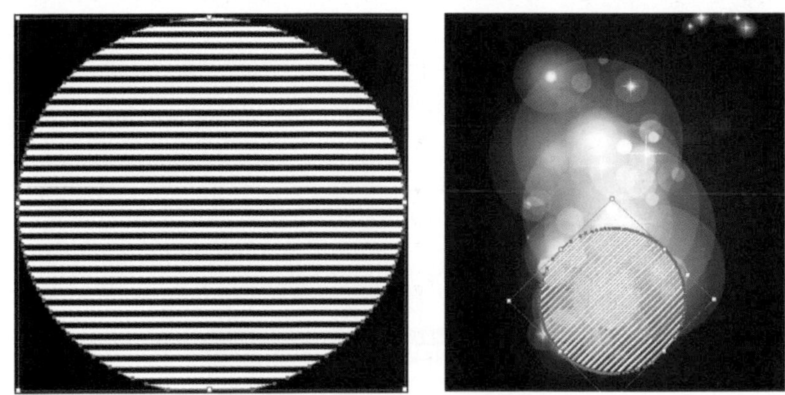

12 繼續選取圖形，執行視窗 \ 透明度指令，然後在彈出的透明度面板中，漸變模式設置為重疊，不透明度為 100%，同理我門製作出其他圖形，最終效果如圖。

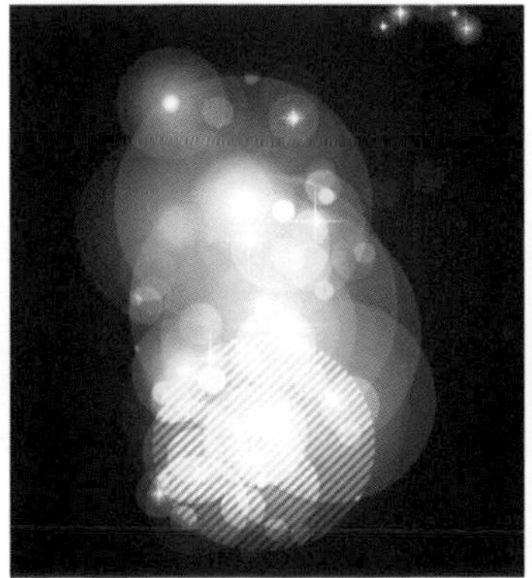

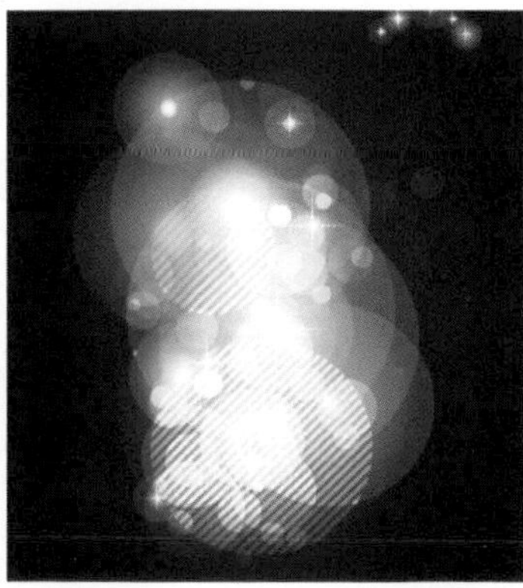

13 點擊工具箱中的螺旋工具 ，在頁面空白處點擊一下，然後在彈出的螺旋對話框中設置半徑為 40mm，衰減設置為 80，區段設置為 10，然後點選樣式如圖設置，點擊確定按鈕，製作一個螺旋圖形。

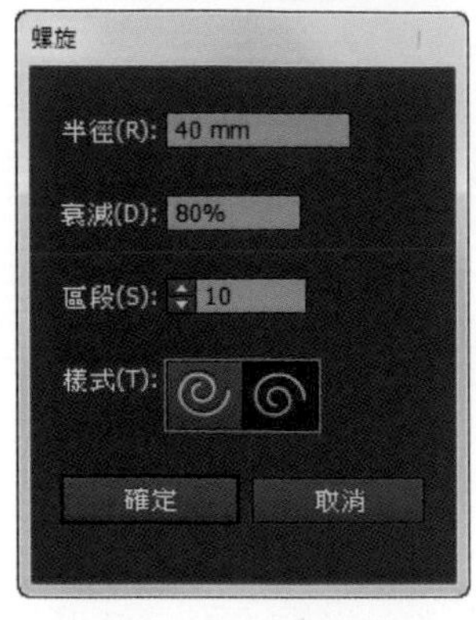

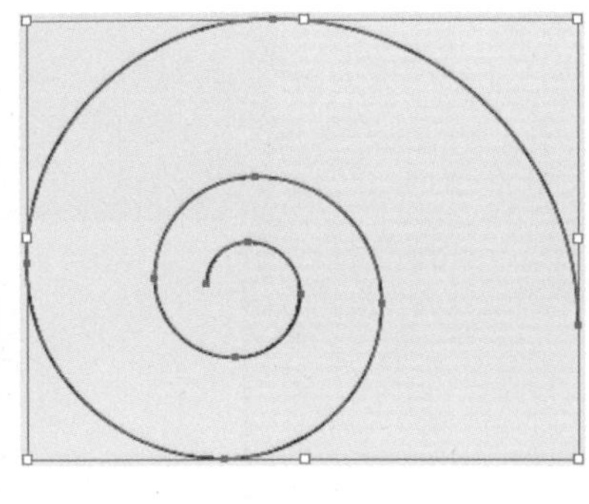

14 執行視窗 \ 筆刷資料庫 \ 裝飾 \ 典雅的捲曲和花卉筆刷組合指令，在彈出的典雅的捲曲和花卉筆刷組合面板中，選擇點狀圖形，然後在屬性列中設置屬性列中設置筆畫寬度為 0.15pt，效果如圖。

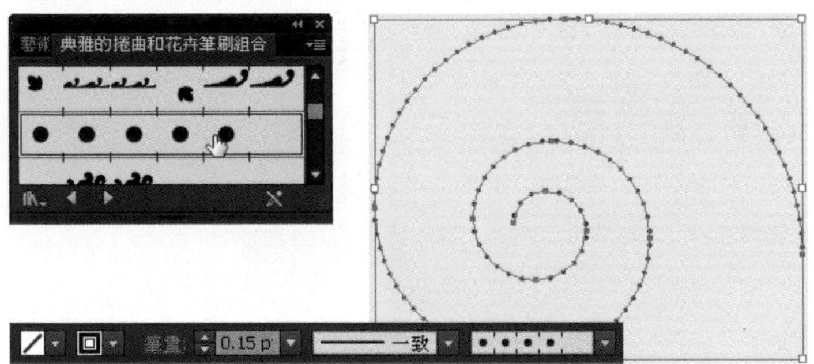

15 繼續選取圖形，然後執行物件 \ 擴充外觀指令，然後調整圖形的大小，旋轉角度放置在如圖位置，填充顏色為白色，效果如圖。

16 執行視窗 \ 透明度指令，然後在彈出的透明度面板中，漸變模式設置為色彩加亮，不透明度為 100%，效果如圖。

17 同理我們製作出其他圖形，效果如圖。

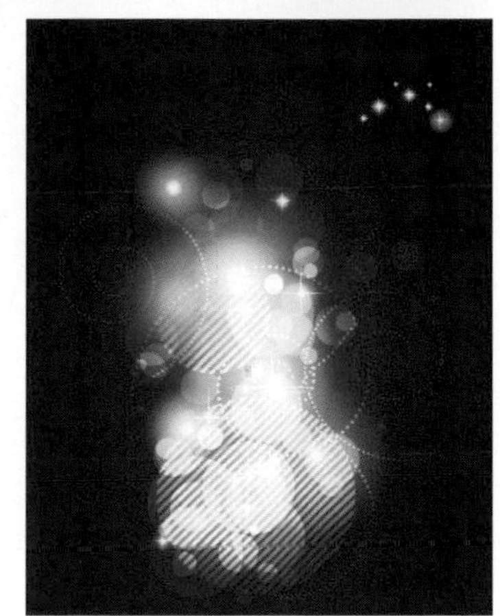

16-2 裝飾元素的製作

16-2-1 花朵製作

1 使用橢圓工具 繪製一個橢圓，使用直接選取工具編輯橢圓的各個錨點，得到如圖的圖形。

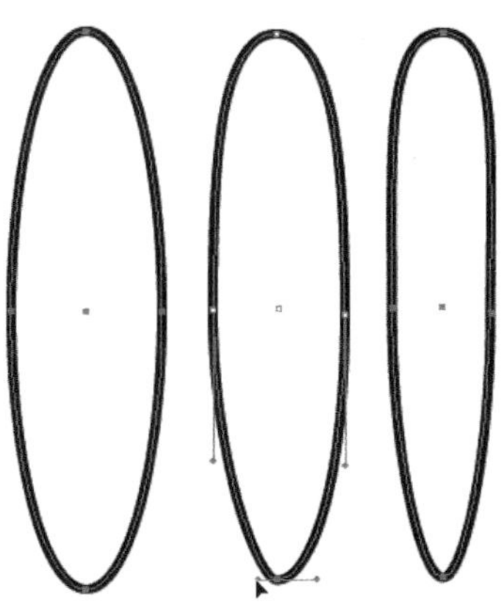

2 使用工具箱中的旋轉工具 ，按住 <Alt> 鍵，滑鼠點擊如圖的位置確定旋轉中心點，彈出的旋轉對話方塊中設置角度為 15 度，點擊拷貝按鈕進行複製。

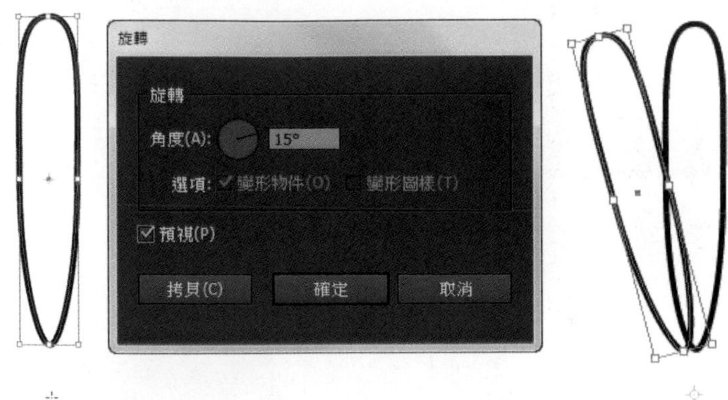

3 按若干次 <Ctrl+D> 鍵，將圖形繞成一個圓。

16-2-2 雪花製作

1 點擊工具箱中的文字工具 T，在頁面中拖曳出一個文字框，插入一個游標。

2 執行文字\字符指令，彈出字符對話方塊，在彈出的字元對話方塊中選擇字體為 Wingdings，雙擊雪花字符，將字符插入到文字框內。

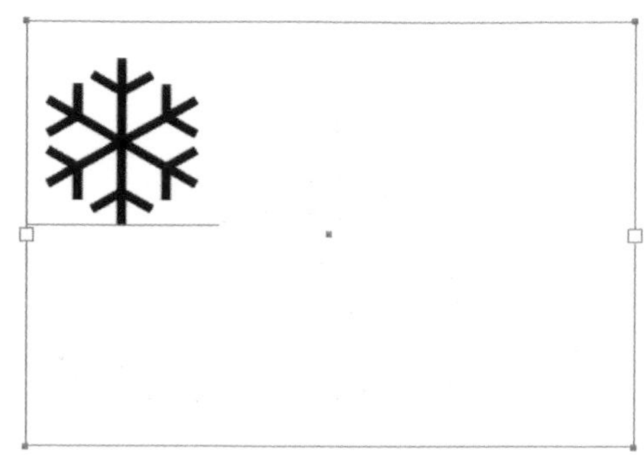

3 點擊工具箱中的選取工具 選取字元，點擊滑鼠右鍵在彈出的快速選單中選取建立外框指令，將文字轉換為曲線。

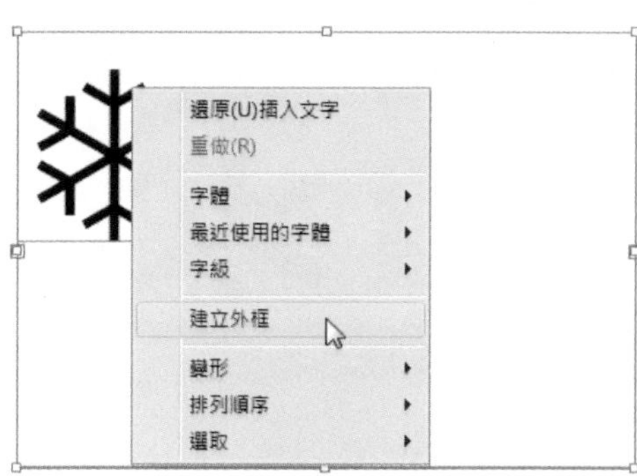

4 使用工具箱中的縮放工具 ，按住 <Alt> 鍵，並使用滑鼠左鍵點擊圖形的中心，在彈出的縮放對話方塊中設置縮放為 160%，點擊拷貝按鈕進行複製。

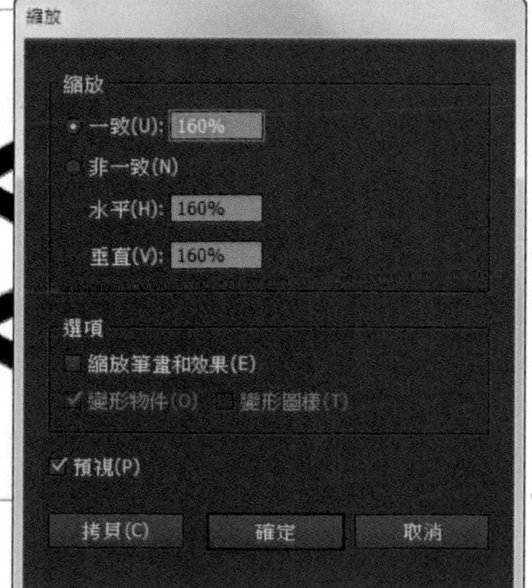

5 執行視窗 \ 路徑管理員指令，打開路徑管理員面板，點擊面板上的聯集 按鈕，將兩個路徑合併。

6 使用鋼筆工具 繪製如圖的圖形，全選兩個圖形，點擊路徑管理員面板中的減去上層 按鈕，將圖形進行裁切。

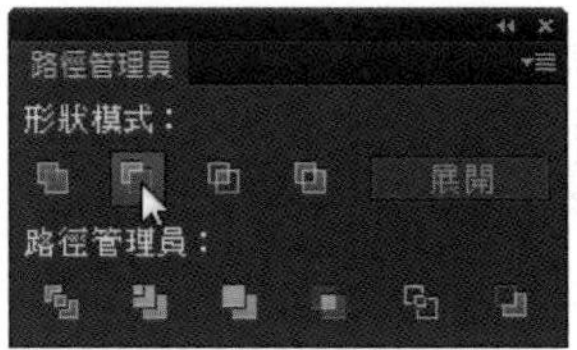

7 使用直接選取工具 調整圖形如圖的節點，將圖形變形。

8 將圖形上的餘下的節點進行調整，得到如圖的圖形。

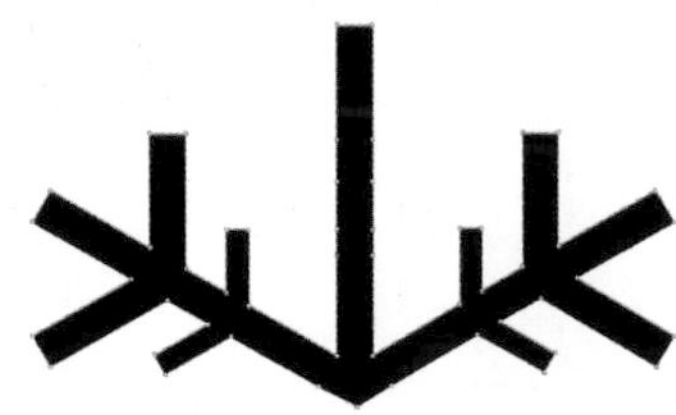

9 繼續調整圖形的節點，得到如圖的圖形。

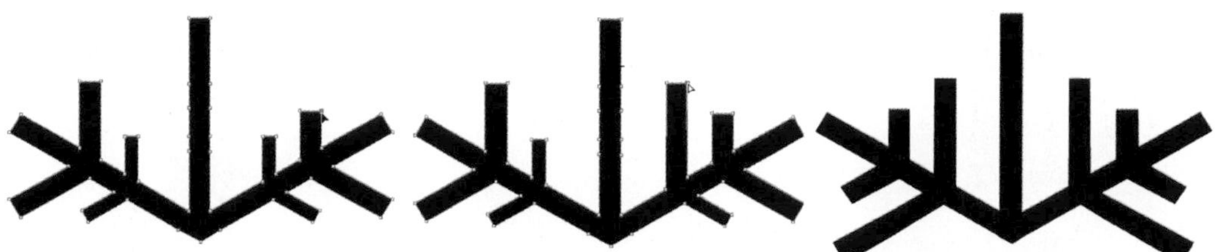

10 使用直接選取工具 拖曳出一個選取框，選取如圖兩個點。

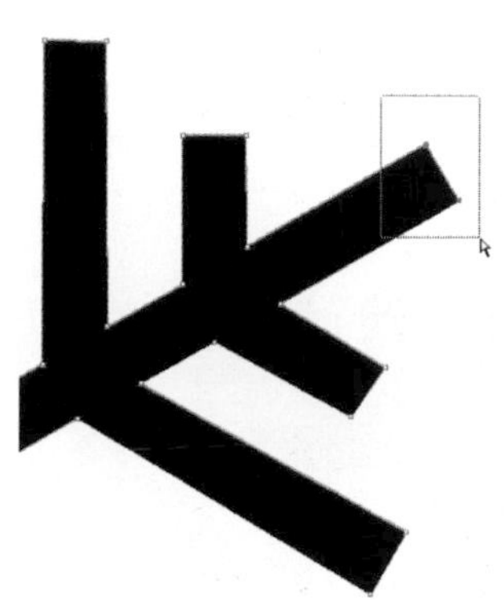

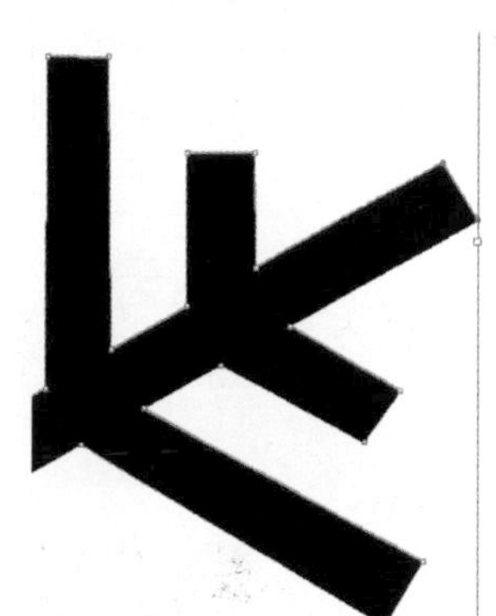

11 在屬性列點擊將選取的錨點轉換為平滑 按鈕，將尖角錨點轉換為圓角。

12 使用直接選取工具 調整錨點控制柄，得到如圖的形狀。

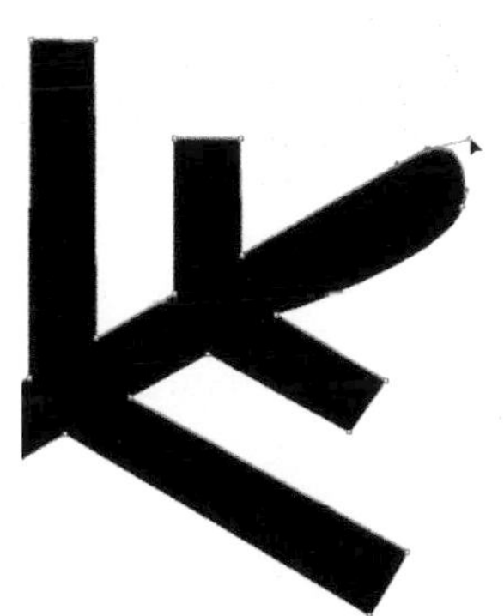

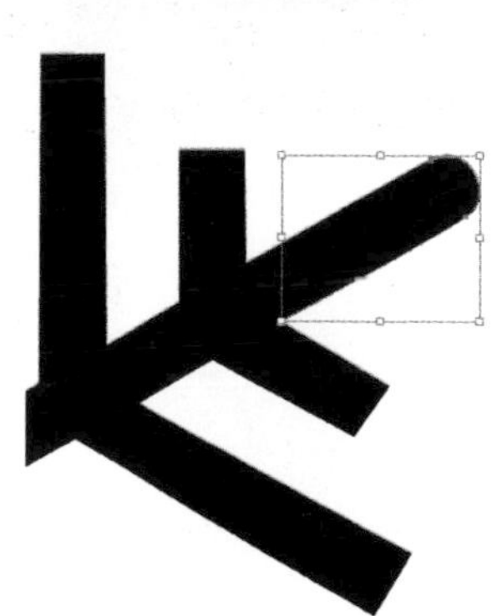

13 將圖形中部分尖角錨點轉換為圓角，並繼續調整圖形錨點得到如圖的圖形。

14 使用選取工具 按住 <Alt> 鍵，滑鼠向下拖曳複製圖形，並使用橢圓形工具 在圖形上繪製一個圓形。

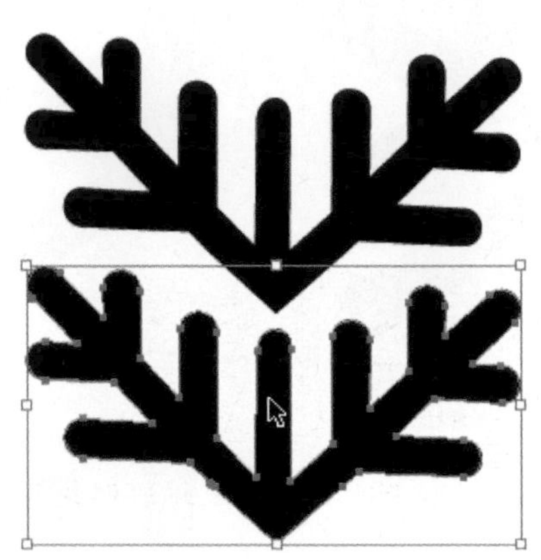

15 使用矩形工具 在圖形上繪製一個矩形。

16 選取如圖的圖形，在路徑管理員面板中點擊聯集 按鈕 ，將選取的圖形合併。

17 全選所有圖形，使用工具箱中的旋轉工具 ，按住 <Alt> 鍵滑鼠點擊如圖位置確定中心點，在彈出的旋轉對話方塊中，設置角度為 45 度，點擊拷貝按鈕。

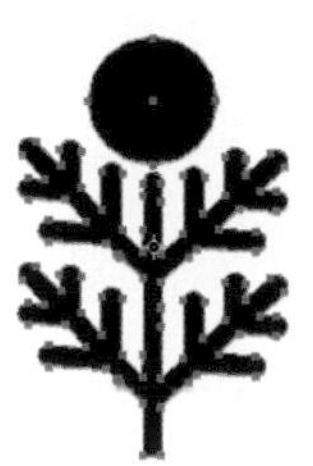

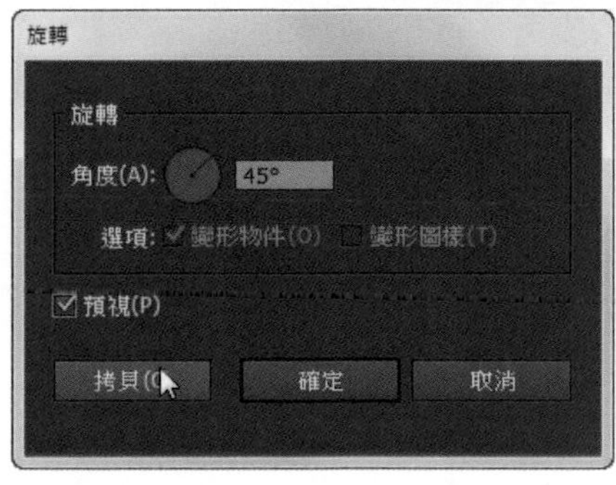

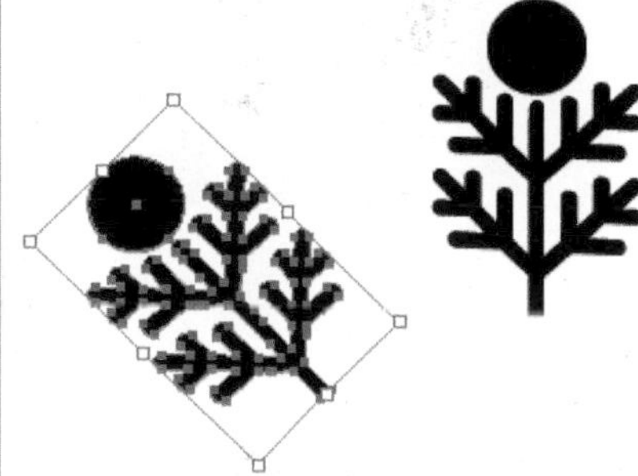

18 按若干次的 <Ctrl+D> 鍵，將複製的圖形繞成一個圓形。

19 使用工具箱中的星形工具 ，滑鼠點擊頁面彈出星形對話方塊，設置半徑 110mm，半徑 2 為 7mm，星芒數為 8，點擊確定按鈕繪製出一個星形。

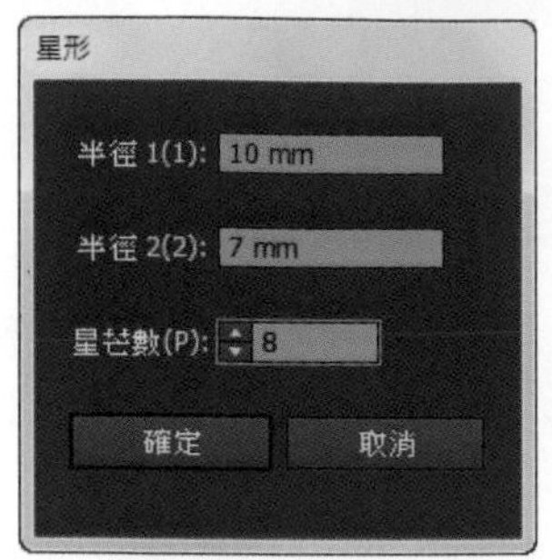

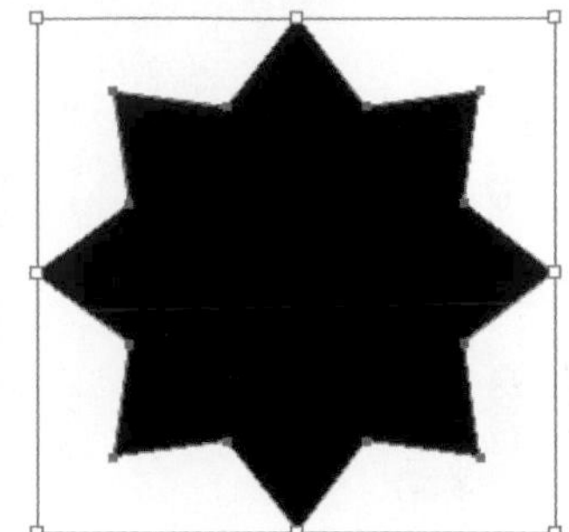

20 使用直接選取工具 選取星形的尖角，點擊屬性列上的將選取的錨點轉換為平滑 按鈕 ，將尖角錨點轉換為圓角。

21 使用直接選取工具 拖曳錨點的控制柄，改變圓角弧度。

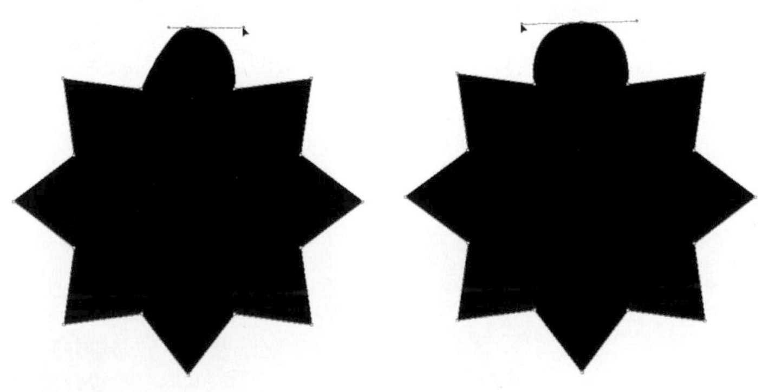

22 依照上述方法將圖形調成為如圖的形狀，並擺放在剛才繪製的雪花上。

16-2-3 五星的繪製

1 使用星形工具 繪製一個五角星，設置半徑 1 為 10mm，半徑 2 為 5mm，星芒數為 5，點擊確定按鈕。

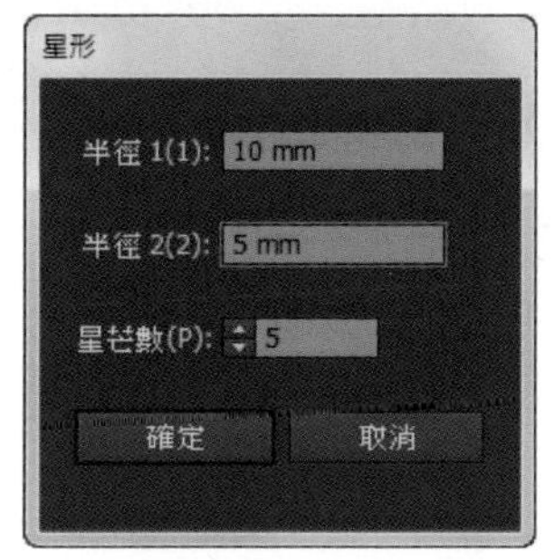

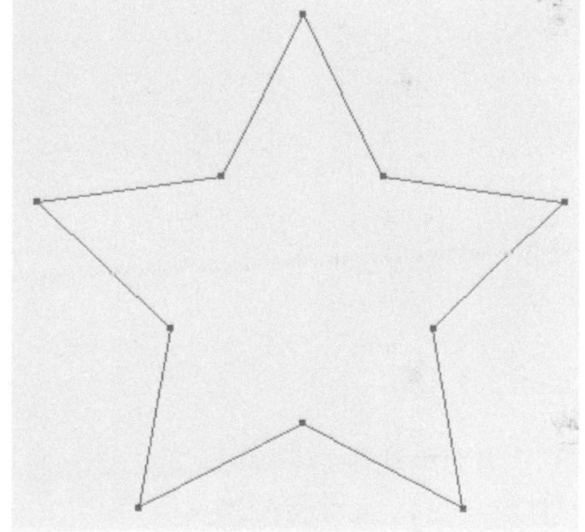

2 將五角星填充漸層色，效果如圖。

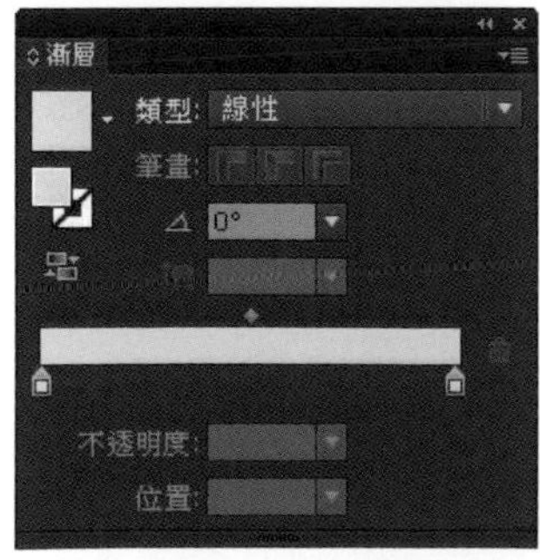

3 使用直接選取工具 選取五角星的如圖的節點，點擊屬性列上的將選取的錨點轉換為平滑按鈕 ，將尖角錨點轉換為圓角。

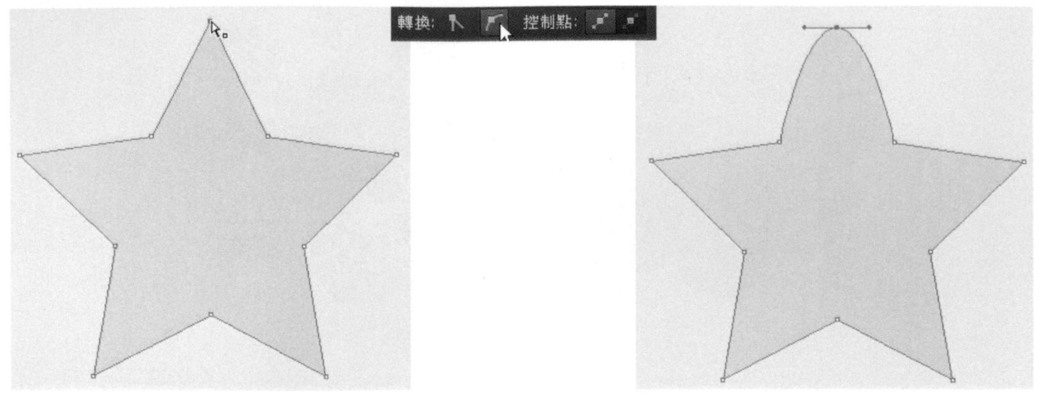

4 使用直接選取工具 調整節點控制柄，改變圓角的弧度。

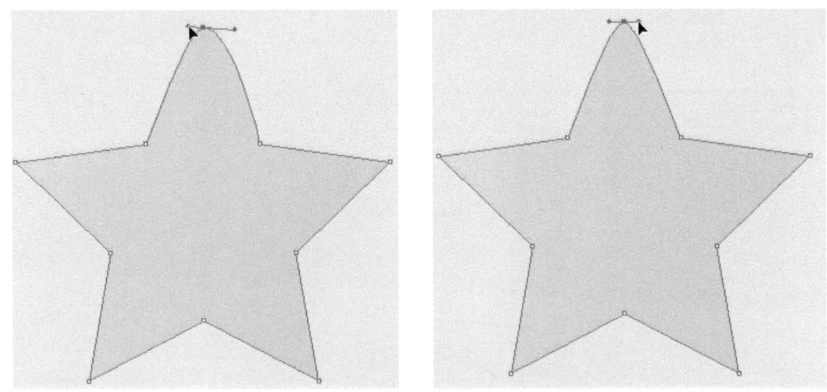

5 將五角星的五個尖角改變為圓角，並對圖形進行縮放複製，在縮放對話方塊中設置縮放為 115%，點擊拷貝按鈕複製圖形。

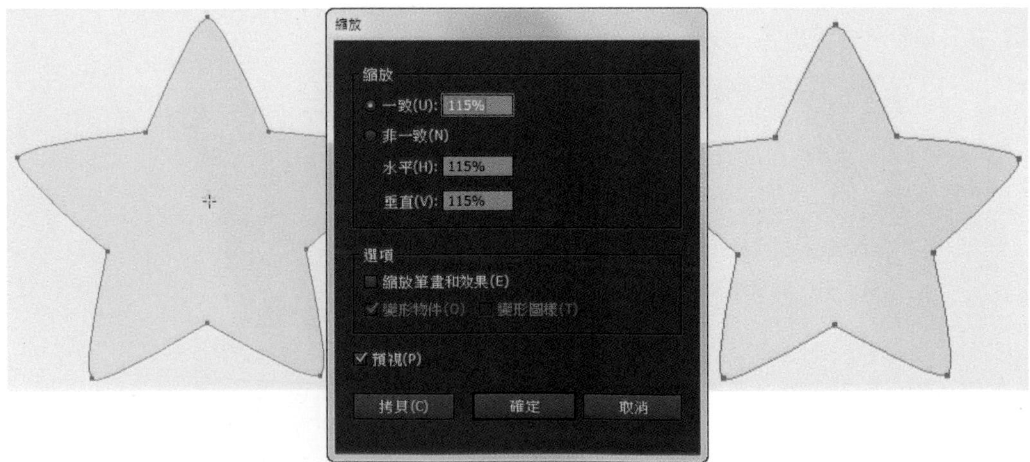

6 將複製的圖形填充白色，並按 <Ctrl+[> 鍵，將圖形擺放在下一層。

7 使用鋼筆工具 在五角星中繪製出如圖的圖形，並填充漸層色。

16-2-4 花紋圖樣的製作

1 使用橢圓形工具 繪製一個橢圓，然後點擊工具箱中旋轉工具 ，按住 <Shift+Alt> 鍵將橢圓的旋轉中心移動到如圖位置。

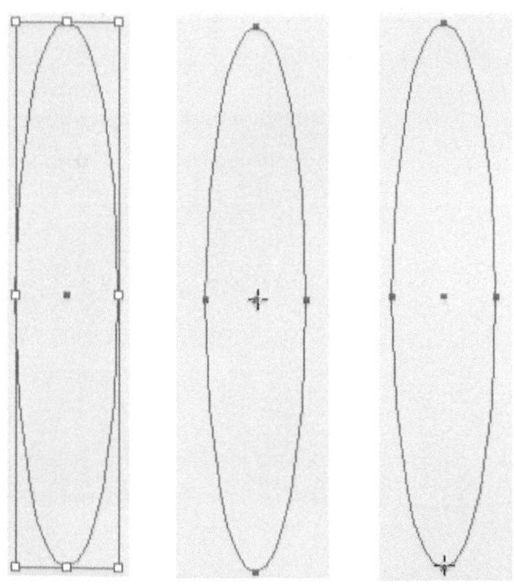

2 然後在彈出的旋轉對話方塊中設置角度為 15 度，點擊拷貝按鈕，複製一個橢圓，效果如圖。

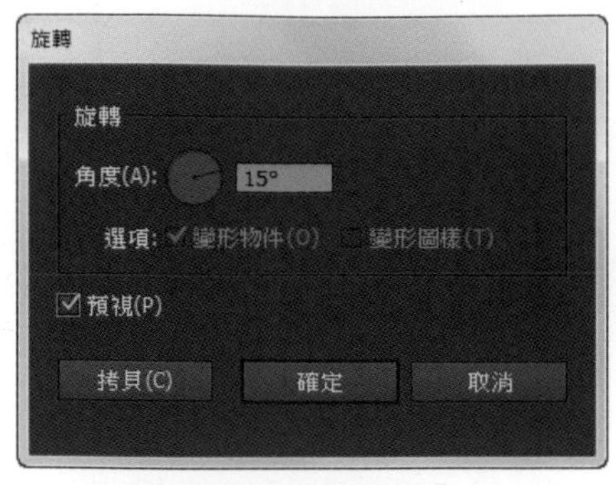

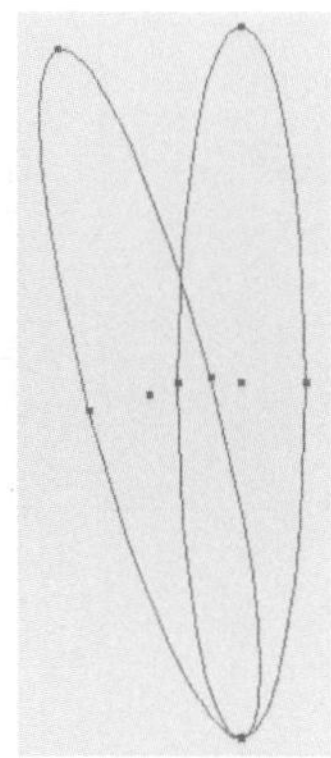

3 按若干次的 <Ctrl+D> 鍵，將複製的圖形繞一圈，全選所有圖形，點擊路徑管理員面板中的差集 按鈕 ，將圖形進行裁切。

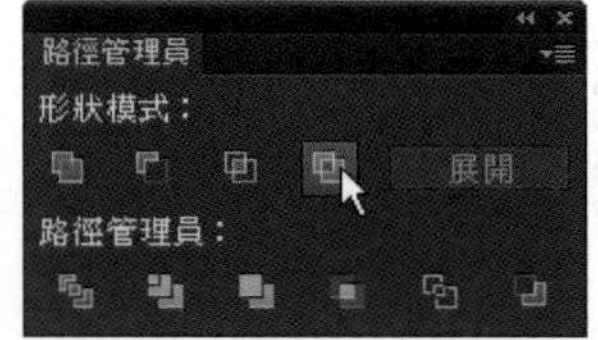

4 將圖形填充漸層色，效果如圖。

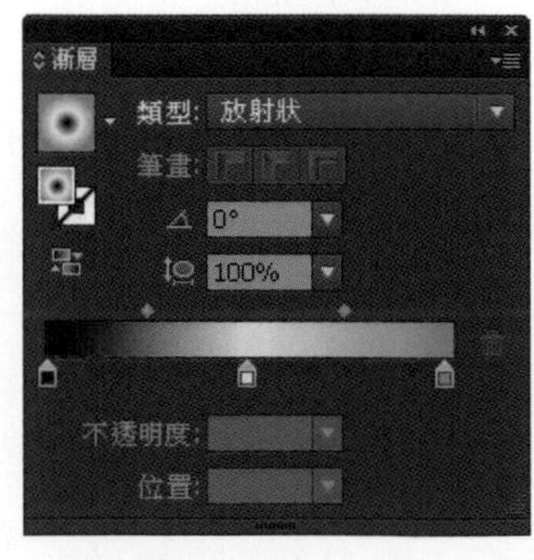

5 點擊工具箱中的星形工具 ，在頁面空白處點擊以下，在彈出的星形對話框中設置半徑 1 為 30mm，半徑 2 為 7mm，星芒數為 44，然後點擊確定按鈕，效果如圖。

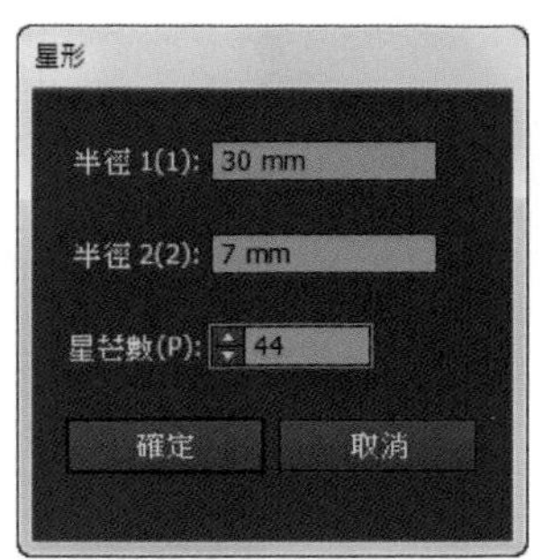

6 選取繪製的星形，然後為圖形填充放射狀漸層色，效果如圖。

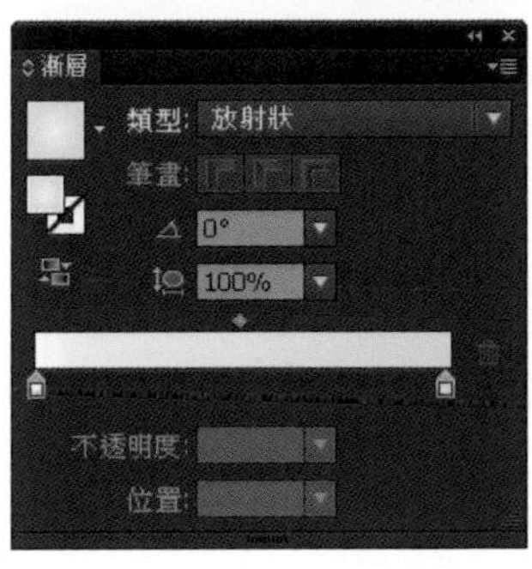

7 將上面繪製的圖形整合到整體圖中，最終效果如圖。

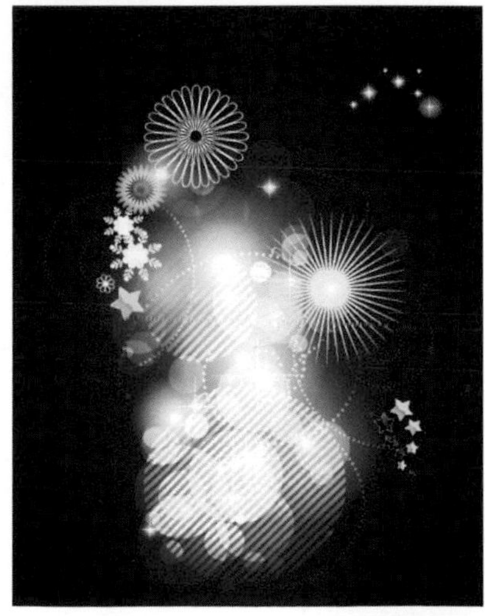

16-3 素材的置入與處理

1 執行檔案 \ 置入指令，在彈出的置入對話框中選取素材 ch16/001.png，然後點擊置入按鈕。

2 選取人物素材，然後點擊屬性列影像描圖邊上的下拉按鈕 ▼，然後在下拉選單中選擇 16 色選項，為人物素材進行描圖，效果如圖。

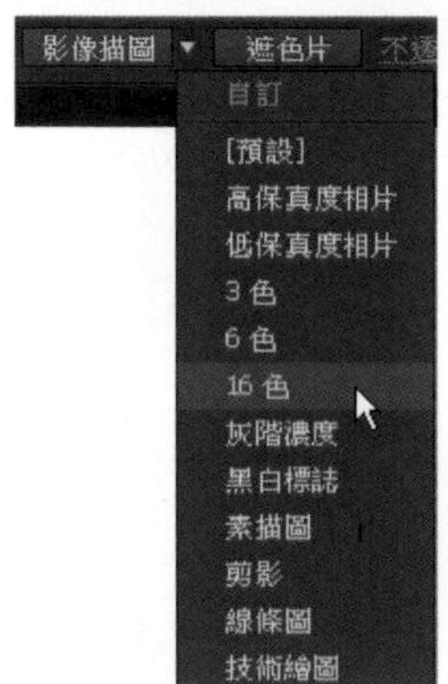

3 繼續選取人物圖形，然後點擊屬性列中的展開按鈕，效果如圖。

4 點擊工具箱中的直接選取工具選取圖形的白色區域，然後按快速鍵 <Delete> 鍵刪除。

5 選取圖形，將圖形填充顏色為黑色，然後執行視窗 \ 路徑管理員指令，然後在彈出的路徑管理員面板中點擊聯集按鈕，效果如圖。

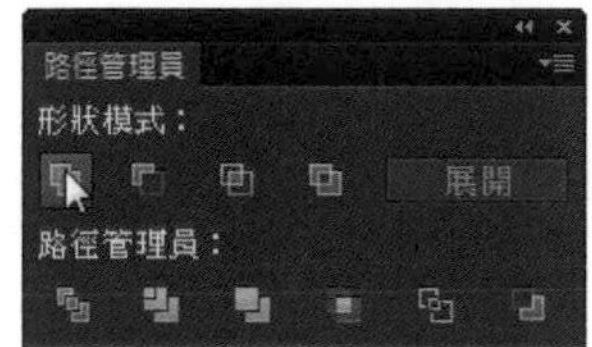

6 點擊工具箱中的美工刀工具 ，在如圖位置將圖形切割成兩份，效果如圖。

TIPS ▶

利用美工刀工具 剪切圖形時，按住 <Alt> 鍵能時剪切的路徑保持直線，按住 <Shift+Alt> 鍵，能至裁剪的角度保持為 45 度的倍數，如 0 度、90 度等。

7 同理我們再利用美工刀工具 ，將下方圖形分割成兩份，最終圖形被分成三個部分，效果如圖。

8 選取最上面的圖形然後填充顏色為無，邊框顏色為白色，再次執行檔案 \ 置入指令，置入素材 ch16/001.png，調整大小放置在圖形下層，效果如圖。

9 全選人物素材和白色邊框圖形，然後執行物件 \ 剪裁遮色片 \ 製作指令，效果如圖。

10 按照相同的方法我們製作出人物中間的部分和下方的部分，最後排列在一起，放置在整體圖中，並且按快速鍵 <Ctrl+G> 鍵群組起來，效果如圖。

11 我們再次置入一張素材 001.png，然後點擊屬性列影像描圖邊上的下拉按鈕 ▼，然後在下拉選單中選擇素描圖選項，為人物素材進行描圖，效果如圖。

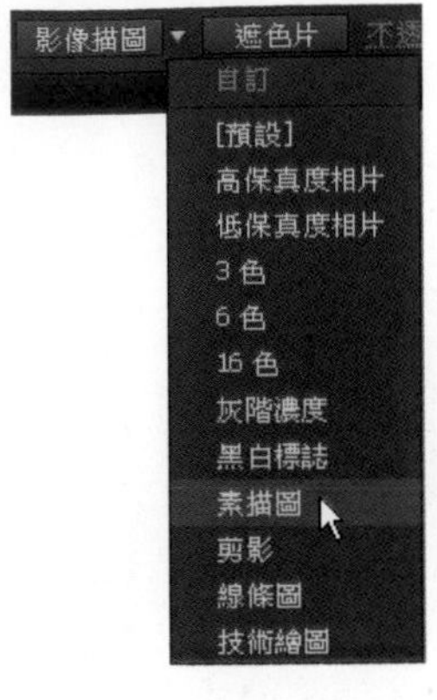

12 利用選取工具 繼續選取圖形，然後點擊屬性列中的展開按鈕，效果如圖。

13 繼續選取圖形，然後在屬性列中設置填充色為無，外框色為 C60、M7、Y98、K0，筆畫寬度設置為 1.5pt，效果如圖。

14 用工具箱中的選取工具 選取圖形，點擊滑鼠右鍵，在彈出的快速選單中選擇解散群組選項，然後選取如圖路徑，按快速鍵 <Delete> 鍵刪除，同理我們繼續刪除其中一些路徑，最後按選取整個圖形，按快速鍵 <Ctrl+G> 鍵群組起來，最終效果如圖。

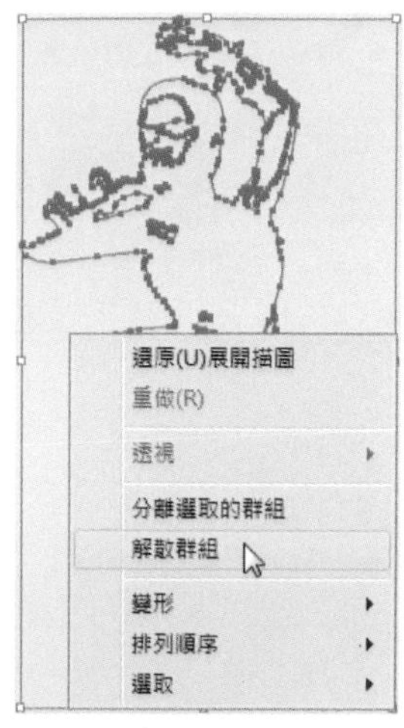

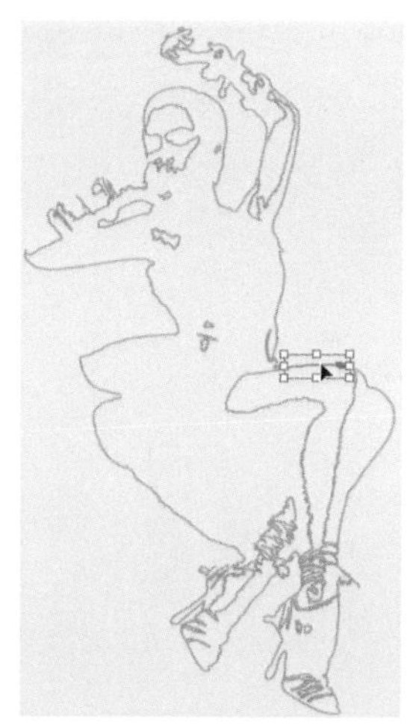

15 選取上述圖形，調整大小，放置在整體圖中，然後按快速鍵 <Ctrl+[> 向後移動圖層，最終效果如圖。

16 執行檔案\開啟舊檔指令，在彈出的開啟對話框中選取素材 ch16/002.ai，然後點擊開啟按鈕，在 002.ai 中選取如圖四種樣式的圖形。

17 將這四種圖形複製並排列到整體圖中，調整大小，旋轉角度，效果如圖。

18 這時我們發現有的圖形是空心的，我們先在屬性列中設置填充顏色為白色，然後點擊工具箱中的即時上色油漆桶 ，移動到如圖位置，在如圖位置點擊一下，為選區填充顏色為白色，按照相同方法為其他空心區域填充顏色為白色，最終效果如圖。

TIPS ▶

即時上色油漆桶的注意事項：

1 利用即時上色油漆桶工具為圖形上色需要在屬性列中或工具箱中先預定好要填充的顏色。

2 使用即時上色油漆桶對圖形或圖形去組填色時，至少需要三個面的路徑才能建立選區。

3 利用即時上色油漆桶的圖形或群組將，統稱為即時上色群組，要編輯或解散群組需要先展開才行。

19 點擊工具箱中的鋼筆工具 在如圖位置繪製一個圖形，然後填充顏色為黑色，邊框設置為白色。

20 然後同時選取兩個圖形，然後執行視窗\透明度指令，然後在彈出的透明度面板中點擊右上角的展開按鈕，在下拉選單中選取製作不透明度遮色片選項，效果如圖。

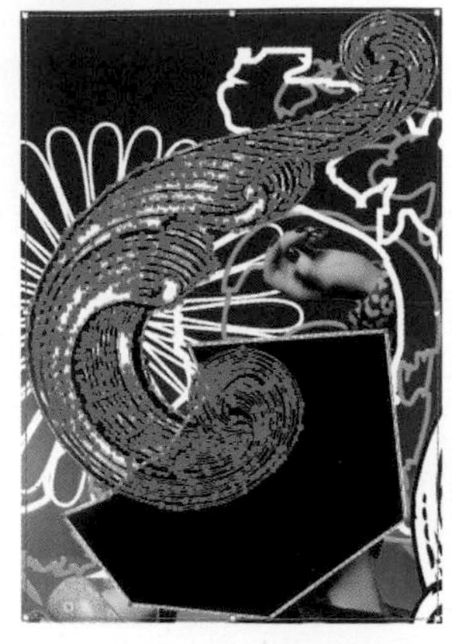

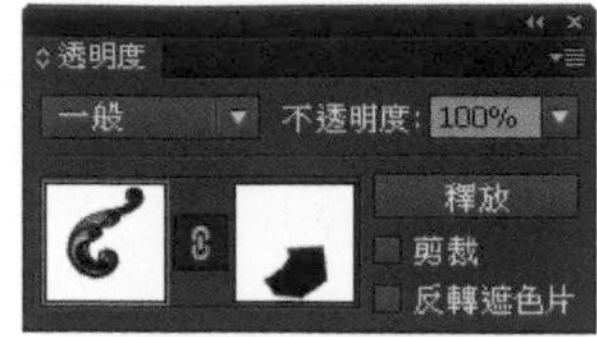

21 同理我們調整其他圖形，最終效果如圖。

22 點擊工具箱中的選取工具選取如圖圖形，然後執行視窗\透明度指令，然後在彈出的透明度面板中，漸變模式設置為柔光，不透明度為 100%。

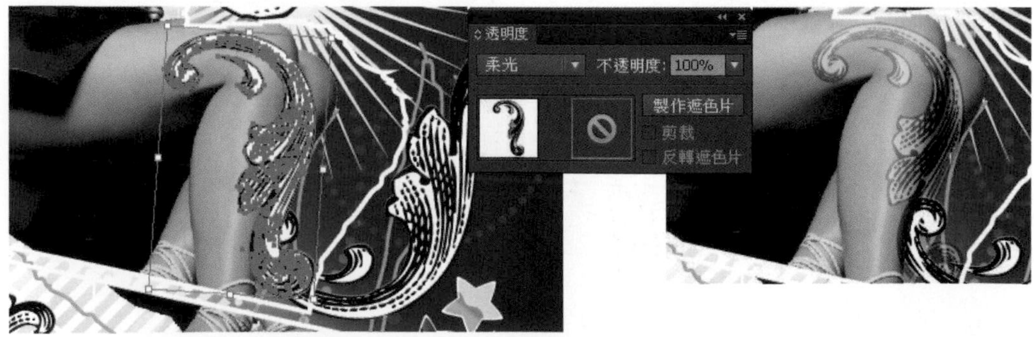

23 點擊工具箱中的矩形工具 ，在如圖位置繪製一個矩形，然後填充顏色為白色，邊框設置為無，最後按快速鍵 <Ctrl+[> 鍵下移圖層，效果如圖。

24 點擊工具箱中的選取工具 選取白色矩形，然後雙擊工具箱中的縮放工具 ，在彈出的縮放面板中，點選一致選項，然後縮放設置為 100，最後點擊拷貝按鈕。

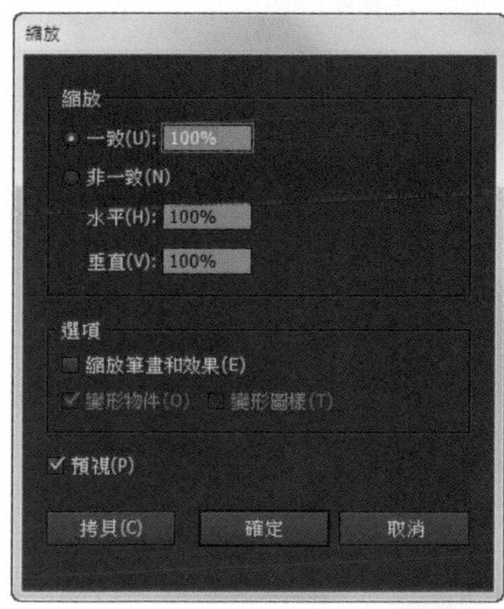

25 為拷貝出來的圖形填充漸層色，效果如圖。

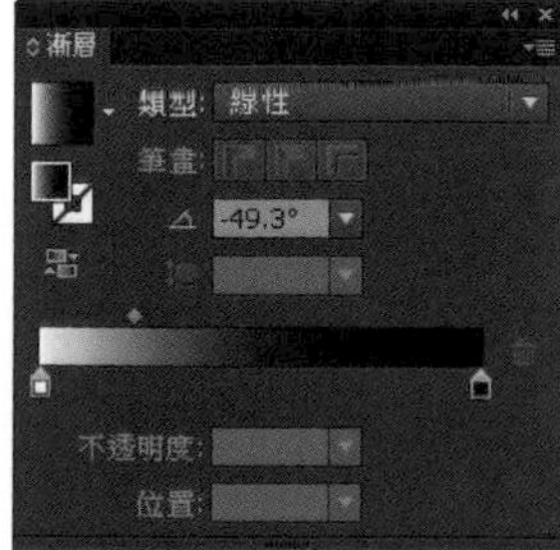

26 同時選取白色矩形和漸層矩形，然後在透明度面板中製作不透明度遮色片，效果如圖。

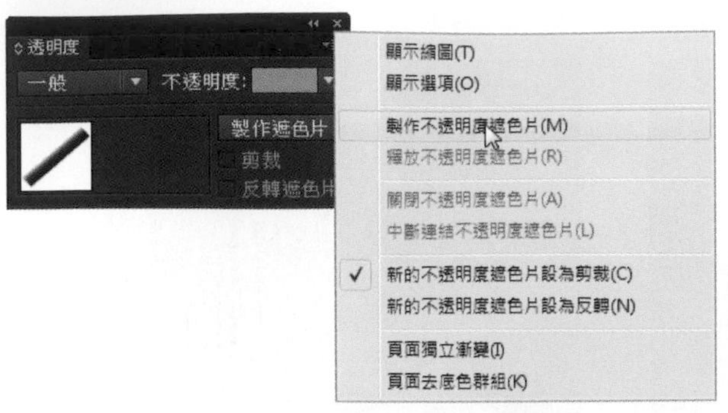

27 選取不透明度遮色片圖形，然後在透明度面板中設置不透明度為 58%。

28 按照相同方法，我們製作出其他圖形，效果如圖。

29 利用文字工具 T，在字元面板中設置字體為華康粗黑體，字體大小為 24pt，水平間距設置為 115%，然後輸入如圖文字。

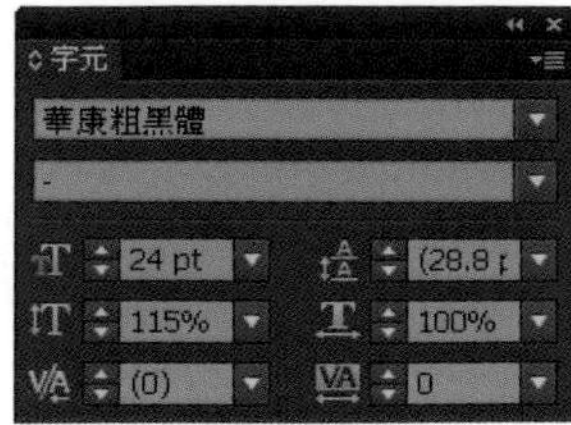

30 點擊滑鼠右鍵，在彈出的快速選單中選擇建立外框選項。

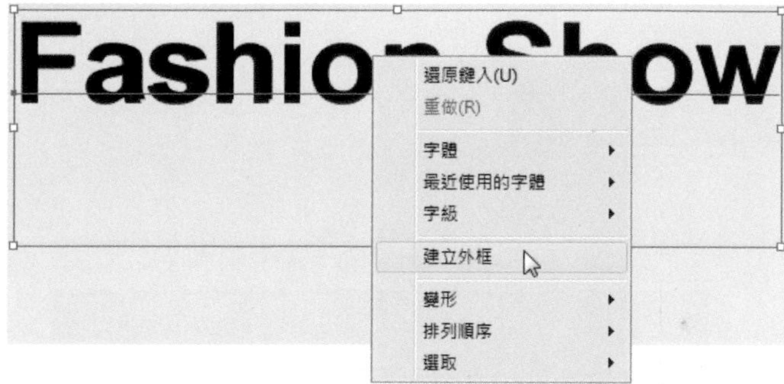

Fashion Show

31 為文字圖形填充漸層色，效果如圖。

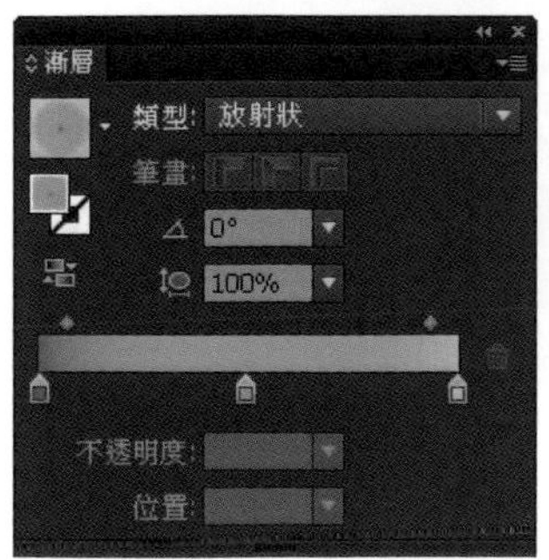

Fashion Show

32 點擊工具箱中的選取工具 選取文字圖形，然後執行效果 \ 風格化 \ 製作陰影，在彈出的製作陰影對話框中，模式設置為色彩增值，不透光明度設置為 100，X 位移設置為 0.7mm、Y 位移設置為 0.7mm，模糊設置為 0mm，點選顏色，設置為黑色，最後點擊確定按鈕。

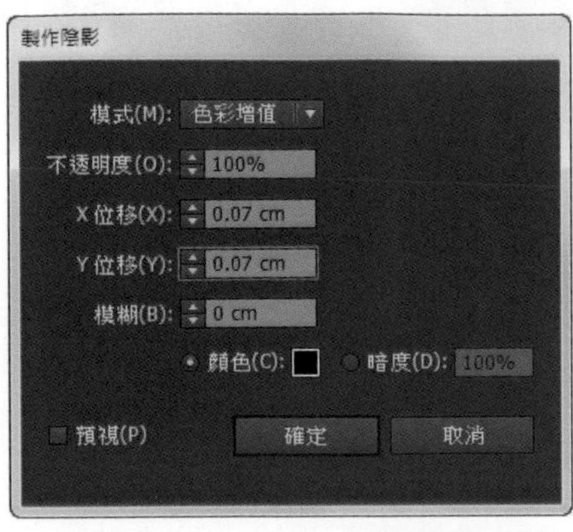

Fashion Show

33 將文字圖形放置在整體圖中，然後製作其他文字，最終效果如圖。

Note

17 音樂廣告燈箱設計

MUSIC
FESTIVAL
一起來搖滾！
ASIA SUMMER MUSIC FESTIVAL
2021 / 8 /12 ~ 13 墾丁熱浪搖滾日

本實例製作的是一幅音樂廣告燈箱設計，利用躍起的音樂歌手，展現音樂給人帶來的視聽快感，配合身邊流利的線條，更具備音樂創造的隨意性，整體美觀，注重顏色的搭配效果，符合充滿奔放活力的宣傳重點。

▼ 設計流程

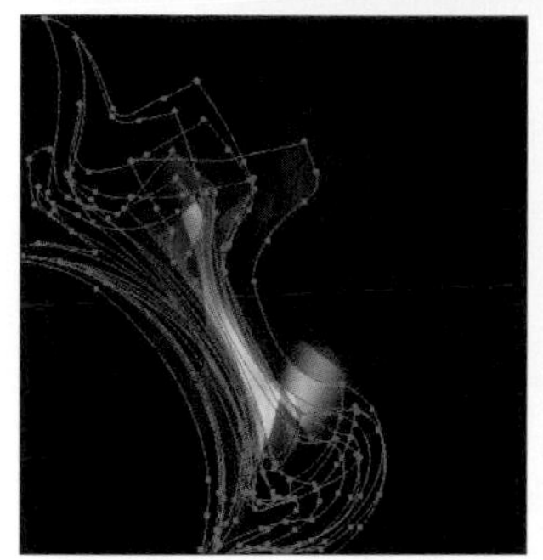

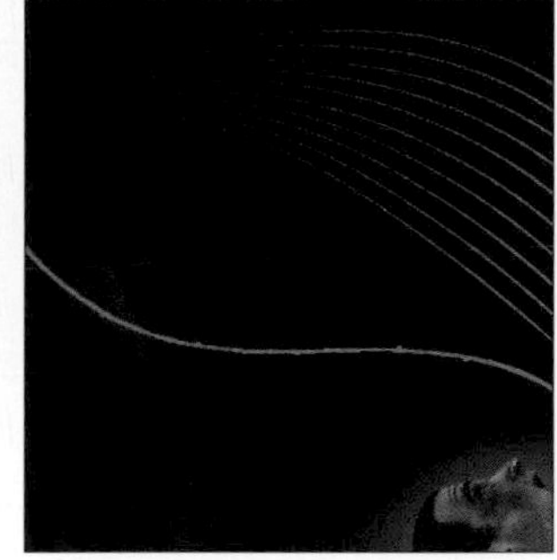

▼ 關鍵技巧

1 製作不透明度遮色片
2 執行效果 \ 風格化 \ 外光暈指令
3 沾水筆筆刷選項設置
4 執行物件 \ 擴充外觀指令
5 執行物件 \ 路徑 \ 位移複製指令
6 執行效果 \ 風格化 \ 外光暈指令
7 執行效果 \ 模糊 \ 高斯模糊指令

 ch17\ > ch17.ai、001.png、002.ai、003.jpg

17-1 背景的製作

1 點擊工具箱中的矩形工具 ，在頁面中繪製一個矩形，然後填充顏色為 C0、M0、Y0、K80，邊框設置為無。

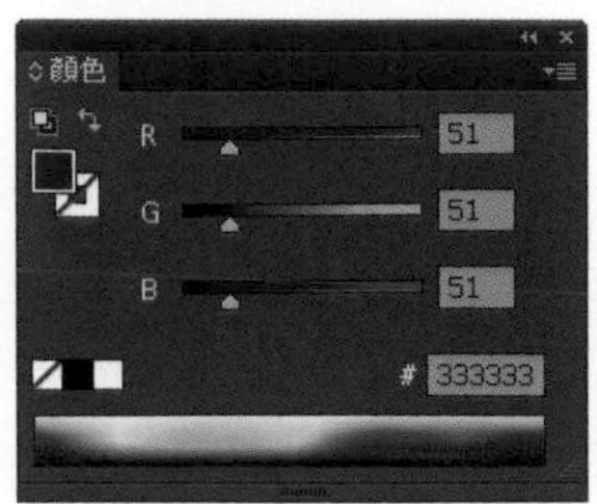

2 點擊工具箱中的選取工具 選取矩形，按快速鍵 <Ctrl+C> 鍵複製矩形，然後按 <Ctrl+F> 鍵原地粘貼在上層，最後選取複製出來的矩形，填充漸層色，效果如圖。

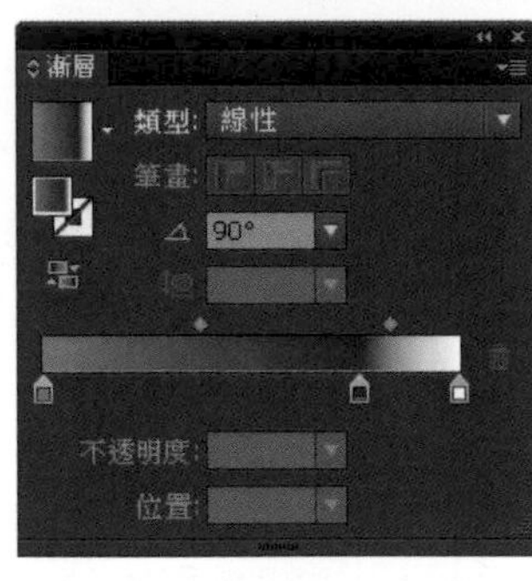

3 執行視窗 \ 透明度指令，然後在彈出的透明度面板中，漸變模式設置為重疊，不透明度為 100%，效果如圖。

4 點擊工具箱中的矩形工具 ，在如圖位置繪製一個矩形 ，填充漸層色，效果如圖。

5 點擊橢圓形工具 ，按住 <Shift> 鍵在頁面中繪製一些正圓，填充顏色為白色，最後選取所有白色正圓，按快速鍵 <Ctrl+G> 鍵群組圖形，執行視窗 \ 透明度指令，然後在彈出的透明度面板中漸變模式設置為色彩加亮，不透明度為 100%，效果如圖。

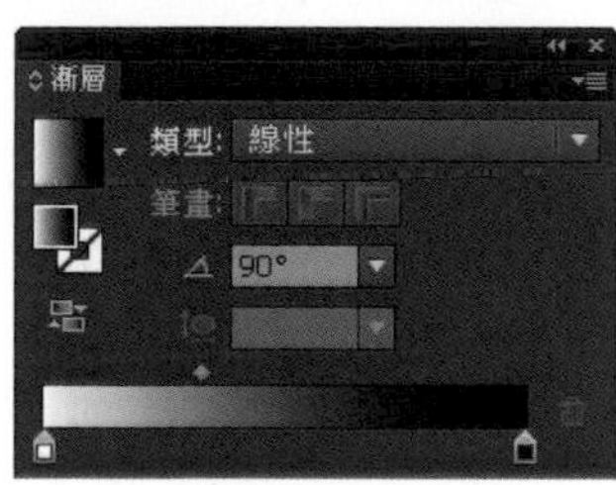

6 繼續選取漸層矩形，然後執行視窗 \ 透明度指令，然後在彈出的透明度面板中漸變模式設置為色彩增值，不透明度為 100%。

7 再繪製另一個矩形，同樣地填充漸層色，設置漸變模式為色彩增值，效果如圖。

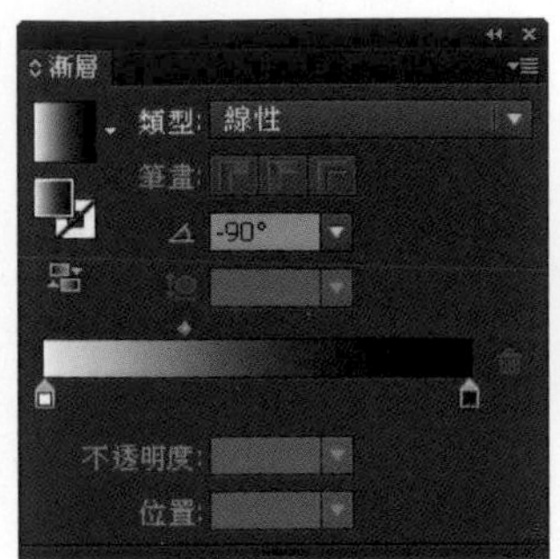

8 點擊工具箱中的鋼筆工具，在畫面中繪製一條路徑，然後在屬性列中設置外框色為黃色，筆畫寬度設置為 11pt。

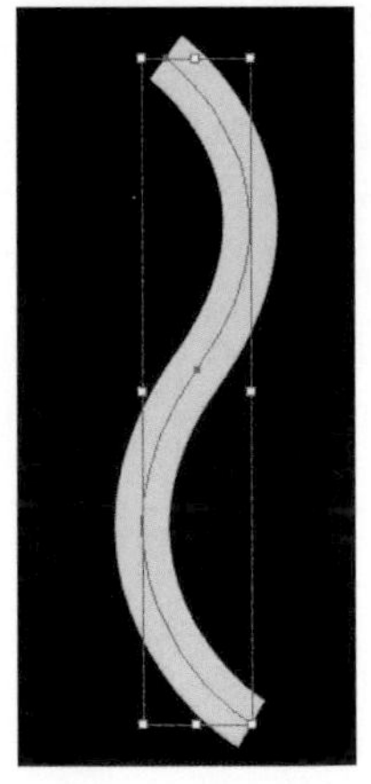

筆畫: 11 pt 一致 基本

9 執行物件\展開指令，然後在彈出的展開對話框中勾選填色選項和筆畫選項。

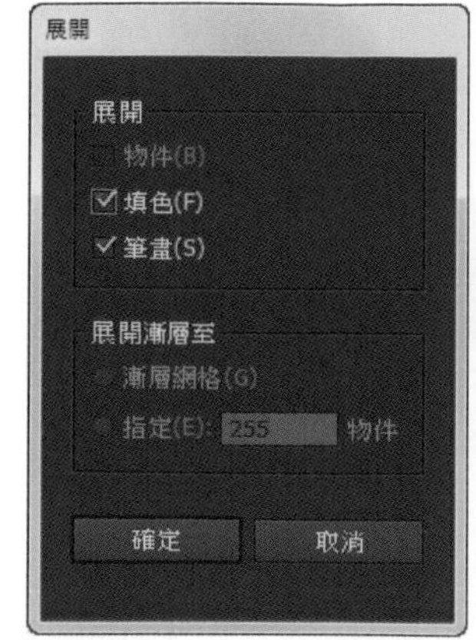

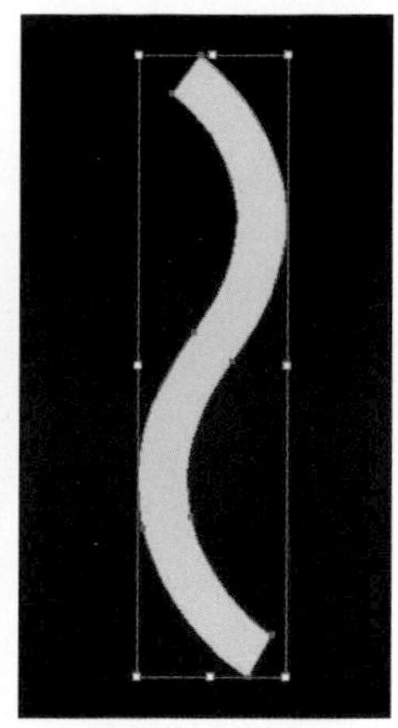

10 點擊工具箱中的網格工具，為圖形添加網格，然後改變網格格點的顏色，最終效果如圖。

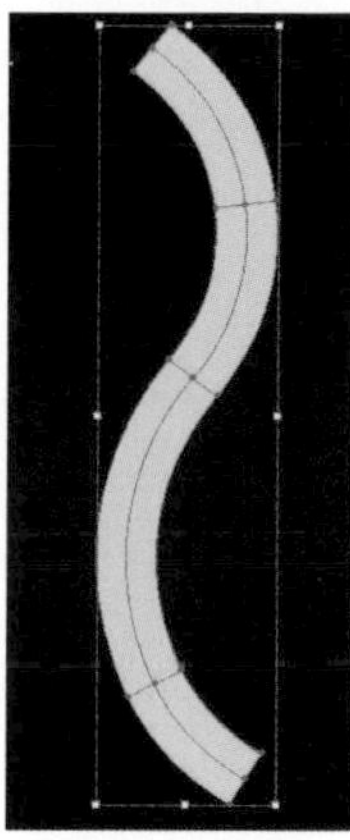

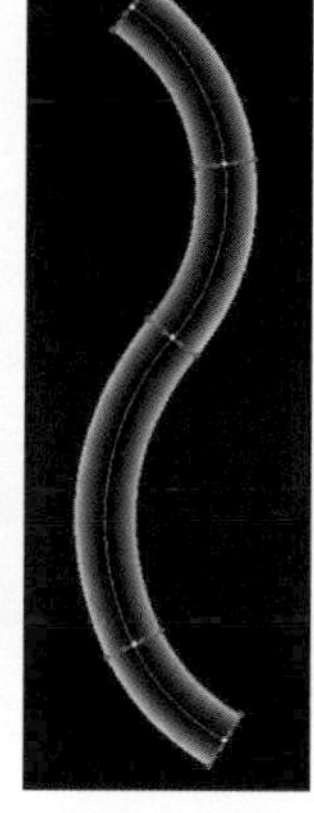

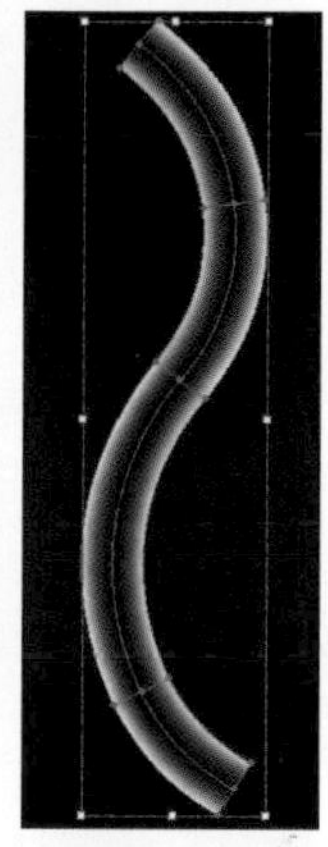

11 點擊工具箱中的鋼筆工具，在網格圖形上隨意繪製一個不規則圖形，然後填充顏色為白色，邊框設置為無，最後按快速鍵 <Ctrl+[> 鍵移動到網格圖形下層。

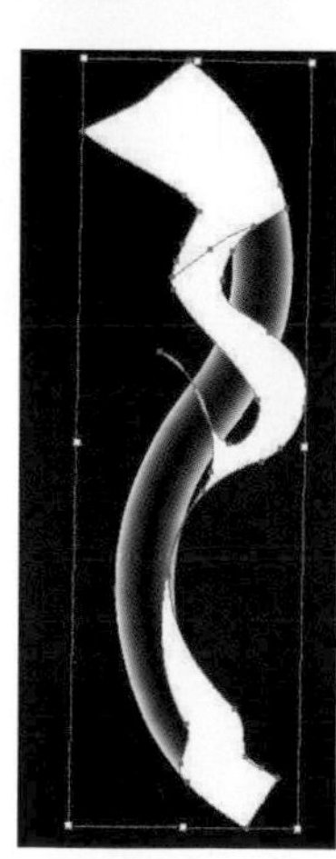

12 點擊工具箱中的選取工具 同時選取網格圖形和白色不規則圖形，然後執行視窗\透明度指令，然後在彈出的透明度面板中點擊展開 按鈕，在下拉選單中選取製作不透明度遮色片選項，效果如圖。

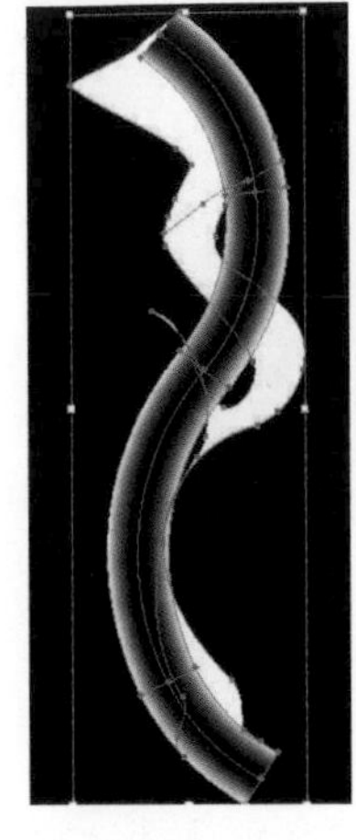

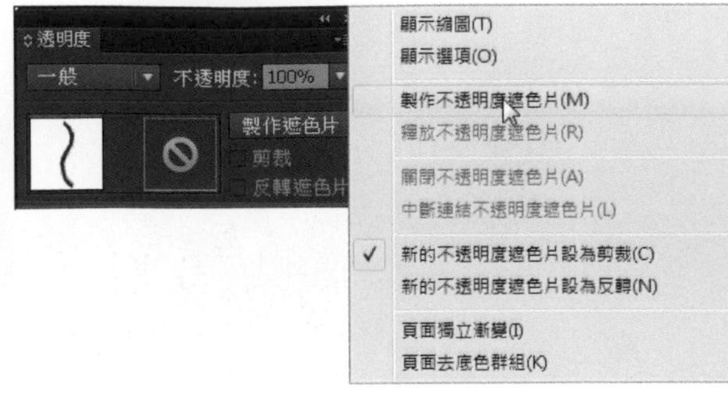

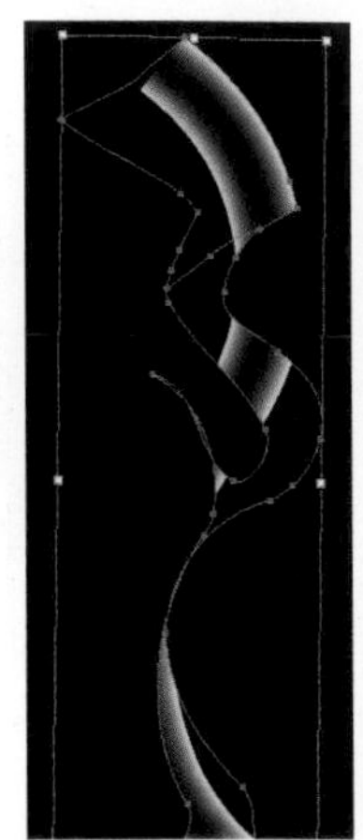

13 選取遮色片圖形，然後執行視窗\透明度指令，然後在彈出的透明度面板中，漸變模式設置為重疊，不透明度為 100%，然後勾選剪裁選項和飯轉遮色片選項，最終效果如圖。

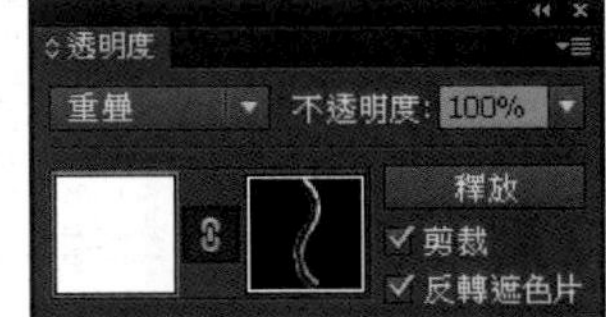

TIPS ▶

在透明度面板中點擊物件和遮色片中間的所指不透明遮色片已被連結到線條圖 按鈕，取消兩者的連結狀態後，我們就可以分別對物件或者遮色片進行獨立的編輯或修改，修改完後再此點擊該按鈕可以恢復二者的連結。

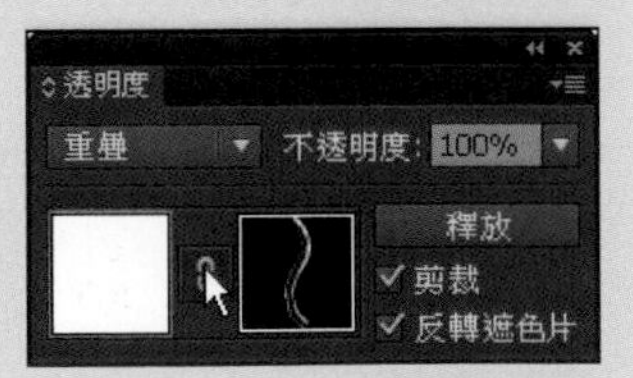

14 同理我們製作出其他的圖形，由於是疊加模式，所以圖形重疊的部分亮度越高，最終效果如圖。

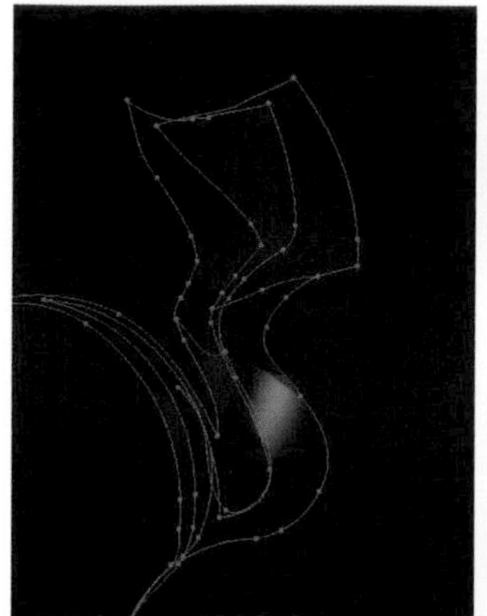
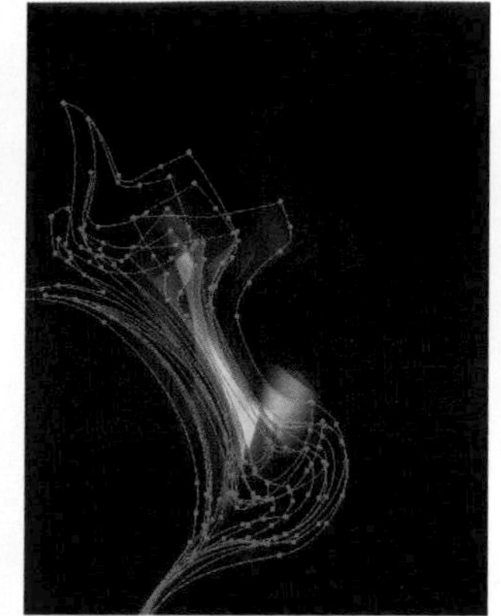

17-2 素材置入和線條

1 執行檔案\置入指令，置入素材 ch17/001.png 調整大小，放置在如圖位置。

2 執行效果 \ 風格化 \ 外光暈指令，在彈出的外光暈對話框中設置模式為濾色，顏色設置為 (R249 G249 B16)，不透明度設置為 75%，模糊設置為 1.76mm，然後點擊確定按鈕，效果如圖。

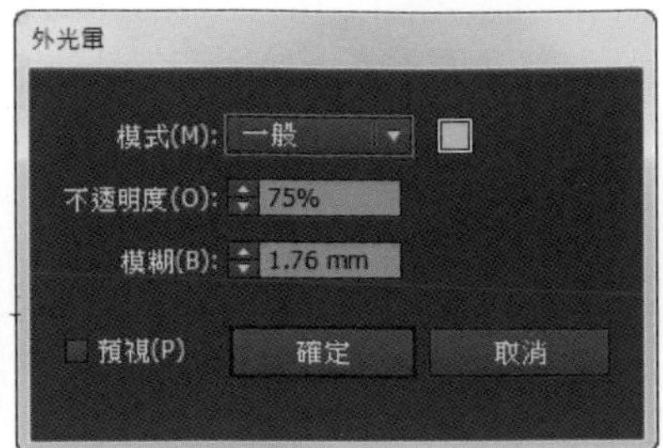

TIPS ▶

對使用了內光暈和外光暈的圖形展開或擴充外觀時，內光暈本身會呈現為一個不透明度遮色片，而外光暈會變成一個透明的點陣物件。

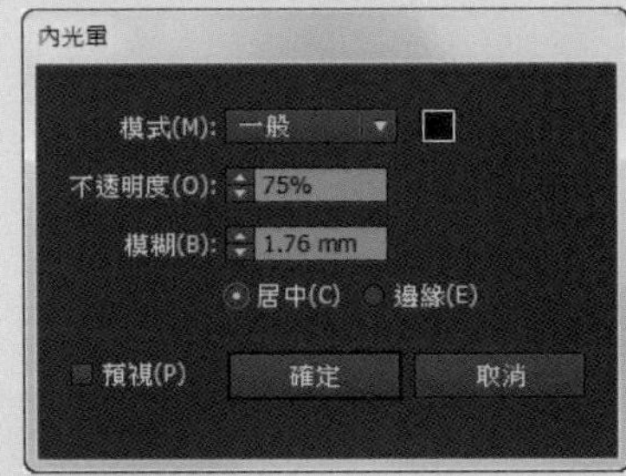

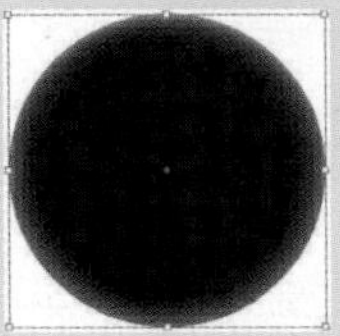

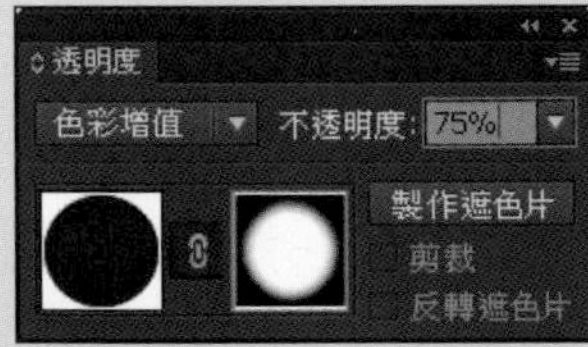

展開解散群組後我們發現內光暈變成了遮色片物件

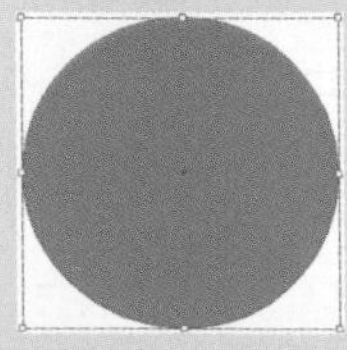

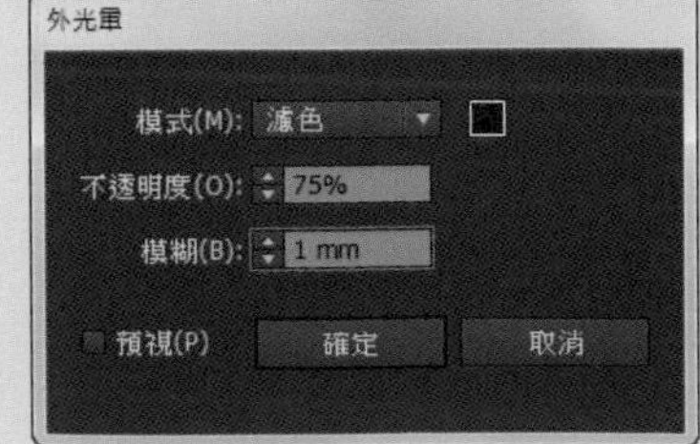

展開解散群組後我們發現外光暈變成了點陣物件

3 利用工具箱中的選取工具繼續選取人物素材，然後執行視窗\透明度指令，然後在彈出的透明度面板中，漸變模式設置為實光，不透明度為 100%，效果如圖。

4 點擊工具箱中的鋼筆工具在如圖位置繪製兩條曲線，然後雙擊工具箱中的漸變工具，在彈出的漸變選項對話框中設置指定階數為 8，然後點擊確定按鈕，最後按快速鍵 <Ctrl+Alt+B> 製作漸變，效果如圖。

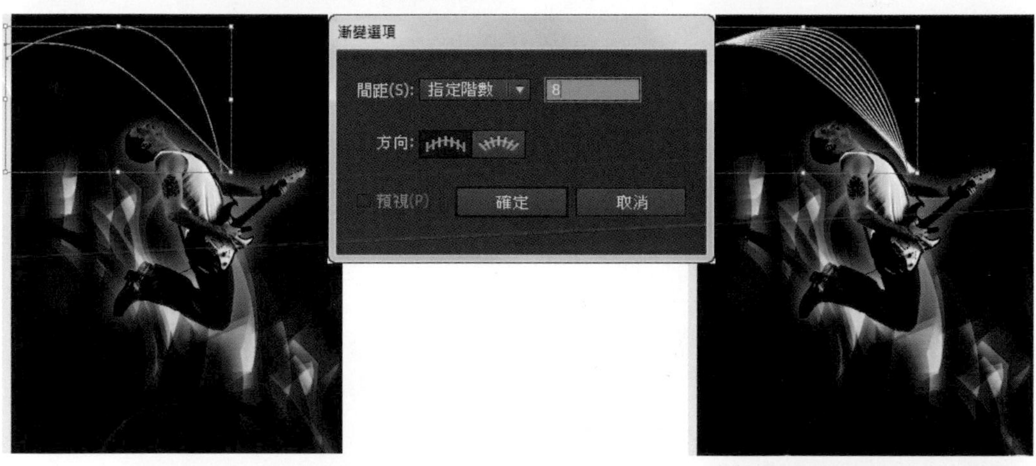

5 利用工具箱中的選取工具繼續選取漸變圖形，然後，執行物件 \ 展開指令，在彈出的展開對話框中勾選物件選項、填色選項和筆畫選項，最後點擊確定按鈕。

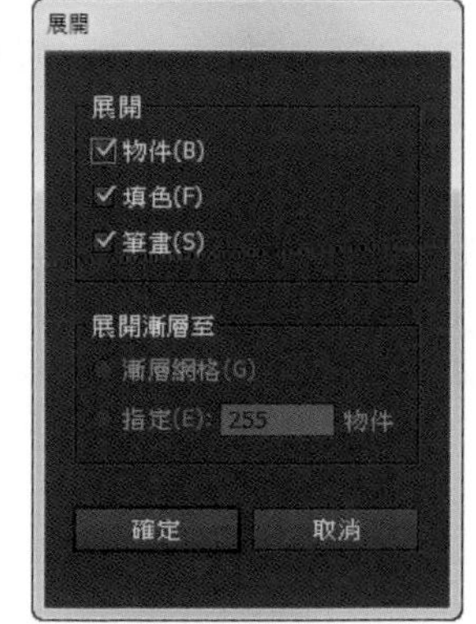

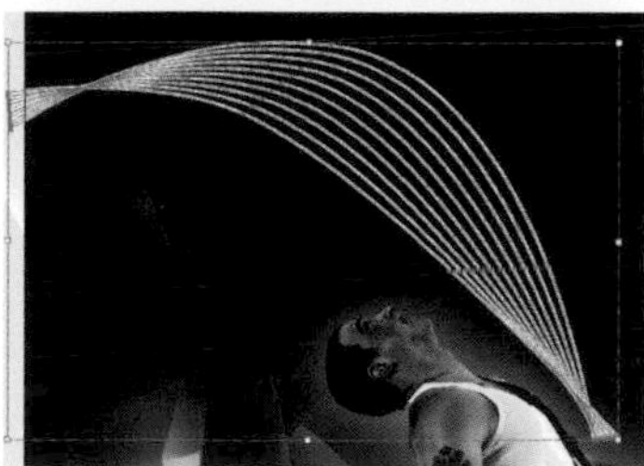

6 繼續保持選取狀態，然後為展開的圖形填充漸層色，效果如圖。

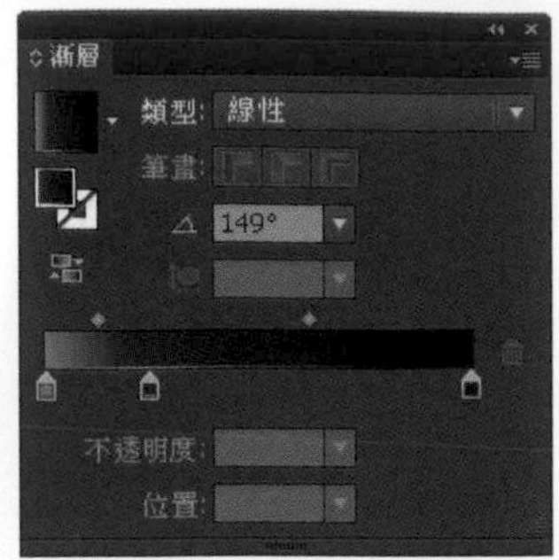

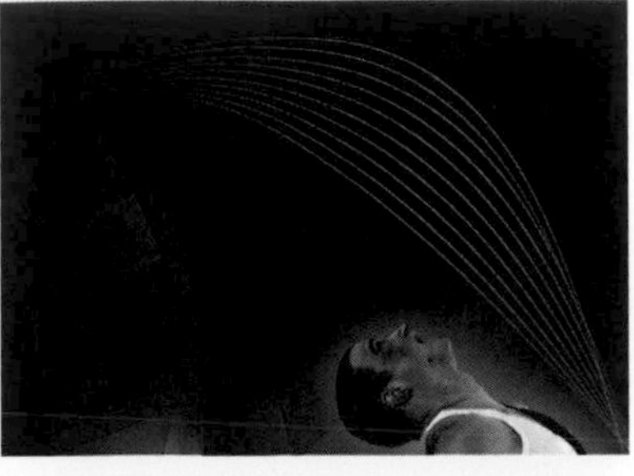

7 同理我們製作如圖圖形，效果如圖。

8 點擊工具箱中的鋼筆工具，在如圖位置繪製一條外框色為黃色，筆畫寬度為 1pt 的路徑，效果如圖。

9 然後執行視窗 \ 筆刷資料庫 \ 藝術 \ 藝術 - 書法指令，在彈出的藝術 - 書法面板中選擇 1pt 平面選項。

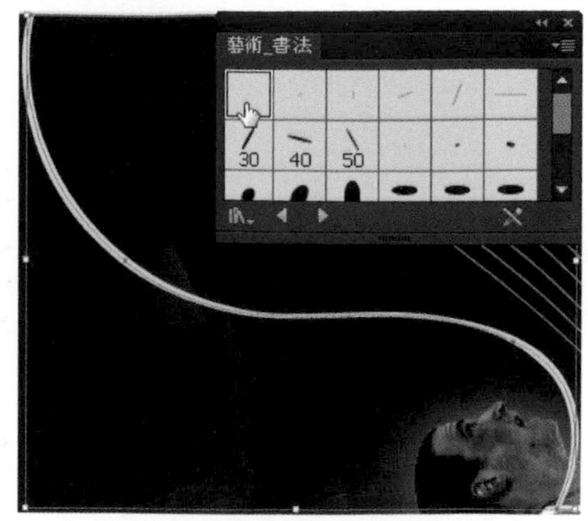

10 在屬性列中雙擊 1pt 平面縮覽圖，在彈出的沾水筆筆刷選項對話框中，設置角度為 30，圓度為 10%，直徑為 0.5pt，選擇隨機選項，設置變量參數為 0.2pt，然後點擊確定按鈕。

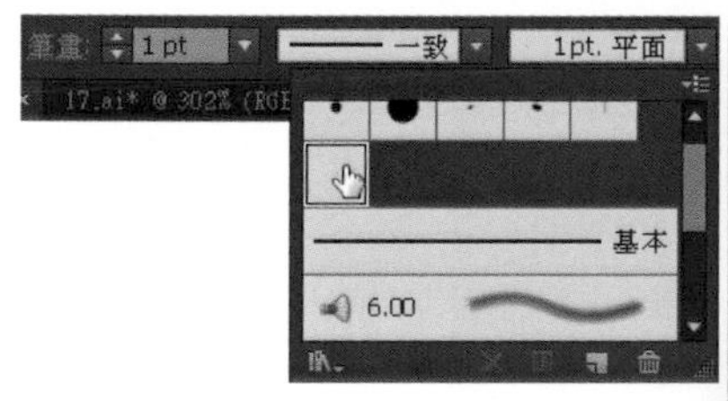

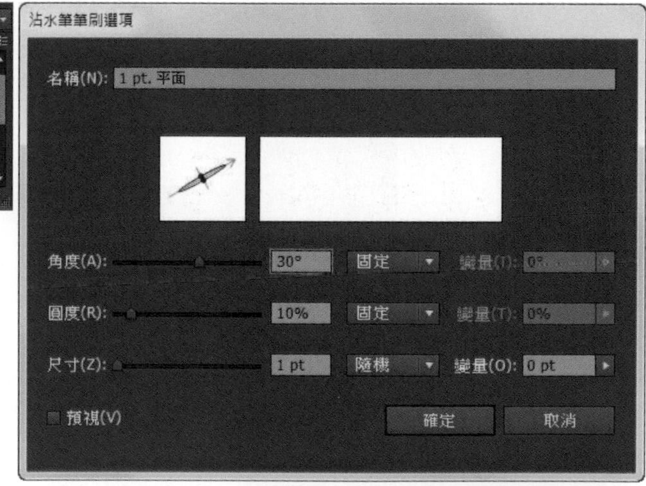

11 在彈出的筆刷更改警告中點擊套用至筆畫按鈕，得到效果如圖。

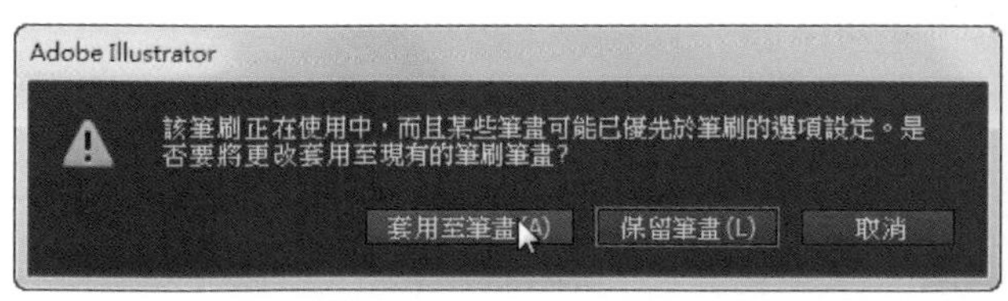

12 繼續選取路徑曲線，執行物件 \ 擴充外觀指令，為曲線填充顏色為 R0、G160 、B233。

13 同理我們按照相同方法，繪製其他圖形，最終效果如圖。

17-3 文字的製作

1 我們先來製作最底層的文字效果，點擊工具箱中的文字工具 T，然後執行視窗 \ 文字 \ 字元指令，在彈出的字元面板中，設置字體為 Arial，字體大小設置為 18.01pt，水平間距設置為 101.27%，然後輸入文字 MUSIC。

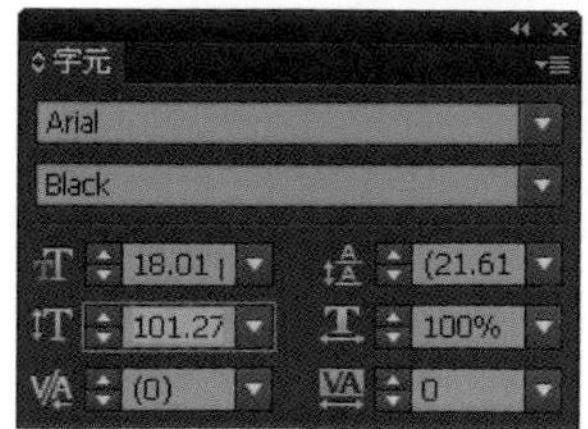

2 點擊滑鼠右鍵，在彈出的快速選單中選取建立外框選項。

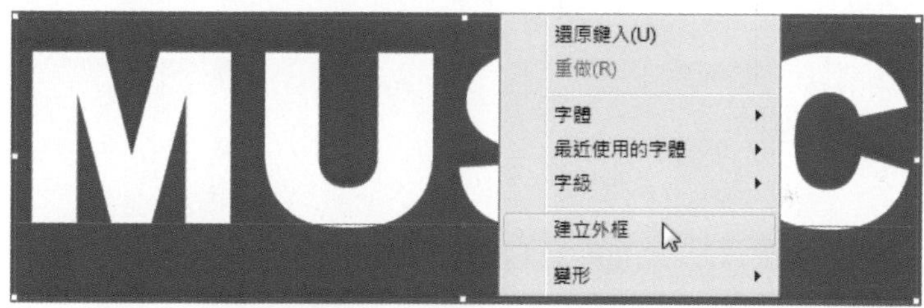

3 為文字圖形填充放射狀漸層色，效果如圖。

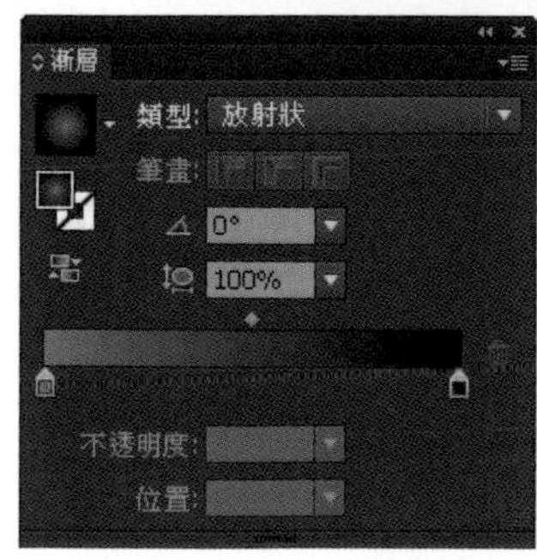

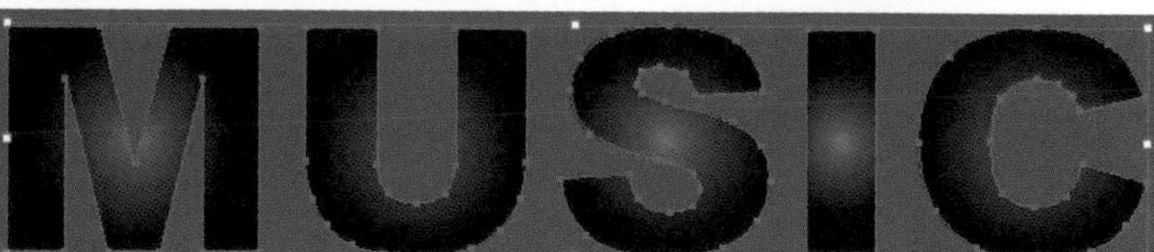

4 點擊工具箱中的直接選取工具，選取文字 M，然後點擊工具箱中的漸層工具，為 M 圖形調整漸層位置，效果如圖。

5 同理我們調整其他文字的漸層，這樣基本文字圖形就完成了，最終效果如圖。

6 複製一個基本文字圖形，然後執行物件 \ 路徑 \ 位移複製指令，然後在彈出的位移複製對話框中，設置位移為 0.12mm，轉角為斜角，尖角限度為 4，點擊確定按鈕。

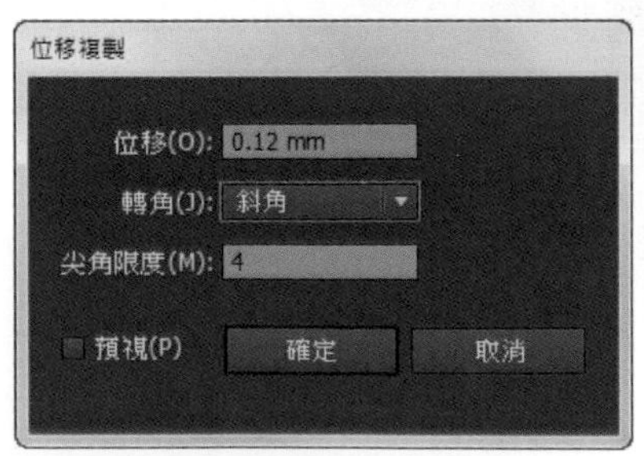

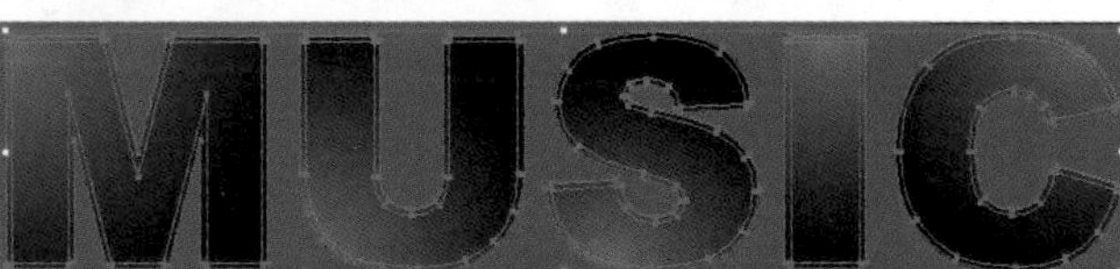

TIPS ▶

位移複製的轉角選項有三種：分別是尖角、圓角和斜角，不同的選項效果各不相同。

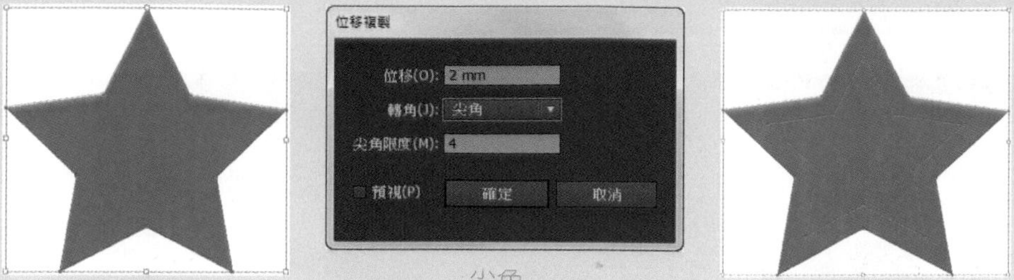

尖角

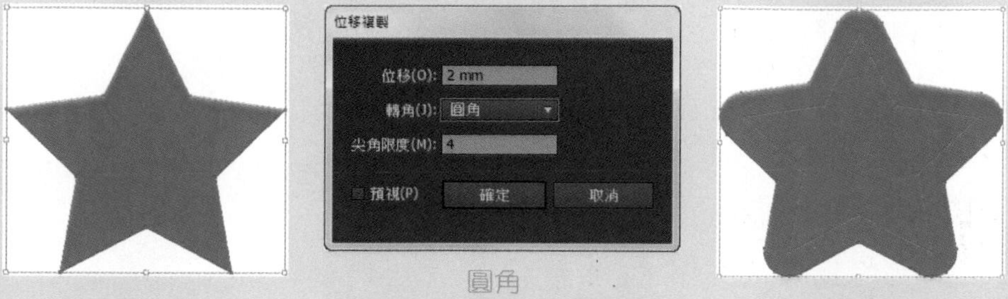

圓角

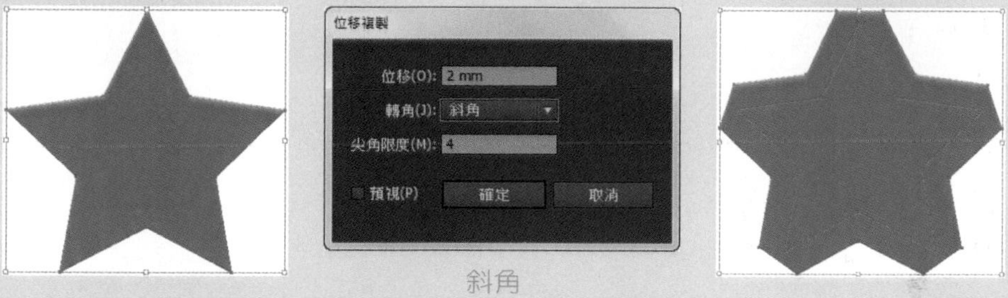

斜角

7 保持選取狀態，然後為位移的圖形填充漸層色，效果如圖。

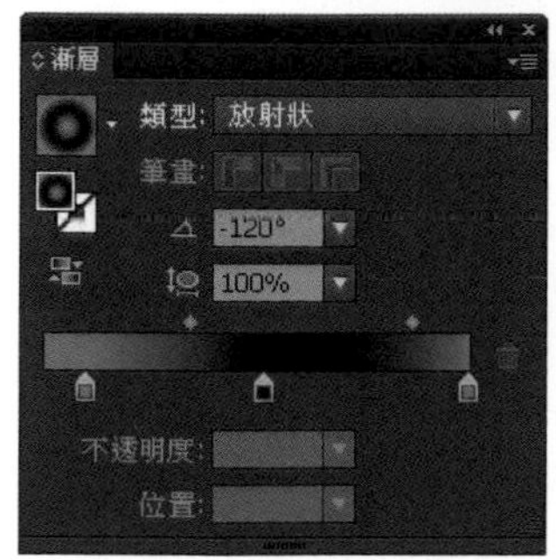

8 選取基本文字圖形，將圖形的邊框設置為白色，筆畫寬度設置為 0.038pt，然後打開藝術 - 粉筆炭筆鉛筆選項，選取如圖筆刷，效果如圖。

9 繼續選取圖形，然後執行效果 \ 風格化 \ 外光暈指令，在彈出的外光暈對話框中設置模式為一般選項，顏色設置為 R234、G231、B163，不透明度設置為 80%，模糊設置為 1.34mm，然後點擊確定按鈕，效果如圖。

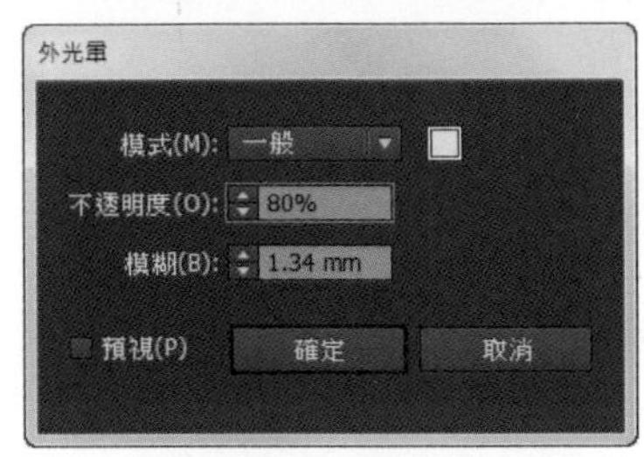

10 將製作的位移複製圖形和外光暈圖形放置在一起，調整位置和大小，然後按快速鍵 <Ctrl+G> 鍵去組圖形，這樣最底層的文字效果就製作完成了。

11 接下來我們來製作第二層文字效果，首先我們再複製一個基本文字圖形，然後填充漸層色，效果如圖。

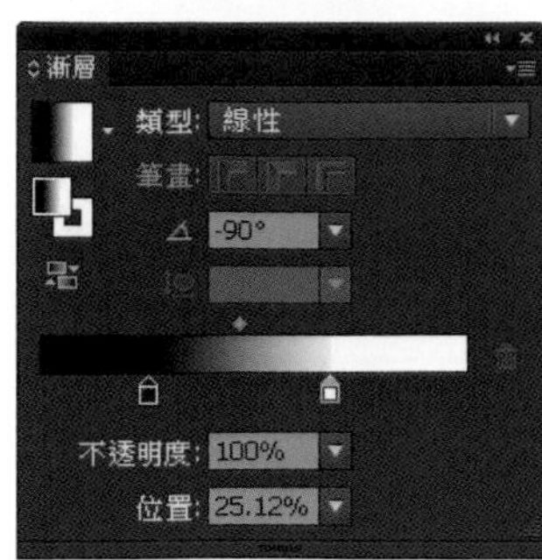

12 點擊工具箱中的鋼筆工具 ，在如圖位置繪製一個圖形，填充顏色為黑色，邊框設置為無，然後全選文字和黑色圖形。

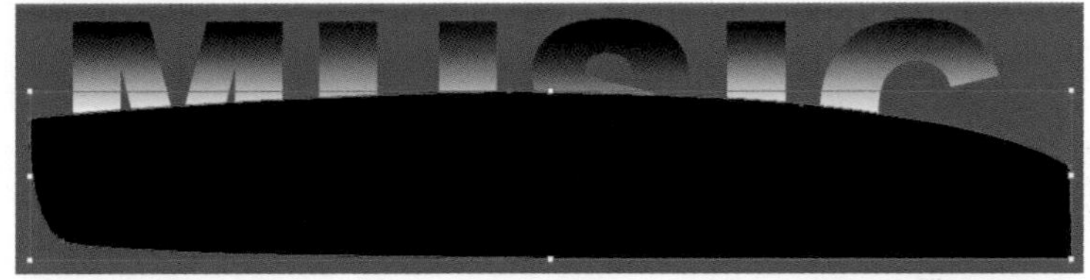

13 執行視窗 \ 透明度指令，然後在彈出的透明度面板中點擊展開 按鈕，在快速選單中選取製作不透明度遮色片選項，然後取消勾選剪裁選項，效果如圖。將複製的圖形填充白色，並按 <Ctrl+[> 鍵，將圖形擺放在下一層。

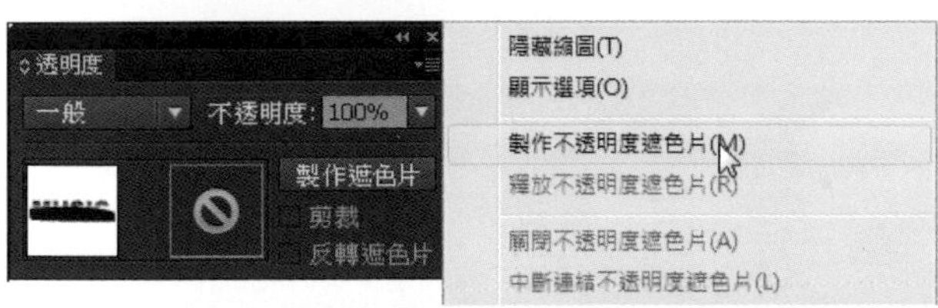

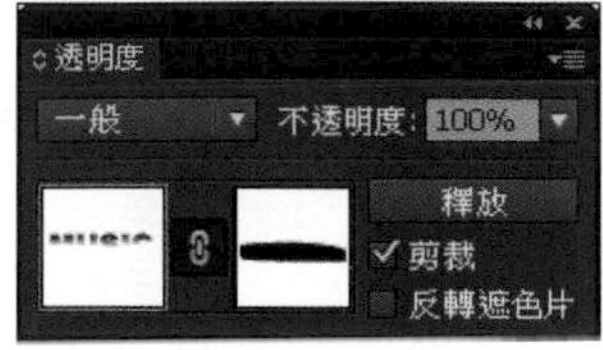

14 我們再複製一個基本文字圖形，填充顏色為白色，邊框設置為無，然後點擊工具箱中的鋼筆工具 ，繪製如圖圖形。

15 按快速鍵 <Ctrl+[> 鍵移動到下層，點擊工具箱中的選取工具 ，選取新繪製的白色圖形，然後執行效果 \ 模糊 \ 高斯模糊指令，在彈出的高斯模糊對話框中，設置半徑為 5.4 像素，然後點擊確定按鈕，效果如圖。

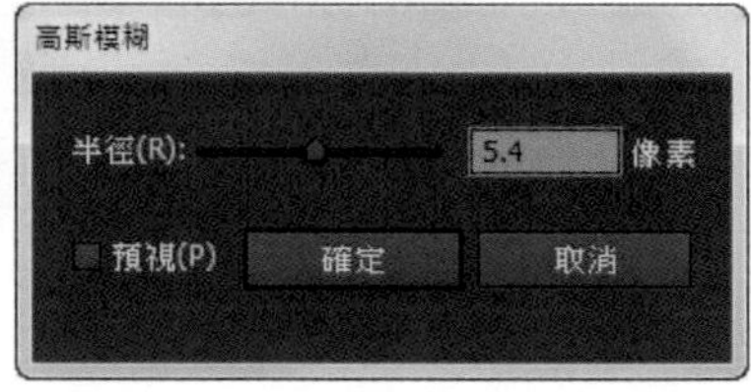

16 同時選取高斯模糊圖形和白色文字圖形，製作不透明度遮色片，在透明度面板中設置不透明度為 60%，效果如圖。

17 將兩個不透明度遮色片圖形排列到一起，然後全選後，按快速鍵 <Ctrl+G> 鍵群組起來，效果如圖。

18 執行檔案 \ 開啟舊檔指令，在彈出的開啟對話框中選取素材 ch17/002.ai，然後點擊開啟按鈕，將素材複製在文件中，調整大小，排列到如圖位置。

19 全選兩個圖形，然後製作不透明度遮色片，在透明度面板中設置不透明度為 40%，這樣第二層文字效果就製作完成了。

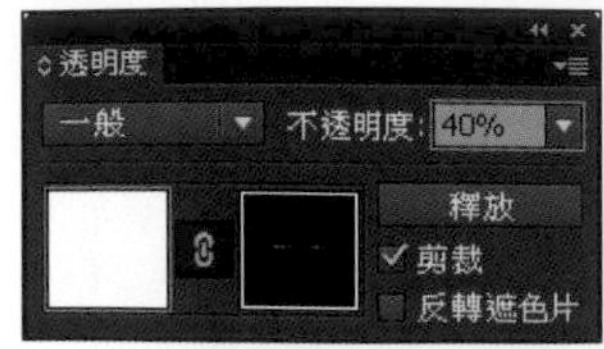

20 將第二層文字效果放置在第一層文字效果之上，得到如圖。

21 接下來我們來製作第三層文字效果，我們複製一個文字基本圖形，然後在屬性列中設置填充顏色為無，邊框顏色為白色，筆畫寬度為 0.136pt，效果如圖。

22 再次將素材 002.ai 複製到上述圖形下層。

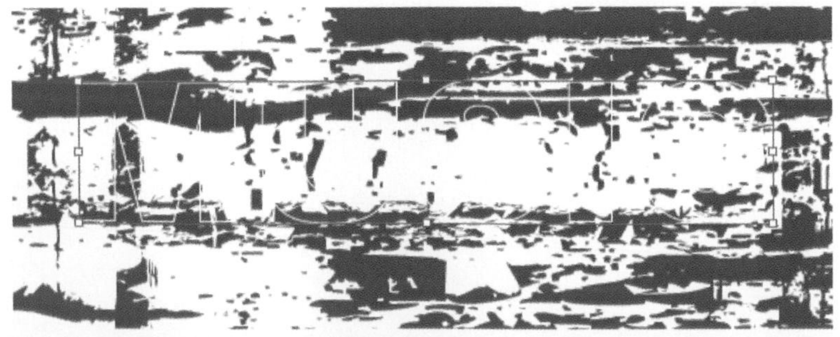

23 全選兩個圖形，製作不透明度設色片，在透明度面板中，不透明度為 90%，，這樣第三層文字效果就完成了。

24 將第三層文字圖形調整位置，放置在前兩層之上，得到效果如圖。

25 接下來我們製作文字的第四層效果，執行檔案 \ 置入指令，在彈出的置入對話框中選取素材 ch17/003.jpg，然後點擊置入按鈕，然後調正素材的大小，效果如圖。

26 繼續選取素材，然後點擊屬性列中的嵌入按鈕，將素材由連結檔案變成文件的影像素材，效果如圖。

連結檔案 003.jpg RGB PPI: 300 嵌入 編輯原稿 影像描圖

27 我們製作複製一個基本文字圖形，填充顏色為白色，邊框設置為無，放置在影像素材上層。

28 全選影像素材和文字，執行視窗 \ 透明度指令，在透明度面板中製作不透明度遮色片，效果如圖。

29 將第四層文字效果放置在前三層之上，然後在透明度面板中漸變模式設置為重疊，然後全選四層文字效果，按快速鍵 <Ctrl+G> 鍵群組起來。

30 將圖形放置在整體圖中，然後按照相同方法製作出其他文字，效果如圖。

Illustrator 設計不設限 (適用 CC/CS6)

作　　者：蔡俊傑
企劃編輯：王建賀
文字編輯：詹祐甯
設計裝幀：張寶莉
發 行 人：廖文良

發 行 所：碁峰資訊股份有限公司
地　　址：台北市南港區三重路 66 號 7 樓之 6
電　　話：(02)2788-2408
傳　　真：(02)8192-4433
網　　站：www.gotop.com.tw
書　　號：AEU014800
版　　次：2015 年 07 月初版
2021 年 06 月初版七刷
建議售價：NT$450

商標聲明：本書所引用之國內外公司各商標、商品名稱、網站畫面，其權利分屬合法註冊公司所有，絕無侵權之意，特此聲明。

版權聲明：本著作物內容僅授權合法持有本書之讀者學習所用，非經本書作者或碁峰資訊股份有限公司正式授權，不得以任何形式複製、抄襲、轉載或透過網路散佈其內容。
版權所有 ● 翻印必究

國家圖書館出版品預行編目資料

Illustrator 設計不設限(適用 CC/CS6) / 蔡俊傑著. -- 初版. -- 臺北市：碁峰資訊, 2015.07
面；　公分
ISBN 978-986-347-639-9(平裝)
1.Illustrator(電腦程式)
312.49I38　　104007968

讀者服務

- 感謝您購買碁峰圖書，如果您對本書的內容或表達上有不清楚的地方或其他建議，請至碁峰網站:「聯絡我們」\「圖書問題」留下您所購買之書籍及問題。(請註明購買書籍之書號及書名，以及問題頁數，以便能儘快為您處理)
http://www.gotop.com.tw

- 售後服務僅限書籍本身內容，若是軟、硬體問題，請您直接與軟體廠商聯絡。

- 若於購買書籍後發現有破損、缺頁、裝訂錯誤之問題，請直接將書寄回更換，並註明您的姓名、連絡電話及地址，將有專人與您連絡補寄商品。